计算机类精品系列教材

U0143629

Java 应用开发教程

基于 Oracle JDeveloper 与 Oracle DB XE 实现

宋 波 宿 营 编著

电子工业出版社
Publishing House of Electronics Industry
北京·BEIJING

内 容 简 介

本书基于 JDK 9 编写，书中除了介绍 Java 语言的基本语法和面向对象程序设计等内容，还介绍了 Servlet、JSP 和 JavaBean 等 Java EE Web 开发技术，以及如何用 Oracle JDeveloper 10g 这个强大的 IDE 开发 Java Web 应用等。本书共 21 章，分为 Java 语言基础、Java Web 应用开发技术和 Java 数据库开发技术 3 篇。书中每章都有实例，并且在最后一章中给出了基于 MVC 设计模式开发的 Java EE Web 应用开发案例分析。作者对重点实例还阐述了编程思想并归纳了必要的结论和概念。本书在编写上充分体现了简单易学的特点，步骤清晰、内容丰富，并带有大量插图，以帮助读者理解基本内容。同时，本书对内容的编排和例题的选择进行了严格的控制，确保一定的深度与广度。

本书可以作为本科和高职高专院校 Java Web 应用开发相关课程的教材，也可以作为工程技术人员的参考用书。

图书在版编目（CIP）数据

Java 应用开发教程：基于 Oracle JDeveloper 与 Oracle DB XE 实现 / 宋波，宿营编著. —北京：电子工业出版社，2022.7

ISBN 978-7-121-43716-8

Ⅰ．①J… Ⅱ．①宋… ②宿… Ⅲ．①JAVA 语言－程序设计－教材 Ⅳ．①TP312.8

中国版本图书馆 CIP 数据核字（2022）第 096164 号

责任编辑：刘 瑀　　　　特约编辑：田学清
印　　刷：三河市良远印务有限公司
装　　订：三河市良远印务有限公司
出版发行：电子工业出版社
　　　　　北京市海淀区万寿路 173 信箱　　　邮编：100036
开　　本：787×1092　　1/16　　印张：23.25　　字数：625 千字
版　　次：2022 年 7 月第 1 版
印　　次：2022 年 7 月第 1 次印刷
定　　价：78.00 元

凡所购买电子工业出版社图书有缺损问题，请向购买书店调换。若书店售缺，请与本社发行部联系，联系及邮购电话：（010）88254888，88258888。

质量投诉请发邮件至 zlts@phei.com.cn，盗版侵权举报请发邮件至 dbqq@phei.com.cn。

本书咨询联系方式：liuy01@phei.com.cn。

PREFACE 前言

一、本书的定位

Java 语言是目前应用十分广泛的程序设计语言，它采用面向对象程序设计技术，功能强大且简单易学，特别适用于 Internet 程序设计，已经成为应用广泛的 Web 应用程序设计语言。Oracle DB XE 是 Oracle 公司推出的一款适用于中小型网站建设的优秀网络数据库系统，它具有大型 Oracle 数据库系统的基本功能，同时能够在个人计算机上安装、使用，具有小巧灵活、简单易学、快速安全等基本技术特征。Oracle JDeveloper 是一个免费的集成开发环境（Integrated Development Environment，IDE），通过支持 Java EE Web 应用开发生命周期的每个步骤，从而简化了 Java EE Web 应用的开发。Oracle JDeveloper 为 Oracle 的平台和 Oracle 的应用提供了完整的端到端开发的解决方案。

目前，单独介绍 Java 语言、Oracle DB XE、Oracle JDeveloper 的书籍较多，但是将三者有机地结合起来进行介绍且适用于 Java 应用开发的书籍却十分稀少。而且，三者所应用的软件都可以在 Internet 上免费下载使用，其实验环境的构建在单机与网络环境下都可以实现，具有软/硬件环境投资少、经济实用、构建简单等特点，对各类高等院校的教学与实验都非常合适。

本书在编写上充分体现了简单易学的特点，步骤清晰、内容丰富，并带有大量插图，以帮助读者理解基本内容。同时，本书对内容的编排和例题的选择进行了严格的控制，确保一定的深度与广度。书中每个例题都配有运行结果插图，并对源代码进行了分析与讨论。学习本书的读者应该对计算机操作有一定的认识，有一定计算机高级语言程序设计基础的读者学习本书将会感到得心应手。

二、本书的特色

本书基于 JDK 9 编写。书中除了介绍 Java 语言的基本语法和面向对象程序设计等内容，还介绍了 Servlet、JSP 和 JavaBean 等 Java EE Web 开发技术，以及如何用 Oracle JDeveloper 10g 这个强大的 IDE 开发 Java Web 应用。书中每一章都有实例，并且在最后一章中给出了基于 MVC 设计模式开发的 Java EE Web 应用开发案例分析。作者对重点实例还阐述了编程思想并归纳了必要的结论和概念。

本书所使用的所有计算机软件都可以通过 Internet 免费下载使用，即使读者的计算机没有与局域网或 Internet 连接，也可以在一台独立的计算机上完成本书所有源代码的编译、运行等操作。另外，本书配备了包括电子教案及程序实例源代码等内容的教学资源包，请对此有需要的读者登录华信教育资源网（http://www.hxedu.com.cn）免费注册后进行下载。

三、本书的知识体系

本书共 21 章，分为 Java 语言基础、Java Web 应用开发技术和 Java 数据库开发技术 3 篇。

在第 1 篇 "Java 语言基础" 中，包括第 1～9 章。第 1 章介绍了 Java 语言的发展简史、Java 2 SDK 的版本、Java 程序的运行机制、Java 程序的运行环境、开发 Java Application 及 JDK 开发工具。第 2 章介绍了 Java 语言的基本语法成分，包括注释、标识符与关键字、基本数据类型、常量、基本数据类型的相互转换、运算符、运算符的优先级与结合性、流程控制。第 3 章介绍了 Java 语言中类与对象的概念和定义方式，重点介绍了 Java 语言对 OPP 的 3 个主要特性（封装、继承、多态）的支持机制，最后介绍了数组。第 4 章进一步介绍了 Java 语言面向对象的高级特性，包括基本数据类型的包装类、关键字 static 和 final、抽象类、接口、内部类、枚举类。第 5 章介绍了 Java 语言的异常处理机制，包括异常的概念、如何进行异常处理、自定义异常类、Java 的异常跟踪栈。第 6 章介绍了 Java 语言中的泛型及其在编程中的应用。第 7 章介绍了 Java I/O 流、文件的随机读/写、文件管理及对象序列化。第 8 章介绍了从 JDK 5 开始增加的类型封装器、自动装箱与注解特性。第 9 章介绍了 JDK 8 中增加的 Lambda 表达式的相关内容。

在第 2 篇 "Java Web 应用开发技术" 中，包括第 10～15 章，介绍了基于 Java 语言的 Web 应用开发的常用技术，主要讨论如何在 Oracle JDeveloper IDE 下开发 Java Web 应用。第 10 章概括性地介绍了 Oracle JDeveloper IDE。第 11 章介绍了 Oracle AS 10g Container for Java EE 这个 Java EE 容器的下载、安装、基本结构，以及如何在这个 Java EE 容器上部署 Web 应用。第 12～15 章介绍了 Java Web 应用的基本组件——Servlet 与 JSP 的应用开发。

在第 3 篇 "Java 数据库开发技术" 中，包括第 16～21 章，主要介绍了 Oracle DB XE 的基础知识与 JDBC 开发技术，以及 Java EE Web 应用开发案例分析等内容。

本书由宋波和宿营编著，并负责全书的总体策划，以及修订、完善、统稿和定稿等工作。本书从选题到立意，从酝酿到完稿，自始至终得到了学校、院系领导和同行教师的关心与指导。本书由沈阳师范大学软件学院院长、辽宁省本科教学名师、全国大学生计算机设计大赛评审专家、全国高校创业指导师、GCDF 全球职业规划师王学颖教授负责审校，并对本书初稿提出了宝贵的建议。本书也吸纳和借鉴了中外参考文献中的原理知识和资料，在此一并对相关作者致谢。

由于作者教学、科研任务繁重且水平有限，加之时间紧迫，书中难免会存在疏漏和不足之处，敬请广大读者给予批评指正。作者联系邮箱：songbo63@aliyun.com。

宋 波

CONTENTS 目录

第 1 篇　Java 语言基础

第 3 篇 Java 数据库开发技术

第 1 篇　Java 语言基础

第1章

Java 语言概述

本章将对 Java 语言进行初步介绍，包括 Java 语言的发展简史、Java 2 SDK 的版本、Java 程序的运行机制和 Java 程序的运行环境；然后通过一个简单的 Java Application 程序的开发过程，对 Java 程序的编译与运行环境及开发步骤进行介绍；最后简要介绍 JDK 开发工具。

1.1　Java 语言的发展简史

1991 年，Sun 公司（现在已经被 Oracle 公司收购）由 James Gosling 和 Patrick Naughton 领导的名为 Green 的项目研究小组，为了方便在消费类电子产品上开发应用程序，试图寻找一种合适的编程语言。消费类电子产品种类繁多，包括 PDA、机顶盒和手机等。即使同一类消费电子产品所采用的处理器芯片和操作系统也不尽相同，并且还存在着跨平台的问题。起初，Green 小组考虑用 C++语言编写应用程序，但是研究表明，对消费类电子产品而言，C++程序过于复杂和庞大，安全性也不令人满意。最后，Green 小组基于 C++语言开发出了一种全新的编程语言——Oak。Oak 语言采用了许多 C 语言的语法，提高了安全性，并且是一种完全面向对象的程序设计语言。但是由于种种原因，Oak 语言在商业上并没有获得成功。而随着 Internet 的发展，Sun 公司发现 Oak 语言具有的跨平台、面向对象、安全性等特点非常符合 Internet 的需要，于是对 Oak 语言的设计做了改进，使其具有适用于 Internet 应用与开发的特点，并最终将这种编程语言命名为 Java。

1995 年 5 月 23 日，Sun 公司在 Sun World' 95 大会上正式发布了 Java 语言，以及使用 Java 语言开发的浏览器 HotJava。Java 语言被美国著名的 IT 杂志 *PC Magazine* 评为 "1995 年十大优秀科技产品" 之一。HotJava 使 Java 语言第一次以 Applet 的形式出现在 Internet 上。Applet 既可以实现 WWW 静态页面的内容显示，又可以实现动态页面的内容显示和动画功能，充分表现出 Java 语言是一种适用于 Internet 应用程序开发的编程语言。同时，Sun 公司决定通过 Internet 让世界上所有的软件开发人员都可以免费地下载用于开发和运行 Java 程序的 JDK（Java Development Kit）。

Java 语言与 C 和 C++语言有着直接的关联。Java 语言的语法继承自 C 语言，它的对象模型改编自 C++语言。Java 语言与 C 和 C++语言的这种关联非常重要，因为 C/C++语言的程序员可以很容易地学习 Java 语言。反之，Java 语言的程序员也可以比较容易地学习 C/C++语言。需要注意的是，Java 语言并不是 C++语言的增强版，Java 语言与 C++语言既不向上兼容，也不向下兼容。Java 语言并不是用来取代 C++语言的，两者将会并存很长一段时间。

1996 年 1 月，Sun 公司发布了 JDK 1.0。JDK 是用于编译、运行 Java Application 和 Java Applet 的 Java SDK（Software Development Kit）。1997 年 2 月，Sun 公司发布了 JDK 1.1。与 JDK 1.0 的编译器不同，JDK 1.1 增加了即时（Just-In-Time，JIT）编译器，它可以将指令保存在内存中，当下次调用时不再需要重新编译，从而提升了 Java 程序的执行效率。1998 年 12 月，Sun 公司在发布 JDK 1.2 时，使用了新的命名方式，即 Java 2 Platform。而修订后的 JDK 被称为 J2SDK（Java 2 Platform Software Developing Kit），并分为标准版 J2SE（Java 2 Standard Edition）、企业版 J2EE（Java 2 Enterprise Edition）和微型版 J2ME（Java 2 Micro Edition）。2000 年 5 月，Sun 公司发布了 JDK 1.4。JDK 1.4 由于有 IBM、Compaq 和 Fujitsu 等公司的参与，使得 Java 语言在企业应用领域得到了突飞猛进的发展，涌现出了大量基于 Java 语言的开放式源代码框架（如 Struck、Hibernate 和 Spring 等）和大量的企业级应用服务器（如 BEA WebLogic、Oracle AS 和 IBM WebSphere 等），标志着 Java 语言进入了一个飞速发展的时期。2004 年 10 月，Sun 公司发布了 JDK 1.5。在 JDK 1.5 中增加了泛型、增强的 for 语句、注释（Annotation）、自动拆箱和装箱等功能。2005 年 6 月，在 JavaOne 大会上，Sun 公司发布了 Java SE 6，并对各种版本的 JDK 统一更名。例如，J2SE 被更名为 Java SE，J2EE 被更名为 Java EE，J2ME 被更名为 Java ME。

在 Java 语言的早期阶段，Applet 是 Java 编程的一个关键部分。Applet 不仅给 Web 页面添加了动态页面，还是 Java 语言的高度可视化部分。但是，Applet 依赖于 Java 浏览器插件，它的运行必须得到浏览器的支持。最近，Java 浏览器插件对 Applet 的支持程度已经逐渐减弱。因为没有浏览器的支持，Applet 就是不可见的。基于这个原因，从 JDK 9 开始，不再推荐使用 Java 对 Applet 的支持功能。这就意味着这个特性在将来的版本中将被删除。

1.2 Java 2 SDK 的版本

1. Java SE

Java SE 为开发和部署在桌面、服务器、嵌入式环境和实时环境中使用的 Java Application 提供了支持。Java SE 包含支持 Java Web 服务开发的类，并为 Java EE 提供基础架构。Java SE 主要包括 J2SDK Standard Edition 和 Java 2 Runtime Environment（JRE）Standard Edition，Java 的主要技术都将在这个版本中体现出来。

2. Java EE

Java EE 技术的核心基础是 Java SE，它不仅巩固了 Java SE 的优点，还包括了 EJB（Enterprise JavaBeans）、Java Servlet API 和 JSP（Java Server Page）等开发技术，为企业级应用的开发提供了可移植、健壮、可伸缩且安全的服务器端 Java Application。Java EE 提供的 Web 服务、组件模型、管理和通信 API，可以用来实现企业级的面向服务的体系结构（Service-Oriented Architecture，SOA）和 Web 2.0 应用程序。

3．Java ME

Java ME 为在移动设备和嵌入式设备（如手机、PDA、机顶盒和打印机等）上运行的应用程序提供了一个健壮且灵活的开发与运行环境。Java ME 包括灵活的用户界面、健壮的安全模型、许多内置的网络协议，以及对可以动态下载的联网和离线应用程序的丰富支持。基于 Java ME 规范的应用程序不需要特别的开发工具。开发人员只需要安装 Java SDK 并下载免费的 Sun Java Wireless Toolkit 就可以编写、编译及测试程序了。目前，主流的 Java IDE（如 Eclipse 和 NetBeans 等）都支持 Java ME 应用程序的开发。

1.3　Java 程序的运行机制

对于多数的程序设计语言来说，使用这些语言编写的程序不是采用编译执行方式，就是采用解释执行方式。但是 Java 程序的执行既要进行编译又要进行解释。

1.3.1　高级语言程序的运行机制

编译型程序设计语言是指使用专门的编译器，针对特定平台将某种高级语言程序一次性地"翻译"成可以被该平台硬件运行的机器码（包括指令和数据），并将其包装成该平台的操作系统所能识别和运行的格式的语言，这一过程称为"编译"。经过编译而生成的程序（可执行文件），可以脱离开发环境在特定的平台上独立执行，如图 1.1 所示。

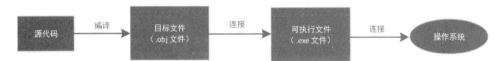

图 1.1　编译型语言程序的运行机制

编译型程序设计语言具有执行效率高的特点，因为它是针对特定平台一次性编译成机器码，并且可以脱离开发环境独立执行。但是，编译型程序设计语言存在的主要问题是编译后生成的目标码文件无法再移植到不同的平台上。如果需要进行移植，则必须修改程序代码；或者至少针对不同的平台，采用不同的编译器进行重新编译。现有的多数高级程序设计语言（如 C、C++、Pascal 和 LISP 等语言）都是编译型程序设计语言。

解释型程序设计语言是指使用专门的解释器，将某种程序逐条地解释成特定平台的机器码指令并立即执行的语言。解释型程序设计语言一般不会进行整体性的编译和链接处理，而是解释一句执行一句。这类似于会场中的"同声翻译"。解释型程序设计语言相当于把编译型程序设计语言中相对独立的编译和执行过程整合到一起，而且每一次执行都要进行"编译"。因此，解释型语言程序的执行效率相对而言较低，并且不能脱离解释器独立执行，如图 1.2 所示。

图 1.2　解释型语言程序的运行机制

对解释型程序设计语言而言，只要针对不同平台提供其相对应的解释器，就可以实现程序级移植。当然，这样做的结果是牺牲了程序的执行效率。一般地，程序的可移植性与执行效率存在着互斥的关系，此消彼长，难以同时达到最优化的目的。

1.3.2 Java 程序的运行机制与 JVM

根据自身的需求，Java 语言采用一种"半编译半解释型"的运行机制，即 Java 程序的执行需要经过编译和解释两个步骤。首先，使用 Java 编译器将 Java 程序编译成与操作系统无关的字节码文件，而不是本地代码文件；其次，这种字节码文件必须通过 Java 解释器来执行。任何一台机器，无论安装了哪种类型的操作系统，只要配备了 Java 解释器，就可以执行 Java 字节码，而不必考虑这种字节码是在哪种类型的操作系统上生成的，如图 1.3 所示。

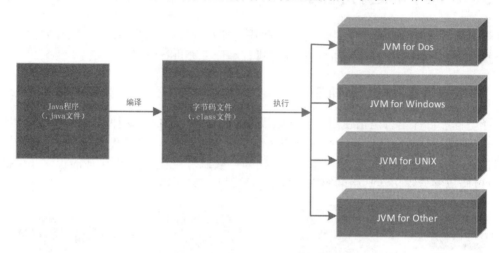

图 1.3　Java 程序的运行机制

Java 语言通过把源程序编译成字节码文件的形式，避免了传统的解释型语言程序执行效率低下的性能瓶颈。但是，Java 字节码还不能在操作系统上直接执行，而是必须在一个包含 JVM（Java Virtual Machine，Java 虚拟机）的操作系统上才能执行。

JVM 是一种可执行 Java 代码的假想计算机，在 Java 语言中引入 JVM 的概念，即在机器与编译程序之间加入一层抽象的虚拟机器。这台虚拟机器在任何操作系统上都能够提供给编译程序一个共同的接口。编译程序只需要先面向虚拟机并生成其能够解释的代码，然后由解释器将虚拟机代码转换为特定操作系统的机器码执行即可。

在 Java 语言中，这种供虚拟机解释的代码叫作字节码，它不面向任何特定的处理器而只面向虚拟机。JDK 针对每一种操作系统平台提供的解释器是不同的，但是 JVM 的实现却是相同的。Java 程序经过编译后生成的字节码将先由 JVM 解释执行，再由解释器将其翻译成特定机器上的机器码，并在特定机器上执行。JVM 好比想象中的能执行 Java 字节码的操作平台。JVM 规范提供了这个操作平台的规范说明，包括指令系统、字节码格式等。有了 JVM 规范，才能够实现 Java 程序的平台无关性。利用 JVM 把 Java 字节码与具体的软/硬件平台隔离，就能保证在任何机器上编译的 Java 字节码文件都能在该机器上执行，即通常所说的"Write Once，Run Everywhere"。执行 JVM 字节码的工作由解释器来完成。解释的过程包括代码的装入、代码的校验和代码的执行，如图 1.4 所示。

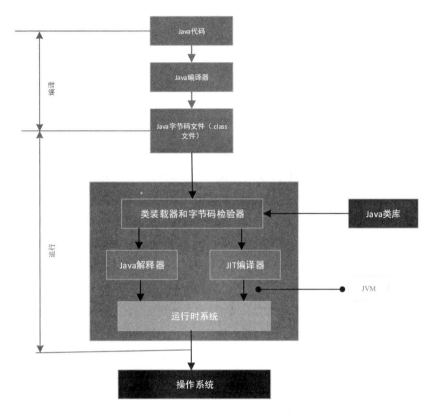

图 1.4　JVM 执行 Java 程序的过程

- 代码的装入：代码装入的工作由类装载器完成。类装载器负责装入执行一个程序所需的代码（包括所继承的类和被调用的类）。当类装载器装入一个类时，该类被放入自身的命名空间中。
- 代码的校验：被装入的代码由字节码检验器实施检查。检查过程为首先由 JVM 用类装载器从磁盘或网络上取出字节码文件，然后将每个字节码文件发送到一个字节码检验器中进行检验，以确保这个类的格式正确。
- 代码的执行：通过校验后，开始执行代码，JVM 的执行单元完成字节码中指定的指令。执行的方式有如下两种。
  - ➢ 解释执行方式：Java 解释器通过每次解释并执行一小段代码来完成 Java 字节码的所有操作。
  - ➢ JIT 编译方式：Java 解释器先将字节码转换为机器的本地代码指令，再执行该代码指令。

1.4　Java 程序的运行环境

在开发 Java 程序之前，必须在计算机上安装与配置 Java 程序的开发和运行环境。本节将介绍安装与配置 JDK 的操作步骤和注意事项。

1.4.1　安装 JDK

在 Oracle 官方网站上可以免费下载 JDK 安装包，本书使用的版本为 JDK 9（安装包为 jdk-

9.0.4_windows-x64_bin，本书使用的是 64 位操作系统）。安装 JDK 的具体步骤如下所述。

（1）关闭所有正在运行的程序，双击 JDK 安装包 jdk-9.0.4_windows-x64_bin。此时，进入 JDK 安装向导界面，如图 1.5 所示。

（2）单击"下一步"按钮，进入 JDK 定制安装界面，如图 1.6 所示。在该界面中选择安装路径（改为 E:\Java\jdk-9.0.4\）。

（3）完成设置后，单击"下一步"按钮，会进入 JDK 安装进度界面，如图 1.7 所示。

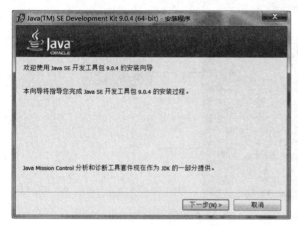

图 1.5　JDK 安装向导界面　　　　　　　　　图 1.6　JDK 定制安装界面

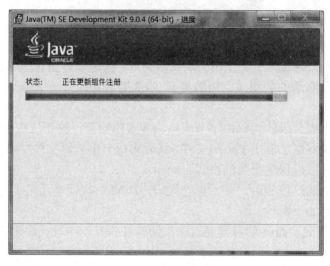

图 1.7　JDK 安装进度界面

（4）JDK 安装完成后，会出现如图 1.8 所示的"定制安装"界面（这是 JRE 的定制安装界面）。单击"更改"按钮，将安装路径改为 E:\Java\JRE-9.0.4（注意，要将 JDK 与 JRE 安装在两个不同的文件夹中）。

（5）完成设置后，单击"下一步"按钮，则会出现如图 1.9 所示的安装界面。

（6）最后，安装完成后，将出现如图 1.10 所示的界面。

JDK 9 成功安装之后，在指定的安装位置将出现 jdk-9.0.4 目录，如图 1.11 所示。

图 1.8　JRE 定制安装的路径　　　　　　　图 1.9　JDK 与 JRE 安装界面

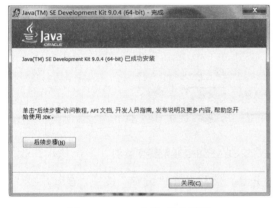

图 1.10　JDK 安装成功界面　　　　　　　图 1.11　jdk-9.0.4 目录结构及文件

在 JDK 的安装目录下有 bin、include、lib 等子目录。下面是各个子目录的主要功能简介。

- 目录 bin：用来存放开发 Java 程序所用到的工具命令，如 Java 编译器命令 javac、Java 解释器命令 java 等。
- 目录 lib：用来存放开发工具包的类库文件。
- 目录 include：用来存放编译本地方法的 C++ 头文件。
- 目录 jre：安装在 E:\Java\JRE-9.0.4 目录下，用来存放 Java 运行时的环境（JRE）。

需要注意的是，如果要开发并运行 Java 程序，则应当安装 JDK。安装了 JDK 之后，也就包含了 JRE。如果只是运行 Java 程序，安装 JRE 就可以了。运行 Java 程序不仅需要 JVM，还需要类加载器、字节码检验器和 Java 类库，而 JRE 恰好包含了对上述运行环境的支持。

1.4.2　设置 Java 程序的运行环境

编译和执行 Java 程序必须经过两个步骤：第一，将 Java 代码文件（扩展名为.java）编译成字节码文件（扩展名为.class）；第二，解释执行字节码文件。实现以上两个步骤需要使用 javac 和 java 命令。通过下面的步骤可以设置 Windows 系统的环境变量并测试 JDK 的配置是否成功，这样才能正确地编译和执行 Java 程序。

（1）以 Windows7 系统为例，右击桌面上"我的计算机"图标，在弹出的快捷菜单中选择

"属性"命令，会弹出"系统属性"对话框，选择"高级系统设置"选项卡，单击"环境变量"按钮。在弹出的"环境变量"对话框中，单击"系统变量"选项组中的"新建"按钮。在弹出的"新建系统变量"对话框中，输入变量名 JAVA_HOME 和变量值 E:\Java\jdk-9.0.4，然后单击"确定"按钮，即可新建一个系统变量。使用同样的方法，再新建一个变量名为 CLASSPATH、变量值为.;%JAVA_HOME%\lib 的系统变量。结果如图 1.12 所示。

图 1.12　设置系统变量 JAVA_HOME 与 CLASSPATH 及其变量值

（2）在"系统变量"选项组列表框中选择变量 Path，然后单击"编辑"按钮，在弹出的"编辑环境变量"对话框中，单击"新建"按钮，为变量 Path 添加变量值%JAVA_HOME%bin 和%JAVA_HOME%\jre\bin，单击"确定"按钮，如图 1.13 所示。

图 1.13　设置环境变量 Path

通过上述操作设置，Java 编译器命令 javac、Java 解释器命令 java 及其他的工具命令（如 jar、appletviewer、javadoc 等）都将位于 JDK 安装路径下的 bin 目录中。

在完成 JDK 的安装和配置之后，就可以对 JDK 进行测试了。在"命令提示符"窗口中输入 java -version 命令，按下 Enter 键。如果系统显示输出如图 1.14 所示的 JDK 版本信息，则说明配置成功。

图 1.14　测试 Java 程序的编译运行环境

1.5　开发 Java Application

Java 程序主要分为两类：Java Application 和 Java Applet。Java Application 只有通过编译器生成 .class 文件后，才能由 Java 解释器解释执行；而 Java Applet 不能独立运行，必须嵌入 Web 页面中，在实现了 JVM 的浏览器中运行。

1.5.1　Java API 概述

Java API（Java Application Interface）是开发人员使用 Java 语言进行程序设计的相关类的集合，是 Java 平台的一个重要组成部分。Java API 中的类按照用途被分为多个包（package），每个包又是一些相关类或接口的集合。其中，java.*包是 Java API 的核心。下面是 Java 编程中要用到的主要包。

- java.applet：创建 Applet 所需要的类，以及 Applet 与其运行上下文环境进行通信所需要的类。
- java.awt：创建 UI 和绘图及图像处理的类，其部分功能正在被 Swing 取代。
- java.io：提供针对数据流、对象序列化和文件系统的输入/输出类。
- java.lang：Java 编程所需要的基本类。
- java.net：实现网络应用所需要的类。
- java.util：常用工具类，包括集合框架、事件模型、日期与时间、国际化支持工具等。
- java.sql：使用 Java 语言访问数据库的 API。

为了便于 Java 程序开发人员全面地理解并正确地运行 Java API 的类库，Oracle 公司在发布 Java SE 的每个版本的同时，会发布一个 Java API 的文档，以便详细说明每个类的用法。

1.5.2　Java Application 的编译与运行

1. 编辑 Java 程序

【例 1.1】HelloWorld.java。

```
1.  public class HelloWorld {
2.    public static void main(String[] args) {
```

```
3.      System.out.println("Hello World!");
4.   }
5. }
```

编辑 Java 程序可以使用任何无格式的文本编辑器（如记事本等），并将程序保存到指定的目录下。本书指定示例目录为 E:\Java\JNBExamples\chap01\HelloWorld.java。

2. Java 程序的结构

Java 程序必须以类的形式存在，类是 Java 程序的最小程序单位。Java 程序不允许可执行语句、方法等成分独立存在，所有的程序部分都必须放在类中定义。Java 程序的结构如图 1.15 所示。

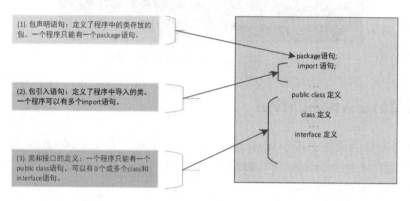

图 1.15　Java 程序的结构

- 在 Java 程序中，代码语句必须以包声明语句、包引入语句、类和接口的定义的顺序出现。如果程序中有包声明语句，则只能是除空语句和注释语句之外的第 1 条语句。
- main()方法作为程序执行的入口点，必须严格按照程序中第 2 行的格式定义。
- 一个 Java 程序只能有一个 public class 语句，并且 Java 程序的名称必须与包含 main()方法的 public class 语句的类名相同（扩展名为.java）。

3. 编译与运行 Java Application

（1）启动 Windows 系统的"管理员：命令提示符"窗口。

（2）输入命令 E:，然后按下 Enter 键。在 E:\提示符下输入 cd\Java\JNBExamples 后按下 Enter 键。输入命令 javac HelloWorld.java，如果没有编译错误，则会在当前目录下生成 HelloWorld.class 文件。

（3）输入命令 java HelloWorld，运行 Java 程序，如图 1.16 所示。

图 1.16　编译与运行 Java 程序的步骤及结果

1.6　JDK 开发工具

JDK 提供了编译、运行和调试 Java 程序的开发工具，熟练地掌握这些开发工具的用途、语法和使用方法，对学习 Java 语言程序设计会起到很好的辅助作用。

1. appletviewer

appletviewer 是 Java Applet 浏览器，用于查看 Applet 的执行结果。与 IE 等浏览器相比，appletviewer 的优点在于其运行结果可以及时反映程序所做的修改。使用 appletviewer 的语法格式如下：

```
appletviewer [options] url
```

其中，options 是可选参数，url 是指包含 Applet 的网页。例如，如果想要访问当前目录下带有 Applet 的 HelloApplet.html 文件，在"命令提示符"窗口中输入以下命令即可浏览该 Applet：

```
appletviewer HelloApplet.html
```

2. Java 编译器

Java 编译器命令 javac 用于将扩展名为.java 的程序文件编译成扩展名为.class 的字节码文件。javac 命令的语法格式如下：

```
javac [options] [SourceFiles]
```

其中，options 是可选参数，SourceFiles 是要编译的.java 文件。如果想要一次编译多个文件，则多个文件之间用英文逗号（,）隔开。示例如下：

```
javac HelloWorld.java,Hello.java
```

3. Java 解释器

Java 解释器命令 java 用于直接从字节码文件执行 Java 程序。java 命令的语法格式如下：

```
java [options] class [arguments...]
```

其中，options 是可选参数，class 是 Java 解释器要执行的类文件（字节码文件的一种），arguments 是程序运行的外部参数。示例如下：

```
java -jar HelloWorld
```

4. Java 文档生成器 javadoc

javadoc 命令用于将 Java 程序转换生成 API 说明文档，其所生成的文档的格式是 HTML 格式，主要用于程序义档的维护和管理。javadoc 命令所生成的文档的内容包括类和接口的描述、类的继承层次、类中成员变量和方法的使用介绍，以及程序员所做的注释等。javadoc 命令的语法格式如下：

```
javadoc [options] [packageName] SourceFiles
```

其中，options 是可选参数。在默认情况下，javadoc 命令只处理使用关键字 public 和 protected 修饰的成员变量和方法，但是可以通过参数来控制显示 private 类型的信息。packageName 是指程序保存的路径名，SourceFiles 是指目标文件。

例如，将当前目录 E:\Java\JNBExamples\chap01 中的 HelloWorld.java 文件转换为 HTML 文档，保存在 E:\Java\JNBExamples\chap01\chap01_doc 文件夹中。命令如下：

```
javadoc -private -d E:\Java\JNBExamples\chap01\chap01_doc HelloWorld.java
```

5．Java 打包工具 jar

jar 命令是 Java 类文件归档命令，它是多用途的存档及压缩工具，可以将多个文件合并为单个 JAR 归档文件。jar 命令基于 zip 和 zlib 压缩格式。在 Java 语言程序设计中，jar 命令主要用于将 Applet 和 Application 打包成单个归档文件。jar 命令的语法格式如下：

```
jar [options] [manifestfiles] fileName [SourceFiles]
```

其中，options 表示参数，jar 命令一定要和参数结合使用；manifestfiles 表示 JAR 压缩包中的 Manifest 文件，它是 JAR 文件结构的定义文件，可以设置 JAR 文件的运行主类，也可以设置 JAR 文件需要引用的类；fileName 表示要生成的 JAR 文件的名称；SourceFiles 表示需要压缩的文件。示例如下：

```
jar cf Hello.jar Hello.class
```

将 Hello.class 文件压缩，并保存于 Hello.jar 文件中。这里，c 表示创建文件，f 表示文件名。

1.7　本章小结

本章简要介绍了 Java 语言的发展简史、Java 2 SDK 的版本、Java 程序的运行机制，详细介绍了 JDK 的安装与 Java 程序运行环境的设置过程、Java 程序的结构及编译与运行，简要介绍了 JDK 提供的开发工具。其中，Java 程序的运行机制和 Java 程序运行环境的设置是本章的学习重点。通过本章的学习，读者对 Java 语言有了一个初步的了解，为后续章节的学习奠定了一定的基础。

1.8　课后习题

1．Java 程序的最小程序单位是什么？

2．下载并安装 JDK 9 及 Java API 文档，编译并运行例 1.1。

3．编写一个 Java Application，在屏幕上输出"欢迎进入 Java 语言的奇妙世界！"。

4．以下哪一种类型的代码被 JVM 解释成本地代码？（　　　）

    A．源代码　　　　　　B．处理器代码　　　　C．字节码

5．在 Java 类的定义中，下列哪一项是正确的程序代码？（　　　）

    A．public static void main(String args) {}

    B．public static void main(String args[]) {}

    C．public static void main(String message[]) {}

6．下面哪一个文件中包含名为 HelloWorld 的类的字节码？（　　　）

    A．HelloWorld.java

    B．HelloWorld.class

    C．HelloWorld.exe

第2章

Java 语言基础知识

在程序设计语言中，数据类型是构成程序语言的重要语法元素。Java 语言的数据类型可以分为基本数据（primitive）、数组（array）、类（class）和接口（interface）等类型。任何常量、变量和表达式都必须是上述数据类型中的一种。Java 语言的流程控制语句分为 3 种类型：条件、循环和跳转。条件控制语句可以根据变量或表达式的不同值选择不同的执行路径，它包括 if 和 switch 语句；循环控制语句使得程序可以重复执行一条或多条语句，它包括 while、for 和 do-while 语句；跳转控制语句允许程序以非线性方式执行，它包括 break、continue 和 return 语句。本章将主要介绍以下两方面的内容：一是 Java 语言的基本数据类型，以及属于这些类型的常量、变量和表达式的用法；二是 Java 语言的 3 种流程控制语句及其用法。

2.1 注释

在用 Java 语言编写程序时，添加注释（Comment）可以增强程序的可读性。注释的作用主要体现在 3 个方面：①说明某段代码的作用；②说明某个类的用途；③说明某个方法的功能，以及该方法的参数和返回值的数据类型与意义。Java 语言共提供了 3 种类型的注释：单行注释、多行注释和文档注释。

1. 单行注释

单行注释通常用于对程序中的某一行代码进行解释，表示从"//"开始到这一行结束的内容都作为注释部分。示例如下：

```
System.out.println("hello world!");        //输出hello world!
```

2. 多行注释

多行注释表示从"/*"开始到"*/"结束的单行或多行内容都作为注释部分。例如，在下面的代码中，在类定义前的多行注释用于说明类的功能：

```
1.  /* 这是一个 Java 语言入门程序，首先定义类 HelloWorld，在类中包含 main()方法。程序的作用是通过控制台
    输出字符串"Hello World!"
2.  */
3.  public class HelloWorld {
4.    public static void main(String[] args) {
5.      System.out.println("Hello World!");
6.    }
7.  }
```

3．文档注释

文档注释表示从"/**"开始到"*/"结束的所有内容都作为注释部分。文档注释的功能主要体现在可以使用 javadoc 命令将注释内容提取出来，并以 HTML 网页的形式形成一个 Java 程序的 API 文档。

【例 2.1】 在 Java 类 HelloWorld 的定义中，使用文档注释来说明类及方法的功能。

```
1.  /**
2.   * 类的文档注释<br>
3.   * Date: 2020.07
4.   */
5.  public class HelloWorld {
6.     /**
7.      * 方法的文档注释<br>
8.      * 程序的主方法，用于输出字符串"Hello World!"<br>
9.      * @param args 入口参数，可以没有
10.     */
11.    public static void main(String[] args) {
12.       System.out.println("Hello World!");
13.    }
14. }
```

在"命令提示符"窗口中执行命令 javadoc -d doc -charset GBK HelloWorld.java，则该 Java 程序 API 文档的生成过程如图 2.1 所示。

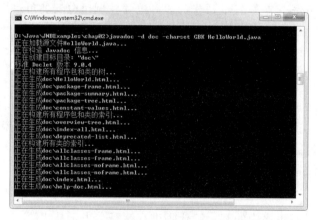

图 2.1 　 Java 程序 API 文档的生成过程

在执行完 javadoc 命令后，会在当前目录下的 doc 目录中生成该 Java 程序的 API 文档，如图 2.2 所示。

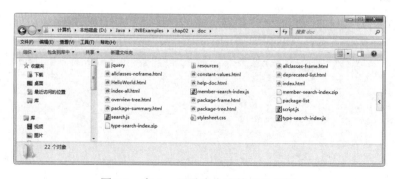

图 2.2 　在 doc 目录中生成的 API 文档

打开其中的 index.html 文件，即可看到类 HelloWorld 的说明内容。index.html 文件的内容如图 2.3 所示。

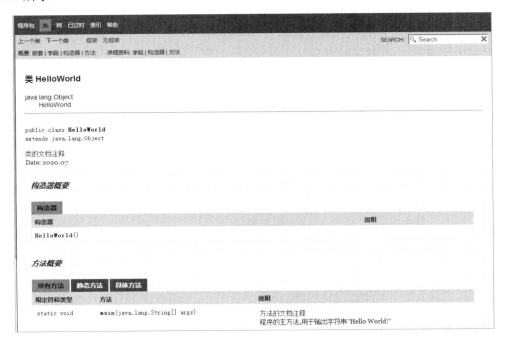

图 2.3　index.html 文件的内容

从 index.html 文件的内容可以看出，类的文档注释与方法的文档注释都能被 javadoc 命令提取出来。在上面的 javadoc 命令中，参数-d 用于设置生成 API 文档的存储目录，参数-charset 用于设置生成 API 文档的字符集。在 JDK 9 中，javadoc 支持在 API 文档中进行搜索，并且 javadoc 的输出符合 HTML5 标准。

2.2　标识符与关键字

Java 语言使用标识符（identifier）作为变量、对象的名称，并提供了系列关键字用来实现特殊的功能。本节将介绍标识符和关键字的用法。

2.2.1　分隔符

Java 语言的分号（;）、花括号（{}）、方括号（[]）、圆括号（()）、空格、圆点（.）都具有特殊的分隔作用，统称为分隔符。

- 分号（;）：作为语句的分隔，因此，每条语句必须使用分号作为结尾。
- 花括号（{}）：用于定义一个代码块，一个代码块就是指"{"和"}"所包含的一段代码，代码块在逻辑上是一个整体。在 Java 语言中，类的定义、方法体等必须放在一个代码块中。
- 方括号（[]）：用于定义数组元素，方括号通常紧跟数组变量名，而方括号中则指定希望访问的数组元素的索引。
- 圆括号（()）：圆括号是一个功能非常丰富的分隔符。例如，在定义方法时必须使用圆括号包含形参说明，在调用方法时也必须使用圆括号传入实参值。

- 空格：用于分隔一条语句的不同部分。需要注意的是，不要使用空格把一个变量名分隔成两个，这将导致程序出错。
- 圆点（.）：通常作为类/对象和它的成员（包括属性、方法和内部类）之间的分隔符，表明某个类或某个实例的指定成员。

2.2.2 标识符

标识符是为 Java 程序中定义的变量、方法和类等所起的名字。Java 语言中标识符的命名规则如下：

- 标识符的首字符为字母、下画线（_）或美元符号（$）。
- 标识符的后续字符可以为字母、下画线（_）、美元符号（$）和数字。
- 标识符是区分大小写的。
- 标识符中不能出现连字符（-）和空格等特殊字符。
- 标识符不能是 Java 关键字和保留字本身，但是可以包含关键字和保留字。

Java 语言中的字符编码采用的是 16 位的 Unicode 码，而不是 8 位的 ASCII 码。因此，标识符中字母的范围不仅可以是英文字母 a~z 和 A~Z，还可以是中文、日文、希腊文等。

2.2.3 关键字

Java 将一些单词赋予特定的含义，并用作专门用途，不允许再当作普通的标识符来使用，这些单词统称为关键字（keyword）。在 Java 语言中，所有的关键字都是小写形式的，true、false、null 虽然不是关键字，但是也被 Java 语言保留，不能用来定义标识符。Java 语言中的关键字如表 2.1 所示。

表 2.1 Java 语言中的关键字

abstract	continue	for	new	switch
assert	default	goto	package	synchronized
boolean	do	if	private	this
break	double	implements	protected	throw
byte	else	import	public	throws
case	enum	instanceof	return	transient
catch	extends	int	short	try
char	final	interface	static	void
class	finally	long	strictfp	volatile
const	float	native	super	while

2.2.4 标识符的命名

标识符在命名时，应尽量采用一些有意义的英文单词来组成标识符。最好有规律地使用大小写，这样标识符才能有意义且容易记忆，从而增强源代码的可读性。下面从几种不同的情况来说明标识符的命名方法。

- 类名或接口名：通常由名词组成，名称中每个单词的第一个字母大写，其余字母小写。例如，CustomerSalary。

- 方法名：通常第一个单词由动词组成，并且第一个单词全部小写，后续单词第一个字母大写，其余字母小写。例如，public double countSalary() {}。
- 变量名：成员变量通常由名词组成，单词大小写的规则与方法名的规则相同；而方法中的局部变量要全部小写。例如，studentName、sum。
- 常量名：完全大写，并且用下画线（_）作为常量名中各个单词的分隔符。例如，MIN_VALUE。

2.3　基本数据类型

Java 语言属于强类型的程序设计语言，所有的变量在使用之前必须明确地定义其类型。Java 把数据类型分为基本数据类型（primitive type）和引用数据类型（reference type）两种，基本数据类型的内存空间中存储的是数值，而引用数据类型的内存空间中存储的是对象的地址，两者的区别如图 2.4 所示。

图 2.4　基本数据类型与引用数据类型的区别

Java 语言中内置了 8 种基本数据类型，分别为 byte、short、int、long、float、double、char、boolean。　Java 语言中的 8 种基本数据类型在内存中所占字节数的多少是固定的，不随平台的改变而改变，从而实现了平台无关性。

2.3.1　整数类型

整数类型一共有 4 种，分别为 byte、short、int、long。整数类型的数据在内存中是以二进制补码的形式存储的，最高位为符号位，这 4 种数据类型的数据都是有符号整数，区别在于它们在内存中占有字节数的多少。整数类型的长度及取值范围如表 2.2 所示。

表 2.2　整数类型的长度及取值范围

类　　型	比特数（bits）	字节数（bytes）	最　小　值	最　大　值
byte	8	1	-2^7	2^7-1
short	16	2	-2^{15}	$2^{15}-1$
int	32	4	-2^{31}	$2^{31}-1$
long	64	8	-2^{63}	$2^{63}-1$

2.3.2　浮点数类型

浮点数类型用来表示带有小数点的数，浮点数类型有 float 和 double 两种。浮点数是有符号的数，它在内存中的表示形式与整数不同。float 称为单精度浮点数，double 称为双精度浮点数。浮点数类型的长度及取值范围如表 2.3 所示。

表 2.3　浮点数类型的长度及取值范围

类型	比特数（bits）	字节数（bytes）	最　小　值	最　大　值
float	32	4	1.4E-45 ~ 3.4028235E+38	3.4028235E+38 ~ 1.4E-45
double	64	8	4.9E-324 ~ 1.7976931348623157E+308	1.7976931348623157E+308 ~ 4.9E-324

2.3.3　字符类型

字符类型可以用来表示单个字符，用关键字 char 表示。Java 语言中的字符编码不是采用 ASCII 码，而是采用 Unicode 码。在 Unicode 编码方式中，每个字符在内存中分配 2 字节，这样 Unicode 码向下兼容 ASCII 码，但是字符的表示范围要远远多于 ASCII 码。字符类型是无符号的 2 字节的 Unicode 码，可以表示的字符编码为 0~65535，共 65536 个字符。Unicode 字符集涵盖了中文、日文、朝鲜文、德文、希腊文等多国语言中的符号，是一个国际标准字符集。字符类型的长度及取值范围如表 2.4 所示。

表 2.4　字符类型的长度及取值范围

类　　型	比特数（bits）	字节数（bytes）	最　小　值	最　大　值
char	16	2	0	65535

2.3.4　布尔类型

布尔类型用来表示具有两种状态的逻辑值，用关键字 boolean 表示。例如，"yes" 和 "no"、"on" 和 "off" 等，像这样的值可以用 boolean 类型表示。布尔类型的取值只能为 true 或 false，不能为整数类型，并且布尔类型不能与整数类型互换。

2.4　常量

上一节中介绍了变量的基本数据类型，我们知道了每一种基本数据类型的长度及取值范围。与基本数据类型变量相对应的 4 种常量分别为整型常量、浮点型常量、字符型常量和布尔型常量。本节将介绍这些常量的意义和用法。

2.4.1　整型常量

整型常量是指没有小数点的数值，可以用二进制、八进制、十进制或十六进制表示。示例如下。

- 二进制整数：0b111、0B1010。二进制整数要以 0b 或 0B 开头，并且后面只能为 0 或 1。
- 八进制整数：012、04523。八进制整数要以数字 0 开头，并且后面只能为 0~7。
- 十进制整数：25、36。
- 十六进制整数：0x12、0XA2。十六进制整数要以 0x 或 0X 开头，并且后面可以为 0~9 或 a~f、A~F。

【例 2.2】在 IntegerLiteral1 类的定义中，用 4 种进制定义整型常量并输出。

```
1.  public class IntegerLiteral1 {
2.     public static void main(String[] args) {
3.        int a=97;          //十进制整数
4.        int b=0141;        //八进制整数
```

```
5.      int c=0x61;        //十六进制整数
6.      int d=0B1100001;   //二进制整数
7.      System.out.println("十进制整数97: "+a);
8.      System.out.println("八进制整数0141对应的十进制数为: "+b);
9.      System.out.println("十六进制整数0x61对应的十进制数为: "+c);
10.     System.out.println("二进制整数0B1100001对应的十进制数为: "+d);
11.     System.out.printf("十进制整数97转换为八进制数为: %o%n",a);
12.     System.out.printf("十进制整数97转换为十六进制数为: %x%n",a);
13.     System.out.printf("八进制整数0141转换为十六进制数为: %x%n",b);
14.   }
15. }
```

【运行结果】

```
十进制整数97: 97
八进制整数0141对应的十进制数为: 97
十六进制整数0x61对应的十进制数为: 97
二进制整数0B1100001对应的十进制数为: 97
十进制整数97转换为八进制数为: 141
十进制整数97转换为十六进制数为: 61
八进制整数0141转换为十六进制数为: 61
```

【分析讨论】

- 在日常生活中，052和52是相同的两个整数，但在Java语言中这两个整数是不相同的。052表示八进制数，对应的十进制数为42，而52是十进制数的52。
- 在上面输出时使用的printf()方法是在JDK 5以后推出的格式化输出方法，printf()方法在执行时会用实际变量值依次置换格式控制符。%o和%x都是格式控制符，分别表示用八进制和十六进制整数格式输出，%n表示输出后换行。
- 当给整型变量赋值时，整型常量值一定要在该整型变量的取值范围内，否则会出现编译错误。
- 整型变量有byte、short、int和long类型，而整型常量只有int和long类型，没有byte和short类型。
- 整型常量默认类型为int类型，如5为int类型。
- 如果要使用长整型常量，则需要在整型常量后加l或L，如5L为long类型。

【例2.3】在IntegerLiteral2类的定义中，分别将不同整数赋值给整型变量，注意观察编译过程中产生的出错信息。

```
1. public class IntegerLiteral2 {
2.   public static void main(String[] args) {
3.     short a=89;      //整型常量89在short类型的取值范围内，编译正确！
4.     short b=32768;   //整型常量32768超出short类型的取值范围，编译错误！
5.     int c=88;        //整型常量88默认类型为int类型，编译正确！
6.     int d=88L;       //整型常量88L为long类型，编译错误，应改成: long d=88L
7.   }
8. }
```

【编译结果】

```
IntegerLiteral2.java:4: 错误: 不兼容的类型: 从int转换到short可能会有损失
   short b=32768;
          ^
IntegerLiteral2.java:6: 错误: 不兼容的类型: 从long转换到int可能会有损失
   int d=88L;
         ^
2 个错误
```

2.4.2 浮点型常量

带有小数点的数值为浮点型常量，如 3.2、5.、.689 等都为浮点型常量。浮点型常量按照类型可以分为 float 和 double 两种类型。浮点型常量默认为 double 类型，如果要使用 float 类型浮点型常量，则必须在数值后加 F 或 f。例如，3.2F，则 3.2 由原来默认的 double 类型转变为 float类型。浮点型常量还可以使用科学记数法来表示，如 602.35 可以表示为 6.0235e2 或 6.0235E2。在这种表示方法中，e 或 E 的前面一定要有数字，e 或 E 后面的数字一定要为整数，如 E8、2.6e5.2 都是错误的浮点型常量。从 JDK 7 开始，整型常量和浮点型常量可以使用下画线来更清楚地表示数值。

【例 2.4】在 FloatLiteral 类的定义中，分别将不同表示形式的浮点型常量赋值给浮点型变量并输出。

```
1.   public class FloatLiteral {
2.     public static void main(String[] args) {
3.       double a=9.6789;              //浮点型常量默认为 double 类型，编译正确！
4.       float b=0.5F;                 //0.5F 为 float 类型，编译正确！
5.       double c=1.23e6;              //使用科学记数法来表示浮点型常量
6.       double d=12_5678.34;          //使用下画线来表示浮点型常量
7.       float e=0B1010_1111;          //使用下画线来表示浮点型常量
8.       System.out.println(c);
9.       System.out.println(d);
10.      System.out.printf("%X%n",(int)e);
11.    }
12. }
```

【运行结果】

```
1230000.0
125678.34
AF
```

【分析讨论】

JDK 5 以前版本的浮点型常量的科学记数法只能用十进制数表示，从 JDK 5 之后也可以使用十六进制数表示，如 0.25 可以表示为 0x1P-2。在这种表示方法中，0x 后面的数为十六进制数，p 或 P 代表指数 e 或 E，p 或 P 后面的数为十进制整数。

【例 2.5】在 DoubleLiteral 类的定义中，分别将不同的表达式赋值给浮点型变量，注意观察类在运行过程中的输出信息。

```
1.   public class DoubleLiteral {
2.     public static void main(String[] args) {
3.       double a=21.0/0;
4.       double b=-21.0/0;
5.       double c=0.0/0;
6.       System.out.println(a);        //输出 double 类型的正无穷大
7.       System.out.println(b);        //输出 double 类型的负无穷大
8.       System.out.println(c);        //输出 double 类型的非数学数值
9.     }
10. }
```

【运行结果】

```
Infinity
-Infinity
NaN
```

2.4.3　字符型常量

字符型常量是用单引号（"）括起来的单个字符。字符型常量可以是 0～65535 之间的任何一个无符号整数，如 char c=97。字符型常量也可以为转义字符，如 char c='\n'。常用的转义字符及其含义与对应的 Unicode 字符如表 2.5 所示。

表 2.5　常用的转义字符及其含义与对应的 Unicode 字符

转 义 字 符	含　　义	Unicode 字符	转 义 字 符	含　　义	Unicode 字符
\b	退格	\u0008	\r	回车	\u000d
\t	Tab 键	\u0009	\"	双引号	\u0022
\n	换行	\u000a	\'	单引号	\u0027
\f	换页	\u000c	\\	反斜杠	\u005c

字符型常量可以为八进制数的转义序列，格式为"\nnn"，其中 nnn 是 3 个八进制数字，取值范围为 0～0377，如 char c='\141'。字符型常量也可以为 Unicode 转义序列，格式为"\uxxxx"，其中 xxxx 是 4 个十六进制数字，取值范围为 0～0xFFFF，如 char c='\u0065'。

【例 2.6】 在 CharLiteral 类的定义中，分别将不同表示形式的字符型常量赋值给字符型变量，注意观察类在运行过程中的输出信息。

```
1.  public class CharLiteral {
2.    public static void main(String args[]) {
3.      char a='a';
4.      char b=97;
5.      char c='\n';
6.      char d='\141';
7.      char e='\u0061';
8.      System.out.print(a);
9.      System.out.print(c);
10.     System.out.print(b);
11.     System.out.print('\t');
12.     System.out.print(d);
13.     System.out.print(c);
14.     System.out.println(e);
15.   }
16. }
```

【运行结果】

```
a
a     a
a
```

2.4.4　布尔型常量

布尔型常量只有 true 和 false 两种，整型数据与布尔型常量不能互换。示例如下：

```
boolean b=true;
System.out.println(b);       //输出结果为 true
```

2.5　基本数据类型的相互转换

在 Java 语言中，8 种基本数据类型变量的内存分配、表示形式、取值范围各不相同，这就要求在不同的数据类型变量之间赋值及运算时要进行数据类型的转换，以保证数据类型的一致性。但是，boolean 类型变量的取值只能是 true 或 false，不能是其他值，所以基本数据类型值之间的转换只能包括 byte、short、int、long、float、double 和 char 类型。基本数据类型的转换分为自动转换和强制转换两种类型。

2.5.1　自动转换

自动转换是当把数据类型级别低的变量的值赋给数据类型级别高的变量时，由系统自动完成数据类型的转换。在 Java 语言中，byte、short、int、long、float、double 和 char 这 7 种基本数据类型的级别高低如图 2.5 所示。

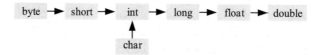

图 2.5　7 种基本数据类型的级别高低

自动转换的示例如下：

```
byte b=56;
short s=b;          // 将 byte 类型变量 b 的值自动转换为 short 类型
int i=s;            // 将 short 类型变量 s 的值自动转换为 int 类型
long l=i;           // 将 int 类型变量 i 的值自动转换为 long 类型
float f=l;          // 将 long 类型变量 l 的值自动转换为 float 类型
double d=f;         // 将 float 类型变量 f 的值自动转换为 double 类型
d=12;               // 将 int 类型值 12 自动转换为 double 类型
char c=97;
f=c;                // 将 char 类型变量 c 的值自动转换为 float 类型
```

2.5.2　强制转换

当把数据类型级别高的变量的值赋给数据类型级别低的变量时，必须进行强制转换。由于把高级别数据类型变量的值存储在低级别数据类型变量的内存空间中会使变量的值或精度发生变化，因此这种转换要显式地指出，即需要进行强制转换。这种强制转换的过程与自动转换的方向正好相反。强制转换的语法格式如下：

```
(type)expression;
```

【例 2.7】在 TypeCastTest 类的定义中，介绍了如何根据变量的取值范围进行强制类型转换。

```
1.    public class TypeCastTest {
2.      public static void main(String[] args) {
3.        int x=(int)25.63;              //x 的值为 25
4.        long y=(long)56.78F;           //y 的值为 56
5.        byte a=125;                    //125 在 byte 类型的取值范围内，不需要强制转换
6.        //byte b=128;                  //128 超出 byte 类型的取值范围，会出现编译错误
7.        byte c=(byte)128;              //强制转换后编译正确，转换后结果为-128
8.        byte d=(byte)-129;             //强制转换后编译正确，转换后结果为127
9.        System.out.println("变量 x 的值："+x);
10.       System.out.println("变量 y 的值："+y);
11.       System.out.println("变量 a 的值："+a);
12.       System.out.println("变量 c 的值："+c);
13.       System.out.println("变量 d 的值："+d);
14.     }
15.   }
```

【运行结果】

```
变量 x 的值为：25
变量 y 的值为：56
变量 a 的值为：125
变量 c 的值为：-128
变量 d 的值为：127
```

2.6　运算符

在 Java 语言中，运算符（Operator）分为算术运算符、逻辑运算符、关系运算符、位运算符、赋值运算符和三元运算符。本节将介绍这些运算符的意义和用法。

2.6.1　算术运算符

算术运算符用于完成整数类型和浮点数类型数据的运算，这些运算包括加法（+）、减法（-）、乘法（*）、除法（/）、取余（%）、自增（++）、自减（--），以及取正（+）和取负（-）运算。不同的基本数据类型在运算前要先转换成相同的数据类型再进行算术运算，对于级别低于 int 类型的整型数据至少要先提升为 int 类型后才能进行算术运算。

【例 2.8】在 ArithmeticTest1 类的定义中，介绍了算术运算符的用法。

```
1.  public class ArithmeticTest1{
2.    public static void main(String[] args) {
3.      byte a=16;
4.      byte b=90;
5.      int add=a+b;              //两个 byte 类型数据在运算前要先转换成 int 类型再相加
6.      System.out.println("a+b="+add);
7.      int sub=a-b;
8.      System.out.println("a-b="+sub);
9.      int mul=a*b;
10.     System.out.println("a*b="+mul);
11.     int div=b/a;             //两个整数相除，商取整
12.     System.out.println("b/a="+div);
13.     int mod=b%a;             //两个整数取余
14.     System.out.println("b%a="+mod);
15.     int pos=+a;              //+a 的数据类型为 int 类型
16.     System.out.println("+a="+pos);
17.     int neg=-b;              //-b 的数据类型为 int 类型
18.     System.out.println("-b="+neg);
19.     float divf=35.7f/a;      //两个浮点数相除
20.     System.out.println("35.7f/a="+divf);
21.     double modd=35.7%a;      //两个浮点数取余
22.     System.out.println("35.7%a="+modd);
23.    }
24. }
```

【运行结果】

```
a+b=106
a-b=-74
a*b=1440
b/a=5
b%a=10
+a=16
-b=-90
35.7 f/a=2.23125
```

```
35.7 %a=3.700000000000003
```

【分析讨论】

- 两个整数相除结果为取整，两个浮点数相除结果为浮点数。
- 不仅两个整数可以进行取余运算，两个浮点数也可以进行取余运算。
- 级别低于 int 类型的整型数据在运算前至少要先转换成 int 类型再进行运算，即使是两个 byte 类型数据，其运算结果也为 int 类型。

【例 2.9】在 ArithmeticTest2 类的定义中，介绍了自增运算符的用法。

```
1.   public class ArithmeticTest2 {
2.     public static void main(String[] args) {
3.       byte a=12;
4.       byte b=a++;           //a++值为 12，a 的值为 13，a++的数据类型为 byte 类型
5.       System.out.println("a="+a+", b="+b);
6.       byte c=++a;           //++a 值为 14，a 的值为 14，++a 的数据类型为 byte 类型
7.       System.out.println("a="+a+", c="+c);
8.     }
9.   }
```

【运行结果】

```
a=13, b=12
a=14, c=14
```

【分析讨论】

- 自增（++）、自减（--）运算符可以放在变量的前面，也可以放在变量的后面，其作用都是使变量加 1 或减 1；但对于自增或自减表达式来说是不同的。例如，当 a=2 时，++a 表达式的值为 3，a++表达式的值为 2，但 a 的值都为 3。
- 自增（++）、自减（--）运算会将运算结果进行强制转换。示例如下：

```
int a=12;
byte b=a++;                    //a++的数据类型会由 int 类型强制转换成原来的 byte 类型
```

2.6.2　关系运算符

关系运算符用于比较两个操作数的大小，它包括大于（>）、大于或等于（>=）、小于（<）、小于或等于（<=）、等于（==）和不等于（!=）6 个运算符。比较运算的结果是一个布尔值（true 或 false），它的两个操作数既可以是基本数据类型数据，也可以是引用数据类型数据。

当操作数为基本数据类型数据时，比较的是两个操作数的值。需要注意的是，基本数据类型数据中的布尔类型数据只能进行等于（==）和不等于（!=）运算，而不能进行其他的比较运算。当操作数为引用数据类型数据时，比较的是两个引用是否相同，即比较两个引用是否指向同一个对象。因此，引用数据类型操作数只能进行等于（==）和不等于（!=）运算。

【例 2.10】在 RelationalTest 类的定义中，介绍了关系运算符的用法。

```
1.   import java.util.*;
2.   public class RelationalTest {
3.     public static void main(String[] args) {
4.       int a=12;
5.       double b=9.7;
6.       System.out.println("a>b: "+(a>b));
7.       System.out.println("a<b: "+(a<b));
8.       System.out.println("a==b: "+(a==b));
9.       System.out.println("a!=b: "+(a!=b));
10.      Date d1=new Date(2008,10,10);
11.      Date d2=new Date(2008,10,10);
```

```
12.          System.out.println("d1==d2: "+(d1==d2));
13.          System.out.println("d1!=d2: "+(d1!=d2));
14.      }
15. }
```

【运行结果】

```
a>b: true
a<b: false
a==b: false
a!=b: true
d1==d2: false
d1!=d2: true
```

2.6.3　逻辑运算符

逻辑运算包括逻辑与（&&、&）、逻辑或（||、|）、逻辑非（!）和逻辑异或（^）。逻辑运算的操作数均为逻辑值（true 或 false），其运算结果也为逻辑值。逻辑运算的操作规则如表 2.6 所示。

表 2.6　逻辑运算的操作规则

操作数 1	操作数 2	与运算结果	或运算结果	非运算（操作数 1）结果	异或运算结果
true	true	true	true	false	false
true	false	false	true	false	true
false	true	false	true	true	true
false	false	false	false	true	false

逻辑与有以下两种运算符。

- 短路与（&&）：如果操作数 1 能够决定整个表达式的结果，则操作数 2 不需要计算。
- 非短路与（&）：不管操作数 1 是否能够决定整个表达式的结果，操作数 2 都需要计算。

逻辑或有以下两种运算符。

- 短路或（||）：如果操作数 1 能够决定整个表达式的结果，则操作数 2 不需要计算。
- 非短路或（|）：不管操作数 1 是否能够决定整个表达式的结果，操作数 2 都需要计算。

【例 2.11】在 LogicalTest 类的定义中，介绍了逻辑运算符的用法。

```
1.  public class LogicalTest {
2.      public static void main(String[] args) {
3.          boolean a=true;
4.          boolean b=false;
5.          System.out.println("a&&b="+(a&&b));
6.          System.out.println("a||b="+(a||b));
7.          System.out.println("!a="+!a);
8.          System.out.println("a^b="+(a^b));
9.          int i=3;
10.         System.out.println("b&&(++i>3)="+(b&&(++i>3)));    //b 为 false，++i>3 被短路
11.         System.out.println("i="+i);                       //i 的值还是 3
12.         System.out.println("b&(++i>3)="+(b&(++i>3)));      //b 为 false，++i>3 要被计算
13.         System.out.println("i="+i);                       //i 的值为 4
14.         System.out.println("a||(++i>3)="+(a||(++i>3)));    //a 为 true，++i>3 被短路
15.         System.out.println("i="+i);                       //i 的值还是 4
16.         System.out.println("a|(++i>3)="+(a|(++i>3)));      //a 为 true，++i>3 要被计算
17.         System.out.println("i="+i);                       //i 的值为 5
18.     }
19. }
```

【运行结果】

```
a&&b=false
a||b-truc
!a=false
a^b=true
b&&(++i>3)=false
i=3
b&(++i>3)=false
i=4
a||(++i>3)=true
i=4
a|(++i>3)=true
i=5
```

2.6.4　位运算符

位运算是指对每个二进制位进行的操作，它包括位逻辑运算和移位运算。位运算的操作数只能是整型或字符型数据。位逻辑运算包括按位与（&）、按位或（|）、按位取反（~）和按位异或（^）。操作数在进行位运算时，是将操作数在内存中的二进制补码按位进行操作。

- 按位与（&）：如果两个操作数的二进制位同时为 1，则按位与（&）的结果为 1，否则按位与（&）的结果为 0。例如，5&2=0。

&	00000000	00000000	00000000	00000101	············	5
	00000000	00000000	00000000	00000010	············	2
	00000000	00000000	00000000	00000000	············	0

- 按位或（|）：如果两个操作数的二进制位同时为 0，则按位或（|）的结果为 0，否则按位或（|）的结果为 1。例如，5|2=7。

|	00000000	00000000	00000000	00000101	············	5
	00000000	00000000	00000000	00000010	············	2
	00000000	00000000	00000000	00000111	············	7

- 按位取反（~）：如果操作数的二进制位为 1，则按位取反（~）的结果为 0，否则按位取反（~）的结果为 1。例如，~(-5)=4。

| ~ | 11111111 | 11111111 | 11111111 | 11111011 | ············ | -5 |
| | 00000000 | 00000000 | 00000000 | 00000100 | ············ | 4 |

- 按位异或（^）：如果两个操作数的二进制位相同，则按位异或（^）的结果为 0，否则按位异或（^）的结果为 1。例如，-5^3=-8。

^	11111111	11111111	11111111	11111011	············	-5
	00000000	00000000	00000000	00000011	············	3
	11111111	11111111	11111111	11111000	············	-8

移位运算是指将整型数据或字符型数据向左或向右移动指定的位数。移位运算包括左移（<<）、右移（>>）和无符号位右移（>>>）。

- 左移（<<）：将整型数据在内存中的二进制补码向左移出指定的位数，向左移出的二进制位丢弃，右侧添 0 补位。例如，5<<3=40。

- 右移（>>）：将整型数据在内存中的二进制补码向右移出指定的位数，向右移出的二进制位丢弃，左侧进行符号位扩展。即如果操作数为正数，则左侧添 0 补位，否则左侧添 1 补位。例如，-5>>3=-1。

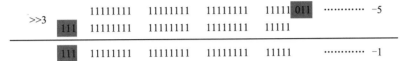

- 无符号位右移（>>>）：将整型数据在内存中的二进制补码向右移出指定的位数，向右移出的二进制位丢弃，左侧添 0 补位。例如，-5>>>25=127。

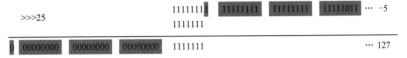

【例 2.12】在 BitsTest 类的定义中，介绍了位运算符的用法。

```
1.    public class BitsTest {
2.      public static void main(String[] args) {
3.        byte a=12;
4.        byte b=2;
5.        int c=a>>b;              //a 与 b 转换成 int 类型后再移位, 运算结果为 int 类型
6.        System.out.println("12>>2="+c);   //移位运算后产生一个新的整型数据
7.        System.out.println("a="+a);        //变量 a 的值不会发生变化
8.        c=a>>32;                 //实际移动位数为 0
9.        System.out.println("12>>32="+c);
10.       c=a>>33;                 //实际移动位数为 1
11.       System.out.println("12>>33="+c);
12.     }
13.   }
```

【运行结果】

```
12>>2=3
a=12
12>>32=12
12>>33=6
```

【分析讨论】
- 在进行移位运算之前，级别低于 int 类型的整型数据要先转换成 int 类型。
- 移位运算会产生新的数据，而参与移位运算的数据不会发生变化。
- 移位前先将要移动的位数与 32 或 64 进行取余运算，余数才是真正要移动的位数。

2.6.5　赋值运算符

　　赋值运算是指将一个值写到变量的内存空间中，因此，被赋值的对象一定是变量而不能是表达式。在给变量赋值时，要注意赋值号两端数据类型的一致性。与 C 语言类似，Java 语言也

使用"="作为赋值运算符。

赋值运算符可以分为简单赋值运算符和扩展赋值运算符。简单赋值运算的语法格式为"变量=表达式",表示把赋值运算符右侧表达式的值赋给赋值运算符左侧的变量;扩展赋值运算符是指在赋值运算符的前面加上其他的运算符,从而构成扩展赋值运算符。需要注意的是,简单赋值运算没有类型强制转换功能,而扩展赋值运算具有类型强制转换功能。Java 语言中的扩展赋值运算符如表 2.7 所示。

表 2.7　Java 语言中的扩展赋值运算符

扩展赋值运算符	表　达　式	功　　能
+=	Operand1 += Operand2	Operand1 =Operand1 + Operand2
-=	Operand1 -= Operand2	Operand1 =Operand1 - Operand2
*=	Operand1 *= Operand2	Operand1 =Operand1 * Operand2
/=	Operand1 /= Operand2	Operand1 =Operand1 / Operand2
%=	Operand1 %= Operand2	Operand1 =Operand1 % Operand2
&=	Operand1 &= Operand2	Operand1 =Operand1 & Operand2
|=	Operand1 |= Operand2	Operand1 =Operand1 | Operand2
^=	Operand1 ^= Operand2	Operand1 =Operand1 ^ Operand2
>>=	Operand1 >>= Operand2	Operand1 =Operand1 >> Operand2
<<=	Operand1 <<= Operand2	Operand1 =Operand1 << Operand2
>>>=	Operand1 >>>= Operand2	Operand1 =Operand1 >>> Operand2

【例 2.13】在 AssignmentTest 类的定义中,介绍了赋值运算符的用法。

```
1.  public class AssignmentTest {
2.    public static void main(String[] args) {
3.      byte a=34;
4.      a+=2;                              //a 的值为 36
5.      System.out.println(a+=2+3);        //a 的值为 41
6.    }
7.  }
```

【运行结果】
```
41
```

2.6.6　三元运算符

三元运算符的语法格式如下:

```
布尔表达式?表达式 1:表达式 2
```

三元运算符的运算规则是:首先计算布尔表达式的值,如果布尔表达式的值为 true,则表达式 1 的值作为整个表达式的结果;如果布尔表达式的值为 false,则表达式 2 的值作为整个表达式的结果。

【例 2.14】在 ThreeOperatorTest 类的定义中,介绍了三元运算符的用法。

```
1.  public class ThreeOperatorTest {
2.    public static void main(String[] args){
3.      int a=12;
4.      int b=89;
5.      int max=a>b?a:b;
6.      System.out.println("a 的值为: "+a+", b 的值为: "+b);
7.      System.out.println("a 与 b 的较大者为: "+max);
```

```
8.     }
9. }
```

【运行结果】

a 的值为：12，b 的值为：89
a 与 b 的较大者为：89

2.7　运算符的优先级与结合性

通过学习 Java 语言中的运算符，我们了解了每种运算符的运算规则。但是在一个表达式中往往有多种运算符，那么要先进行哪一种运算呢？这就涉及了运算符的优先级问题。优先级高的运算符先执行，优先级低的运算符后执行。对于同一优先级别的运算符，则按照其结合性依次执行。Java 语言中各种运算符的优先级与结合性如表 2.8 所示。

表 2.8　Java 语言中各种运算符的优先级与结合性

优　先　级	运　算　符	结　合　性
1	[]　.　()（方法调用）	从左到右
2	new　()（强制类型转换）	从左到右
3	!　~　++　--　+（取正）　-（取负）	从右到左
4	*　/　%	从左到右
5	+　-	从左到右
6	<<　>>　>>>	从左到右
7	>　>=　<　<=	从左到右
8	==　!=	从左到右
9	&	从左到右
10	^	从左到右
11	|	从左到右
12	&&	从左到右
13	||	从左到右
14	?:	从右到左
15	=　+=　-=　*=　/=　%=　^=　|=　&=　<<=　>>=　>>>=	从右到左

2.8　流程控制

Java 程序的流程控制分为顺序结构、分支结构和循环结构 3 种。其中，顺序结构是按照语句的书写顺序逐一执行代码，分支结构是根据条件选择性地执行某段代码，循环结构是根据循环条件重复执行某段代码。本节将详细介绍分支结构和循环结构。

2.8.1　分支结构

1. if-else 语句

if-else 语句的语法格式如下：

```
if(逻辑表达式)
      语句1;
else
      语句2;
```

if-else 语句的执行流程是：当 if 后面圆括号中的逻辑表达式的值为 true 时，执行语句 1，否则执行语句 2。

if-else 语句中的 else 分支也可以省略，省略后的 if-else 语句的语法格式如下：

```
if(逻辑表达式)
    语句1;
```

- if 后面圆括号中的表达式只能为逻辑表达式。
- 语句 1 和语句 2 可以为单条语句，也可以为用花括号（{}）括起来的复合语句。
- 当 if-else 语句出现嵌套时，if-else 语句的匹配原则是：else 总是与在它上面且离它最近的 if 进行匹配。

【例 2.15】 在 IfElseTest 类的定义中，用嵌套的 if-else 语句判断随机整数的范围。

```
1.  public class IfElseTest{
2.    public static void main(String[] args){
3.      int i=(int)(Math.random()*100);              //产生一个[0,100)之间的随机整数
4.      if(i>=90)
5.        System.out.println("这个随机数在区间[90,100)内");
6.      else if(i>=80)
7.        System.out.println("这个随机数在区间[80,90)内");
8.      else if(i>=70)
9.        System.out.println("这个随机数在区间[70,80)内");
10.     else if(i>=60)
11.       System.out.println("这个随机数在区间[60,70)内");
12.     else
13.       System.out.println("这个随机数在区间[0,59]内");
14.     System.out.println("这个随机数的大小为: "+i);
15.   }
16. }
```

【运行结果】

```
这个随机数在区间[80,90)内
这个随机数的大小为: 87
```

2. switch 语句

switch 语句的语法格式如下：

```
switch(表达式){
  case 常量1: 语句组1;
            break ;
  case 常量2: 语句组2;
            break ;
  ...
  case 常量n: 语句组n;
            break ;
  default:   语句组;
            break ;
}
```

switch 语句的执行流程是：先计算 switch 后面圆括号中的表达式的值，并将该值与 case 后面的常量进行匹配，如果与哪一个常量相匹配，就从哪个 case 所对应的语句组开始执行，直至遇到 break 从 switch 语句中跳出，或者 switch 语句执行结束。如果表达式的值不与任何一个 case 后面的常量相匹配，则执行 default 后面的语句组。

在 JDK 5 之前，switch 语句中的表达式只能是 byte、short、char、int 类型的值。在 JDK 5 之后，enum 枚举类型值也可以作为 switch 语句中的表达式的值。在 JDK 7 中，switch 语句还

可以接收 String 类型的值。

【例 2.16】在 SwitchTest 类的定义中，用随机数表示学生成绩，用 switch 语句判断成绩范围及等级。

```
1.  public class SwitchTest {
2.    public static void main(String[] args) {
3.      int score=(int)(Math.random()*100);
4.      System.out.println("成绩为: "+score);
5.      String grade;
6.      switch(score/10) {
7.        case 9:  System.out.println("成绩在区间[90,100)内");
8.                 grade="优秀";
9.                 break;
10.       case 8:  System.out.println("成绩在区间[80,90)内");
11.                grade="良好";
12.                break;
13.       case 7:  System.out.println("成绩在区间[70,80)内");
14.                grade="中等";
15.                break;
16.       case 6:  System.out.println("成绩在区间[60,70)内");
17.                grade="及格";
18.                break;
19.       default: System.out.println("成绩在区间[0,59)内");
20.                grade="不及格";
21.                break;
22.     }
23.     switch(grade){
24.       case "优秀":  System.out.println("Excellent!");
25.                 break;
26.       case "良好":  System.out.println("Good!");
27.                 break;
28.       case "中等":  System.out.println("Average!");
29.                 break;
30.       case "及格":  System.out.println("Pass!");
31.                 break;
32.       case "不及格":System.out.println("Fail!");
33.                 break;
34.     }
35.   }
36. }
```

【运行结果】

```
成绩为: 85
成绩在区间[80,90)内
Good!
```

【分析讨论】

- case 后面的语句组中可以有 break，也可以没有 break。当 case 后面的语句组中有 break 时，执行到 break 就从 switch 语句中跳出；否则，将继续执行下一个 case 后面的语句组，直至遇到 break 从 switch 语句中跳出，或者 switch 语句执行结束。
- case 后面只能跟常量表达式。
- 多个 case 及 default 之间没有顺序的要求。
- default 为可选项。当有 default 时，如果表达式的值不能与 case 后面的任何一个常量相匹配，则执行 default 后面的语句组。

2.8.2 循环结构

循环结构可以在满足一定条件的情况下反复执行某段代码，这段被重复执行的代码被称为循环体。在执行循环体时，需要在合适时把循环条件设置为假，从而结束循环。循环语句可以包含如下 4 个部分。

- 初始化语句（init_statements）：可能包含一条或多条语句，用于完成初始化工作，初始化语句在循环开始之前被执行。
- 循环条件（test_expression）：循环条件是一个 boolean 类型表达式，它能够决定是否执行循环体。
- 循环体（body_statements）：循环体是循环的主体，如果循环条件允许，则循环体将被重复执行。
- 迭代语句（iteration_statements）：在一次循环体执行结束后，对循环条件求值前执行，通常用于控制循环条件中的变量，使得循环在合适时结束。

1. while 循环语句

while 循环语句的语法格式如下：

```
[init_statements]
while(test_expression) {
    body_statements;
    [iteration_statements]
}
```

while 循环结构在每次执行循环体之前，先对循环条件求值。如果值为 true，则执行循环体部分。迭代语句总是位于循环体的最后，用于改变循环条件的值，使得循环在合适时结束。

【例 2.17】在 WhileTest 类的定义中，用 while 循环求 1～50 的整数和。

```
1.  public class WhileTest {
2.    public static void main(String[] args) {
3.      int sum=0;
4.      int i=1;
5.      while(i<=50) {
6.        sum+=i;
7.        i++;
8.      }
9.      System.out.println("1～50 的整数和为: "+sum);
10.   }
11. }
```

【运行结果】

```
1～50 的整数和为: 1275
```

2. do-while 循环语句

do-while 循环语句的语法格式如下：

```
[init_statements]
do {
    body_statements;
    [iteration_statements]
}
while(test_expression);
```

do-while 循环与 while 循环的区别在于：while 循环是先判断循环条件，如果循环条件成立才执行循环体；而 do-while 循环则是先执行循环体，再判断循环条件，如果循环条件成立，则执行下一次循环，否则终止循环。

【例 2.18】在 DoWhileTest 类的定义中，用 do-while 循环求 1～50 的整数和。

```
1.   public class DoWhileTest {
2.     public static void main(String[] args) {
3.        int sum=0;
4.        int i=1;
5.        do {
6.        sum+=i;
7.        i++;
8.        }while(i<=50);
9.        System.out.println("1～50 的整数和为: "+sum);
10.  }
11. }
```

3. for 循环语句

for 循环语句的语法格式如下：

```
for([init_statements]; [test_expression]; [iteration_statements]) {
   body_statements;
}
```

for 循环在执行时，先执行循环的初始化语句，初始化语句只在循环开始前执行一次。每次执行循环体之前，先对循环条件求值，如果循环条件的值为 true，则执行循环体部分，循环体执行结束后执行循环的迭代语句。由于最后一次执行循环条件的值为 false，将不再执行循环体。因此，对 for 循环而言，循环条件总比循环体要多执行一次。

- 初始化语句、循环条件、迭代语句这三个部分都可以省略，但是三者之间的分号不可以省略。当循环条件省略时，默认值为 true。
- 初始化语句、迭代语句这两个部分的语句可以为多条语句，语句之间用逗号隔开。
- 在初始化部分定义的变量，其范围只能在 for 循环语句内有效。

【例 2.19】在 ForTest 类的定义中，用 for 循环求 1～50 的整数和。

```
1.   public class ForTest {
2.     public static void main(String[] args) {
3.        int sum=0;
4.        for(int i=1;i<=50;i++){
5.          sum+=i;
6.        }
7.        System.out.println("1～50 的整数和为: "+sum);
8.     }
9.  }
```

4. for-each 循环语句

for-each 循环是一种简洁的 for 循环结构，使用这种循环结构可以自动遍历数组或集合中的每个元素。for-each 循环的语法格式如下：

```
for(declaration : expression)
{loop body}
```

- declaration：新声明的变量，其类型与正在访问的数组或集合中元素的类型兼容，该变量在 for-each 循环内可用，其值等于数组或集合中当前元素的值。
- expression：数组或集合。
- loop body：循环体。

【例 2.20】 在 ForEachTest 类的定义中，介绍了 for-each 循环的用法。

```
1.  import java.util.*;
2.  public class ForEachTest {
3.     public static void main(String[] args) {
4.        List<String> strList=new ArrayList<String>();
5.        strList.add("circle");
6.        strList.add("rectangle");
7.        strList.add("triangle");
8.        for(String s : strList) {
9.           System.out.println(s);
10.       }
11.    }
12. }
```

【运行结果】

```
circle
rectangle
triangle
```

2.8.3 控制循环结构

Java 语言没有使用 goto 语句来控制程序的跳转，这种设计思路虽然提高了程序流程控制的可读性，但是降低了灵活性。为了弥补这种不足，Java 语言提供了 continue 和 break 语句来控制循环结构。另外，Java 语言还提供了 return 语句用于结束整个方法，当然也就等于结束了一次循环。

1. break 语句

当循环体中出现 break 语句时，其功能是从当前所在的循环中跳出来，结束本层循环，但是对其外层循环没有影响。break 语句还可以根据条件结束循环。

【例 2.21】 在 BreakTest 类的定义中，用 break 语句实现了求 200～300 之间的素数。

```
1.  public class BreakTest {
2.     public static void main(String[] args) {
3.        boolean b;
4.        int col=0;
5.        System.out.println("200～300 之间的素数为: ");
6.        for(int i=201;i<300;i+=2) {
7.           b=true;
8.           for(int j=2;j<i;j++) {
9.              if(i%j==0) {
10.                b=false;
11.                break;
12.             }
13.          }
14.          if(b) {
15.             System.out.print(i);
16.             col++;
17.             if(col%10==0)
18.                System.out.println();
19.             else
20.                System.out.print("\t");
21.          }
22.       }
23.       System.out.println();
24.    }
25. }
```

【运行结果】

```
200～300 之间的素数为:
211      223      227      229      233      239      241      251      257      263
269      271      277      281      283      293
```

【分析讨论】

该例中的 break 语句出现在内层 for 循环中，如果被测试的数 i 能够被 2～（i-1）之间的任何一个整数整除，则 i 不是素数，跳出内层循环。

带标签的 break 语句不仅能够跳出本层循环，还能够跳出多层循环，而标签 label 可以指出要跳出的是哪一层循环。带标签的 break 语句的语法格式如下：

```
break label;
```

- 标签 label 是一个标识符，应该符合 Java 语言中标识符的命名规则。
- 标签 label 应该定义在循环语句的前面。
- 在有多层循环的嵌套结构中，可以定义多个标签，但是多个标签不能重名。

【例 2.22】在 BreakLabelTest 类的定义中，介绍了带标签的 break 语句的用法。

```
1.   public class BreakLabelTest {
2.     public static void main(String[] args) {
3.       outer: for(int i=0;i<3;i++) {
4.         innner: for(int j=0;j<3;j++) {
5.           if(j>1) break outer;
6.             System.out.println(j+" and "+i);
7.         }
8.       }
9.     }
10. }
```

【运行结果】

```
0 and 0
1 and 0
```

2. continue 语句

当循环体中出现 continue 语句时，其作用是结束本次循环，进行当前所在层的下一次循环。continue 语句的功能是根据条件有选择地执行循环体。

【例 2.23】在 ContinueTest 类的定义中，用 continue 语句实现了在 10 个[0,100)之间的随机整数中输出小于 50 的随机整数。

```
1.   public class ContinueTest {
2.     public static void main(String[] args) {
3.       int rad;
4.       for(int i=0;i<10;i++) {
5.         rad=(int)(Math.random()*100);   //产生一个[0,100)之间的随机整数
6.         if(rad>=50) {
7.           continue;
8.         }
9.         System.out.println(rad);
10.     }
11.   }
12. }
```

【运行结果】

```
44
36
33
32
7
46
```

与 break 语句相同，continue 后面也可以加标签，构成带标签的 continue 语句。它能结束当前所在层的本次循环，跳到标签 label 所在层进行下一次循环。带标签的 continue 语句的语法格式如下：

```
continue label;
```

【例 2.24】在 ContinueLabelTest 类的定义中，用带标签的 continue 语句求 200～300 之间的素数。

```
1.   public class ContinueLabelTest {
2.     public static void main(String[] args){
3.       int num=0;
4.       System.out.println("200～300 之间的素数为：");
5.       outer:for(int i=201;i<300;i+=2) {
6.         for(int j=2;j<i;j++) {
7.           if(i%j==0)
8.             continue outer;
9.         }
10.        System.out.print(i);
11.        num++;
12.        if(num%10==0)
13.          System.out.println();
14.        else
15.          System.out.print("\t");
16.      }
17.      System.out.println();
18.    }
19.  }
```

2.9　本章小结

本章讲解了 Java 语言的基本语法成分，包括注释、标识符与关键字、基本数据类型、常量、基本数据类型的相互转换、运算符、运算符的优先级与结合性、流程控制。这些知识是进行 Java 语言程序设计的前提和基础，也是必须掌握的。

2.10　课后习题

1. 下列方法的定义中哪些是错误的？（　　　）

A．public int method() {

　　return 4;

　　}

B．public double method() {

　　return 4;

　　}

C．public void method() {

　　return;

　　}

D．public int method() {

```
        return 3.14;
    }
```

2．下列标识符中哪些是不合法的？（　　　）

    A．here　　　　　　B．_there　　　　　C．this

    D．that　　　　　　E．2to1odds

3．下列关于整型常量的表示方法中哪些是正确的？（　　　）

    A．22　　　　　　　B．0x22　　　　　　C．022　　　　　　D．22H

4．下列选项中哪一个是 char 类型变量的取值范围？（　　　）

    A．$2^7 \sim 2^7-1$　　　B．$0 \sim 2^{16}-1$　　　C．$0 \sim 2^{16}$　　　　D．$0 \sim 2^8$

5．下列选项中哪些是 Java 语言中的关键字？（　　　）

    A．double　　　　　B．Switch　　　　　C．then　　　　　D．instanceof

6．当编译并运行下列代码时，运行结果是什么？（　　　）

```
int i=012;
int j=034;
int k=056;
int l=078;
System.out.println(i);
System.out.println(j);
System.out.println(k);
```

    A．输出 12，34 和 56　　　　　　　B．输出 24，68 和 112

    C．输出 10，28 和 46　　　　　　　D．编译错误

7．在下列给字符型变量 c 的赋值语句中哪一个是正确的？（　　　）

    A. char c='\';　　　B. char c="cafe";　　　C. char c='\u01001';　　　D. char c='0x001';

8．下列代码的输出结果是哪一个？（　　　）

```
int a=-1;
int b=-1;
a=a>>>31;
b=b>>31;
System.out.println("a="+a+", b="+b);
```

    A．a=1，b=1　　　B．a=-1，b=-1　　　C．a=1，b=0　　　D．a=1，b=-1

9．下列赋值语句中哪些是不合法的？（　　　）

    A．long l=698.65;　　B．float f=55.8;　　C．double d=0x45876;　　D．int i=32768;

10．当编译并运行下列代码时，运行结果是什么？（　　　）

```
int i=0;
while(i--<0){
  System.out.println("value of i is "+i);
}
System.out.println("the end");
```

    A．编译时错误　　　B．运行时异常　　　C．value of i is 0　　　D．the end

11．下列代码的运行结果是什么？（　　　）

```
class Test {
  public static void main(String[] args) {
    int x=5;
    boolean y=true;
    System.out.println(x<y);
```

```
  }
}
```

      A．编译错误   B．运行时出现异常   C．true   D．false

12．下列赋值语句中哪一个是错误的？（   ）

      A．float f=11.1;   B．double d=5.3E12;

      C．double d=3.14159;   D．double d=3.14D;

13．在下列代码中，变量 s 可以为哪种数据类型？（   ）

```
switch(s) {
  default:System.out.println("Best Wishes");
}
```

      A．byte   B．long   C．float   D．double

14．下列代码的运行结果是什么？（   ）

```
void looper() {
  int x=0;
  one:
  while(x<10) {
    two:
    System.out.print(++x);
    if(x>3)
      break two;
  }
}
```

      A．编译错误   B．0   C．1   D．2

15．选出下列代码的所有输出结果。（   ）

```
one:
two:
for(int i=0;i<3;i++) {
  three:
  for(int j=10;j<30;j+=10) {
    System.out.println(i+j);
    if(i>0)  break one;
  }
}
```

      A．10   B．20   C．11   D．21

16．请完成下面程序，使得程序的输出结果如图 2.6 所示。

```
public class LoopControl {
  public static void main(String[] args) {
    outer: for (int i = 0; i < 10; i++) {
      for(int j = 0; j < 10; j++) {
        if(j > i) {
          _____;
          _____;
        }
        System.out.print(" * ");
      }
    }
  }
}
```

```
*
* *
* * *
* * * *
* * * * *
* * * * * *
* * * * * * *
* * * * * * * *
* * * * * * * * *
* * * * * * * * * *
```

图 2.6 程序的输出结果

17．编写程序，计算 1!+2!+3!+…+20!。

18．编写程序，随机产生一个(50,100)之间的整数并判断其是否为素数。

19．编写程序，输出 1~9 的乘法口诀表。

第3章

Java 语言的面向对象特性

本章将介绍三方面的内容：一是 Java 语言中类与对象的定义；二是 Java 语言对 OOP（Object Oriented Programming，面向对象编程）的三个主要特性——封装、继承和多态的支持机制；三是数组对象这种数据结构。面向对象是 Java 语言的最基本特性之一，深刻理解这个特性是学好 Java 语言程序设计的关键。

3.1 类与对象

类描述了同一类对象共同拥有的数据和行为，也包含了被创建对象的属性和方法的定义。学习 Java 语言编程就是学习怎样编写类，也就是怎样用 Java 语言的语法描述一类事物的公共属性和行为。在 Java 语言中，对象的属性通过变量来描述，对象的行为通过方法来实现。方法可以操作属性以形成一个算法来实现一个具体的功能，把属性和方法封装成一个整体就形成了一个类。

3.1.1 类的定义

Java 程序是由一个或若干个类组成的，类是 Java 程序的基本组成单位。编写 Java 程序就是定义类，然后根据定义的类创建对象。类由成员变量和成员方法两部分组成，成员变量的类型可以是基本数据类型、数组类型、自定义类型，成员方法用于处理类的数据。一个 Java 类从结构上可以分为类声明和类体两部分，如图 3.1 所示。

1. 类声明

类声明用于描述类的名称和类的属性（如访问权限、与其他类之间的关系等）。类声明的语法格式如下：

```
[public] [abstract|final] class <className> [extends superClassName] [implements
interfaceNameList] {...}
```

- "[]"表示可选项，"<>"表示必选项，"|"表示多选一。
- public、abstract 或 final：指定类的访问权限及其属性，用于说明所定义类的相关特性（后续章节将介绍）。
- class：Java 语言的关键字，表明这是一个类的定义。
- className：指定类名称的标识符。

- extends superClassName：指定所定义的类继承自哪一个父类。当使用关键字 extends 时，父类名称为必选参数。
- implements interfaceNameList：指定该类实现哪些接口。当使用关键字 implements 时，接口列表为必选参数。

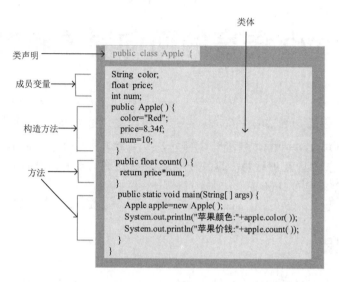

图 3.1　类定义的结构

2．类体

类体是指出现在类声明后面的花括号中的内容。类体提供了类的对象在生命周期中需要的所有代码：①构造和初始化新对象的构造方法；②表示类及其对象状态的变量；③实现类及其对象的方法；④进行对象清除的 finalize()方法。

3.1.2　成员变量与局部变量

当一个变量的声明出现在类体中，并且不属于任何一个方法时，该变量称为类的成员变量。在方法体中声明的变量及方法的参数统称为方法的局部变量。

1．成员变量

成员变量表示类的状态和属性。声明成员变量的语法格式如下：

```
[public|protected|private] [static] [final] [transient] [volatile] <type> <variableName>;
```

- public、protected 或 private：指定变量的访问权限。
- static：指定成员变量为静态变量（也称类变量），其特点是可以通过类名直接访问。如果省略该关键字，则表示为实例变量。
- final：指定成员变量为常量。
- transient：指定成员变量为暂时性变量，告知 JVM 该变量不属于对象的持久状态，从而不能被持久存储。如果省略该关键字，则类中的所有变量都是对象持久状态的一部分，当对象被保存到外存时，这些变量必须同时被保存。
- volatile：指定成员变量在被多个并发线程共享时，JVM 将采取优化的控制方法提高线程的并发执行效率。该关键字是 Java 语言的一种高级编程技术，一般情况下程序员很少使用。

- type：指定成员变量的数据类型。
- variableName：指定成员变量的名称。

【例 3.1】 在 Apple1 类的定义中，声明了 3 个类的成员变量，并在 main()方法中通过输出它们的值来说明 Apple1 类的状态特征。

```
1.  public class Apple1 {
2.      public String color;                    //声明公共变量 color
3.      public static int num;                  //声明静态变量 num
4.      public final boolean MATURE=true;       //声明常量 MATURE 并赋值
5.      public static void main(String[] args) {
6.          System.out.println("苹果数量: "+num);
7.          Apple1 apple=new Apple1();
8.          System.out.println("苹果颜色: "+apple.color);
9.          System.out.println("苹果是否成熟: "+apple.MATURE);
10.     }
11. }
```

【运行结果】

```
苹果数量: 0
苹果颜色: null
苹果是否成熟: true
```

【分析讨论】

- num 是静态变量（类变量），在运行时 JVM 只为类变量分配一次内存，并在加载类过程中完成其内存分配，所以可以通过类名直接访问（程序的第 6 行代码）。
- color 是实例变量，MATURE 被声明为常量，必须通过所创建对象的名称 apple 才能访问它们（程序的第 7、8、9 行代码）。

2. 局部变量

局部变量作为方法或语句块的成员，存在于方法的参数列表和方法体的定义中。声明局部变量的语法格式如下：

```
[final] <type> <变量名>;
```

- final：可选项，指定局部变量为常量。
- type：指定局部变量的数据类型，它可以是任意一种 Java 语言的数据类型。
- 变量名：变量名必须是合法的 Java 语言标识符。
- 对于类中定义的成员变量，如果没有进行初始化，则 Java 语言将自动给它们赋予一个初值，即默认初始值。而对于局部变量，在使用之前必须进行初始化，然后才能使用。

【例 3.2】 在 Apple2 类的定义中，介绍了使用局部变量需要注意的问题。

```
1.  public class Apple2 {
2.      String color="Red";          //声明成员变量 color, 并赋初值"Red"
3.      float price;                 //声明成员变量 price, 其默认初始值为 0.0f
4.      public String getColor() {
5.          return color;
6.      }
7.      public float count() {
8.          int num;                 //声明局部变量 num
9.          if(num<0)                //错误语句, 因为局部变量 num 还没有被赋值就使用
10.             return 0;
11.         else
12.             return price*num;
13.     }
14.     public static void main(String[] args) {
```

```
15.        Apple2 apple=new Apple2();
16.        System.out.println("苹果总价钱: "+apple.count());
17.    }
18. }
```

【编译结果】

```
Apple2.java:9: 错误: 可能尚未初始化变量 num
    if(num<0)           //错误语句，因为局部变量 num 还没有被赋值就使用
       ^
1 个错误
```

【分析讨论】

程序的第 16 行代码，通过对象 apple 调用了方法 count()，而此时在 count()方法中定义的局部变量 num，在使用之前没有进行初始化，所以造成了程序编译错误（第 9 行代码）。

3. 变量的有效范围

变量的有效范围是指变量在程序中的作用区域，在区域外不能直接访问变量。有效范围决定了变量的生存周期——指从声明一个变量并分配内存空间、使用变量开始，直到释放变量并清除所占用内存空间的过程。变量声明的位置决定了变量的有效范围。根据变量的有效范围的不同，可以将变量分为以下两种。

- 成员变量：类体中声明的成员变量在整个类的范围内有效。
- 局部变量：在方法体内或方法体内的代码块（方法体内部，"{"与"}"之间的代码块）中声明的变量称为局部变量。在代码块外、方法体内声明的变量在整个方法体的范围内有效。

【例 3.3】在 Olympics1 类的定义中，说明了成员变量与局部变量的有效范围。

```
1.  public class Olympics1 {
2.      private int medal_All=800;      //成员变量
3.      public void China() {
4.          int medal_CN=100;           //代码块外、方法体内的局部变量
5.          if(medal_CN<1000) {         //代码块
6.              int gold=50;            //代码块的局部变量
7.              medal_CN+=30;           //允许访问本方法的局部变量
8.              medal_All-=130;         //允许访问本类的成员变量
9.          }                           //代码块结束
10.     }
11. }
```

【分析讨论】

在第 5~9 行代码定义的代码块中，允许访问类的成员变量 medal_All 和方法体内定义的局部变量 medal_CN。

3.1.3 成员方法

类的成员方法由方法声明和方法体两部分组成，其语法格式如下：

```
[accessLevel] [static] [final] [abstract] [native] [synchronized] <return_type> <name>
([<argument_list>]) [throws <exception_list>] {[block]}
```

- accessLevel：指定方法的访问权限，可选值为 public、protected 与 private。
- static：指定成员方法为静态方法。
- final：指定成员方法为最终方法。
- abstract：指定成员方法为抽象方法。

- native：指定成员方法为本地方法，即方法用其他语言实现。
- synchronized：控制多个并发线程对共享数据的访问。
- return_type：指定成员方法的返回类型，可以是任意的 Java 语言数据类型。如果方法没有返回值，则可以指定为 void 标识。
- name：指定成员方法的名称。
- argument_list：形式参数列表。方法可以分为有参数的方法和无参数的方法两种。参数类型可以是 Java 语言的数据类型。
- throws <exception_list>：列出方法将要抛出的异常。
- block：方法体包括局部变量的声明和所有合法的 Java 语句。方法体可以省略，但是外面的一对花括号不能省略。
- 方法体中的局部变量的作用域只在方法体内部，当方法调用返回时，局部变量也不再存在。
- 如果局部变量的名称与其所在类的成员变量的名称相同，则类的成员变量被隐藏；如果要将成员变量显式地表现出来，则需要在成员变量的前面加上关键字 this。

【例 3.4】在 Olympics2 类的定义中，说明了在成员变量与局部变量同名的情形下，用关键字 this 标识成员变量的方法。

```
1.   public class Olympics2 {
2.       private int gold=0;
3.       private int silver=0;
4.       private int copper=0;
5.       public void changeModel(int a,int b,int c) {
6.           gold=a;
7.           int silver=b;              //silver 使同名类成员变量隐藏
8.           int copper=50;             //copper 使同名类成员变量隐藏
9.           System.out.println("In changeModel: "+"金牌="+gold+" 银牌="+silver+" 铜牌="+copper);
10.          this.copper=c;             //给类成员变量 copper 赋值
11.      }
12.      String getModel() {
13.          return "金牌="+gold+" 银牌="+silver+" 铜牌="+copper;
14.      }
15.      public static void main(String args[]) {
16.          Olympics2 o2=new Olympics2();
17.          System.out.println("Before changeModel: "+o2.getModel());
18.          o2.changeModel(100,100,100);
19.          System.out.println("After changeModel: "+o2.getModel());
20.      }
21.  }
```

【运行结果】

```
Before changeModel: 金牌=0 银牌=0 铜牌=0
In changeModel: 金牌=100 银牌=100 铜牌=50
After changeModel: 金牌=100 银牌=0 铜牌=100
```

【分析讨论】

- 在 main()方法中，创建了 Olympics2 类的对象 o2。第 17 行代码通过对象 o2 调用了 getModel()方法。getModel()方法中操作的全部是成员变量，而且第 2～4 行代码的成员变量进行的是显式初始化，所以得到了第 1 行的输出结果。
- 成员变量 silver 和 copper 与 changeModel()方法中定义的局部变量同名，如果不加特殊标识 this，则在 changeModel()方法中操作的是局部变量 silver 和 copper。因此，当第 18

行代码调用 changeModel()方法时，得到了第 2 行的输出结果。

- 在 changeModel()方法中，使用关键字 this 显示成员变量 copper，并为其赋值，又因为更新了成员变量 gold 的值，所以，当第 19 行代码在调用 getModel()方法时，得到了第 3 行的输出结果。
- 需要注意的是，return 通常放在方法的最后，用于退出当前方法并返回一个值，使程序把控制权交给调用它的语句。return 语句中的返回值的类型必须与方法声明中的返回值的类型相匹配。

3.1.4　对象的创建

在 Java 语言中，对象是通过类创建的，对象是类的动态实例。一个对象在程序运行期间的生存周期包括创建、使用和销毁 3 个阶段。在 Java 语言中，对象的创建、使用和销毁有一套完善的机制。在 Java 语言中，创建一个对象的语法格式如下：

```
<className> <objectName>;
```

- className：指定一个已经定义的类。
- objectName：指定一个对象的名称。

例如，声明 Apple 类的一个对象 redApple 的语句如下：

```
Apple  redApple;
```

在声明对象时，只是在内存中为其分配一个引用空间，并设置为 null，表示不指向任何存储空间，然后为对象分配存储空间。这个过程称为对象的实例化。实例化对象使用关键字 new 来实现，它的语法格式如下：

```
<objectName>=new <SomeClass>([argument_list]);
```

- objectName：指定已经声明的对象的名称。
- SomeClass：指定需要调用的构造方法的名称。
- argument_list：指定构造方法的参数列表。如果无参数，则可以省略。

在声明 Apple 类的一个对象 redApple 后，通过下面的语句可以为对象 redApple 分配存储空间，执行关键字 new 后面的构造方法将完成对象的初始化，并返回对象的引用。当对象创建不成功时，关键字 new 将返回 null 给对象 redApple。

```
redApple=new Apple();
```

在声明对象时，也可以直接实例化对象，即将上述步骤合二为一。

```
Apple redApple=new Apple();
```

【例 3.5】在 Point1 类的定义中，声明了两个成员变量，并在构造方法中定义了两个整数的参数列表。

```
1.  public class Point1 {
2.      int x=1;
3.      int y=1;
4.      public Point1(int x,int y) {
5.          this.x=x;
6.          this.y=y;
7.      }
8.  }
```

如果执行如下语句，则可以创建 Point 类的对象：

```
Point pt=new Point(2,3);
```

下面是上述语句的对象创建与实例化过程。

（1）声明一个 Point 类的对象 pt，并为其分配一个引用空间，初始值为 null。此时，引用没有指向任何存储空间，即没有分配存储地址。

（2）为对象分配存储空间，并将成员变量进行默认初始化，数值型变量的初始值为 0，逻辑型变量的初始值为 false，引用类型变量的初始值为 null。

（3）执行显式初始化，即执行在类成员变量声明时带有的简单赋值语句。

（4）执行构造方法，进行对象的初始化。

（5）最后，执行语句中的赋值操作，将新创建对象的存储空间的首地址赋给对象 pt 的引用空间。

图 3.2 所示为执行上述过程中 5 个步骤时的对象状态。

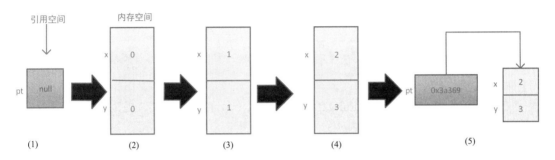

图 3.2　对象创建与实例化过程

3.1.5　对象的使用

创建对象以后，可以通过 "." 操作符来实现对成员变量和成员方法的访问。访问对象的成员变量的语法格式如下：

```
objectReference.variableName;
```

- objectReference：指定要调用的成员变量的对象的名称。
- variableName：指定要调用的成员变量的名称。

一般不提倡通过对象对成员变量进行直接访问。访问对象的成员变量的规范方式是通过对象提供的统一接口 setter 和 getter（成员方法）分别对变量进行写与读操作，优点是可以实现变量的正确性、完整性的约束检查。当需要对对象的成员变量进行直接访问时，可以使用 Java 语言的访问控制机制，以控制哪些类能够直接对变量进行访问。

调用对象的成员方法的语法格式如下：

```
objectReference.methodName([argument_list]);
```

- objectReference：指定调用成员方法的对象的名称。
- methodName：指定要调用的成员方法的名称。
- argument_list：指定被调用的成员方法的参数列表。
- 对象的成员方法可以通过设置访问权限来允许或禁止其他对象的访问。

【例 3.6】创建 Point2 类的对象 pt，访问其成员变量和成员方法。

```
1.    public class Point2 {
2.        int x=1;
3.        int y=1;
```

```
4.     public void setXY(int x,int y) {
5.         this.x=x;
6.         this.y=y;
7.     }
8.     public int getXY() {
9.         return x*y;
10.    }
11.    public static void main(String[] args) {
12.      Point2 pt=new Point2();              //声明并创建 Point2 类的对象 pt
13.      pt.x=2;                              //访问对象 pt 的成员变量 x，并改变其值
14.      System.out.println("x 与 y 的乘积为: "+pt.getXY());
15.      pt.setXY(3,2);                       //调用对象 pt 带参数的成员方法 setXY()
16.      System.out.println("x 与 y 的乘积为: "+pt.getXY()); //调用成员方法 getXY()
17.    }
18. }
```

【运行结果】

x 与 y 的乘积为: 2
x 与 y 的乘积为: 6

【分析讨论】

- 在 main()方法中，创建了 Point2 类的对象 pt（第 12 行代码），通过对象 pt 修改了 x 的值（第 13 行代码）。
- 第 14 行代码通过调用 getXY()方法输出更新前的执行结果。第 15 行代码通过调用 setXY()方法，将参数 3 和 2 分别传递给变量 x 和 y，即将成员变量的值更新。最后再次调用 getXY()方法输出更新后的执行结果（第 16 行代码）。

3.1.6 对象的销毁

在 Java 语言中，程序员可以创建所需要的对象，但是不必关心对象的删除。因为 Java 语言提供了垃圾回收器，可以自动地判断对象是否还在使用，然后自动销毁不再使用的对象，并回收对象所占用的系统资源。Object 类提供了 finalize()方法，自定义的 Java 类可以覆盖这个方法，并在这个方法中释放对象所占的资源。

对于 JVM 的垃圾回收器来说，存储空间中的每个对象都可能处于以下三个状态之一。

- 可触及状态：当一个对象被创建之后，只要程序中还有引用变量在引用该对象，该对象就始终处于可触及状态。
- 可复活状态：当程序中不再有任何引用变量引用某个对象时，该对象就进入可复活状态。在这个状态中，垃圾回收器将会释放该对象所占用的存储空间。在释放之前，垃圾回收器将会调用该对象及其他处于可复活状态的对象的 finalize()方法。这些 finalize()方法有可能使对象重新转到可触及状态。
- 不可触及状态：JVM 执行完所有处于可复活状态的对象的 finalize()方法之后，如果这些方法都没有使某个对象转到可触及状态，则该对象将进入不可触及状态。只有当对象处于不可触及状态时，垃圾回收器才真正回收该对象所占用的存储空间。

Java 语言垃圾回收器执行机制的状态转换图如图 3.3 所示。

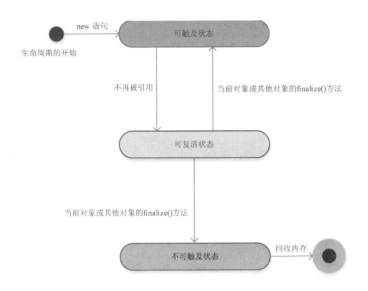

图 3.3　Java 语言垃圾回收器执行机制的状态转换图

3.1.7　方法重载

当在同一个类中定义了多个同名而内容不同的成员方法时，称这些方法为重载方法（Overloading Method）。重载方法通过形式参数列表中参数个数、参数类型和参数顺序的不同加以区分。在编译阶段，Java 语言的编译器要检查每个方法所用的参数个数和参数类型，然后调用正确的方法，即实现了 Java 语言的编译时多态。Java 语言规定重载方法必须遵循以下原则：

- 方法的参数列表必须不同，包括参数的个数或类型，以此区分不同的方法体。
- 方法的返回值的类型、修饰符可以相同，也可以不同。
- 在实现方法重载时，方法返回值的类型不能作为区分方法重载的标志。

【例 3.7】在 Calculate 类的定义中，分别定义了两个名称为 getArea()的方法（参数个数不同）和两个名称为 draw()的方法（参数类型不同），用以输出不同图形的面积。

```
1.   public class Calculate {
2.     final float PI=3.14159f;
3.     public float getArea(float r) {              //计算面积的方法
4.       return PI*r*r;
5.     }
6.     public float getArea(float l,float w) {      //重载方法 getArea()
7.       return l*w;
8.     }
9.     public void draw(int num) {                  //画任意形状的图形
10.      System.out.println("画"+num+"个任意形状的图形");
11.    }
12.    public void draw(String shape) {             //画指定形状的图形
13.      System.out.println("画 1 个"+shape);
14.    }
15.    public static void main(String[] args) {
16.      Calculate c=new Calculate();               //创建 Calculate 类的对象
17.      float l=20;
18.      float w=40;
19.      System.out.println("求长为"+l+"、宽为"+w+"的矩形的面积是: "+c.getArea(l,w));
20.      float r=6;
21.      System.out.println("求半径为"+r+"的圆形的面积是: "+c.getArea(r));
```

```
22.        int num=8;
23.        c.draw(num);
24.        c.draw("矩形");
25.    }
26. }
```

【运行结果】

求长为 20.0、宽为 40.0 的矩形的面积是：800.0
求半径为 6.0 的圆形的面积是：113.097244
画 8 个任意形状的图形
画 1 个矩形

【分析讨论】

- 第 19 行代码调用了 getArea()方法，由于传递的实际参数是两个 float 类型变量 l 和 w，所以，此时对象 c 调用的是第 6～8 行代码定义的 getArea()方法。
- 第 21 行代码调用了 getArea()方法，由于传递的实际参数是一个 float 类型的变量 r，所以，此时对象 c 调用的是第 3～5 行代码定义的 getArea()方法。
- 第 23 行代码调用了 draw()方法，由于传递的实际参数是一个 int 类型变量 num，所以，此时对象 c 调用的是第 9～11 行代码定义的 draw()方法。
- 第 24 行代码调用了 draw()方法，由于传递的是一个 String 类型的参数，所以，此时对象 c 调用的是第 12～14 行代码定义的 draw()方法。

3.1.8　关键字 this

关键字 this 表示对象本身，常用于一些容易混淆的情形。例如，当成员方法的形式参数的名称与数据所在类的成员变量的名称相同时，或者当成员方法的局部变量的名称与类的成员变量的名称相同时，在方法内部可以借助关键字 this 指明引用的是类的成员变量，而不是成员方法的形式参数或局部变量，从而提高程序的可读性。

this 代表了当前对象的一个引用，可以将其理解为对象的另外一个名字，通过这个名字可以顺利地访问对象、修改对象的数据成员、调用对象的方法。归纳起来，关键字 this 的使用情形有以下 3 种。

- 用来访问当前对象的一个引用，使用格式为：this.数据成员。
- 用来访问当前对象的成员方法，使用格式为：this.成员方法(参数列表)。
- 当重载构造方法时，用来引用同类的其他构造方法，使用格式为：this.构造方法(参数列表)。

【例 3.8】通过关键字 this 区别成员变量 color 和局部变量 color，并通过关键字 this 访问当前对象的成员方法 count()。

```
1.  public class Fruit {
2.      String color="绿色";
3.      double price;
4.      int num;
5.      public void harvest() {
6.          String color="红色";
7.          System.out.println("水果原来是: "+this.color+"的! ");    //此时输出的是成员变量 color
8.          System.out.println("水果已经收获! ");
9.          System.out.println("水果现在是: "+color+"的! ");         //此时输出的是局部变量 color
10.         //使用关键字 this 调用成员方法 count()
11.         System.out.println("水果的总价钱是: "+this.count(2.14,50)+"元。");
12.     }
```

```
13.    public double count(double price,int num) {
14.       this.price=price;                    //将形参 price 赋值给成员变量 price
15.       this.num=num;                        //将形参 num 赋值给成员变量 num
16.       return price*num;
17.    }
18.    public static void main(String[] args) {
19.       Fruit obj=new Fruit();
20.       obj.harvest();
21.    }
22. }
```

【运行结果】

水果原来是：绿色的！
水果已经收获！
水果现在是：红色的！
水果的总价钱是：107.00 元。

【分析讨论】

- 在 count(double price,int num)方法中，如果不使用关键字 this，则作为类的成员变量的 price 和 num 将被隐藏，将不会得到预期的对象初始化结果。
- 在 harvest()方法中，使用关键字 this 调用成员方法 count()（第 11 行代码），这个 this 的使用是不必要的。当一个对象的方法被调用时，Java 语言会自动给对象的变量和方法都加上 this 引用，指向内存中的对象，所以有些情形下不需要使用关键字 this。

3.1.9　构造方法

Java 语言中所有的类都有构造方法，用来对对象进行初始化。构造方法也有名称、参数、方法体及访问权限的限制。

1．构造方法的声明

声明构造方法的语法格式如下：

```
[accessLevel] <className>([argument_list]) {
   [block]
}
```

- accessLevel：指定构造方法的访问权限。
- className：指定构造方法的名称，这个名称必须与所属类的名称相同。
- argument_list：指定构造方法中所需要的参数。
- block：方法体是构造方法的实现部分，包括局部变量的声明和所有合法的 Java 语句。当方法体省略时，其外面的一对花括号不能省略。

构造方法与一般方法在声明上的区别如下：

- 构造方法的名称必须与所属类的名称相同，并且构造方法不能有返回值。
- 用户不能直接调用构造方法，必须通过关键字 new 自动调用它。

【例 3.9】在 Apple3 类的定义中，声明了两个构造方法，并通过这两个构造方法分别创建了一个 Apple 类的对象。

```
1.  public class Apple3 {
2.      private int num;
3.      private double price;
4.      public Apple3() {
5.          num=10;
6.          price=2.34;
```

```
7.        }
8.        public void Apple3(int num,double price) {
9.           this.num=num;
10.          this.price=price;
11.       }
12.       public void display() {
13.          System.out.println("苹果的数量: "+num);
14.          System.out.println("苹果的单价: "+price);
15.       }
16.       public static void main(String args[]){
17.          Apple3 a1=new Apple3();
18.          Apple3 a2=new Apple3(50,3.15);
19.          a1.display();
20.          a2.display();
21.       }
22.    }
```

【运行结果】

```
苹果的数量: 10
苹果的单价: 2.34
苹果的数量: 50
苹果的单价: 3.15
```

【分析讨论】

- 在 Apple3 类的定义中，第 4～7 行代码定义了一个没有参数的构造方法，第 8～11 行代码定义了一个含有两个参数的构造方法。

- 在 main()方法中，通过这两个构造方法分别创建了一个对象。其中，对象 a1 的成员变量的值为 10 与 2.34，对象 a2 的成员变量的值为传递的实际参数 50 与 3.15。然后对象 a1 和 a2 通过调用 display()方法来输出各自成员变量的值，得到了上述输出结果。

2. 默认的构造方法

在 Java 语言中，类可以不定义构造方法，而其他的类仍然可以通过调用无参数的构造方法来实现该类的实例化。这是因为 Java 语言为每个类都自动提供一个特殊的、不带参数且方法体为空的默认构造方法。默认的构造方法的语法格式如下：

```
public <className> {}
```

- 当用默认的构造方法初始化对象时，系统将用默认值初始化对象的成员变量。

- 一旦在类中定义了显式的构造方法，无论是定义了一个还是定义了多个，系统都将不再提供默认的无参数构造方法。此时，如果在程序中使用默认的构造方法，则将会出现编译错误。

3. 构造方法的重载

构造方法也可以重载，重载的目的是使类的对象具有不同的初始值，从而为对象的初始化提供便利。一个类的若干个构造方法之间还可以实现相互调用。当一个构造方法需要调用另一个构造方法时，可以使用关键字 this。同时，这条调用语句应该是整个构造方法的第一条可执行语句。这样可以最大限度地提高已有代码的利用率，减少程序维护的工作量。

【例 3.10】对 Apple4 类的构造方法进行重载，使用关键字 this 来调用同类的其他构造方法。

```
1.    class Apple4 {
2.       private String color;
3.       private int num;
4.       public Apple4(String c,int n) {
5.          color=c;
```

```
6.        num=n;
7.      }
8.      public Apple4(String c) {
9.        this(c,0);
10.     }
11.     public Apple4() {
12.       this("Unknown");
13.     }
14.     public String getColor() {
15.       return color;
16.     }
17.     public int getNum() {
18.       return num;
19.     }
20. }
21. public class AppleDemo {
22.    public static void main(String args[]) {
23.       Apple4 apple=new Apple4();
24.       System.out.println("苹果的颜色: "+apple.getColor());
25.       System.out.println("苹果的数量: "+apple.getNum());
26.    }
27. }
```

【运行结果】

```
苹果的颜色: Unknown
苹果的数量: 0
```

【分析讨论】

- 关键字 this 用来调用同类的其他构造方法。
- 在 main()方法中，第 23 行代码调用了无参数的构造方法 Apple4()，而它的执行导致了第 12 行代码调用了含有一个参数的构造方法，而这个构造方法的执行同样导致了第 9 行代码调用了含有两个参数的构造方法（第 4 行代码）。

3.2　封装

　　封装是 OOP 的一个重要特性。一般地，封装是将客户端不应看到的信息包裹起来，使内部的执行对于外部来说是一种不透明的黑箱，客户端不需要了解内部资源就能够达到目的。为数据提供良好的封装是保证类设计的最基本方法之一。

3.2.1　封装的概念

　　封装也称数据隐藏，是指将对象的数据与操作数据的方法相结合，通过方法将对象的数据与实现细节保护起来，只保留一些对外接口，以便与外界发生联系。系统的其他部分只能通过包裹在数据外面的被授权的操作来访问对象，因此封装同时实现了对象的隐藏。也就是说，用户无须知道对象的内部方法的实现细节，但是可以根据对象提供的外部接口（对象名和参数）访问对象。封装具有以下特征：

- 在类的定义中，通过设置访问对象的属性及方法的权限，限制该类的对象及其他类的对象的使用范围。
- 提供一个接口来描述其他对象的使用方法。
- 其他对象不能直接修改对象所拥有的属性和方法。

封装反映了事物的相对独立性。封装在编程上的作用是使对象以外的部分不能随意存取对象的内部数据，从而有效地避免了外部错误对它的"交叉感染"。通过封装和数据隐藏机制，可以将一个对象相关的变量和方法封装为一个独立的软件体，单独进行实现与维护，并使对象能够在系统内部方便地进行传递，另外也保证了对象数据的一致性并使程序易于维护。OOP 的封装单位是对象。类的概念本身也具有封装的含义，因为对象的特性是由类来描述的。

3.2.2 访问控制

访问控制是通过在类的定义中使用关键字来实现的，以达到保护类的变量和方法的目的。Java 语言支持 4 种不同的访问控制权限，这 4 种访问控制权限如下所述。

- 私有的：用关键字 private 指定。
- 保护的：用关键字 protected 指定。
- 共有的：用关键字 public 指定。
- 默认的（也称 default 或 package）：不使用关键字指定。

访问控制的对象有包、类、接口、类成员和构造方法。除了包的访问控制由系统决定，其他的访问控制均通过访问控制符来实现。访问控制符是一组限定类、接口、类成员、构造方法是否可以被其他类访问的关键字。其中，类和接口只有 public 和 default 这两种访问控制权限，而类成员和构造方法则有 public、private、protected 和 default 这 4 种访问控制权限。Java 语言的类成员的 4 种访问控制权限及其可见性如表 3.1 所示。

表 3.1　Java 语言的类成员的 4 种访问控制权限及其可见性

访问控制符	可否直接访问			
	同一个类中	同一个包中	不同包中的子类	任何场合
private	√			
default	√	√		
protected	√	√	√	
public	√	√	√	√

1. private

类中带有关键字 private 的成员只能在类的内部使用，在其他类中则不允许直接访问。一般地，把那些不想让外界访问的数据和方法声明为私有的，有利于数据的安全并保证数据的一致性，也符合编程中隐藏内部信息处理细节的基本原则。

构造方法也可以声明为 private。如果一个类的构造方法声明为 private，则其他类不能生成该类的实例对象。一个类不能访问其他类的对象的 private 成员，但是同一个类的两个对象之间是可以相互访问对方的 private 成员的。这是因为访问控制是在类层次上（不同类的所有实例对象），而不是在对象层次上（同一个类的特定实例）。

【例 3.11】在 Parent 类的定义中，通过成员方法 isEqualTo()，验证了同一个类的对象之间可以访问其私有的成员。

```
1.   class Parent {
2.     private int privateVar;
3.     public Parent(int p) {
4.       privateVar=p;
5.     }
6.     boolean isEqualTo(Parent anotherParent) {
```

```
7.        if(this.privateVar==anotherParent.privateVar)
8.          return true;
9.        else
10.         return false;
11.     }
12. }
13. public class PrivateDemo {
14.    public static void main(String[] args) {
15.       Parent p1=new Parent(20);
16.       Parent p2=new Parent(40);
17.       System.out.println(p1.isEqualTo(p2));
18.    }
19. }
```

【运行结果】

```
false
```

【分析讨论】

* 在 Parent 类中定义了一个 isEqualTo()方法，它比较了 Parent 类的当前对象的私有变量 privateVar 与另一个对象 anotherParent 的私有变量 privateVar 是否相等。如果相等，则返回 true，否则返回 false。
* 在测试类 PrivateDemo 中，虽然对象 p1 和 p2 同为 Parent 类的对象，但是它们的私有成员变量 p1.privateVar 和 p2.privateVar 的值却不同，分别为 20 和 40，因此，最后的输出结果为 false。
* 该程序说明了访问控制是应用于类层次（class）或类型层次（type），而不是对象层次。

2. default

如果一个类没有显示地设置成员的访问控制级别，则说明它使用的是默认的访问权限，称为 default 或 package。default 访问权限允许被这个类本身或相同包中的类访问其成员，这个访问控制级别假设在相同包中的类是相互信任的。对于构造方法，如果不加任何访问权限，也是 default 访问权限，则除这个类本身和相同包中的其他类以外，其他的类均不能生成该类的实例对象。

【例 3.12】在 Parent 类中定义了具有 default 访问控制权限的成员变量和方法。Parent 类属于 p1 包，Child 类也属于 p1 包，所以 Child 类可以访问 Parent 类的具有 default 访问控制权限的成员变量和方法。

```
1.   package p1;
2.   class Parent {
3.     int packageVar;
4.     void packageMethod() {
5.        System.out.println("I am packageMethod!");
6.     }
7.   }
```

下面是 Child 类的定义：

```
1.   package p1;
2.   class Child {
3.     void accessMethod() {
4.       Parent a=new Parent();
5.       a.packageVar=10;        //合法的
6.       a.packageMethod();      //合法的
7.     }
8.   }
```

3. protected

具有 protected 访问控制权限的类成员可以被同一个类、它的子类及同一个包中的其他类访问。因此，当允许同一个类的子类和相同包中的其他类访问而禁止其他不相关的类访问时，可以使用关键字 protected。关键字 protected 将同一个类的子类和相同包中的其他类视为一个家族，只允许家族成员之间相互访问，而禁止这个家族之外的类和对象涉足其中。

假设定义 3 个类：Parent、Person 和 Child，Child 类是 Parent 类的子类。Parent 类和 Person 类在 p1 包中，而 Child 类在 p2 包中。Parent 类的定义如下：

```
1.  package p1;
2.  class Parent {
3.    protected int protectedVar;
4.    protected void protectedMethod() {
5.       System.out.println("I am protectedMethod!");
6.    }
7.  }
```

因为 Person 类与 Parent 类属于同一个包，所以 Person 类可以访问 Parent 类的具有 protected 访问权限的成员变量和方法。Person 类的定义如下：

```
1.  package p1;
2.  class Person {
3.    void accessMethod() {
4.       Parent p=new Parent();
5.       p.protectedVar=100;
6.       p.protectedMethod();
7.    }
8.  }
```

Child 类继承了 Parent 类，但是却在 p2 包中。Child 类的对象虽然可以访问 Parent 类的具有 protected 访问权限的成员变量和方法，但是只能通过 Child 类的对象或它的子类对象进行访问，不能通过 Parent 类的对象直接对这两个类的具有 protected 访问权限的成员进行访问。因此，Child 类的 accessMethod()方法试图通过 Parent 类的对象 p 访问 Parent 类的成员变量 protectedVar 和方法 protectedMethod()是非法的，而通过 Child 类的对象 c 访问 Parent 类的成员变量和方法则是合法的。Child 类的定义如下：

```
1.  package p2;
2.  import p1.*;
3.  class Child extends Parent {
4.    void accessMethod(Parent p, Child c) {
5.       p.protectedVar=10;        //非法的
6.       c.protectedVar=10;        //合法的
7.       p.protectedMethod();      //非法的
8.       c.protectedMethod();      //合法的
9.    }
10. }
```

【分析讨论】

如果 Child 类与 Parent 类属于同一个包，则上述非法语句就是合法的了。

4. public

带有关键字 public 的成员可以被所有的类访问。如果构造方法的访问权限为 public，则所有的类都可以生成该类的实例对象。一般地，一个成员只有在被外部对象使用后不会产生不良结果时，才会被声明为 public。当类中的方法被声明为 public 时，表示该方法是这个类对外的接口，程序的其他部分可以通过调用该方法达到与当前类交换信息、传递消息甚至影响当前类的目的，从而避免了程序的其他部分直接去操作这个类的数据。

3.2.3　package 与 import

当用面向对象技术开发软件系统时，程序员需要定义许多类并使这些类共同工作，有些类可能需要在多处反复地被使用。为了使这些类易于查找和使用，避免命名冲突和限定类的访问权限，程序员可以将一组相关的类与接口包裹在一起形成一个包。包是类和接口的集合（或称为容器），它将一组类集中到一起。Java 语言通过包就可以方便地管理程序中的类了。包（package）的优点主要体现在以下 3 个方面。

- 程序员可以很容易地确定包中的类是相关的，并且根据所需的功能找到相应的类。
- 防止类命名的混乱。每个包都创建一个新的命名空间，因此不同包中的相同的类名不会冲突。
- 控制包中的类、接口、成员变量和方法的可见性。在包中，除声明为 private 的私有成员以外，类中所有的成员都可以被同一个包中的其他类和方法访问。

1．package 语句

包的创建就是将 Java 程序文件中的类与接口纳入指定的包中，创建包可以通过在类或接口的 Java 程序中使用 package 语句实现。package 语句的语法格式如下：

```
package pk1[.pk2[.pk3...]];
```

其中，"."符号代表目录分隔符，pk1 是最外层的包，pk2、pk3 依次是内层的包。

创建一个包就是在当前文件夹下创建一个子文件夹，存放这个包中包含的所有类的.class 文件。Java 编译器把包对应于文件系统的文件夹进行管理，因此包可以嵌套使用，即一个包中可以含有类的定义，也可以含有子包，其嵌套层数没有限制。

【例 3.13】用关键字 package 将 Circle 类打包到 com 目录下的 graphics 包中。

```
1.  package com.graphics;
2.  public class Circle {
3.     final float PI=3.14159f;      //定义一个用于表示圆周率的常量 PI
4.     public static void main(String[] args) {
5.        System.out.println("画一个圆形！");
6.     }
7.  }
```

Circle 类属于 com.graphics 包，所以该类的名称为 com.graphics.Circle。假设 Circle.java 文件保存在 E:\Java\JNBExamples\chap03 中，而 com.graphics.Circle 类位于 C:\mypkg 文件夹中，那么编译和运行该类的步骤如下：

（1）将 C:\mypkg 添加到 CLASSPATH 中。

（2）在"命令提示符"窗口中将 E:\Java\JNBExamples\chap03 作为当前文件夹，输入编译命令 javac -d C:\mypkg Circle.java，则在当前文件夹下生成 Circle.class 文件（javac 命令中的参数-d 用于指定所生成的类文件的路径）。

（3）在"命令提示符"窗口中输入命令 java com.graphics.Circle，则会得到运行结果"画一个圆形！"。

【分析讨论】

- package 语句必须在 Java 程序的第 1 行，该行之前只能有空格和注释。每个 Java 程序中只能有一条 package 语句，一个类只能属于一个包。

- 如果没有 package 语句，则 Java 程序为无名包。此时，将把 Java 程序保存在当前目录下。

2. import 语句

在通常情况下，一个类只能引用与它在同一个包中的类。如果要使用其他包中的 public 类，则可以使用以下两种方式。

- 导入包中的类。在每个要导入的类的名称前加上完整的包名。
- 使用 import 语句导入包中的类，其语法格式如下：

```
import pkg1[.pkg2[.pkg3...]].<类名|*>;
```

其中，pkg1[.pkg2[.pkg3[...]]]表明包的层次，"*"符号表示导入多个类。

Java 编译器默认所有的 Java 程序导入了 JDK 中的 java.lang 包中的所有类。

【例 3.14】在 graphics 包中有两个类：Point 和 Circle 类。在 TestPackage 类中导入 graphics 包中的全部类，验证关键字 package 和 import 的使用方法。

Point 类的定义如下，将其保存在 graphics 包中：

```
1.  package graphics;
2.  public class Point {
3.      public int x=0;
4.      public int y=0;
5.      public Point(int x,int y) {
6.          this.x=x;
7.          this.y=y;
8.      }
9.  }
```

Circle 类的定义如下，将其保存在 graphics 包中：

```
1.  package graphics;
2.  public class Circle {
3.      final float PI=3.14159f;        //定义一个用于表示圆周率的常量 PI
4.      public int r=0;                 //定义一个用于表示半径的变量 r
5.      public Point origin;
6.      public Circle(int r,Point origin) {
7.          this.r=r;
8.          this.origin=origin;
9.      }
10.     public void move(int x,int y) {
11.         origin.x=x;
12.         origin.y=y;
13.     }
14.     public float area() {
15.         return PI*r*r;
16.     }
17. }
```

TestPackage 类的定义如下，将其保存在 graphics 包中：

```
1.  import graphics.Point;
2.  import graphics.Circle;
3.  public class TestPackage {
4.      public static void main(String[] args) {
5.          Point p=new Point(2,3);
6.          Circle c=new Circle(3,p);
7.          System.out.println("The area of the circle is: "+c.area());
```

```
8.    }
9. }
```

【运行结果】

```
The area of the circle is: 28.274311
```

【分析讨论】

需要注意的是，非 public 类只能在同一个包中被使用，public 类可以在不同的包中被使用。

3.3 继承与多态

继承是 OOP 语言的基本特性，也是 OOP 方法中实现代码重用的一种重要手段。通过继承，程序员可以更有效地组织程序结构，明确类之间的关系，充分利用已有的类创建新的类，以完成更复杂的设计与开发工作。多态可以统一多个相关类的对外接口，并在运行时根据不同的情况执行不同的操作，提高类的抽象度和灵活性。

3.3.1 继承

1. 继承的概念

继承是 OOP 语言的一个重要特性。当一个类自动拥有另一个类的所有属性和方法时，则称这两个类之间具有继承关系。被继承的类称为父类（Parent Class）、超类（Super Class）或基类（Base Class），由继承得到的类称为子类（Subclass）。继承是类之间的"IS-A"关系，反映出子类是父类的特例。子类不仅能够继承父类的状态和行为，还可以修改父类的状态或重写父类的行为，并且可以为自身添加新的状态和行为。

在类的声明中，可以使用关键字 extends 指明其父类，语法格式如下：

```
[accessLevel] class <subClassName> extends <superClassName> {
    [类体]
}
```

- accessLevel：指定类的访问权限，可选值为 public、abstract。
- subClassName：指定子类的名称。
- extends <superClassName>：指定所定义的子类继承自哪一个父类。

【例 3.15】Bird 类在继承了 Animal 类的基础上，定义了自身的成员变量和方法，并对 move() 方法进行了重写。

```
1.  class Animal {
2.    boolean live=true;
3.    public void eat() {
4.       System.out.println("动物需要吃食物");
5.    }
6.    public void move(){
7.       System.out.println("动物会运动");
8.    }
9.  }
10. class Bird extends Animal {
11.    String skin="羽毛";
12.    public void move() {
13.       System.out.println("鸟会飞翔");
14.    }
15. }
16. public class Zoo {
```

```
17.    public static void main(String[] args) {
18.       Bird bird=new Bird();
19.       bird.eat();
20.       bird.move();
21.       System.out.println("鸟有: "+bird.skin);
22.    }
23. }
```

【运行结果】

```
动物需要吃食物
鸟会飞翔
鸟有: 羽毛
```

【分析讨论】

- 在程序中定义了一个 Animal 类的子类 Bird，在子类中定义了自身的成员变量和方法，并且重写了 move()方法（第 12～14 行代码）。
- 在测试类 Zoo 中创建了子类对象 bird，并调用了其成员变量和方法。其中，eat()方法是从父类继承的，move()方法是重写了父类的 move()方法，变量 skin 是子类的成员变量。

OOP 的一个基本原则是：不必每次都从头开始定义一个新的类，而是将新的类作为一个或若干个现有类的扩充或特殊化。如果不使用继承，则每个类都必须显式地定义它的所有特征。而利用继承机制，在定义一个新类时只需要定义那些与其他类不同的特征，与其他类相同的通用特征则可以从其他类继承下来，而不必逐一显式地定义。需要注意的是，子类不能继承父类中的 private 属性。

2．单继承

Java 语言不支持多重继承，而只支持单继承，所以 Java 语言的关键字 extends 后面的类名称只能有一个。单继承的优点是可以避免追溯过程中多个直接父类之间可能产生的冲突，使代码更加安全可靠。

多重继承在现实世界中普遍存在，Java 语言虽然不支持多重继承，但是提供了接口实现机制，允许一个类实现多个接口。这样既避免了多重继承的复杂性，又实现了多重继承的效果。

3．关键字 super

关键字 super 指向该关键字所在类的父类，用来调用父类中的成员变量和方法。在子类中可以使用关键字 super 调用父类中的成员变量和方法，但是必须在子类构造方法的第 1 行使用关键字 super 来调用。其语法格式如下：

```
super(参数列表);
```

参数列表：指定父类构造方法的入口参数。如果父类中的构造方法包括形式参数，则该项为必选项。

【例 3.16】在子类 Bird 的构造方法中，通过关键字 super 实现了调用父类 Animal 的构造方法。

```
1.  class Animal {
2.     boolean live=true;
3.     String skin=" ";
4.     public Animal(boolean l,String s) {
5.        live=l;
6.        skin=s;
7.     }
8.  }
9.  class Bird extends Animal {
```

```
10.    public Bird(boolean l,String s) {
11.       super(l,s);    //使用关键字 super 调用父类中含有两个参数的构造方法
12.    }
13. }
14. public class Zoo {
15.    public static void main(String[] args) {
16.       Bird bird=new Bird(true,"羽毛");
17.       System.out.println("鸟有: "+bird.skin);
18.    }
19. }
```

【运行结果】

鸟有：羽毛

【分析讨论】

- Java 语言的安全模型要求子类的对象在初始化时必须从父类继承，以实现完全的初始化。因此，在执行子类的构造方法之前一定要调用父类的一个构造方法。
- 当子类的构造方法的第 1 行通过关键字 super 调用父类的构造方法时，如果不使用关键字 super 指定，则将调用父类的默认的构造方法 (不带参数的构造方法)，会产生编译错误。
- 在子类 Bird 的定义中，第 11 行代码调用了父类中含有两个参数的构造方法，因此，将会得到第 17 行行代码的输出结果。

子类可以继承父类中非私有的成员变量和方法，但是在实际应用时需要注意以下两点：

- 如果子类的成员变量与父类的成员变量同名，则父类的成员变量将被隐藏。
- 如果子类的成员方法与父类的成员方法同名，并且参数个数、类型和顺序也相同，则子类成员方法将覆盖父类的成员方法。此时，如果要在子类中访问父类中被隐藏的成员变量和方法，就需要使用关键字 super，语法格式如下：

```
super.成员变量名;
super.成员方法名([参数列表]);
```

【例 3.17】在子类 Bird 的成员方法 move() 中，通过关键字 super 调用了父类 Animal 的成员方法 move()。

```
1.  class Animal {
2.     boolean live=true;
3.     String skin="";
4.     public void move() {
5.        System.out.println("动物会运动。");
6.     }
7.  }
8.  class Bird extends Animal {
9.     String skin="羽毛";          //子类的成员变量 skin 隐藏了父类的成员变量 skin
10.    public void move() {         //子类的成员方法 move() 覆盖了父类的成员方法 move()
11.       super.move();             //使用关键字 super 调用父类中被覆盖的成员方法 move()
12.       System.out.println("例如，鸟会飞翔。");
13.    }
14. }
15. public class Zoo {
16.    public static void main(String[] args) {
17.       Bird bird=new Bird();
18.       bird.move();
19.       System.out.println("鸟有: "+bird.skin);
20.    }
21. }
```

【运行结果】

动物会运动。
例如，鸟会飞翔。
鸟有：羽毛

【分析讨论】

- 子类 Bird 的第 10～13 行代码重写了父类 Animal 的 move()方法，如果要调用父类中被覆盖的成员方法，则必须使用关键字 super（第 11 行代码）。
- 如果要在子类中改变父类的成员变量 skin 的值，则可以使用 super.skin="羽毛";语句来实现。

3.3.2 方法的重写

类的继承既可以是子类对父类的扩充，也可以是子类对父类的改造。当类的扩充不能很好地满足功能需求时，就要在子类中对从父类继承的方法进行改造，这称为方法的重写（Overriding）。

- 子类中重写的方法必须和父类中被重写的方法具有相同的名称、参数列表和返回值类型。
- 子类中重写的方法的访问权限不能缩小。
- 子类中重写的方法不能抛出新的异常。

【例 3.18】Dog 和 Cat 类作为 Animal 类的子类，均重写了父类的成员方法 cry()，通过在测试类中生成每个子类的对象，验证了方法的重写机制。

```
1.   class Animal {
2.     boolean live=true;
3.     public void cry() {
4.        System.out.println("动物发出叫声！");
5.     }
6.   }
7.   class Dog extends Animal {
8.     public void cry() {        //子类重写了父类的成员方法 cry()
9.        System.out.println("狗发出汪汪声！");
10.    }
11.  }
12.  class Cat extends Animal {
13.    public void cry(){         //子类重写了父类的成员方法 cry()
14.       System.out.println("猫发出喵喵声！");
15.    }
16.  }
17.  public class Zoo {
18.    public static void main(String[] args) {
19.       Dog dog=new Dog();
20.       System.out.println("执行 dog.cry();语句时的执行结果是：");
21.       dog.cry();
22.       Cat cat=new Cat();
23.       System.out.println("执行 cat.cry();语句时的执行结果是：");
24.       cat.cry();
25.    }
26.  }
```

【运行结果】

执行 dog.cry();语句时的执行结果是：
狗发出汪汪声！

执行 cat.cry();语句时的执行结果是：
猫发出喵喵声！

【分析讨论】

- 在子类 Dog 和 Cat 中，第 8～10 行代码和第 13～15 行代码都重写了父类的成员方法 cry()，所以在 main()方法中，当通过两个子类的对象调用 cry()方法时，执行的也分别是两个子类各自的 cry()方法。
- 从运行结果中可以看出，重写体现了子类补充或改变父类方法的能力，通过重写可以使一个方法在不同的子类中表现出不同的行为。

3.3.3　多态

多态性是 OOP 语言的 3 个重要特性之一。多态是指在一个 Java 程序中相同名称的成员变量和方法可以表现出不同的实现。Java 语言的多态性主要表现在方法重载、方法重写（覆盖）及变量覆盖 3 个方面。

- 方法重载：指在一个类中可以定义多个名称相同而实现不同的成员方法，是一种静态多态性，或者称为编译时多态。
- 方法重写（覆盖）：指子类可以隐藏父类中同名的成员方法，是一种动态多态性，或者称为运行时多态。
- 变量覆盖：指子类可以隐藏父类中同名的成员变量。

多态性提高了程序的抽象性和简洁性。从静态与动态的角度可以将多态分为编译时多态和运行时多态。

- 编译时多态：指编译器在编译阶段根据实参的不同来静态地判定具体调用的方法。Java语言中的方法重载属于编译时多态。
- 运行时多态：指 Java 程序运行时系统能够根据对象状态的不同，调用其相应的成员方法，即动态绑定。Java 语言中的方法重写（覆盖）属于运行时多态。

1．上溯造型

类之间的继承关系使得子类具有父类的非私有变量和方法的访问权限，这意味着父类中定义的方法也可以在它派生的各级子类中使用，发送给父类的消息也可以发送给子类，所以子类对象可以作为父类对象来使用。程序中凡是使用父类对象的地方都可以用子类对象来代替。

上溯造型（Upcasting）是指可以通过引用子类的实例来调用父类的方法，从而将一种类型（子类）对象的引用转换成另一种类型（父类）对象的引用。

子类通常包含比父类更多的变量和方法，可以认为子类是父类的超集，所以上溯造型是一个从特殊、具体的类型到一个通用、抽象的类型的转换，类型安全能够得到保障。因此，Java编译器不需要任何特殊的标注，便允许使用上溯造型。

例如，父类 Animal 派生了 3 个子类：Parrot、Dot 和 Cat 类，利用上溯造型创建以下 3 个对象：

```
Animal a1 = new Parrot();
Animal a2 = new Dog();
Animal a3 = new Cat();
```

上述 3 个对象 a1、a2、a3 虽然都声明为父类类型，但是指向的是子类对象。

2．运行时多态

上溯造型使得一个对象既可以是其自身的类型，也可以是其父类的类型。这意味着子类对象可以作为父类对象使用，即父类对象变量可以指向子类对象。通过一个父类对象变量发出的方法调用，执行的方法既可以是在父类中的实现，也可以是在子类中的实现。具体只能在运行时根据该变量指向的具体对象类型来确定，这就是运行时多态。

运行时多态实现的原理是动态联编技术。将一个方法调用和一个方法体连接到一起就称为联编（Binding）。在程序执行之前执行的联编操作称为早联编；在程序运行时刻执行的联编操作称为晚联编。在晚联编中，联编操作是在程序运行时刻根据对象的具体类型进行的。也就是说，在晚联编中，编译器此时依然不知道对象的类型，但是运行时刻的方法调用机制能够自己确定并找到正确的方法体。

【例 3.19】运行时多态的示例。

```
1.  import java.util.*;
2.  class Animal {                              //定义父类 Animal
3.     void cry() {    }
4.     void move() {    }
5.  }
6.  class Parrot extends Animal {               //定义子类 Parrot
7.     void cry() {                             //重写父类的成员方法 cry()
8.        System.out.println("鹦鹉会说话！");
9.     }
10.    void move() {                            //重写父类的成员方法 move()
11.       System.out.println("鹦鹉正在飞行！");
12.    }
13. }
14. class Dog extends Animal {                  //定义子类 Dog
15.    void cry() {                             //重写父类的成员方法 cry()
16.       System.out.println("狗发出汪汪声！");
17.    }
18.    void move() {                            //重写父类的成员方法 move()
19.       System.out.println("小狗正在奔跑！");
20.    }
21. }
22. class Cat extends Animal {                  //定义子类 Cat
23.    void cry() {                             //重写父类的成员方法 cry()
24.       System.out.println("猫发出喵喵声！");
25.    }
26.    void move() {                            //重写父类的成员方法 move()
27.       System.out.println("小猫正在爬行！");
28.    }
29. }
30. public class Zoo {                          //定义包含 main()方法的测试类
31.    static void animalsCry(Animal a[]) {
32.       for(int i=0;i<a.length;i++) {
33.          a[i].cry();
34.       }
35.    }
36.    public static void main(String[] args) {
37.       Random rand=new Random();
38.       Animal a[]=new Animal[8];
39.       for(int i=0;i<a.length;i++) {
40.          switch(rand.nextInt(3)) {
41.             case 0:a[i]=new Parrot();
42.                    break;
```

```
43.            case 1:a[i]=new Dog();
44.                   break;
45.            case 2:a[i]=new Cat();
46.                   break;
47.        }
48.     }
49.     animalsCry(a);
50.   }
51. }
```

【运行结果】

```
鹦鹉会说话!
狗发出汪汪声!
鹦鹉会说话!
猫发出喵喵声!
猫发出喵喵声!
鹦鹉会说话!
狗发出汪汪声!
狗发出汪汪声!
```

【分析讨论】

在本例中，之所以要随机地创建 Animal 类的各个子类对象，是为了加深对多态概念的理解，即对 Animal 类型对象的 cry() 方法的调用是在程序运行时刻通过动态联编进行的。

3.3.4　对象类型的强制转换

对象类型的强制转换也称向下造型（Downcasting），是指将父类类型的对象变量强制（显式）地转换为子类类型。只有这样才能通过该变量访问子类的特有成员。需要注意的是，对象类型的强制转换要先测试确定对象的类型，再执行转换。

1. 关键字 instanceof

在 Java 语言中，关键字 instanceof 用于测试对象的类型，由该关键字构造的表达式的语法格式如下：

```
aObjectVariable instanceof SomeClass
```

当关键字左侧的对象变量所引用的对象类型是关键字右侧的类型或其子类类型时，表达式的结果为 ture，否则为 false。

【例 3.20】关键字 instanceof 的使用示例。

```
1.  class Animal {  }
2.  class Cat extends Animal {   }
3.  class Dog extends Animal {   }
4.  public class TestInstanceof {
5.    public void doSomething(Animal a) {
6.      if(a instanceof Cat) {
7.        //处理 Cat 类型及其子类类型对象
8.        System.out.println("This is a Cat");
9.      } else if(a instanceof Dog) {
10.            //处理 Dog 类型及其子类类型对象
11.            System.out.println("This is a Dog");
12.      } else {
13.            //处理 Animal 类型对象
14.            System.out.println("This is an Animal");
15.      }
16.    }
17.    public static void main(String[] args) {
```

```
18.        TestInstanceof t=new TestInstanceof();
19.        Dog d=new Dog();
20.        t.doSomething(d);
21.    }
22. }
```

【运行结果】

```
This is a Dog
```

【分析讨论】

- 在 TestInstanceof 类的定义中，doSomething()方法将接收 Animal 类型的参数（第 5 行代码），而在运行时该方法接收的对象可能是 Cat 或 Dog 类型的对象。此时，可以使用关键字 instanceof 对对象类型进行测试（第 6～15 行代码），根据不同的类型进行相应的处理。

- 从第 19、20 行代码可以看出，运行时传递的参数是 Dog 类型的对象，因此，在访问 doSomething()方法时与第 9 代码的分支语句相匹配，并进行相应的处理（第 11 行代码），故得到上述运行结果。

- 通俗地讲，使用关键字 instanceof 可以将"冒充"父类类型出现的子类对象"现出原形"，然后进行针对性处理。

2. 强制类型转换

强制类型转换的语法格式如下：

```
(SomeClass)aObjectVariable
```

- SomeClass：指定对象要被强制转换的目标类型，即子类类型。
- aObjectVariable：指定被强制转换的对象，即父类类型的对象。
- 为了保证转换能够成功地进行，可以先使用关键字 instanceof 进行对象类型的测试，当结果为 true 时再进行转换。

【例 3.21】在 Casting 类中定义的 someMethod()方法中，父类参数必须通过强制类型转换才能调用子类的 getSkin()方法，否则将会产生编译异常。

```
1.  class Animal {
2.     String skin;
3.  }
4.  class Bird extends Animal {
5.     String skin="羽毛";
6.     public String getSkin() {
7.        return skin;
8.     }
9.  }
10. public class Casting {
11.    public void someMethod(Animal a) {
12.       System.out.println(a.getSkin());        //非法
13.       if(a instanceof Bird) {
14.          Bird b=(Bird)a;                       //强制类型转换
15.          System.out.println(b.getSkin());      //合法
16.       }
17.    }
18.    public static void main(String[] args) {
19.       Casting t=new Casting();
20.       Bird bird=new Bird();
21.       t.someMethod(bird);
22.    }
23. }
```

【编译结果】

```
Casting.java:12: 错误: 找不到符号
  System.out.println(a.getSkin());  //非法
                       ^
 符号: 方法 getSkin()
 位置: 类型为 Animal 的变量 a
1 个错误
```

【运行结果】

羽毛

【分析讨论】

* 第 12 行代码因使用父类变量 a 调用子类的成员方法而导致非法。
* 在执行强制类型转换时，需要注意：①无继承关系的引用类型之间的转换是非法的，会导致编译错误；②对象变量转换的类型一定要是当前对象类型的子类；③在运行时也要进行对象类型的检查。
* 在进行对象类型转换的过程中，如果省略了类型测试，并且对象类型并不是要转换的目标类型，则程序将抛出异常。

3.3.5　Object 类

在 Java 语言中，java.lang 包中定义的 Object 类是包括自定义类在内的所有 Java 类的根父类。也就是说，Java 语言中的每个类都是 Object 类的直接或间接子类。由于 Object 类的这种特殊地位，因此这个类中定义了所有对象都需要的状态和行为。例如，对象之间的比较、将对象转换为字符串等。

1．equals()方法

Object 类定义的 public boolean equals(Object obj)方法用于判断某个指定对象与当前对象（调用 equals()方法的对象）是否等价。"等价"的含义是指当前对象的引用是否与参数 obj 指向同一个对象，如果是，则返回 true。需要注意的是，数据等价是指两个数据的值相等，基本数据类型的数据比较的是值，而引用数据类型的数据比较的则是对象的地址。另外，"=="运算符可以用于比较引用数据类型和基本数据类型的数据，而 equals()方法则只能用于比较引用数据类型的数据。

【例 3.22】用 equals()方法和"=="运算符来分别比较引用数据类型与基本数据类型的数据。

```
1.  public class TestEquals {
2.    public static void main(String args[]) {
3.      String s1=new String("Hello");
4.      String s2=new String("Hello");
5.      if(s1==s2) {
6.        System.out.println("s1==s2");
7.      } else {
8.        System.out.print("s1!=s2");
9.      }
10.     if(s1.equals(s2)) {
11.       System.out.println("s1 is equal to s2");
12.     } else {
13.       System.out.println("s1 is not equal to s2");
14.     }
15.     s2=s1;
16.     if(s1==s2) {
```

```
17.        System.out.println("s1==s2");
18.     } else {
19.        System.out.println("s1!=s2");
20.     }
21.   }
22. }
```

【运行结果】

```
s1!=s2
s1 is equal to s2
s1==s2
```

【分析讨论】

- 第 3、4 行代码分别声明并创建了两个对象 s1 和 s2，引用数据类型变量的值是其引用地址而不是对象本身，因此，对象 s1 和 s2 引用存储空间的地址不相同。
- 第 5 行代码比较的是对象 s1 和 s2 的引用地址。第 15 行代码是将对象 s1 的引用地址赋给对象 s2，因此，得到的输出结果是"s1==s2"。
- 第 10 行代码比较的是对象的内容，而不是引用地址，因此输出结果是"s1is equal to s2"。

2．toString()方法

public String toString()方法用于描述当前对象的信息，表达内容因具体对象而异。Object 类中实现的 toString()方法是返回当前对象的类型和内存地址信息，但是在一些子类（如 String、Date 等类）中进行了重写。另外，该方法在程序调试时对确定对象的内部状态有很大帮助，为此在用户自定义类中都将该方法进行重写，以返回更适用的信息。

除了显式地调用 toString()方法，在进行 String 类型与其他类型数据的连接操作时，也将自动调用 toString()方法，其中又分为以下两种情况：

- 引用数据类直接调用其 toString()方法转换为 String 类型。
- 基本数据类型先转换为对应的封装类型，再调用该封装类的 toString()方法转换为 String 类型。

在用 System.out.println()方法输出引用数据类型的数据时，也是先自动调用该对象的 toString()方法，再将返回的字符串输出。

3.4　数组

数组是相同数据类型的元素按照顺序组成的一种复合数据类型。虽然组成数组的元素是基本数据类型，但是在 Java 语言中，数组作为一种引用数据类型应用在程序设计中。在程序中引入数组可以更有效地处理数据，提高程序的可读性和可维护性。Java 语言中的数组按照维数可以分为一维数组和多维数组。

3.4.1　一维数组

一维数组是一种线性数据序列。数组的使用要经过定义、创建、初始化、使用等过程。

1．一维数组的定义

数组的定义包括数组名称和数组的数据类型两部分。一维数组的定义有以下两种形式：

```
dataType[] arrayName;
dataType arrayName[];
```

- dataType：数组的数据类型，可以是基本数据类型，也可以是对象类型。
- arrayName：数组名称。

上述两种定义形式完全等价，并且"[]"与"dataType"或"arrayName"之间可以有 0 个到多个空格。

数组定义的示例如下：

```
int n[];              //定义了数据类型为 int、数组名称为 n 的数组
Point p[];            //定义了数据类型为 Point、数组名称为 p 的数组
int [] a, b, c;       //定义了 3 个数据类型为 int，数组名称分别为 a、b、c 的数组
```

2．一维数组的创建

一维数组的定义只是声明了数组类型的变量，实际上数组在内存空间中并不存在。为了使用数组，必须使用关键字 new 在内存中申请连续的空间来存放申请的数组变量。为一维数组分配内存空间必须指明数组的长度，创建数组就是为数组分配内存空间。创建一维数组的语法格式如下：

```
arrayName=dataType[arraySize];
```

- arrayName：已经定义的数组的名称。
- dataType：数组的数据类型。
- arraySize：数组占用的内存空间，即数组元素的个数。

3．一维数组的长度

数组中元素的个数称为数组的长度。Java 语言为数组设置了一个表示数组长度的变量 length，作为数组的一部分存储起来。Java 语言用该变量在运行时进行数组下标越界的检查，在程序中也可以通过访问该变量来获得当前数组的长度。调用该变量的语法格式如下：

```
arrayName.length;
```

需要注意的是，在定义数组时不能指定数组的长度。这是因为 Java 语言中的数组是作为类来处理的，而类的声明并不创建该类的对象，所以在声明一个数组类型变量时，只是在内存中为该数组变量分配引用空间，并没有创建一个真正的数组对象，更没有为数组中的每个元素分配存储空间。此时，还不能使用该数组中的任何元素，也就不能指定该数组的长度了。

4．静态初始化

在声明一个数组的同时对数组中的每个元素进行赋值，这种初始化方式称为数组的静态初始化。可以通过一条语句来完成数组的声明、创建与初始化 3 项功能。示例如下：

```
String str={"Hello", "my", "Java"};
```

- 上述语句声明并创建了一个长度为 3 的字符串数组，并为每个数组元素赋初值。
- 当采用静态初始化方式创建数组时，不能事先指定数组中元素的个数，系统会根据所给出的初始值的个数自动计算出数组的长度，然后分配所需要的存储空间并赋值。
- 如果在静态初始化数组时指定数组的长度，就会在编译时出错。

5．动态初始化

在声明（或创建）一个数组类型对象时，只是通过关键字 new 为其分配所需的存储空间，而不对其元素赋值，这种初始化方式称为动态初始化。其语法格式如下：

```
new dataType[arraySize];
```

- dataType：数组的数据类型。
- arraySize：数组占用的内存空间，即数组元素的个数。

基本数据类型一维数组的动态初始化的示例如下：

```
(1) int n[];
(2) n=new int[3];
(3) n[0]=1;
(4) n[1]=2;
(5) n[2]=3;
```

上述各条语句的执行过程如下：

- 语句（1）只是声明了一个 int 型数组 n，并为其分配定长的引用空间（值为 null）。
- 执行语句（2），创建了一个含有 3 个元素的 int 型数组对象，为数组 n 分配了 3 个 int 型数组空间，并将 3 个元素的值初始化为 0。
- 语句（3）、（4）、（5）分别为数组中的各个元素显式地赋初值。

上述各条语句的内存状态如图 3.4 所示。

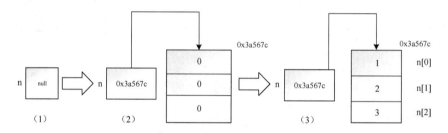

图 3.4　基本数据类型一维数组的内存状态

上面介绍的是基本数据类型数组的动态初始化。引用数据类型数组的动态初始化要进行两级的空间分配。因为每个数组元素又是一个引用数据类型的对象，所以要先为每个数组元素分配空间（定长的引用空间），接下来再为每个数组元素所引用的对象分配存储空间。引用数据类型一维数组的动态初始化的示例如下：

```
(1) String S[];
(2) S=new String[3];
(3) S[0]=new String("Hello");
(4) S[1]=new String("my");
(5) S[2]=new String("Java");
```

上述语句执行完毕后，引用数据类型一维数组 S[]的内存状态如图 3.5 所示。

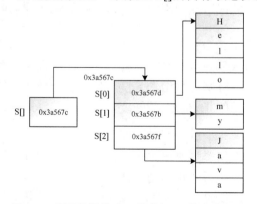

图 3.5　引用数据类型一维数组 S[]的内存状态

6．数组元素的引用

在声明并初始化一个数组后（为数组元素分配空间并进行显式或默认地赋初值），才可以引用数组中的每个元素。引用数组元素的语法格式如下：

```
arrayName[index];
```

index 为数组元素的下标，可以是整型常量或表达式，如 a[0]、b[i]、c[i+2]等。数组元素的下标从 0 开始，长度为 n 的数组合法的下标取值范围是 0～n-1。

【例 3.23】创建一维数组 array[]并进行静态初始化，然后通过 for 循环语句对该数组进行打印输出操作。

```
1.   public class ArrayElement {
2.     public static void main(String args[]) {
3.       int array[]={12,14,16,18};
4.       for(int i=0;i<array.length;i++) {
5.         System.out.println("array["+i+"]="+array[i]);
6.       }
7.     }
8.   }
```

【运行结果】

```
array[0]=12
array[1]=14
array[2]=16
array[3]=18
```

【例 3.24】创建一维数组 anArray[]并定义其长度为 10，通过关键字 new 为其分配存储空间，然后通过 for 循环语句对数组进行动态初始化，并打印输出结果。

```
1.   public class ArrayDemo {
2.     public static void main(String[] args) {
3.       int anArray[];                    //声明一个整型数组
4.       anArray=new int[10];              //创建数组
5.       //给数组中的每个元素赋值并打印输出
6.       for(int i=0;i<anArray.length;i++) {
7.         anArray[i]=i;
8.         System.out.print(anArray[i]+" ");
9.       }
10.      System.out.println();
11.    }
12.  }
```

【运行结果】

```
0 1 2 3 4 5 6 7 8 9
```

3.4.2　多维数组

在 Java 语言中，多维数组称为"数组中的数组"，即一个 n 维数组是一个 n-1 维数组的数组。本节以二维数组为例讲解多维数组的概念和用法。

1．多维数组的定义

多维数组的定义要用多对"[]"来表示数组的维数。一般地，n 维数组要用 n 对"[]"。示例如下：

```
int a[] [];
int [] [] a;
```

上述两条语句是等价的，声明了一个二维 int 型数组 a。需要注意的是，在定义二维数组时，无论是高维的还是低维的，都不能指定维数。

2. 多维数组的初始化

多维数组的初始化可以分为静态和动态两种。静态初始化二维数组的示例如下：

```
int a [] []={{1,2},{3,4},{5,6}};
int b [] []={{1,2},{3,4,5,6},{7,8,9}};
```

- 可以把二维数组 a 和 b 分别视为一个特殊的一维数组，两个数组的 3 个（高维的长度）元素分别为a[i]和b[i]，0≤i≤2。
- 每个元素又是一个 int 型一维数组，而每个元素对应的一维数组的长度可以相同，也可以不同。
- 二维数组 a 中的 3 个一维数组的长度均为 2，而二维数组 b 中的 3 个一维数组的长度则不相同，分别为 2、4、3。

动态初始化二维数组，将直接为每一维分配内存，并创建规则数组。示例如下：

```
int a[] [];
a=new int[3][3];
```

- 第 1 条语句声明了一个二维数组 a，第 2 条语句创建了一个含有 3 行 3 列元素的数组。
- 由于 Java 语言中二维数组是一维数组的数组，因此创建二维数组 a 实际上是分配了 3 个 int 型数组的引用空间，分别指向 3 个能容纳 3 个 int 型数值的存储空间，如图 3.6 所示。

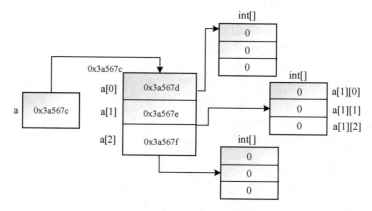

图 3.6 二维数组的内存结构实例

动态初始化二维数组，并且从最高维起分别为每一维分配空间，这种方式可以构建不规则数组。示例如下：

```
int a[][]=new int[3][];
a[0]=new int[2];
a[1]=new int[4];
a[2]=new int[3];
```

在多维数组的使用中，必须先为数组的高维分配引用空间，再依次为低维分配引用空间；反之则不可以，即维数的指定必须按照从高到低的顺序。示例如下：

```
int a[][]=new int[2][];      //合法，只有最低维可以不赋值，其他的维数都要赋值
int b[][]=new int[][3];      //非法，必须先为高维分配空间
```

另外，可以使用"数组名称+各维下标"的形式引用多维数组的元素。例如，引用 int 型二维数组的元素可以使用 a[i][j]，0≤i≤a.length-1，0≤j≤a[i].length-1。

【例 3.25】创建一个 int 型二维数组，并将其元素以矩阵的形式打印输出。

```
1.   public class ArrayofArrayDemo1 {
2.     public static void main(String args[]) {
3.       int[][] aMatrix=new int[3][];
4.       //创建每个 int 型一维数组，并赋值
5.       for(int i=0;i<aMatrix.length;i++){
6.         aMatrix[i]=new int[4];
7.         for(int j=0;j<aMatrix[i].length;j++){
8.           aMatrix[i][j]=i+j;
9.         }
10.      }
11.      //将数组元素以矩阵的形式打印输出
12.      for(int i=0;i<aMatrix.length;i++){
13.        for(int j=0;j<aMatrix[i].length;j++){
14.          System.out.print(aMatrix[i][j]+" ");
15.        }
16.        System.out.println();
17.      }
18.    }
19. }
```

【运行结果】

```
E:\Java\JNBExamples>java ArrayofArrayDemo1
0 1 2 3
1 2 3 4
2 3 4 5
```

【分析讨论】

第 3 行代码创建了维数为 3 的二维数组并将其动态初始化，然后通过 for 循环语句指定该数组的低维维数为 4，变量 i 代表数组的行，变量 j 代表数组的列，通过双层 for 循环对数组进行赋值操作，并将其打印输出。

3.4.3　数组的复制

数组变量之间的赋值是引用赋值，因此不能实现数组数据的赋值。示例如下：

```
int a[]=new int[4];
int b[];
b=a;
```

图 3.7 所示为上述代码片段的运行结果示意图。

JDK 的 System 类定义的静态方法 arraycopy()提供了实现数组复制的操作。该方法的语法格式如下：

```
public static void arraycopy(Object source,
int srcIndex, Object dest, int destIndex,
int length)
```

- source：源数组。
- srcIndex：源数组开始复制的位置。
- dest：目标数组。
- destIndex：目标数组中开始存放复制数组的位置。

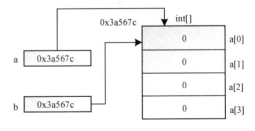

图 3.7　数组变量之间的赋值实例

- length：复制元素的个数。

【例 3.26】将一个字符数组的部分数据复制到另一个数组中。

```
1.  public class ArrayCopyDemo {
2.    public static void main(String[] args) {
3.      char[] copyFrom={'d', 'e', 'a', 'm', 'i', 'n', 'a', 't', 'e','d'};
4.      char[] copyTo=new char[7];
5.      System.arraycopy(copyFrom,2,copyTo,0,copyTo.length);
6.      for(int i=0;i<copyTo.length;i++){
7.        System.out.print(copyTo[i]);
8.      }
9.      System.out.println();
10.   }
11. }
```

【运行结果】

```
E:\Java\JNBExamples>java ArrayCopyDemo
aminate
```

【分析讨论】

在第 5 行代码中，通过类名调用了静态方法 arraycopy()，从字符数组 copyFrom 下标为 2 的元素开始，复制 7 个元素到字符数组 copyTo 中，如图 3.8 所示。

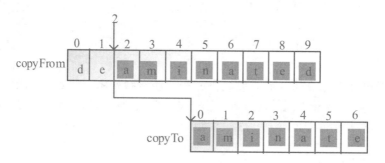

图 3.8　运行结果示意图

3.5　本章小结

面向对象特性是 Java 语言的最基本特性之一，对该特性的深刻理解是学好 Java 语言的关键。本章围绕 OOP 的 3 个基本特性——封装、继承和多态，详细地讲解了类的定义和构建、成员变量与局部变量及成员方法的声明和使用、对象的创建和使用、数据的封装和隐藏、类的继承和多态，以及数组的创建和使用等方面的知识。其中，多态是本章的难点。多态可以提高程序的可读性、扩展性与维护性。深入理解和掌握多态的概念，对于充分使用 Java 语言的面向对象特性是至关重要的。

3.6　课后习题

1. 类的定义要求它的某个成员变量不能被外部类直接访问，那么应该使用下面的哪一个关键字获得需要的访问控制权限呢？（　　　）

    A．public　　　　　　B．default　　　　　　C．protected　　　　　　D．private

2．有如下所示的代码：

```
public class Array {
    static String arr[]=new String[10];
    public static void main(String[] args) {
      System.out.println(arr[1]);
    }
}
```

则下列哪一项叙述是正确的？（　　　）

A．编译时出错

B．编译时正确，但运行时出错

C．输出为 0

D．输出为 null

3．编写程序，要求利用二维数组创建一个整型 4×4 矩阵，并将其输出显示。

4．编写一个 Java 程序片段，定义表示雇员的类 Employee。雇员的属性包括雇员号、姓名、性别、部门、职位；雇员的方法包括设置与获取雇员号、姓名、性别、部门、职位。

5．为习题 4 中的 Employee 类增加一个 public String toString()方法,该方法用于把 Employee 类的对象的所有属性信息组合成一个字符串，以便显示输出。编写一个 Java 应用程序，要求创建 Employee 类的对象，并验证增加的方法的功能。

6．假定我们可以根据学生的 3 门学位课程的分数来决定学生是否可以拿到学位。对于本科生，如果 3 门课程的平均分超过 60 分即表示通过；对于研究生，则需要 3 门课程的平均分超过 80 分才能通过。根据上述要求，使用类的继承及相关机制完成如下的设计：

（1）设计一个基类 Student 描述学生的共同特征。

（2）设计一个描述本科生的类 Undergraduate，该类继承并扩展了 Student 类。

（3）设计一个描述研究生的类 Graduate，该类继承并扩展了 Student 类。

（4）设计一个测试类 StudentDemo，分别创建 Undergraduate 和 Graduate 两个类的对象，并输出相关的学位信息。

第4章

Java 语言面向对象的高级特性

本章将讲解 Java 语言面向对象的高级特性，包括基本数据类型的包装类（Wrapper Class）、关键字 static、关键字 final、抽象类（Abstract Class）、接口（Interface）、内部类（Inner Class）及枚举类（Enum）等。其中，抽象类与接口是 Java 语言面向对象的重要高级特性，也是本章的重点。本章内容是上一章内容的深入与扩展，是 Java 语言面向对象程序设计的重要基础。

4.1　基本数据类型的包装类

Java 程序中的数据有基本数据类型和引用数据类型两种，与此相对应的有基本数据类型的变量和引用数据类型的变量。有时要将基本数据类型的数据构造成一个对象来使用，有时需要将对象中保存的基本数据类型数据提取出来，这种基本数据类型与引用数据类型的相互转换，就需要使用基本数据类型的包装类。

在 Java 语言中，每一种基本数据类型都有其包装类。基本数据类型及其对应的包装类如表 4.1 所示。

表 4.1　基本数据类型及其对应的包装类

基本数据类型	包 装 类	基本数据类型	包 装 类
byte	Byte	char	Character
short	Short	boolean	Boolean
int	Integer	float	Float
long	Long	double	Double

1．构造方法

Java 语言中的包装类共 8 个，包括 Byte 、Short 、Integer、Long、Character、Boolean、Float 和 Double，分别对应基本数据类型的 byte、short、int、long、char、boolean、float 和 double。包装类的对象只包含一个基本数据类型的字段，通过该字段来包装基本数据类型的值。包装类的构造方法如表 4.2 所示。

表 4.2　包装类的构造方法

方　法　名	参 数 类 型	方　法　名	参 数 类 型
public Byte(byte value)	byte	public Character(char value)	char
public Byte(String s)	String	public Boolean(boolean value)	boolean
public Short(short value)	short	public Boolean(String s)	String
public Short(String s)	String	public Float(float value)	float
public Integer(int value)	int	public Float(double value)	double
public Integer(String s)	String	public Float(String s)	String
public Long(long value)	long	public Double(double value)	double
public Long(String s)	String	public Double(String s)	String

【例 4.1】基本数据类型包装类的构造方法的使用示例。

```
1.   public class Wrapper {
2.     public static void main(String[] args) {
3.         byte b = 12;
4.         short s = 456;
5.         long l = 4568L;
6.         char c = 'a';
7.         Byte bw = new Byte(b);
8.         System.out.println("Byte 类型对象中封装的值为: "+bw);
9.         Short sw = new Short(s);
10.        System.out.println("Short 类型对象中封装的值为: "+sw);
11.        Integer iw = new Integer("123");
12.        System.out.println("Integer 类型对象中封装的值为: "+iw);
13.        System.out.println("Long 类型对象中封装的值为: "+new Long(l));
14.        Character cw = new Character(c);
15.        System.out.println("Character 类型对象中封装的值为: "+cw);
16.        Float fw = new Float(5.6);
17.        System.out.println("Float 类型对象中封装的值为: "+fw);
18.        Boolean bow = new Boolean(true);
19.        System.out.println("Boolean 类型对象中封装的值为: "+bow);
20.        System.out.println("Double 类型对象中封装的值为: "+new Double("8.9"));
21.     }
22.  }
```

【运行结果】

```
Byte 类型对象中封装的值为: 12
Short 类型对象中封装的值为: 456
Integer 类型对象中封装的值为: 123
Long 类型对象中封装的值为: 4568
Character 类型对象中封装的值为: a
Float 类型对象中封装的值为: 5.6
Boolean 类型对象中封装的值为: true
Double 类型对象中封装的值为: 8.9
```

2. 静态工厂方法

除了使用每种包装类的构造方法来创建包装类的对象，还可以使用静态工厂方法 valueOf() 来创建包装类的对象。valueOf()方法是静态的，可以直接通过类来调用。包装类的静态工厂方法如表 4.3 所示。

表 4.3　包装类的静态工厂方法

方　法　名	说　　明
valueOf(基本数据类型)	将基本数据类型数据封装成相应类型的包装类对象
valueOf(String s)	将字符串中基本数据类型数据封装成相应类型的包装类对象，Character 类无此方法
valueOf(String s, int i)	将字符串中整型数据封装成相应类型的包装类对象，字符串中的整型数据是用变量 i 所指定的进制数表示的

【例 4.2】包装类的静态工厂方法的使用示例。

```
1.  public class WrapperValueOfTest {
2.    public static void main(String[] args) {
3.      Byte b=Byte.valueOf("12");
4.      System.out.println("Byte 类型对象中封装的值为: "+b);
5.      Double d=Double.valueOf(12.45);
6.      System.out.println("Double 类型对象中封装的值为: "+d);
7.      Integer i=Integer.valueOf("105",8);
8.      System.out.println("Integer 类型对象中封装的值为: "+i);
9.    }
10. }
```

【运行结果】

```
Byte 类型对象中封装的值为: 12
Double 类型对象中封装的值为: 12.45
Integer 类型对象中封装的值为: 69
```

3. 获取基本数据类型数据

将包装类对象中的基本数据类型数据提取出来，可以通过使用其对应的 xxxValue()方法实现。下面是包装类中的方法。

- public boolean booleanValue()
- public char charValue()
- public byte byteValue()
- public short shortValue()
- public int intValue()
- public long longValue()
- public float floatValue()
- public double doubleValue()

【例 4.3】获取包装类对象中基本数据类型数据的示例。

```
1.  public class WrapperValueTest {
2.    public static void main(String[] args) {
3.      Double d=new Double(129.89);
4.      System.out.println("byteValue: "+d.byteValue());
5.      System.out.println("shortValue: "+d.shortValue());
6.      System.out.println("intValue: "+d.intValue());
7.      System.out.println("floatValue: "+d.floatValue());
8.      System.out.println("doubleValue: "+d.doubleValue());
9.      Boolean b=new Boolean("true");
10.     System.out.println("booleanValue: "+b.booleanValue());
11.     Character c=new Character('A');
12.     System.out.println("charValue: "+c.charValue());
13.   }
14. }
```

【运行结果】

```
byteValue: -127
shortValue: 129
intValue: 129
floatValue: 129.89
doubleValue: 129.89
booleanValue: true
charValue: A
```

4. 提取字符串中的基本数据类型数据

包装类中的静态方法 public static xxx parseXxx(String s)可以将字符串中的基本数据类型数据提取出来。

【例 4.4】提取字符串中基本数据类型数据的示例。

```
1.  public class WrapperParseTest {
2.    public static void main(String[] args) {
3.        boolean b=Boolean.parseBoolean("true");
4.        double d=Double.parseDouble("7.8");
5.        byte bb=Byte.parseByte("127");
6.        int i=Integer.parseInt("15",8);
7.        System.out.println(b);
8.        System.out.println(d);
9.        System.out.println(bb);
10.       System.out.println(i);
11.   }
12. }
```

【运行结果】

```
true
7.8
127
13
```

5. 静态 toString()方法

每种基本数据类型包装类中都有静态 toString()方法，其功能为返回一个表示指定 xxx 类型值的 String 对象。该方法的语法格式如下：

```
public static String toString(xxx c)
```

【例 4.5】基本数据类型包装类中静态 toString()方法的使用示例。

```
1.  public class StaticToStringTest {
2.    public static void main(String[] args) {
3.        String s=Integer.toString(25);
4.        int i=Integer.parseInt(s);
5.        Integer iw=new Integer(i);
6.        System.out.println(iw);
7.    }
8.  }
```

【运行结果】

```
25
```

6. 自动装箱/拆箱

自动装箱/拆箱的功能可以使数据在基本数据类型和相应的包装类之间由系统进行自动转换。在自动装箱过程中，系统隐含地调用了包装类的构造方法将基本数据类型数据转换为相应的包装类数据；在自动拆箱过程中，系统隐含地调用了包装类的解析方法将包装类数据转换为相应的基本数据类型数据。

【例 4.6】在 AutoBoxingTest 类的定义中，介绍了自动装箱/拆箱的使用。

```
1.   import java.util.*;
2.   public class AutoBoxingTest {
3.     public static void main(String[] args) {
4.       List<Integer> intList=new ArrayList<Integer>();
5.       for(int i=0;i<10;i++) {
6.         intList.add(i);
7.       }
8.       for(int i : intList) {
9.         System.out.print(i+"\t");
10.      }
11.    }
12.  }
```

【运行结果】

```
0   1   2   3   4   5   6   7   8   9
```

4.2 处理对象

4.2.1 打印对象与 toString()方法

在使用 System.out.println(i)语句输出变量 i 时，如果变量 i 为基本数据类型，则直接输出变量 i 的值；如果变量 i 为引用数据类型，则变量 i 为空引用时输出 null，否则调用变量 i 所指向对象的 toString()方法。在 Java 语言中，所有的类都直接或间接地继承了 Object 类。Object 类中 toString()方法的语法格式如下：

```
public String toString()
```

该方法返回的字符串的组成为类名+标记符 "@" +此对象哈希码的无符号十六进制数。在用户自定义类中如果重写了 toString()方法，则在输出该类型变量时调用重写后的 toString()方法，否则调用从 Object 类继承的 toString()方法。

在 Java 语言中，每种基本数据类型的包装类中都有重写的 public String toString()方法，该方法返回包装类对象中封装的基本数据类型数据的字符串形式。

【例 4.7】打印对象与 toString()方法的示例。

```
1.   class Square {
2.     double length;
3.     double width;
4.     Square(double length,double width) {
5.       this.length=length;
6.       this.width=width;
7.     }
8.   }
9.   class Triangle {
10.    double a;
11.    double b;
12.    double c;
13.    Triangle(double a,double b,double c) {
14.      this.a=a;
15.      this.b=b;
16.      this.c=c;
17.    }
18.    public String toString() {
```

```
19.        return "Triangle[a="+a+",b="+b+",c="+c+"]";
20.    }
21. }
22. public class ToStringTest {
23.    public static void main(String[] args) {
24.        Square s=new Square(3.4,7.9);
25.        System.out.println(s.toString());
26.        System.out.println(s);
27.        Triangle t=new Triangle(1.3,4.6,9.2);
28.        System.out.println(t);
29.    }
30. }
```

【运行结果】

```
Square@c17164
Square@c17164
Triangle[a=1.3,b=4.6,c=9.2]
```

【分析讨论】

- 当 s 为引用数据类型时，语句 System.out.println(s.toString())与 System.out.println(s)是等价的。
- 当输出 Square 类的对象时，执行从 Object 类继承的 toString()方法；当输出 Triangle 类的对象时，执行该类重写之后的 toString()方法。

4.2.2　"=="运算符与 equals()方法

"=="运算符与 equals()方法都能进行比较运算。"=="运算符可以比较两个基本数据类型数据，也可以比较两个引用数据类型变量。当对两个引用数据类型变量进行比较时，比较的不是两个对象是否相同，而是比较两个引用是否相同，即两个引用是否指向同一个对象。如果两个引用指向同一个对象，则比较结果为 true；否则，比较结果为 false。

equals()方法是 Object 类中定义的方法，其语法格式如下：

```
public boolean equals(Object obj)
```

Object 类中的 equals()方法只能比较引用数据类型变量。在对两个引用进行比较时，如果两个引用指向同一个对象，则比较结果为 true；否则，比较结果为 false。

【例 4.8】"=="运算符与 equals()方法的使用示例。

```
1.  class MyDate {
2.     int year;
3.     int month;
4.     int day;
5.     MyDate(int year,int month,int day) {
6.        this.year=year;
7.        this.month=month;
8.        this.day=day;
9.     }
10. }
11. public class EqualsTest {
12.    public static void main(String[] args) {
13.        MyDate md1=new MyDate(2009,2,10);
14.        MyDate md2=new MyDate(2009,2,10);
15.        if(md1==md2) {
16.           System.out.println("md1==md2");
17.        }
```

```
18.      else {
19.         System.out.println("md1!=md2");
20.      }
21.      if(md1.equals(md2)) {
22.         System.out.println("md1==md2");
23.      }
24.      else {
25.         System.out.println("md1!=md2");
26.      }
27.    }
28. }
```

【运行结果】

```
md1!=md2
md1!=md2
```

【分析讨论】

- 在对引用数据类型变量进行比较时，"=="运算符比较的是两个引用是否相同。
- Object 类中的 equals()方法不是比较对象内容是否相同，而是比较对象的引用是否相同。

【例 4.9】equals()方法重写的示例。

```
1.  class MyDate1 {
2.     int year;
3.     int month;
4.     int day;
5.     MyDate1(int year,int month,int day) {
6.        this.year=year;
7.        this.month=month;
8.        this.day=day;
9.     }
10.    public boolean equals(Object obj) {
11.       if(obj instanceof MyDate1) {
12.          return year==((MyDate1)obj).year&&month==((MyDate1)obj).month&&day==
((MyDate1)obj).day;
13.       }
14.       else {
15.          return false;
16.       }
17.    }
18. }
19. public class EqualsOverriding {
20.    public static void main(String[] args) {
21.       MyDate1 m1=new MyDate1(2009,2,10);
22.       MyDate1 m2=new MyDate1(2009,2,10);
23.       if(m1.equals(m2)) {
24.          System.out.println("m1==m2");
25.       }
26.       else {
27.          System.out.println("m1!=m2");
28.       }
29.       Integer i1=new Integer(15);
30.       Integer i2=new Integer(15);
31.       if(i1.equals(i2)) {
32.          System.out.println("i1==i2");
33.       }
34.       else {
35.          System.out.println("i1!=i2");
```

```
36.        }
37.    }
38. }
```

【运行结果】

```
m1==m2
i1==i2
```

【分析讨论】

- 通过重写 Object 类中的 equals()方法可以实现对对象内容的比较。
- 基本数据类型的包装类及 String 类型等都可以对 equals()方法进行重写。

4.3　关键字 static

关键字 static 可以用来修饰类中的成员变量和成员方法。用关键字 static 修饰的成员变量称为静态变量或类变量，用关键字 static 修饰的成员方法称为静态方法或类方法。

4.3.1　类变量与实例变量

类的成员变量可以分为类变量和实例变量，实例变量属于对象，而类变量属于类。不同对象的实例变量有不同的存储空间，而该类所有对象共享同一个类变量空间。当 Java 程序执行时，字节码文件被加载到内存中，类变量会分配相应的存储空间，而实例变量只有在创建了该类对象后才会分配存储空间。一个对象对类变量的修改会影响到其他对象。类变量依赖于类，可以通过类来访问类变量。

【例 4.10】类中静态/非静态成员变量的使用示例。

```
1.  class Student {
2.     static int count;  //类变量
3.     int sno;  //实例变量
4.     Student(int sno) {
5.        this.sno=sno;
6.        count++;
7.     }
8.  }
9.  public class StaticVarTest {
10.    public static void main(String[] args) {
11.       System.out.println("类变量为: "+Student.count);
12.       Student s1=new Student(10010);
13.       Student s2=new Student(10011);
14.       Student s3=new Student(10012);
15.       System.out.println("实例变量为: ");
16.       System.out.println("s1.sno="+s1.sno);
17.       System.out.println("s2.sno="+s2.sno);
18.       System.out.println("s3.sno="+s3.sno);
19.       System.out.println("类变量为: "+Student.count);
20.       System.out.println("s1.count="+s1.count);
21.       System.out.println("s2.count="+s2.count);
22.       System.out.println("s3.count="+s3.count);
23.    }
24. }
```

【运行结果】

```
类变量为: 0
实例变量为:
```

```
s1.sno=10010
s2.sno=10011
s3.sno=10012
类变量为：3
s1.count=3
s2.count=3
s3.count=3
```

【分析讨论】

- static 成员变量可以通过类和对象来访问，推荐通过类来访问 static 成员变量。
- 方法中的局部变量不能用关键字 static 修饰。

4.3.2 类方法与实例方法

在类中用关键字 static 修饰的方法称为类方法，而没有用关键字 static 修饰的方法称为实例方法。类方法依赖于类而不依赖于对象。类方法不能访问实例变量，只能访问类变量，而实例方法可以访问类变量和实例变量。

【例 4.11】类中静态方法的使用示例。

```
1.  public class StaticMethodTest {
2.     int i=9;
3.     public static void main(String[] args) {
4.        System.out.println(i);
5.     }
6.  }
```

【编译结果】

```
C:\JavaExample\chapter04\4.11\StaticMethodTest.java:4: 无法从静态上下文中引用非静态变量 i
     System.out.println(i);
                        ^
1 个错误
```

4.3.3 静态初始化代码块

关键字 static 除了可以修饰类中的成员变量和成员方法，还可以修饰类中的代码块，这样的代码块称为静态代码块。静态代码块在类加载时执行且只执行一次，它可以完成类变量的初始化。在类中除了静态代码块，还可以有非静态代码块。非静态代码块在类中定义，代码块前无关键字 static 修饰，它用于实例变量的初始化。对象中实例变量的初始化可以分为以下 4 步：

（1）用关键字 new 给实例变量分配空间时的默认初始化。

（2）类定义中的显式初始化。

（3）使用非静态代码块进行初始化。

（4）执行构造方法进行初始化。

【例 4.12】静态与非静态初始化代码块的使用示例。

```
1.  public class StaticBlockTest {
2.     int i=2;
3.     static int is;
4.     //静态初始化代码块
5.     static {
6.        System.out.println("in static block!");
7.        is=5;
8.        System.out.println("static variable is="+is);
9.     }
```

```
10.     //非静态初始化代码块
11.     {
12.         System.out.println("in non-static block!");
13.         i=8;
14.     }
15.     StaticBlockTest() {
16.         i=10;
17.     }
18.     public static void main(String[] args) {
19.         System.out.println("in main()");
20.         StaticBlockTest sbt1=new StaticBlockTest();
21.         System.out.println(sbt1.i);
22.     }
23. }
```

【运行结果】

```
in static block!
static variable is=5
in main()
in non-static block!
10
```

【分析讨论】

- 程序运行时首先加载 StaticBlockTest 类，然后为静态变量分配空间、默认初始化、执行静态代码块，最后执行 main()方法。
- 静态代码块与非静态代码块都是在类中定义的，而不是在方法中定义的。
- 静态代码块与非静态代码块在类中定义的顺序可以是任意的。

4.3.4　静态导入

在 JDK 1.5 以前的版本中，静态成员需要通过类名或对象引用作为其前缀来进行访问。而静态导入功能则可以直接对静态成员进行访问，不需要类名或对象引用作为其前缀。静态导入的语法格式如下：

```
import static 包名.类名.静态成员;
import static 包名.类名.*;
```

【例 4.13】在 StaticImportTest 类的定义中，介绍了静态导入功能的使用。

```
1.  import static java.lang.Integer.MAX_VALUE;
2.  import static java.lang.Integer.MIN_VALUE;
3.  import static java.lang.Math.*;
4.  public class StaticImportTest {
5.      public static void main(String[] args) {
6.          System.out.println(MAX_VALUE);
7.          System.out.println(MIN_VALUE);
8.          System.out.println(PI);
9.          System.out.println(sin(PI/6));
10.     }
11. }
```

【运行结果】

```
2147483647
-2147483648
3.141592653589793
0.49999999999999994
```

4.4 关键字 final

关键字 final 表示"最终"的含义，可以用来修饰类、成员变量、成员方法及方法中的局部变量。

1．final 修饰类

如果用关键字 final 来修饰类，则这样的类为"最终"类。最终类不能被继承，因此它不能有子类。JDK 类库中的一些类被定义成 final 类，如 String、Math、Boolean、Integer 等，这样可以防止用户通过继承这些类而对类中的方法进行重写，从而保证了这些系统类不能被随便修改。

2．final 修饰成员变量

类中的一般成员变量即使没有明确赋初始值也会有默认值，但是用关键字 final 修饰的成员变量则要求一定要明确地赋初始值，否则会出现编译错误。对于关键字 final 修饰的实例变量，其明确赋初始值的位置有三处：一是定义时的显式初始化；二是非静态代码块；三是构造方法。

【例 4.14】final 类型实例变量初始化的示例。

```
1.  public class FinalNonStaticTest {
2.     final int i=5;
3.     final double d;
4.     final boolean b;
5.     {
6.        d=3.6;
7.     }
8.     FinalNonStaticTest() {
9.        b=true;
10.    }
11.    public static void main(String[] args) {
12.       FinalNonStaticTest fnst=new FinalNonStaticTest();
13.       System.out.println(fnst.i);
14.       System.out.println(fnst.d);
15.       System.out.println(fnst.b);
16.    }
17. }
```

【运行结果】

```
5
3.6
true
```

关键字 final 修饰的类变量也必须明确赋初始值，由于类变量不依赖于对象，所以关键字 final 修饰的类变量初始化的位置有两处：一是定义时的显式初始化；二是静态代码块。

【例 4.15】final 类型类变量初始化的示例。

```
1.  public class FinalStaticTest {
2.     static final int i=7;
3.     static final double d;
4.     static {
5.        d=7.8;
6.     }
7.     public static void main(String[] args) {
8.        System.out.println(i);
```

```
9.        System.out.println(d);
10.    }
11. }
```

【运行结果】

```
7
7.8
```

用关键字 final 修饰的成员变量其值不能改变。如果关键字 final 修饰的变量为基本数据类型变量，则该变量不能被重新赋值；如果关键字 final 修饰的变量为引用数据类型变量，则该变量不能再指向其他对象，但是所指向对象的成员变量的值可以改变。

【例 4.16】final 类型成员变量不能被重新赋值的示例。

```
1.  class MyDate2 {
2.     int year;
3.     int month;
4.     int day;
5.  }
6.  public class FinalTest {
7.     final int i;
8.     final MyDate2 md;
9.     FinalTest() {
10.       i=4;
11.       md=new MyDate2();
12.    }
13.    public static void main(String[] args) {
14.       FinalTest ft=new FinalTest();
15.       System.out.println(ft.i);
16.       System.out.println("md: "+ft.md.year+"," +ft.md.month+","+ft.md.day);
17.       //ft.i=8;    编译错误！
18.       ft.md.year=2009;
19.       ft.md.month=2;
20.       ft.md.day=20;
21.       System.out.println("md: "+ft.md.year+","+ft.md.month+","+ft.md.day);
22.       //ft.md=new MyDate();   md 指向新的对象，编译错误！
23.    }
24. }
```

【运行结果】

```
4
md: 0,0,0
md: 2009,2,20
```

关键字 final 还可以用来修饰方法，这样的方法不能在子类中重写。用关键字 final 修饰的局部变量必须先赋值再使用，并且不能重新赋值。

4.5　抽象类

在日常生活中，我们经常把具有相同性质的事物定义为一个类。以交通工具类为例，属于该类的对象可以是自行车、汽车、火车、飞机等。因为使用交通工具时面对的是具体对象，这些对象具有交通工具所共有的性质，所以可以把对具体对象的抽象定义成父类，在父类中描述这类事物的相同性质，而把具体事物定义成它的子类。有了这样的继承关系后，在使用时只会产生子类的对象，而不会存在父类的对象，这样的父类就可以定义成抽象类。

4.5.1 抽象类的定义

在定义类时，前面再加上一个关键字 abstract，这样的类就被定义成抽象类。定义抽象类的语法格式如下：

```
[<modifiers>] abstract class <class_name> {}
```

- modifiers：修饰符，访问控制符可以为 public，或者什么都不写，如果抽象类定义成 public，则要求文件名与类的名称完全相同。
- abstract class：抽象类。
- class_name：类名，符合 Java 语言中标识符的命名规则即可。

抽象类不能实例化，即不能产生抽象类的对象。在抽象类中可以定义抽象方法，抽象方法也是用关键字 abstract 来标识的。抽象方法的语法格式如下：

```
abstract <returnType> methodName([param_list]);
```

在抽象方法中只包含方法的声明部分，而不包含方法的实现部分。

【例 4.17】抽象类及抽象方法的定义示例。

```
1.  abstract class Student {
2.     abstract void isPassed() {};
3.  }
4.  public class AbstractClassTest {
5.     public static void main(String[] args) {
6.        Student s;
7.        s=new Student();
8.     }
9.  }
```

【编译结果】

```
C:\JavaExample\chapter04\4.17\AbstractClassTest.java:2: 抽象方法不能有主体
    abstract void isPassed() {};
                  ^
C:\JavaExample\chapter04\4.17\AbstractClassTest.java:7: Student 是抽象的；无法对其进行实例化
    s=new Student();
         ^
2 个错误
```

抽象类中可以有抽象方法，也可以有非抽象方法。如果一个类中所有的方法都是非抽象方法，则这样的类也可以定义成抽象类。如果一个类中有一个方法是抽象方法，则该类必须定义成抽象类，否则会出现编译错误。当一个类继承抽象类时，一定要实现抽象类中的所有抽象方法，否则该类仍为抽象类。

【例 4.18】抽象类的继承示例。

```
1.  //抽象类 AbstractClass1 中有两个抽象方法
2.  abstract class AbstractClass1 {
3.     abstract void amethod1();
4.     abstract void amethod2();
5.  }
6.  //继承抽象类 AbstractClass1，但是没有实现其抽象方法，因此需要定义成抽象类
7.  abstract class AbstractClass2 extends AbstractClass1 {
8.  }
9.  //实现了抽象类 AbstractClass1 的两个抽象方法
10. class Class3 extends AbstractClass1 {
11.    void amethod1() {
12.       System.out.println("重写之后的 amethod1()方法。");
13.    }
14.    void amethod2() {
```

```
15.        System.out.println("重写之后的 amethod2()方法。");
16.    }
17. }
18. public class AbstractClassExtendsTest {
19.    public static void main(String[] args) {
20.        AbstractClass1 c3=new Class3();
21.        c3.amethod1();
22.        c3.amethod2();
23.    }
24. }
```

【运行结果】

重写之后的 amethod1()方法。
重写之后的 amethod2()方法。

【分析讨论】

- AbstractClass2 类继承抽象类 AbstractClass1，但是没有实现其抽象方法，所以 AbstractClass2 类需要定义成抽象类。
- 抽象类中抽象方法的访问控制符不能定义为 private。
- 抽象类中也可以定义构造方法，但是不能用关键字 new 产生抽象类的实例。
- 关键字 abstract 与 final 不能同时用来修饰类与方法。

4.5.2　抽象类的作用

在抽象类中定义的抽象方法只包含方法的声明部分，而不包含方法的实现部分。如果把抽象类作为父类，则所有子类都具有的功能就应该在抽象类中进行定义，而子类如何实现这个功能，则由子类如何实现父类中的抽象方法来决定。抽象类（父类）的引用可以指向具体的子类对象，所以会执行不同子类重写后的方法，从而形成了多态。

【例 4.19】通过抽象类实现多态的示例。

```
1.  abstract class Shape {
2.     abstract double getArea();
3.     abstract String getShapeInfo();
4.  }
5.  class Triangle extends Shape {
6.     double a;
7.     double b;
8.     double c;
9.     Triangle(double a,double b,double c) {
10.       this.a=a;
11.       this.b=b;
12.       this.c=c;
13.    }
14.    double getArea() {
15.       double p=(a+b+c)/2;
16.       return Math.sqrt(p*(p-a)*(p-b)*(p-c));
17.    }
18.    String getShapeInfo() {
19.       return "Triangle: ";
20.    }
21. }
22. class Rectangle extends Shape {
23.    double a;
24.    double b;
25.    Rectangle(double a,double b) {
```

```
26.        this.a=a;
27.        this.b=b;
28.     }
29.     double getArea() {
30.        return a*b;
31.     }
32.     String getShapeInfo() {
33.        return "Rectangle: ";
34.     }
35. }
36. public class AbstractOverridingTest {
37.     public void printArea(Shape s) {
38.        System.out.println(s.getShapeInfo()+s.getArea());
39.     }
40.     public static void main(String[] args) {
41.        AbstractOverridingTest aot=new AbstractOverridingTest();
42.        Shape s=new Triangle(3,4,5);
43.        aot.printArea(s);
44.        s=new Rectangle(5,6);
45.        aot.printArea(s);
46.     }
47. }
```

【运行结果】

```
Triangle: 6.0
Rectangle: 30.0
```

【分析讨论】

- Triangle 和 Rectangle 类分别继承抽象类 Shape 并实现了其抽象方法。在 main()方法中，Shape 类型引用可以分别指向其子类对象 Triangle 和 Rectangle。
- 在 AbstractOverridingTest 类中，printArea(Shape s)方法的参数可以指向对象 Triangle 和 Rectangle，调用的方法 getShapeInfo()和 getArea()应为 Triangle 或 Rectangle 类中重写之后的方法。

在上面的程序中，如果增加一个 Square（正方形）类，则只需要将 Square 类继承抽象类 Shape 并实现两个抽象方法即可，AbstractOverridingTest 类中的 public void printArea(Shape s)方法并不需要改变，从而增强了程序的可维护性。

【例 4.20】通过抽象类实现程序扩展的示例。

```
1.  abstract class Shape {
2.     abstract double getArea();
3.     abstract String getShapeInfo();
4.  }
5.  class Triangle extends Shape {
6.     double a;
7.     double b;
8.     double c;
9.     Triangle(double a,double b,double c) {
10.       this.a=a;
11.       this.b=b;
12.       this.c=c;
13.    }
14.    double getArea() {
15.       double p=(a+b+c)/2;
16.       return Math.sqrt(p*(p-a)*(p-b)*(p-c));
17.    }
18.    String getShapeInfo() {
```

```
19.        return "Triangle: ";
20.    }
21. }
22. class Rectangle extends Shape {
23.    double a;
24.    double b;
25.    Rectangle(double a,double b) {
26.        this.a=a;
27.        this.b=b;
28.    }
29.    double getArea() {
30.        return a*b;
31.    }
32.    String getShapeInfo() {
33.        return "Rectangle: ";
34.    }
35. }
36. class Square extends Shape {
37.    double a;
38.    Square(double a) {
39.        this.a=a;
40.    }
41.    double getArea() {
42.        return a*a;
43.    }
44.    String getShapeInfo() {
45.        return "Square: ";
46.    }
47. }
48. public class AbstractOverridingTest {
49.    public void printArea(Shape s) {
50.        System.out.println(s.getShapeInfo()+s.getArea());
51.    }
52.    public static void main(String[] args) {
53.        AbstractOverridingTest aot=new AbstractOverridingTest();
54.        Shape s=new Triangle(3,4,5);
55.        aot.printArea(s);
56.        s=new Rectangle(5,6);
57.        aot.printArea(s);
58.        s=new Square(8);
59.        aot.printArea(s);
60.    }
61. }
```

【运行结果】

```
Triangle: 6.0
Rectangle: 30.0
Square: 64.0
```

4.6　接口

在 Java 语言中，类的继承是单继承，一个类只能有一个直接父类。为了实现多重继承，就必须通过接口来实现。接口实现了多重继承，又很好地解决了 C++语言多重继承在语义上的复杂性。在 Java 语言中，一个类可以同时实现多个接口来实现多重继承。

4.6.1 接口的定义

接口与类属于同一个层次，接口中也有变量和方法，但是接口中的变量和方法有特定的要求。定义接口的语法格式如下：

```
<modifier> [abstract] interface <interface_name> [extends super_interfaces] {
    [<attribute_declarations>]
    [<abstract method_declarations>]
}
```

- modifier：修饰符，访问控制符可以为 public，或者是默认的。如果接口定义成 public，则要求文件名与 public 接口名必须相同。
- abstract：是可选项，可写可不写。
- interface_name：接口名，符合 Java 语言中标识符的命名规则即可。
- extends super_interfaces：接口与接口之间可以继承，并且一个接口可以同时继承多个接口，多个接口之间用逗号隔开。

【例 4.21】接口定义的示例。

```
1.  interface Flyer {}
2.  interface Sailer {}
3.  public interface InterfaceExtendsTest extends Flyer, Sailer {}
```

【分析讨论】

类之间只能单继承，但是一个接口可以同时继承多个接口。

与类的定义相同，在接口中也可以定义成员变量和成员方法。接口中定义的成员变量默认都具有 public、static、final 属性，并且这些成员变量在定义时必须要赋值，赋值后其值不能改变。接口中所定义的成员方法默认都具有 public、abstract 属性。

【例 4.22】接口内成员定义及访问的示例。

```
1.  interface Inter1 {
2.      int i=8;
3.      double d=2.3;
4.      void m1();
5.  }
6.  public class InterfaceDefiTest {
7.      public static void main(String[] args) {
8.          System.out.println(Inter1.i);
9.          System.out.println(Inter1.d);
10.         Inter1.d=Inter1.i+3;
11.     }
12. }
```

【编译结果】

```
C:\JavaExample\chapter04\4.22\InterfaceDefiTest.java:10: 无法为最终变量 d 指定值
        Inter1.d=Inter1.i+3;
             ^
1 个错误
```

【分析讨论】

- 接口中定义的变量为常量，所以不能为常量重新赋值。
- 接口本身是抽象的，所以接口不能用关键字 final 来修饰。
- 接口中的所有方法都是抽象的，抽象方法不能用关键字 static 来修饰。

4.6.2　接口的实现

接口与接口之间可以有继承关系，而类与接口之间是 implements 关系，即类实现接口。接口实现的语法格式如下：

```
<modifier> class <name> [extends <superclass>] [implements <interface1> [,<interface2>]
* ] {
  <declarations> *
}
```

- 接口列表中可以有多个接口，多个接口之间用逗号隔开。
- 当一个类实现接口时，要将接口中的所有抽象方法都实现，否则这个类必须定义为抽象类。
- 由于接口中抽象方法的访问限制属性默认为 public，在类中实现抽象方法时其访问限制属性不能缩小，所以在类中实现后的非抽象方法的访问限制属性只能是 public。

【例 4.23】接口实现的示例。

```
1.  interface Interface1 {
2.      void amethod1();
3.      void amethod2();
4.  }
5.  abstract class C1 implements Interface1 {
6.      public void amethod1() {
7.      }
8.  }
9.  class C2 implements Interface1 {
10.     public void amethod1() {
11.         System.out.println("实现抽象方法 1");
12.     }
13.     public void amethod2() {
14.         System.out.println("实现抽象方法 2");
15.     }
16. }
17. public class InterfaceImpleTest {
18.     public static void main(String[] args) {
19.         Interface1 cim=new C2();
20.         cim.amethod1();
21.         cim.amethod2();
22.     }
23. }
```

【运行结果】

```
实现抽象方法 1
实现抽象方法 2
```

4.6.3　多重继承

在 C++语言中，一个类可以同时继承多个父类。为了避免多重继承后语义上的复杂性，在 Java 语言中类是单继承的，而多重继承可以通过实现多个接口来完成。由于接口中的所有方法都是抽象方法，当类实现多个接口时，多个接口中的同名抽象方法在类中只有一个实现，从而避免了多重继承后语义上的复杂性。当类实现多个接口时，该类的对象可以被多个接口类型的变量引用。

【例 4.24】通过接口实现多重继承的示例。

```
1.  interface I1 {
2.    void aa();
3.  }
4.  interface I2 {
5.    void aa();
6.    void bb();
7.  }
8.  abstract class A {
9.    abstract void cc();
10. }
11. class C extends A implements I1, I2 {
12.   public void aa() {
13.     System.out.println("aa");
14.   }
15.   public void bb() {
16.     System.out.println("bb");
17.   }
18.   void cc() {
19.     System.out.println("cc");
20.   }
21. }
22. public class MultiInterfaceTest {
23.   public static void main(String[] args) {
24.     I1 ic1=new C();
25.     ic1.aa();
26.     I2 ic2=new C();
27.     ic2.aa();
28.     ic2.bb();
29.     A a=new C();
30.     a.cc();
31.   }
32. }
```

【运行结果】

```
aa
aa
bb
cc
```

【分析讨论】

- 当类同时继承父类并实现接口时，关键字 extends 在 implements 之前。
- 当类实现多个接口时，多个接口类型的变量都可以引用该类的对象。

4.6.4　接口与抽象类

接口与抽象类中都可以有抽象方法，但是二者在语法上不同，不同点如下所述。

- 抽象类使用 abstract class 来定义，而接口使用 interface 来定义。
- 抽象类中可以有抽象方法，也可以没有抽象方法，但是接口中的方法只能是抽象方法。
- 抽象类中的抽象方法前必须用 abstract 来修饰，而且访问控制符可以是 public、protected 和默认的这三种中任意一种；而接口中的方法其默认属性为 abstract 和 public。
- 抽象类中的成员变量的定义与非抽象类中的成员变量的定义相同，而接口中的成员变量 其默认属性为 public、static、final。
- 类只能继承一个抽象类，但是可以同时实现多个接口。

　　接口与抽象类在本质上是不同的。当类继承抽象类时，子类与抽象类之间有继承关系；而类实现接口时，类与接口之间没有继承关系，接口更注重的是具有什么样的功能或可以充当什么样的角色。通过接口也可以实现多态。

【例 4.25】通过接口实现多态的示例。

```
1.  interface Flyer {
2.    void fly();
3.  }
4.  class Bird implements Flyer {
5.    public void fly() {
6.      System.out.println("鸟在空中飞翔！");
7.    }
8.  }
9.  class Airplane implements Flyer {
10.   public void fly() {
11.     System.out.println("飞机在空中飞行！");
12.   }
13. }
14. public class InterfacePolymorTest {
15.   public static void main(String[] args) {
16.     Flyer fy=new Bird();
17.     fy.fly();
18.     fy=new Airplane();
19.     fy.fly();
20.   }
21. }
```

【运行结果】

```
鸟在空中飞翔！
飞机在空中飞行！
```

　　当通过接口类型的变量来引用具体对象时，只能访问接口中定义的方法，而访问具体对象中定义的方法时，则需要将接口类型的引用强制转换成具体对象类型的引用。在转换之前可以使用关键字 instanceof 进行测试，instanceof 的语法格式如下：

```
<引用> instanceof <类或接口类型>
```

　　上述表达式的运算结果为 boolean 值。当引用所指向的对象是类或接口类型及子类型时，返回值为 true；否则，返回值为 false。

【例 4.26】关键字 instanceof 的使用示例。

```
1.  interface Flyer1 {
2.    void fly();
3.  }
4.  class Bird1 implements Flyer1 {
5.    public void fly() {
6.      System.out.println("鸟在空中飞翔！");
7.    }
8.    public void sing() {
9.      System.out.println("鸟在歌唱！");
10.   }
11. }
12. class Airplane1 implements Flyer1 {
13.   public void fly() {
14.     System.out.println("飞机在空中飞行！");
15.   }
16.   public void land() {
17.     System.out.println("飞机在着陆！");
```

```
18.      }
19.    }
20.  public class InstanceofTest {
21.    public static void main(String[] args) {
22.      Flyer1 fy=new Bird1();
23.      testType(fy);
24.      fy=new Airplane1();
25.      testType(fy);
26.    }
27.    public static void testType(Flyer1 fy) {
28.      if(fy instanceof Flyer1) {
29.        System.out.println("引用所指向的对象可以看作 Flyer 类型");
30.        fy.fly();
31.        //fy.sing();
32.        //fy.land();
33.      }
34.      if(fy instanceof Bird1) {
35.        System.out.println("引用所指向的对象是 Bird 类型");
36.        ((Bird1)fy).sing();
37.      }
38.      if(fy instanceof Airplane1) {
39.        System.out.println("引用所指向的对象是 Airplane 类型");
40.        ((Airplane1)fy).land();
41.      }
42.    }
43.  }
```

【运行结果】

引用所指向的对象可以看作 Flyer 类型
鸟在空中飞翔！
引用所指向的对象是 Bird 类型
鸟在歌唱！
引用所指向的对象可以看作 Flyer 类型
飞机在空中飞行！
引用所指向的对象是 Airplane 类型
飞机在着陆！

【分析讨论】

使用关键字 instanceof 可以测试引用所指向对象的实际类型。

4.6.5　接口的新特性

在 JDK 8 版本之前，接口中的方法具有 public、abstract 默认属性。从 JDK 8 开始，可以在接口方法中添加默认实现及定义静态接口方法。从 JDK 9 开始，接口中还可以定义私有方法。

1．接口中的默认方法

在 JDK 8 版本之前，接口中的方法是抽象方法，不包含方法体，这是传统的接口定义形式。在 JDK 8 中，接口定义方法时如果加上关键字 default，则这样的方法为接口中的默认方法。通过使用默认方法，可以为接口中的方法提供方法体，使其不再是抽象方法。当类实现接口时，由于默认方法已经有具体实现，因此可以直接使用默认方法，而不需要重写这个方法。如果默认方法不能满足实现类的需求，则实现类可以重写该默认方法。如果要在接口中增加新的方法，则可以使用默认方法，这样对于实现该接口的类不用做任何修改。在接口中使用默认方法，可以优雅地完成接口的演化。

【例 4.27】 接口中的默认方法的使用示例。

```
1.  interface Flyer{
2.     public String getName();
3.     public default void fly() {
4.        System.out.println("Flyer.fly()");
5.     }
6.  }
7.  class Bird implements Flyer{
8.     public String getName() {
9.        return "Bird";
10.    }
11. }
12. class Airplane implements Flyer{
13.    public String getName() {
14.       return "Airplane";
15.    }
16.    public void fly() {
17.       System.out.println("Airplane.fly()");
18.    }
19. }
20. public class InterfaceDefaultTest {
21.    public static void main(String[] args) {
22.       Bird bird=new Bird();
23.       System.out.println(bird.getName());
24.       bird.fly();
25.       Airplane airplane=new Airplane();
26.       System.out.println(airplane.getName());
27.       airplane.fly();
28.    }
29. }
```

【运行结果】

```
Bird
Flyer.fly()
Airplane
Airplane.fly()
```

在 Java 语言中，一个类可以同时实现多个接口，如果多个接口中有同名的 default 方法，则要求在类中对 default 方法做重写，否则将出现编译错误。在实现类中，通过"<接口名>.super.<方法名>();"语句来调用指定接口中的 default 方法。

【例 4.28】 多个接口中有同名 default 方法的使用示例。

```
1.  interface A1 {
2.     default void out(){
3.        System.out.println("A1.out()");
4.     }
5.  }
6.  interface B1 {
7.     default void out() {
8.        System.out.println("B1.out()");
9.     }
10. }
11. class C3 implements A1,B1 {
12.    public void out() {
13.       System.out.println("C3.out()");
14.       A1.super.out();
15.       B1.super.out();
16.    }
```

```
17. }
18. public class MultiInterfaceDefaultTest {
19.    public static void main(String[] args) {
20.       C3 c=new C3();
21.       c.out();
22.    }
23. }
```

【运行结果】

```
C3.out()
A1.out()
B1.out()
```

2. 接口中的静态方法

JDK 8 为接口添加了一项新功能——可以在接口中定义静态方法，接口中的静态方法在使用时可以直接通过接口名来调用。当类实现接口时，接口中的静态方法只能使用接口来调用，而不能使用类来调用。当子接口继承父接口时，父接口中的静态方法不能通过子接口调用，只能通过父接口调用。

【例 4.29】接口中的静态方法的使用示例。

```
1.  interface A2 {
2.     public static void a(){
3.        System.out.println("A2.a()");
4.     }
5.  }
6.  interface B2 extends A2{
7.     public static void b(){
8.        System.out.println("B2.b()");
9.     }
10. }
11. class C4 implements B2{
12.    public static void c(){
13.       System.out.println("C4.c()");
14.    }
15. }
16. public class InterfaceStaticTest {
17.    public static void main(String[] args) {
18.       A2.a();
19.       B2.b();
20.       //在接口 A2 中定义的静态方法 a()不能使用子接口 B2 来调用
21.       //B2.a();
22.       C4.c();
23.       //在接口 B2 中定义的静态方法 b()不能使用实现类 C4 来调用
24.       //C4.b();
25.    }
26. }
```

【运行结果】

```
A2.a()
B2.b()
C4.c()
```

3. 接口中的私有方法

从 JDK 9 开始，在接口中可以定义私有方法。接口中的私有方法可以被同一接口中的默认方法或其他私有方法调用，从而避免代码的重复。接口中的私有方法可以是静态的，也可以是非静态的。

【例 4.30】 接口中的私有方法的使用示例。

```java
1.   interface A5 {
2.     public static void staticMethod() {
3.       privateStaticMethod();
4.       System.out.println("调用接口中的静态方法");
5.     }
6.     private static void privateStaticMethod() {
7.       System.out.println("调用接口中的私有静态方法");
8.     }
9.     public default void defaultMethod() {
10.      privateMethod();
11.      System.out.println("调用接口中的默认方法");
12.    }
13.    private void privateMethod() {
14.      System.out.println("调用接口中的私有方法");
15.    }
16.  }
17.  class B5 implements A5 {
18.    static {
19.      A5.staticMethod();
20.    }
21.    public B5() {
22.      this.defaultMethod();
23.    }
24.    public void defaultMethod() {
25.      System.out.println("类 B5 中重写之后的默认方法");
26.    }
27.  }
28.  public class InterfacePrivateTest {
29.    public static void main(String[] args) {
30.      B5 b=new B5();
31.      b.defaultMethod();
32.    }
33.  }
```

【运行结果】
```
调用接口中的私有静态方法
调用接口中的静态方法
类 B5 中重写之后的默认方法
类 B5 中重写之后的默认方法
```

4.7　内部类

　　一个类被嵌套定义在另一个类中，被嵌套定义的类称为内部类，包含内部类的类称为外部类。与外部类相同，内部类也可以有成员变量和成员方法，通过创建内部类对象也可以访问其成员变量和调用其成员方法。

4.7.1　内部类的定义

　　【例 4.31】 内部类定义的示例。

```java
1.   //定义外部类
2.   class Outter {
3.     int oi;
4.     //定义内部类
5.     private class Inner {
```

```
6.        int ii;
7.        Inner(int i) {
8.          ii=i;
9.        }
10.       void outIi() {
11.         System.out.println("内部类对象的成员变量的值为："+ii);
12.       }
13.    }
14. }
```

在 Outter 类中定义了 Inner 类，Outter 类为外部类，而 Inner 类为内部类。在内部类 Inner 中定义了成员变量、成员方法及构造方法。

4.7.2　内部类的使用

【例 4.32】内部类的使用示例。

```
1.  //定义外部类
2.  class Outter {
3.     int oi;
4.     //定义内部类
5.     private class Inner {
6.        int ii;
7.        Inner(int i) {
8.          ii=i;
9.        }
10.       void outIi() {
11.         System.out.println("内部类对象的成员变量的值为："+ii);
12.       }
13.    }
14.    //在外部类方法中创建内部类对象，并调用内部类对象的成员方法
15.    void outOi() {
16.      Inner in=new Inner(5);
17.      in.outIi();
18.    }
19. }
20. public class InnerClassDeTest {
21.    public static void main(String[] args) {
22.      Outter ot=new Outter();
23.      ot.outOi();
24.    }
25. }
```

【运行结果】

内部类对象的成员变量的值为：5

【分析讨论】

在外部类 Outter 中定义了内部类 Inner，程序运行时先创建外部类对象，当外部类对象的实例方法 outOi()运行时会创建内部类对象并调用其成员方法。

4.7.3　内部类的特性

内部类被嵌套定义在另一个类中，这样内部类定义的位置可以有两处：作为外部类的一个成员来定义，或者将内部类定义在外部类的方法中。

1. 非静态内部类

外部类的成员可以是变量或方法，也可以是一个类。作为外部类成员的内部类与其他成员

相同，其访问控制符可以为 public、protected、default 或 private。非静态内部类与外部类中的其他非静态成员相同，它是依赖于外部类对象的，要先创建外部类对象之后才能创建内部类对象。内部类对象既可以在外部类的成员方法中创建（如例 4.32），也可以在外部类之外创建。在外部类之外创建内部类对象的语法格式如下：

```
<外部类类名>.<内部类类名> 引用变量名称=<外部类对象的引用>.new <内部类构造方法>;
<外部类类名>.<内部类类名> 引用变量名称=new <外部类构造方法>.new <内部类构造方法>;
```

【例 4.33】 在外部类之外创建非静态内部类对象的示例。

```
1.  class Outter1 {
2.    int oi;
3.    class Inner {
4.      int ii;
5.      Inner(int i) {
6.        ii=i;
7.      }
8.      void outIi() {
9.        System.out.println("内部类对象的成员变量的值为: "+ii);
10.     }
11.   }
12. }
13. //在外部类之外创建非静态内部类对象
14. public class InnerClassObjTest {
15.   public static void main(String[] args) {
16.     //先创建外部类对象
17.     Outter1 ot=new Outter1();
18.     //通过外部类对象再创建内部类对象
19.     Outter1.Inner oti1=ot.new Inner(8);
20.     //调用内部类对象的方法
21.     oti1.outIi();
22.     //第二种方法创建非静态内部类对象
23.     Outter1.Inner oti2=new Outter1().new Inner(10);
24.     oti2.outIi();
25.   }
26. }
```

【运行结果】

```
内部类对象的成员变量的值为: 8
内部类对象的成员变量的值为: 10
```

【分析讨论】

- 非静态内部类对象是依赖于外部类对象的，先创建外部类对象后才能创建非静态内部类对象。
- 上述代码编译后，外部类的字节码文件为 Outter1.class，内部类的字节码文件为 Outter1$Inner.class。

非静态内部类作为外部类的一个成员，它可以访问外部类中的所有成员，即使外部类的成员定义为 private 也可以访问。反之，在外部类中也可以访问内部类的所有成员，但是访问之前要先创建内部类对象。

【例 4.34】 非静态内部类与外部类成员的访问示例。

```
1.  class Outter2 {
2.    private int oi=4;
3.    private class Inner {
4.      private int ii;
5.      //static double di;  不能声明静态成员，否则编译错误
```

```
6.        Inner(int i) {
7.           ii=i;
8.        }
9.        //访问外部类中的私有成员变量
10.       private void outIo() {
11.          System.out.println("外部类中的私有成员变量的值为: "+oi);
12.       }
13.       private void outIi() {
14.          System.out.println("内部类中的私有成员变量的值为: "+ii);
15.       }
16.    }
17.    //在外部类方法中创建非静态内部类对象并访问其私有方法
18.    void outO() {
19.       Inner in=new Inner(7);
20.       in.outIo();
21.       in.outIi();
22.    }
23. }
24. public class OutterInnerClassTest {
25.    public static void main(String[] args) {
26.       Outter2 ou=new Outter2();
27.       ou.outO();
28.    }
29. }
```

【运行结果】

外部类中的私有成员变量的值为：4
内部类中的私有成员变量的值为：7

【分析讨论】

- 非静态内部类可以访问外部类中的 private 成员，外部类通过非静态内部类对象可以访问非静态内部类中的 private 成员。
- 非静态内部类中不能定义静态属性、静态方法、静态初始化代码块。

在定义内部类时，内部类的类名不能与外部类的类名相同，但是内部类中成员的名称可以与外部类中成员的名称相同。当内部类成员方法中的局部变量、内部类成员变量、外部类成员变量的名称相同时，有效的变量是局部变量。内部类成员变量的访问方式是"this.内部类成员变量名"，外部类成员变量的访问方式是"外部类类名.this.外部类成员变量名"。

【例 4.35】非静态内部类与外部类同名变量的访问示例。

```
1.  class Outter3 {
2.     int i;
3.     class Inner3 {
4.        int i;
5.        Inner3(int i) {
6.           this.i=i;
7.        }
8.        void outI() {
9.           int i=8;
10.          System.out.println("内部类中方法的局部变量的值为: i="+i);
11.          System.out.println("内部类中的成员变量的值为: this.i="+this.i);
12.          System.out.println("外部类中的成员变量的值为: Outter3.this.i="+Outter3.this.i);
13.       }
14.    }
15.    Outter3(int i) {
16.       this.i=i;
17.    }
```

```
18. }
19. public class OutterInnerVarNameTest {
20.   public static void main(String[] args) {
21.     Outter3 ou=new Outter3(2);
22.     Outter3.Inner3 in=ou.new Inner3(4);
23.     in.outI();
24.   }
25. }
```

【运行结果】

内部类中方法的局部变量的值为：i=8
内部类中的成员变量的值为：this.i=4
外部类中的成员变量的值为：Outter3.this.i=2

2. 静态内部类

作为外部类成员的内部类定义时加上关键字 static 就成为静态内部类。静态内部类作为外部类的一个静态成员，它是依赖于外部类而不是外部类的某个对象的，所以在创建静态内部类对象时不用先创建外部类对象。同时，在静态内部类中不能访问外部类中的非静态成员。

【例 4.36】静态内部类定义及使用示例。

```
1.  class Outter {
2.    static int i=3;
3.    double d=5.6;
4.    //静态内部类
5.    static class Inner {
6.      double id=8.9;
7.      static double sid=7.2;
8.      void out() {
9.        System.out.println("外部类中的静态成员变量的值为："+i);
10.       //在静态内部类中不能访问外部类中的非静态成员
11.       //System.out.println("外部类中的非静态成员变量的值为："+d);
12.     }
13.   }
14. }
15. public class StaticInnerClassTest {
16.   public static void main(String[] args) {
17.     //不用先创建外部类对象，直接创建静态内部类对象
18.     Outter.Inner oi=new Outter.Inner();
19.     oi.out();
20.     System.out.println("内部类中的静态成员变量的值为："+Outter.Inner.sid);
21.   }
22. }
```

【运行结果】

外部类中的静态成员变量的值为：3
内部类中的静态成员变量的值为：7.2

【分析讨论】

- 静态内部类依赖于外部类，所以静态内部类对象可以直接创建而不依赖于外部类对象，并且它只能访问外部类中的静态成员。
- 在静态内部类中可以定义静态成员。

3. 局部内部类

在外部类方法中定义的局部内部类与方法中的局部变量相同，具有"局部"的特性。局部内部类的有效范围为方法内，所以局部内部类的对象应在外部类的方法中创建。局部内部类可

以访问外部类中的所有成员变量，但是只能访问外部类方法中 final 类型的局部变量。

【例 4.37】局部内部类定义及使用示例。

```
1.  class Outter6 {
2.    private int i=2;
3.    public void method() {
4.      final double d=2.5;
5.      double w=1.2;
6.      System.out.println("在外部类的方法体内！");
7.      //定义局部内部类
8.      class Inner6 {
9.        int i=5;
10.       Inner6(int i) {
11.         this.i=i;
12.       }
13.       void out() {
14.         System.out.println("内部类对象的成员变量的值为："+i);
15.         System.out.println("外部类对象的成员变量的值为："+Outter6.this.i);
16.         System.out.println("外部类成员方法的局部常量的值为："+d);
17.         //w不是final类型的局部变量，对其进行访问会产生编译错误！
18.         //System.out.println("外部类成员方法的局部变量的值为："+w);
19.       }
20.     }
21.     //创建内部类对象并调用方法
22.     Inner6 in=new Inner6(7);
23.     in.out();
24.     System.out.println("外部类成员方法的局部变量的值为："+w);
25.   }
26. }
27. public class LocalInnerClassTest {
28.   public static void main(String[] args) {
29.     Outter6 ou=new Outter6();
30.     ou.method();
31.   }
32. }
```

【运行结果】

```
在外部类的方法体内！
内部类对象的成员变量的值为：7
外部类对象的成员变量的值为：2
外部类成员方法的局部常量的值为：2.5
外部类成员方法的局部变量的值为：1.2
```

【分析讨论】

- 局部内部类定义时不能使用任何访问控制符和关键字 static。
- 局部内部类可以访问外部类中的 private 成员和所在方法中 final 类型的局部变量。

4. 匿名内部类

匿名内部类就是没有类名的内部类。由于这样的内部类没有类名，在匿名内部类定义之后就无法再产生对象及通过该类型来引用对象，因此匿名内部类在定义的同时就要创建其对象。匿名内部类的定义要通过继承类或实现接口来完成，并且在匿名内部类中要实现接口或抽象类中的所有抽象方法。定义匿名内部类的语法格式如下：

```
new 父类构造方法(参数列表)|接口名() {
    匿名内部类的类体；
}
```

【例 4.38】 匿名内部类定义及使用示例。

```
1.  class Book {
2.    String name;
3.    double price;
4.    Book() {
5.    }
6.    Book(String name, double price) {
7.      this.name=name;
8.      this.price=price;
9.    }
10.   public String toString() {
11.     return name+"\t"+price;
12.   }
13. }
14. interface Calculator {
15.   public void multify();
16. }
17. public class AnnoymousInnerClassTest {
18.   public static void main(String[] args) {
19.     Book b1=new Book() {};
20.     System.out.println(b1);
21.     Book b2=new Book("Java", 25.8) {
22.       int page=300;
23.       public String toString() {
24.         return name+"\t"+price+"\t"+page;
25.       }
26.     }
27.     System.out.println(b2);
28.     test(new Calculator() {
29.       public void multify() {
30.         System.out.println("multify ");
31.       }
32.     });
33.   }
34.   public static void test(Calculator c) {
35.     c.multify();
36.   }
37. }
```

【运行结果】

```
null   0.0
Java   25.8 300
multify
```

【分析讨论】

- 匿名内部类必须继承一个父类，或者实现一个接口。定义匿名内部类的同时会创建匿名内部类对象。
- 第 19 行代码通过继承 Book 类创建匿名内部类对象；第 21～26 行代码通过继承 Book 类创建匿名内部类，并且在类中增加成员变量及对成员方法重写；第 28～32 行代码通过实现接口创建匿名内部类并在类中实现抽象方法。
- 上述代码编译后会生成 3 个匿名内部类的字节码文件，分别为 AnnoymousInnerClassTest$1.class、AnnoymousInnerClassTest$2.class、AnnoymousInnerClassTest$3.class。

4.8　枚举类

从 JDK 1.5 版本开始，Java 引进了关键字 enum 用来定义一个枚举类型。在 JDK 1.5 版本之前，对枚举类型的描述采用整型的静态常量方式，但是这种方式中的枚举值从本质上说是整型的，所以在给枚举型变量赋值时可以是任何整数而不局限于指定的枚举值，并且枚举型变量赋值的合法性检查不能在编译时进行。JDK 1.5 提供的枚举类型很好地解决了上述问题。

4.8.1 枚举类的定义

定义枚举类的语法格式如下：

```
<访问控制符> enum <枚举类型名称> {枚举选项列表}
```

【例 4.39】枚举类定义的示例。

```
1.  public enum TrafficSignalsEnum {
2.      RED,
3.      YELLOW,
4.      GREEN;
5.  }
```

【分析讨论】

枚举类型本质上就是类，上述代码编译后会生成 TrafficSignalsEnum.class 字节码文件。

定义了枚举类型以后，枚举类型变量的取值只能是枚举类型中定义的值，这样取值的合法性问题就可以在编译阶段进行检查了。

【例 4.40】枚举类型变量赋值的示例。

```
1.  enum TrafficSignalsEnum {
2.      RED,
3.      YELLOW,
4.      GREEN;
5.  }
6.  public class TrafficSignalsEnumTest {
7.    public static void main(String[] args) {
8.        TrafficSignalsEnum ts1=TrafficSignalsEnum.RED;
9.        //枚举类型变量的取值为非枚举类型定义的值时会出现编译错误
10.       //TrafficSignalsEnum ts2=TrafficSignalsEnum.BLUE;
11.       switch(ts1) {
12.         case RED:
13.            System.out.println("现在是红灯！");
14.            break;
15.         case YELLOW:
16.            System.out.println("现在是黄灯！");
17.            break;
18.         case GREEN:
19.            System.out.println("现在是绿灯！");
20.            break;
21.        //出现编译错误
22.        //case BLUE:
23.            //System.out.println("现在是蓝灯！");
24.            //break;
25.       }
26.     }
27.  }
```

【运行结果】

```
现在是红灯！
```

【分析讨论】

- 枚举类型变量的取值只能为相应枚举类型中定义的值。
- 在 switch 语句中，case 后面的枚举值不能写成"枚举类型.枚举值"，而要直接写出其枚举值。

枚举类型很好地解决了用静态整型常量表示枚举值的弊端，并且能够在编译时对枚举值的合法性进行检查。枚举类也可以作为类的一个成员定义在另一个类中，此时枚举类可以看作成员内部类。

【例 4.41】枚举类型作为成员内部类的示例。

```
1.   class Student3 {
2.     //定义成员枚举类
3.     enum Grade {
4.       FRESHMAN,
5.       SOPHOMORE,
6.       JUNIOR,
7.       SENIOR;
8.     }
9.     int sno;
10.    String sname;
11.    Grade sgrade;
12.    Student3(int sno, String sname, Grade sgrade) {
13.      this.sno=sno;
14.      this.sname=sname;
15.      this.sgrade=sgrade;
16.    }
17.  }
18.  public class StudentGradeEnumTest {
19.    public static void main(String[] args) {
20.      Student3 s=new Student3(10011,"zhanghong",Student3.Grade.JUNIOR);
21.      System.out.println("学号为: "+s.sno);
22.      System.out.println("姓名为: "+s.sname);
23.      System.out.print("年级为: ");
24.      switch(s.sgrade) {
25.        case FRESHMAN:
26.          System.out.println("大学一年级");
27.          break;
28.        case SOPHOMORE:
29.          System.out.println("大学二年级");
30.          break;
31.        case JUNIOR:
32.          System.out.println("大学三年级");
33.          break;
34.        case SENIOR:
35.          System.out.println("大学四年级");
36.          break;
37.      }
38.    }
39.  }
```

【运行结果】

```
学号为: 10011
姓名为: zhanghong
年级为: 大学三年级
```

【分析讨论】

- 第 3～8 行代码中定义的枚举类为外部类 Student3 的内部类。
- 枚举类可以作为独立的类来定义，也可以将其定义为成员内部类，但是不可以在方法中定义枚举类。
- 在类中定义的枚举类通过所在类名来引用它。

当使用关键字 enum 定义枚举类型时，定义的枚举类型继承自 java.lang.Enum 类，而不是 java.lang.Object 类，通过枚举类型对象可以调用其继承的方法。

【例 4.42】枚举类型常用方法的示例。

```
1.  enum TrafficSignalsEnum1 {
2.    RED,
3.    YELLOW,
4.    GREEN;
5.  }
6.  public class EnumMethodsTest {
7.    public static void main(String[] args) {
8.      TrafficSignalsEnum1 tse=TrafficSignalsEnum1.YELLOW;
9.      System.out.println(tse.toString());
10.     TrafficSignalsEnum1[] ts=TrafficSignalsEnum1.values();
11.     for(int i=0;i<ts.length;i++)
12.       System.out.print(ts[i]+ "    ");
13.   }
14. }
```

【运行结果】

```
YELLOW
RED    YELLOW    GREEN
```

【分析讨论】

- java.lang.Enum 类中的 public String toString()方法可以返回枚举常量的名称。
- 枚举类中静态方法 values()的功能是返回包含全部枚举值的一维数组。

可以在枚举类型中定义成员变量、成员方法及构造方法，而在每个枚举类中的枚举值就是枚举类型的一个实例。

【例 4.43】枚举类型中枚举值定义的示例。

```
1.  enum TrafficSignalsEnum3 {
2.    //枚举类 TrafficSignalsEnum 的 3 个实例对象
3.    RED("现在是红灯！"),
4.    YELLOW("现在是黄灯！"),
5.    GREEN("现在是绿灯！");
6.    //枚举类中定义的成员变量
7.    private String signals;
8.    //枚举类中定义的构造方法，其默认访问控制权限为 private
9.    TrafficSignalsEnum3(String signals) {
10.     this.signals=signals;
11.   }
12.   //枚举类中定义的成员方法
13.   String getSignals() {
14.     return signals;
15.   }
16. }
17. public class EnumTest {
18.   public static void main(String[] args) {
19.     String s=TrafficSignalsEnum3.RED.getSignals();
20.     System.out.println(s);
21.     //不能通过实例化普通对象的方式来实例化枚举类型的实例
22.     //TrafficSignalsEnum3 tse=new TrafficSignalsEnum3("现在是蓝灯！");
23.   }
24. }
```

【运行结果】

现在是红灯！

【分析讨论】

- 枚举类中构造方法的访问控制属性为 private，所以枚举值只能在定义枚举类时进行声明。
- 枚举类中的枚举值（即枚举类型的实例）具有 public、static、final 属性。

4.8.2　实现接口的枚举类

在定义类时可以实现接口，同样在定义枚举类时也可以实现接口。

【例 4.44】实现接口的枚举类定义的示例。

```
1.   interface SignalsTimer1 {
2.      public void nextSignals();
3.   }
4.   enum TrafficSignalsEnum implements SignalsTimer1 {
5.      RED("现在是红灯！"),
6.      YELLOW("现在是黄灯！"),
7.      GREEN("现在是绿灯！");
8.      private String signals;
9.      TrafficSignalsEnum(String signals) {
10.        this.signals=signals;
11.     }
12.     public String getSignals() {
13.        return signals;
14.     }
15.     public void nextSignals() {
16.        System.out.println("2 分钟后，信号灯将发生变化！");
17.     }
18.  }
19.  public class EnumInterfaceTest {
20.     public static void main(String[] args) {
21.        String s=TrafficSignalsEnum.RED.getSignals();
22.        System.out.println(s);
23.        TrafficSignalsEnum.RED.nextSignals();
24.        System.out.println(TrafficSignalsEnum.YELLOW.getSignals());
25.        TrafficSignalsEnum.YELLOW.nextSignals();
26.     }
27.  }
```

【运行结果】

现在是红灯！
2 分钟后，信号灯将发生变化！
现在是黄灯！
2 分钟后，信号灯将发生变化！

上面的枚举类在实现接口时，每个枚举值对象拥有相同的接口实现方法，但是枚举值对象还可以拥有接口的不同实现方法。

【例 4.45】具有接口不同实现方法的枚举类定义的示例。

```
1.   interface SignalsTimer {
2.      public void nextSignals();
3.   }
4.   enum TrafficSignalsEnum implements SignalsTimer {
5.      RED("现在是红灯！") {
6.        public void nextSignals() {
7.           System.out.println("2 分钟后，信号灯将发生变化！");
```

```
8.          }
9.        },
10.    YELLOW("现在是黄灯！") {
11.        public void nextSignals() {
12.          System.out.println("1 分钟后，信号灯将发生变化！");
13.        }
14.      },
15.    GREEN("现在是绿灯！") {
16.        public void nextSignals() {
17.          System.out.println("3 分钟后，信号灯将发生变化！");
18.        }
19.    };
20.    private String signals;
21.    TrafficSignalsEnum(String signals) {
22.        this.signals=signals;
23.    }
24.    String getSignals() {
25.        return signals;
26.    }
27. }
28. public class EnumInterfaceTest1 {
29.    public static void main(String[] args) {
30.        String s=TrafficSignalsEnum.RED.getSignals();
31.        System.out.println(s);
32.        TrafficSignalsEnum.RED.nextSignals();
33.        System.out.println(TrafficSignalsEnum.YELLOW.getSignals());
34.        TrafficSignalsEnum.YELLOW.nextSignals();
35.        System.out.println(TrafficSignalsEnum.GREEN.getSignals());
36.        TrafficSignalsEnum.GREEN.nextSignals();
37.    }
38. }
```

【运行结果】

```
现在是红灯！
2 分钟后，信号灯将发生变化！
现在是黄灯！
1 分钟后，信号灯将发生变化！
现在是绿灯！
3 分钟后，信号灯将发生变化！
```

4.8.3　包含抽象方法的枚举类

在定义枚举类时，枚举类中可以包含抽象方法，而这些抽象方法要在枚举类型的实例中进行实现。

【例 4.46】包含抽象方法的枚举类定义的示例。

```
1.  enum TrafficSignalsEnum2 {
2.    RED("现在是红灯！") {
3.        public void nextSignals() {
4.          System.out.println("2 分钟后，信号灯将发生变化！");
5.        }
6.      },
7.    YELLOW("现在是黄灯！") {
8.        public void nextSignals() {
9.          System.out.println("1 分钟后，信号灯将发生变化！");
10.        }
11.      },
12.    GREEN("现在是绿灯！") {
```

```
13.        public void nextSignals() {
14.          System.out.println("3 分钟后，信号灯将发生变化！");
15.        }
16.     };
17.     private String signals;
18.     TrafficSignalsEnum2(String signals) {
19.       this.signals=signals;
20.     }
21.     String getSignals() {
22.       return signals;
23.     }
24.     //枚举类中定义的抽象方法
25.     public abstract void nextSignals();
26.  }
27.  public class EnumInterfaceTest2 {
28.     public static void main(String[] args) {
29.       String s=TrafficSignalsEnum2.RED.getSignals();
30.       System.out.println(s);
31.       TrafficSignalsEnum2.RED.nextSignals();
32.       System.out.println(TrafficSignalsEnum2.YELLOW.getSignals());
33.       TrafficSignalsEnum2.YELLOW.nextSignals();
34.       System.out.println(TrafficSignalsEnum2.GREEN.getSignals());
35.       TrafficSignalsEnum2.GREEN.nextSignals();
36.     }
37.  }
```

4.9　本章小结

在 Java 语言中，基本数据类型的包装类可以实现基本数据类型数据与引用数据类型数据的相互转换；当使用输出语句输出对象时，实际调用的是该对象的 toString()方法；当两个引用数据类型变量比较是否相等时，可以使用“==”运算符，也可以使用 equals()方法；Object 类中定义的 equals()方法与“==”运算符比较的是两个引用是否指向同一个对象，而通过重写 Object 类中定义的 equals()方法可以实现对对象内容的比较；关键字 static 可以修饰类中的成员变量、成员方法及静态初始化代码块；关键字 final 可以修饰类、成员变量和方法，以及方法中的局部变量；抽象类和接口可以实现面向对象思想中的多态机制；内部类定义在其他类的内部，把内部类隐藏在外部类之内，不允许同一个包中的其他类访问该内部类，从而对内部类提供了更好的封装；匿名内部类更适合创建那些仅需要使用一次的类；Java 语言中的枚举类提供了对枚举类型更好的描述和支持。本章讲解了 Java 语言面向对象的高级特性，理解与掌握这些特性对于深入学习 Java 语言程序设计具有重要的意义。

4.10　课后习题

1. 编译并运行下列代码，运行结果是什么？（　　　）

```
1.  class Base {
2.     protected int i=99;
3.  }
4.  public class Ab {
5.     private int i=1;
6.     public static void main(String argv[]) {
7.       Ab a=new Ab();
```

```
8.      a.hallow();
9.    }
10.   abstract void hallow() {
11.      System.out.println("Claines "+i);
12.    }
13.  }
```

    A. 编译错误　　　　　　　　　　　　　　B. 编译正确，运行时输出：Claines 99

    C. 编译正确，运行时输出：Claines 1　　　D. 编译正确，但是运行时无输出

  2. 编译并运行下列代码，运行结果是什么？（　　　　）

```
1.  public class Example {
2.    int arr[]=new int[10];
3.    public static void main(String a[]) {
4.      System.out.println(arr[1]);
5.    }
6.  }
```

    A. 编译错误　　　　　　　　　　　　　　B. 编译正确，但是运行时出现异常

    C. 输出 0　　　　　　　　　　　　　　　　D. 输出 null

  3. 下列代码的运行结果是什么？（　　　　）

```
1.  public class Example {
2.    public static void main(String args[]) {
3.      static int x[]=new int[15];
4.      System.out.println(x[5]);
5.    }
6.  }
```

    A. 编译错误　　　　　　　　　　　　　　B. 编译正确，但是运行时出现异常

    C. 输出 0　　　　　　　　　　　　　　　　D. 输出 null

  4. 下列代码的运行结果是什么？（　　　　）

```
1.  class A {
2.    private int counter=0;
3.    public static int getInstanceCount() {
4.      return counter;
5.    }
6.    public A() {
7.      counter++;
8.    }
9.  }
10. public class Example {
11.   public static void main(String args[]) {
12.     A a1=new A();
13      A a2=new A();
14.     System.out.println(A.getInstanceCount());
15.   }
16. }
```

    A. 输出 1　　　　　　B. 输出 2　　　　　　C. 运行时出现异常　　　D. 编译错误

  5. 下列选项中能够正确编译的是哪些？（　　　　）

```
1.  abstract class Shape {
2.    private int x;
3.    private int y;
4.    public abstract void draw();
5.    public void setAnchor(int x,int y) {
6.      this.x=x;
7.      this.y=y;
```

```
8.    }
9.  }
```

    A.   class Circle implements Shape {

         private int radius;

      }

    B.   abstract class Circle extends Shape {

         private int radius;

      }

    C.   class Circle extend Shape {

         private int radius;

         public void draw();

      }

    D.   abstract class Circle implements Shape {

         private int radius;

         public void draw();

      }

    E.   class Circle extends Shape {

         private int radius;

         public void draw(){}

      }

6. 下列哪个选项可以插入代码中的 **XXX** 位置？（　　　）

```
1.  class OuterClass {
2.    private String s="i am outer class member variable";
3.    class InnerClass {
4.      private String s1="i am inner class member variable";
5.      public void innerMethod() {
6.        System.out.println(s);
7.        System.out.println(s1);
8.      }
9.    }
10.   public static void outerMethod() {
11.     //XXX legal code here
12.     inner.innerMethod();
13.   }
14. }
```

    A. OuterClass.InnerClass inner=new OuterClass().new InnerClass();

    B. InnerClass inner=new InnerClass();

    C. new InnerClass();

    D. 以上选项都不对

7. 编译并运行下列代码，运行结果是什么？（　　　）

```
1.  public class Example {
2.    private final int id;
3.    public Example(int id) {
4.      this.id=id;
5.    }
6.    public void updateId(int newId) {
7.      id=newId;
```

```
8.      }
9.      public static void main(String args[]) {
10.        Example fa=new Example(42);
11.        fa.updateId(69);
12.        System.out.println(fa.id);
13.     }
14. }
```

    A．编译时错误   B．运行时异常   C．42   D．69

8．下列代码的运行结果是什么？（　　　）

```
1.  public class Example {
2.    static{
3.       System.out.print("Hi here ");
4.    }
5.    public void print() {
6.       System.out.print("Hello ");
7.    }
8.    public static void main(String args[]) {
9.       Example st1=new Example();
10.      st1.print();
11.      Example st2=new Example();
12.      st2.print();
13.    }
14. }
```

    A．Hello Hello   B．Hi here Hello Hello

    C．Hi here Hello Hi here Hello   D．Hi here Hi here Hello Hello

9．下列代码的运行结果是什么？（　　　）

```
1.  class MyExample {
2.    public void myExample() {
3.       System.out.print("class MyExample. ");
4.    }
5.    public static void myStat() {
6.       System.out.print("class MyExample. ");
7.    }
8.  }
9.  public class Example extends MyExample {
10.   public void myExample() {
11.      System.out.print("class Example. ");
12.   }
13.   public static void myStat() {
14.      System.out.print("class Example. ");
15.   }
16.   public static void main(String args[]) {
17.      MyExample mt=new Example();
18.      mt.myExample();
19.      mt.myStat();
20.   }
21. }
```

    A．输出 class MyExample. class MyExample.

    B．输出 class Example. class MyExample.

    C．输出 class Example. class Example.

    D．输出 class MyExample. class Example.

10．分析下列代码的运行结果是什么？（　　　）

```
1.   class Bird {
2.     {
3.        System.out.print("b1 ");
4.     }
5.     public Bird() {
6.        System.out.print("b2 ");
7.     }
8.   }
9.   class Raptor extends Bird {
10.    static {
11.       System.out.print("r1 ");
12.    }
13.    public Raptor() {
14.       System.out.print("r2 ");
15.    }
16.    {
17.       System.out.print("r3 ");
18.    }
19.    static {
20.       System.out.print("r4 ");
21.    }
22.  }
23.  class Hawk extends Raptor {
24.    public static void main(String[] args) {
25.      System.out.print("pre ");
26.      new Hawk();
27.      System.out.println("hawk ");
28.    }
29.  }
```

A．r1 r4 pre b1 b2 r3 r2 hawk　　　　B．pre b1 b2 r1 r4 r3 r2 hawk

C．pre hawk　　　　D．r1 r4 pre b2 r2 hawk

11. 下列关于静态内部类的说法中哪些是正确的？（　　　）

A．静态内部类对象的创建必须通过外部类实例引用

B．静态内部类不能访问外部类中的非静态成员

C．静态内部类中的成员变量与成员方法必须是静态的

D．如果外部类命名为 MyOuter，静态内部类命名为 MyInner，则可以通过语句 new MyOuter.MyInner()来实例化静态内部类对象

E．静态内部类必须继承外部类

12. 下列选项中哪个是正确的？（　　　）

```
public interface Top {
 public void twiddle(String s);
}
```

A．public abstract class Sub implements Top {
          public abstract void twiddle(String s) {}
    }

B．public abstract class Sub implements Top {}

C．public class Sub extends Top {
          public void twiddle(Integer i) {}
    }

D．public class Sub implements Top {

```
            public void twiddle(Integer i) {}
        }
```

E.   public class Sub implements Top {
       public void twiddle(String s) {};
       public void twiddle(Integer i) {}
  }

13. 下列哪些关键字可以用来修饰内部类型？（   ）

```
public class Example {
  public static void main(String argv[]) {}
  /*modifier at XX*/ class MyInner {}
}
```

    A. public   B. private   C. static   D. friend

14. 下列哪些非抽象类实现了接口 A？（   ）

```
interface A {
  void method1(int i);
  void method2(int j);
}
```

A.   class B implements A {
       void method1() {}
       void method2() {}
  }

B.   class B {
       void method1(int i) {}
       void method2(int j) {}
  }

C.   class B implements A {
       void method1(int i) {}
       void method2(int j) {}
  }

D.   class B extends A {
       void method1(int i) {}
       void method2(int j) {}
  }

E.   class B implements A {
       public void method1(int i) {}
       public void method2(int j) {}
  }

15. 下列选项中哪个是正确的？（   ）

```
1.  abstract class Shape {
2.    int x;
3.    int y;
4.    public void setAnchor(int x, int y) {
5.      this.x=x;
6.      this.y=y;
```

```
7.    }
8.  }
9.  class Circle extends Shape {
10.   void draw() {
11.   }
12. }
```

A.

```
public class Example {
    public static void main(String[] args) {
        Shape s=new Shape();
        s.setAnchor(10,10);
        s.draw();
    }
}
```

B.

```
public class Example {
    public static void main(String[] args) {
        Circle c=new Shape();
        c.setAnchor(10,10);
        c.draw();
    }
}
```

C.

```
public class Example {
    public static void main(String[] args) {
        Shape s=new Circle();
        s.setAnchor(10,10);
        ((Circle)s).draw();
    }
}
```

16. 编译并运行下列代码，运行结果是什么？（   ）

```
1.  enum IceCream {
2.    VANILIA("white"),
3.    STAWBERRY("pink"),
4.    WALNUT("brown"),
5.    CHOCOLATE("dark brown");
6.    String color;
7.    IceCream(String color) {
8.      this.color=color;
9.    }
10. }
11. class Example {
12.   public static void main(String[] args) {
13.     System.out.println(IceCream.VANILIA);
14.     System.out.println(IceCream.CHOCOLATE);
15.   }
16. }
```

A. 编译错误

B. 没有错误，程序输出：

VANILIA

CHOCOLATE

C. 没有错误，程序输出：

white

dark brown

17. 下列代码中哪一行会产生编译错误？（   ）

```
1.   interface Foo {
2.     int I=0;
3.   }
4.   class Example implements Foo {
5.     public static void main(String[] args) {
6.       Example s=new Example();
7.       int j=0;
8.       j=s.I;
9.       j=Example.I;
10.      j=Foo.I;
11.      s.I=2;
12.    }
13.  }
```

    A. 9   B. 10   C. 11   D. 没有错误

18. 请完成下面的程序，使得程序可以输出枚举常量值：RED、GREEN 和 BLUE。

```
1.   public class Ball {
2.     public_____T {
3.       _____
4.     }
5.     public static void main(String[] args) {
6.       Ball.T[] t=Ball.T.values();
7.       for(int i=0;i<t.length;i++) {
8.         System.out.println(t[i]);
9.       }
10.    }
11.  }
```

19. 请完成下面的程序，使得程序可以输出 hi。

```
1.   public class Car {
2.     _____{
3.       Engine() {
4.         _____
5.       }
6.     }
7.     public static void main(String[] args) {
8.       new Car().go();
9.     }
9.     void go() {
10.      new Engine();
11.    }
12.    void drive() {
13.      System.out.println("hi");
14.    }
15.  }
```

20．应用抽象类及继承编写程序，输出本科生及研究生的成绩等级。要求：首先设计抽象类 Student，它包含学生的一些基本信息，如姓名、学生类型、三门课程的成绩和成绩等级等；其次，设计 Student 类的两个子类——本科生类 Undergraduate 和研究生类 Postgraduate，二者在计算成绩等级时有所区别，学生成绩等级计算标准如表 4.4 所示；最后，创建测试类进行测试。

表 4.4　学生成绩等级计算标准

本科生标准	研究生标准
平均分 85～100：优秀	平均分 90～100：优秀
平均分 75～85：良好	平均分 80～90：良好
平均分 65～75：中等	平均分 70～80：中等
平均分 60～65：及格	平均分 60～70：及格
平均分 60 以下：不及格	平均分 60 以下：不及格

第5章

Java 语言异常处理

面向对象程序设计特别强调软件质量的两个方面：一是程序结构方面的可扩展性与可重用性，二是程序语法与语义方面的可靠性。可靠性（Reliability）是软件质量的关键因素，一个程序的可靠性体现在两个方面：一是程序的正确性（Correctness），指程序的实现是否满足了需求；二是程序的健壮性（Robustness），指程序在异常条件下的执行能力。

在 Java 程序中，由于程序员的疏忽和环境因素的变化，经常会出现异常情况，导致程序运行时的非正常终止。为了及时有效地处理程序运行中的错误，Java 语言在参考 C++语言的异常处理方法和思想的基础上，提供了一套优秀的异常处理机制（Exception Handling），可以有效地预防错误的程序代码或系统错误所造成的不可预期的结果发生。异常处理机制通过对程序中所有的异常进行捕获和恰当的处理来尝试恢复异常发生前的状态，或者对这些错误结果做一些善后处理。异常处理机制能够减少程序员的工作量，增加程序的灵活性，有效地增强程序的可读性和可靠性。

5.1 概述

在程序运行时，打断正常程序流程的任何不正常的情况称为错误或异常。可能导致异常发生的原因有许多，例如下列的情形：

- 试图打开的文件不存在。
- 网络连接中断。
- 空指针异常，如对一个值为 null 的引用变量进行操作。
- 算术异常，如除数为 0、操作符越界等。
- 要加载的类不存在。

下面是一个简单的程序，程序中声明了一个字符串数组，并通过一个 for 循环将该数组输出。如果不认真地阅读并分析程序，一般不容易发现程序中可能导致异常的代码。

【例 5.1】Java 程序异常的示例。

```
1.  public class Test {
2.    public static void main(String[] args) {
3.      String friends[]={"Lisa", "Mary", "Bily"};
4.      for(int i=0;i<4;i++){
5.        System.out.println(friends[i]);
6.      }
7.      System.out.println("Normal ended.");
```

```
8.    }
9.  }
```

【运行结果】

```
Lisa
Mary
Bily
Exception in thread "main" java.lang.ArrayIndexOutOfBoundsException: 3
at Test.main (Test.java: 5)
```

【分析讨论】

- 程序 Test.java 能够通过编译，但是运行时出现了异常，导致了程序的非正常终止。
- 程序在执行 for 循环语句块时，前 3 次依次输出 String 类型的数组 friends 中包含的 3 个元素，即运行结果的前 3 行。但是在第 4 次循环时，由于试图输出下标为 3 的数组元素，而数组的长度为 3，从而导致数组下标越界。产生异常的是第 5 行代码，异常类型是 java.lang.ArrayIndexOutOfBoundsException，并且系统自动显示了有关异常的信息，指明异常的种类和出错位置。

在 Java 程序中，由于程序员的疏忽和环境因素的变化，经常会出现异常情况。如果不对异常进行处理，就将导致程序的非正常终止。为了保证程序的正常运行，Java 语言专门提供了异常处理机制。Java 语言首先针对各种常见的异常定义了相应的异常类，并且建立了异常类体系，如图 5.1 所示。

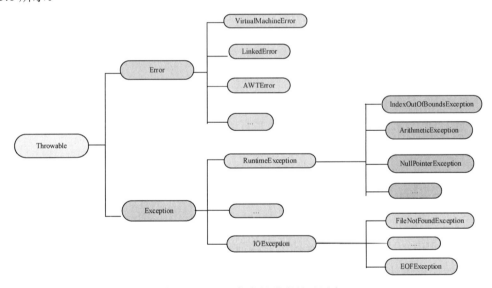

图 5.1 Java 语言中异常类继承层次

其中，java.lang.Throwable 类是所有异常类的父类。Java 语言中只有 Throwable 类及其子类的对象才能由异常处理机制进行处理。该类提供的主要方法包括检索异常相关信息，以及输出显示异常发生位置的堆栈追踪轨迹。Java 语言异常类体系中定义了很多常见的异常，示例如下。

- ArithmeticException：算术运算异常，整数的除 0 操作将导致该异常的发生，如 int i=10/0。
- NullPointerException：空指针异常，当对象没有实例化时，就试图通过该对象的变量访问其数据或方法。
- IOException：输入/输出异常，即在进行输入/输出操作时可能产生的各种异常。

- SecurityException：安全异常，一般由浏览器抛出。例如，Applet 在试图访问本地文件、试图连接该 Applet 所来自主机之外的其他主机或视图执行其程序时，浏览器中负责安全控制的 SecurityManager 类都要抛出这个异常。

Java 语言中的异常可以分为以下两类。

- 错误（Error）及其子类：JVM 系统内部错误、资源耗尽等很难恢复的严重错误，不能简单地恢复执行，一般不由程序处理。
- 异常（Exception）及其子类：其他因编程错误或偶然的外在因素导致的一般性问题，通过某种修正后程序还能继续运行，其中还可以分为以下两类。
  - ➢ RuntimeException（运行时异常）：也称不检查异常，是指由设计或实现方式不当导致的问题，如数组使用越界、算术运算异常、空指针异常等。也可以说是由程序员导致的、本来可以避免发生的情况。正确设计与实现的程序不应产生这些异常。对于这类异常，处理的策略是纠正错误。
  - ➢ 其他 Exception 类：描述运行时遇到的困难，它通常是由环境而非程序员引起的，如文件不存在、无效 URL 等。这类异常通常是由用户的误操作引起的，可以在异常处理中进行处理。

例 5.1 中的异常即属于 RuntimeException。出错的原因是数组 friends 中只含有 3 个元素，当 for 循环执行到第 4 次时，试图访问根本不存在的第 4 个数组元素 friends[3]，因此出错。

5.2　异常处理机制

异常处理是指程序获得异常并处理，然后继续程序的执行。Java 语言要求如果程序中调用的方法有可能产生某种类型的异常，则调用该方法的程序必须采取相应的动作处理异常。异常处理机制具体有两种方式：一是捕获并处理异常；二是将方法中产生的异常抛出。

5.2.1　捕获并处理异常

Java 程序在执行过程中如果出现异常，则将会自动生成一个异常对象，该对象包含了有关异常的信息，并被自动提交给 Java 运行时系统，这个过程称为抛出异常。当 Java 运行时系统收到异常对象时，会寻找能处理这一异常的代码并把当前异常对象交给其处理，这一过程称为捕获异常。如果 Java 运行时系统找不到可以捕获异常的方法，则 Java 运行时系统就将终止，相应的 Java 程序也将退出。

try-catch-finally 语句用于捕获程序中产生的异常，然后针对不同的异常采用不同的处理程序进行处理。try-catch-finally 语句的基本语法格式如下：

```
try {
   Java statements    //一条或多条可能抛出异常的Java 语句
} catch(ExceptionType1 e) {
   Java statements    //当 ExceptionType1 类型的异常抛出后要执行的代码
} catch(ExceptionType2 e) {
   Java statements    //当 ExceptionType2 类型的异常抛出后要执行的代码
} [finally {
   Java statements    //执行最终清理的语句，即无条件执行的语句
} ]
```

try-catch-finally 语句把可能产生异常的语句放入 try 语句块中，然后在该语句块后跟一个

或多个 catch 语句块，每个 catch 语句块处理一种可能抛出的特定类型的异常。在运行时刻，如果 try 语句块产生的异常的类型与某个 catch 语句块处理的异常的类型相匹配，则执行该 catch 语句块。finally 语句定义了一个程序块，可以放于 try 和 catch 语句块之后，用于为异常处理提供一个统一的出口，使得在控制流转到程序的其他部分以前，能够对程序的状态进行统一的管理。不论在 try 语句块中是否发生了异常事件，finally 语句块中的语句都会被执行。finally 语句块是可选的，可以省略。

需要注意的是，用 catch 语句块进行异常处理时，可以使每个 catch 语句块捕获一种特定类型的异常，也可以定义处理多种类型异常的通用异常处理块。因为在 Java 语言中允许对象变量上溯造型，父类类型的变量可以指向子类对象，所以如果 catch 语句块要捕获的异常类还存在子类，则该 catch 语句块就将处理该异常类及其所有子类表示的异常事件。这样的 catch 语句块就是一个能够处理多种类型异常的通用异常处理块。例如，在下列语句中，catch 语句块将处理 Exception 类及其所有子类类型的异常，即处理程序能够处理的所有类型的异常。

```
try {
   ...
}catch(Exception e) {
   System.out.println("Exception caugh: "+e.getMessage());
}
```

接下来，看一看上述机制是如何处理例 5.1 中的问题的。

【例 5.2】采用 try-catch-finally 语句对例 5.1 中的 RuntimeException 进行异常处理。

```
1.   public class Test2 {
2.     public static void main(String[] args) {
3.       String friends[]={"Lisa", "Mary", "Bily"};
4.       try{
5.         for(int i=0;i<4;i++) {
6.           System.out.println(friends[i]);
7.         }
8.       }catch(ArrayIndexOutOfBoundsException e) {
9.         System.out.println("Index error.");
10.       }
11.       System.out.println("\nNormal ended.");
12.     }
13. }
```

【运行结果】

```
Lisa
Mary
Bily
Index error.

Normal ended.
```

【分析讨论】

- 从输出结果中可以看出，出现异常时参数类型匹配的 catch 语句块得到执行，程序输出提示性信息后继续执行，并未异常终止，此时程序的运行仍处于程序员的控制之下。那么，既然运行错误经常发生，是不是所有的 Java 程序也都要采取这种异常处理措施呢？答案是否定的，Java 程序异常处理的原则有以下两点：
  - ➢ 对于 Error 和 RuntimeException，可以在程序中进行捕获和处理，但不是必须的。
  - ➢ 对于 IOException 及其他异常类，必须在程序中进行捕获和处理。
- 例 5.1 和 5.2 中的 ArrayIndexOutOfBoundsException 即属于 RuntimeException，一个正确

设计和实现的程序不会出现这种异常，因此可以根据实际情况选择是否需要进行捕获和处理。而对于 IOException 及其他异常，则属于另外一种必须进行捕获和处理的情况了。

再看一个 IOException 的示例，例 5.3 中的 CreatingList 类要创建一个保存 5 个 Integer 类型对象的数组链表，并通过 copyList()方法将该数组链表保存到 FileList.txt 文件中。

【例 5.3】创建数组链表并保存到文件中（未加任何异常处理，存在编译错误）。

```
1.   import java.io.*;
2.   import java.util.*;
3.   class CreatingList {
4.      private ArrayList list;
5.      private static final int size=5;
6.      public CreatingList() {
7.         list=new ArrayList(size);
8.         for(int i=0;i<size;i++) {
9.            list.add(new Integer(i));
10.        }
11.     }
12.     //将 list 保存到 FileList.txt 文件中
13.     public void copyList() {
14.        BufferedWriter bw=new BufferedWriter(new FileWriter("FileList.txt"));
15.        for(int i=0;i<size;i++) {
16.           bw.write("Value at: "+i+" = "+list.get(i));
17.           bw.newLine();
18.        }
19.        bw.close();
20.     }
21.  }
22.  public class ListDemo1 {
23.     public static void main(String[] args) {
24.        CreatingList clist=new CreatingList ();
25.        clist.copyList();
26.     }
27.  }
```

【编译结果】

```
ListDemo1.java: 13: 未报告的异常 java.io.IOException; 必须对其进行捕获或声明，以便抛出
   BufferedWriter bw=new BufferedWriter(new FileWriter("FileList.txt"));
                                        ^
1 个错误
```

【分析讨论】

例 5.3 中的第 13 行代码调用了 java.io.FileWriter 类的构造方法创建了一个文件输出流。该构造方法的声明格式为 public FileWriter(String fileName) throws IOException。由于 copyList()方法中没有对 FileWriter 类的构造方法可能产生的异常进行处理，因此程序在编译时产生了上述错误。

例 5.4 是在例 5.3 中加入了异常处理机制。将例 5.3 中的第 13~18 行代码放入 try 语句块中，用两个 catch 语句块分别捕获 FileWriter("FileList.txt")调用中可能产生的 IOException，以及 for 循环访问链表的 list.get(i)方法时可能产生的 ArrayIndexOutOfBoundsException。try-catch 语句还有 finally 语句，执行程序的最后清理操作，此处是关闭程序打开的流。

【例 5.4】增加 try-catch-finally 语句进行异常处理后的例 5.3。

```
1.   import java.io.*;
2.   import java.util.*;
3.   class CreatingList {
```

```
4.    private ArrayList list;
5.    private static final int size=5;
6.    public CreatingList () {
7.      list=new ArrayList(size);
8.      for(int i=0;i<size;i++)
9.        list.add(new Integer(i));
10.   }
11.   public void copyList() {
12.     BufferedWriter bw=null;
13.     try {
14.       System.out.println("Catching Exceptions.");
15.       bw=new BufferedWriter(new FileWriter("FileList.txt"));
16.       for(int i=0;i<size;i++) {
17.         bw.write("Value at: "+i+" = "+list.get(i));
18.         bw.newLine();
19.       }
20.       bw.close();
21.     }catch(ArrayIndexOutOfBoundsException e) {     //处理数组越界异常
22.       System.out.println("Caught ArrayIndexOutOfBoundsException. ");
23.     }catch(IOException e){                         //处理 I/O 异常
24.       System.out.println("Caught IOException.");
25.     }
26.     System.out.println("Closing BufferedWriter, Normal Ended! ");
27.   }
28. }
29. public class ListDemo2 {
30.   public static void main(String[] args) {
31.     CreatingList clist=new CreatingList ();
32.     clist.copyList();
33.   }
34. }
```

【运行结果】

```
Catching Exceptions.
Closing BufferedWriter, Normal Ended!
```

5.2.2　将方法中产生的异常抛出

将方法中产生的异常抛出是 Java 语言处理异常的第二种方式。当一个方法中的语句执行时可能生成某种异常，但是并不能或不确定如何处理这种异常，则该方法应声明抛出这种异常，表明该方法将不对此类异常进行处理，而由该方法的调用者负责处理。

1. 使用关键字 throws 抛出异常

将异常抛出可以通过关键字 throws 来实现。关键字 throws 通常被应用在声明方法时，用来指定方法可能抛出的异常，其语法格式如下：

```
<modifiers> <returnType> methodName ([<argument list>]) throws <exceptionList>
```

其中，exceptionList 可以包含多个异常类型，用逗号隔开。

例 5.4 是使用 try-catch-finally 语句对例 5.3 进行异常处理的。下面的例 5.5 是使用异常处理的第二种方式对例 5.3 进行改进的。

【例 5.5】使用声明抛出异常的方法对例 5.3 进行异常处理。

```
1. import java.io.*;
2. import java.util.*;
3. class CreatingList{
4.    private ArrayList list;
```

```
5.      private static final int size=5;
6.      public CreatingList(){
7.        list=new ArrayList(size);
8.        for(int i=0;i<size;i++)
9.        list.add(new Integer(i));
10.     }
11.     //声明抛出异常
12.     public void copyList() throws IOException, ArrayIndexOutOfBoundsException{
13.       BufferedWriter bw=new BufferedWriter(new FileWriter("FileList.txt"));
14.       for(int i=0;i<size;i++){
15.         bw.write("Value at: "+i+" = "+list.get(i));
16.         bw.newLine();
17.       }
18.       bw.close();
19.     }
20. }
21. public class ListDemo3{
22.     public static void main(String[] args){
23.       try{
24.         CreatingList clist=new CreatingList();
25.         clist.copyList();
26.       }catch(ArrayIndexOutOfBoundsException e){     //处理数组越界异常
27.         System.out.println("Caught ArrayIndexOutOfBoundsException.");
28.       }catch(IOException e){                         //处理I/O异常
29.         System.out.println("Caught IOException.");
30.       }
31.       System.out.println("A list of numbers is created and stored in FileList.txt.");
32.     }
33. }
```

【运行结果】

```
A list of numbers is created and stored in FileLIst.txt.
```

【分析讨论】

如果被抛出的异常在调用程序中未被处理，则该异常将被沿着方法的调用关系继续上抛，直到被处理。如果一个异常返回 main() 方法，并且在 main() 方法中还未被处理，则该异常将把程序非正常地终止。

2．使用关键字 throw

使用关键字 throw 也可以抛出异常。与关键字 throws 不同的是，关键字 throw 用于方法体内，并且抛出一个异常类对象，而关键字 throws 用在方法声明中来指明方法可能抛出的多个异常。

通过关键字 throw 抛出异常后，如果想由上一级代码来捕获并处理异常，则同样需要在抛出异常的方法中，使用关键字 throws 在方法的声明中指明要抛出的异常；如果想在当前的方法中捕获并处理关键字 throw 抛出的异常，则必须使用 **try-catch-finally** 语句。throw 语句的一般语法格式如下：

```
throw someThrowableObject;
```

其中，someThrowableObject 必须是 Throwable 类或其子类的对象。执行 throw 语句后，运行流程立即停止，throw 的下一条语句将暂停执行，系统转向调用者程序，检查是否有与 catch 子句能匹配的 Throwable 实例对象。如果找到相匹配的实例对象，则系统转向该子句；如果没有找到相匹配的实例对象，则转向上一层的调用程序。这样逐层向上，直到最外层的异常处理程序终止程序并打印出调用栈的情况。

例如，当输入的年龄为负数时，Java 虚拟机当然不会认为这是一个错误，但实际上年龄是不能为负数的，可以通过抛出异常的方式来处理这种情况。例 5.6 中创建 People 类，该类中的 check()方法首先将传递进来的 String 类型参数转换为 int 类型整数，然后判断该 int 类型整数是否为负数，如果为负数则抛出异常，最后在该类的 main()方法中捕获异常并处理。

【例 5.6】关键字 throw 的使用示例。

```
1.  public class People {
2.    public static int check(String strage) throws Exception {
3.      int age=Integer.parseInt(strage);    //将 String 类型参数转换为 int 类型整数
4.      if(age<0){                           //如果 age 小于 0，则抛出一个 Exception 异常对象
5.        throw new Exception("年龄不能为负数！");
6.      }
7.      return age;
8.    }
9.    public static void main(String args[]) {
10.     try {
11.       int myage=check("-101");           //调用 check()方法
12.       System.out.println(myage);
13.     }catch(Exception e) {                //捕获 Exception 异常
14.       System.out.println("数据逻辑错误！");
15.       System.out.println("原因："+e.getMessage());
16.     }
17.   }
18. }
```

【运行结果】

数据逻辑错误！
原因：年龄不能为负数！

【分析讨论】

在 check()方法中将异常抛给了调用者（main()方法）进行处理。check()方法可能会抛出以下两种异常：

- 数字格式的字符串转换为 int 类型整数时抛出的 NumberFormatException。
- 当年龄小于 0 时抛出的 Exception 异常。

5.3　自定义异常类

通常使用 Java 内置的异常类就可以描述在编写程序时出现的大部分异常情况。但是有时仍然需要根据需求创建自己的异常类，并将它们用于程序中来描述 Java 内置的异常类所不能描述的一些特殊情况。下面就来介绍如何创建和使用自定义异常类。

5.3.1　必要性与原则

Java 语言允许用户在需要时创建自己的异常类型，用于表述 JDK 中未涉及的其他异常状况，这些类型也必须继承 Throwable 类或其子类。Throwable 类有两种类型的子类，即错误（Error）和异常（Exception）。错误是指系统内部发生的严重错误，而大多数 Java 应用程序都仅会抛出异常。所以，一般自定义异常类都以 Exception 类为父类。由于用户自定义异常类通常属于 Exception 范畴，因此依据命名惯例，自定义异常类的名称应以 Exception 结尾。用户自定义异常类未被加入 JRE 的控制逻辑中，因此永远不会自动抛出，只能由人工创建并抛出。

例如，假设我们要编写一个可重用的链表类，该类中可能包括以下方法。

- objectAt(int n)：返回链表的第 n 个对象。
- firstObject()：返回链表中的第 1 个对象。
- indexOf(Object n)：在链表中搜索指定的对象，并返回它在链表中的位置。

对于这个链表类，其他程序员在使用时可能出现对类及方法使用不当的情况，并且即使是合法的方法调用，也有可能导致某种未定义的结果。因此，希望这个链表类在出现错误时尽量强壮，对于错误能够合理地处理，并把错误信息报告给调用程序。但是由于不能预知使用该类的每个用户打算如何处理特定的错误，因此在发生一种错误时最好的处理办法就是抛出一个异常。

上述链表类的每个方法都有可能抛出异常，并且这些异常可能是互不相同的。示例如下。

- objectAt(int n)：如果传递给该方法的参数 n 小于 0，或者 n 大于链表中当前含有的对象的数目，则将抛出一个异常。
- firstObject()：如果链表中不包含任何对象，则将抛出一个异常。
- indexOf(Object n)：如果传递给该方法的对象不在链表中，则将抛出一个异常。

通过上述分析，可以知道这个链表类运行中会产生抛出的各种异常，但是，如何确定这些异常的类型呢？是选择 Java 异常类体系中的一个类型呢？还是自己定义一种新的异常类型呢？

下面给出一些原则，提示读者何时需要自定义异常类。满足下列任何一种或多种情形就应该考虑自己定义异常类：

- Java 异常类体系中不包含所需要的异常类型。
- 用户需要将自己所提供类的异常与其他人提供类的异常进行区分。
- 类中将多次抛出这种类型的异常。
- 如果使用其他程序包中定义的异常类，则影响程序包的独立性与自包含性。

结合上面提到的链表类示例，该链表类可能抛出多种异常，用户可能需要使用一个通用的异常处理程序对这些异常进行处理。另外，如果要把这个链表类放在一个包中，则与该类相关的所有代码应该同时放在这个包中。因此，应该定义自己的异常类并创建自己的异常类层次。图 5.2 所示为链表类的一种自定义异常类的层次。

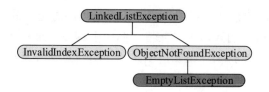

图 5.2　链表类的一种自定义异常类的层次

LinkedListException 类是链表类可能抛出的所有异常类的父类。将来可以使用下列 catch 语句块对该链表类的所有异常进行统一的处理：

```
catch(LinkedListException) {
    ...
}
```

当然，用户也可以编写针对 LinkedListException 子类的专用的异常处理程序。但是，链表类的异常能够利用上述 Java 异常处理机制进行处理，因此，还必须将这些异常类与 Java 异常类体系融合起来。

5.3.2　定义与使用

创建自定义异常类并在程序中使用，大体可以分为以下几个步骤：

（1）创建自定义异常类。

（2）在方法中通过关键字 throw 抛出异常对象。

（3）如果在当前抛出异常的方法中处理异常，则可以使用 try-catch-finally 语句捕获并处理；否则，在方法的声明处通过关键字 throws 指明要抛出给方法调用者的异常，继续进行下一步操作。

（4）在出现异常的方法调用代码中捕获并处理异常。

如果自定义的异常类继承自 RuntimeException 异常类，则在步骤（3）中可以不通过关键字 throws 指明要抛出的异常。

1. 定义异常类

用户自定义的异常类被定义为 Exception 类的子类。这样的异常类可以包含普通类的内容。例如，在定义一个关于银行账户的类 Bank 时，如果该用户的取款数目大于他的银行账户存款余额，则作为异常处理。代码如下：

```
1.  //自定义异常类 InsufficientFundsException
2.  class InsufficientFundsException extends Exception {
3.    private Bank excepBank;                //银行的用户对象
4.    private double excepAmount;            //取款数目
5.    public InsufficientFundsException(Bank ba, double dAmount) {
6.      excepBank=ba;
7.      excepAmount=dAmount;
8.    }
9.    public String excepMessage() {
10.     String str="账户存款余额："+excepBank.balance+"\n 取款数目是："+excepAmount;
11.     return str;
12.   }
13. }
```

2. 抛出自定义异常

定义了自定义异常类后，程序中的方法就可以在恰当时将这种异常抛出，需要注意的是，要在方法的声明中声明抛出该类型的异常。例如，在银行账户类 Bank 的取款方法 withdrawal()中可能产生异常 InsufficientFundsException，条件是账户存款余额少于取款数目。代码如下：

```
1.  public void withdrawal(double dAmount) throws InsufficientFundsException {
2.    if(balance<dAmount) {
3.      throw new InsufficientFundsException(this, dAmount);
4.    }
5.    balance=balance-dAmount;
6.  }
```

3. 自定义异常的处理

Java 程序在调用声明抛出自定义异常的方法时，要进行异常处理。具体可以采用上面介绍的两种方式：一是利用 try-catch-finally 语句捕获并处理异常；二是声明抛出该类型的异常。在上面的银行用户取款的示例中，处理异常安排在调用 withdrawal()方法时，因此，withdrawal()方法要声明抛出异常，由上级方法调用。代码如下：

```
1.   public static void main(String args[]) {
2.     Bank bank=new Bank(500);
3.       try {
4.         bank.withdrawal(1000);
5.         System.out.println("本次取款成功！");
6.       }catch(InsufficientFundsException e) {
7.         System.out.println("对不起，本次取款失败！");
8.         System.out.println(e.excepMessage());
9.       }
10.  }
```

最后，我们看一个使用用户自定义异常类的完整示例。

【例 5.7】使用用户自定义异常类的完整示例。

```
1.   class InsufficientFundsException extends Exception {
2.     private Bank excepBank;              //银行的用户对象
3.     private double excepAmount;        //取款数目
4.     public InsufficientFundsException(Bank ba, double dAmount) {
5.       excepBank=ba;
6.       excepAmount=dAmount;
7.     }
8.     public String excepMessage() {
9.       String str="账户存款余额为："+excepBank.balance+"\n 取款数目为："+excepAmount;
10.      return str;
11.    }
12.  }
13.  class Bank{
14.    double balance;                    //账户存款余额
15.    public Bank(double balance) {
16.      this.balance=balance;
17.    }
18.    //用户存款的方法
19.    public void deposite(double dAmount) {
20.      if(dAmount>0.0)
21.        balance+=dAmount;
22.    }
23.    //用户取款的方法
24.    public void withdrawal (double dAmount) throws InsufficientFundsException {
25.      if(balance<dAmount) {
26.        throw new InsufficientFundsException(this, dAmount);
27.      }
28.      balance=balance-dAmount;
29.    }
30.    //查询账户存款余额的方法
31.    public void showBalance() {
32.      System.out.println("账户存款余额为："+balance);
33.    }
34.  }
35.  public class ExceptionDemo {
36.    public static void main(String args[]) {
37.      Bank bank=new Bank(500);
38.      try {
39.        bank.withdrawal(1000);
40.        System.out.println("本次取款成功！");
41.      }catch(InsufficientFundsException e) {
```

```
42.          System.out.println("对不起，本次取款失败！");
43.          System.out.println(e.excepMessage());
44.       }
45.    }
46. }
```

【运行结果】

```
对不起，本次取款失败！
账户存款余额为：500.0
取款数目为：1000.0
```

5.4　Java 的异常跟踪栈

在面向对象的编程中，大多数复杂操作体现为一系列方法调用。这是由以下两个编程目标决定的：定义可重用的代码单元，以及将复杂任务逐步分解为更易管理的小型子任务。另外，因为定义很多对象来共同完成编程任务，所以在最终的编程模型中，很多对象将通过一系列方法调用来实现通信，执行任务。在面向对象的应用程序运行时，经常会发生一系列方法调用，即“调用栈”。

开发人员可以根据应用程序的需要，在调用栈的任何一点处理异常：既可以在产生异常的方法中处理问题，也可以在调用序列的某一较远位置处理异常。

在异常沿调用链被上传时，它会维护一个被称为“栈跟踪”的结构。栈跟踪记录未处理异常的各个方法，以及发生问题的代码行。当异常被传给方法调用者时，异常会在栈跟踪中添加一行，指示该方法的故障点。在调试代码时，如果了解如何解释信息，则栈跟踪可能是一个非常有效的工具。

例 5.8 是一个自定义异常类的示例。在该例中，定义了一个异常类 MyException，该类是 java.lang.Exception 类的子类，包含了两个构造方法。TestingMyException 类包含了两个方法 method1()和 method2()，这两个方法中分别声明并抛出了 MyException 类型的异常。在 MyExceptionDemo 类的 main()方法中，访问了 TestingMyException 类的 method1()和 method2()方法，并用 try-catch 语句实现了异常处理。在捕获了 method1()和 method2()方法抛出的异常后，将在相应的 catch 语句块中输出异常的信息，并输出异常发生位置的堆栈跟踪轨迹。

【例 5.8】使用 Java 的异常跟踪栈的示例。

```
1. class MyException extends Exception {
2.    MyException(){ }
3.    MyException(String msg) {
4.       super(msg);
5.    }
6. }
7. class TestingMyException {
8.    void method1() throws MyException {
9.       System.out.println("Throwing MyException from method1()");
10.      throw new MyException();
11.   }
12.   void method2() throws MyException {
13.      System.out.println("Throwing MyException from method2()");
14.      throw new MyException("Originated in method2()");
15.   }
16. }
17. public class MyExceptionDemo {
```

```
18.     public static void main(String[] args) {
19.         TestingMyException t=new TestingMyException();
20.         try {
21.             t.method1();
22.         }catch(MyException e) {
23.             e.printStackTrace();
24.         }
25.         try {
26.             t.method2();
27.         }catch(MyException e) {
28.             e.printStackTrace();
29.         }
30.     }
31. }
```

【运行结果】

```
Throwing MyException from method1()
MyException: Originated in method1()
        at TestingMyException.method1(MyExceptionDemo.java: 10)
        at MyExceptionDemo.main(MyExceptionDemo.java: 21)
Throwing MyException from method2()
MyException: Originated in method2()
        at TestingMyException.method2(MyExceptionDemo.java: 14)
        at MyExceptionDemo.main(MyExceptionDemo.java: 26)
```

与其他对象相同，异常对象可以访问自身的属性或方法以获取相关信息，从 Throwable 类继承的以下两种方法经常被用到。

- public String getMessage()：用于得到有关异常事件的信息。
- public void printStackTrace()：用于跟踪异常事件发生时执行堆栈的内容。

其中，如例 5.8 所示，printStackTrace()方法经常用于 Java 的异常跟踪栈的信息输出。

5.5 本章小结

异常处理机制是保证 Java 程序正常运行、具有较高安全性的重要手段。异常处理技术可以提前分析程序可能出现的不同状况，避免程序因某些不必要的错误而终止正常运行。在理解 Java 异常概念的基础上，掌握处理异常的基本方法及针对特定应用程序自定义异常类的方法，对于开发强壮、可靠的 Java 程序是很重要的。在开发应用程序时，随时做好程序中的异常处理是一种良好的编程习惯。

5.6 课后习题

1. 请在下面程序的画线处填上适当的语句，使程序能够正常运行。

```
1.  public class MyClass {
2.      public static void main(String args[]) {
3.          try {
4.              myMethod();
5.          }
6.          catch(MyException e) {
7.              System.out.println(e);
8.          }
9.      }
```

```
10.    public_____void myMethod()_____{   //方法中声明抛出异常
11.      throw (_____);
12.    }
13. }
14. class MyException extends _____{               //用户自定义异常类
15.    public String toString() {
16.      return("用户自定义异常类");
17.    }
18. }
```

2．给定下列代码：

```
1.  public void test() {
2.    try {
3.      oneMethod();
4.      System.out.println("condition 1");
5.    }
6.    catch (ArrayIndexOutOfBoundsException e) {
7.      System.out.println("condition 2");
8.    }
9.    catch(Exception e) {
10.      System.out.println("condition 3");
11.    }
12.    finally {
13.      System.out.println("finally");
14.    }
15. }
```

如果 oneMethod()方法运行正常，则下列哪一行语句将被输出显示？（　　　）

    A．condition 1　　　　B．condition 2　　　　C．condition 3　　　　D．finally

3．给定下面的代码：

```
1.  try {
2.    int t=3+4;
3.    String xx="haha";
4.    xx.toUpCase();
5.  }
6.  catch(...) {}
```

请问"int t=3+4;"是否应该被 try 括住？

4．什么是异常？简述 Java 语言中的异常处理机制。

5．系统定义的异常与用户自定义的异常有何不同？如何使用并抛出这两类异常？

6．编写程序，要求程序的功能为：首先输出"这是一个异常处理的示例"；然后在程序中主动产生一个 ArithmeticException 类型被 0 除而产生的异常，并用 catch 语句块捕获这个异常；最后通过 ArithmeticException 类的对象 e 的 getMessage()方法给出异常的具体类型并显示出来。

7．编写从键盘读入 10 个字符放入一个字符数组中，并且在屏幕上显示该数组的程序，要求处理数组越界异常（ArrayIndexOutOfBoundsException）与输入/输出异常（IOException）。

8．根据书中 5.3 节所给的创建和使用自定义异常类的格式，编写一个自定义异常类的小程序。

第6章

Java 语言泛型编程

Java 语言中的泛型（Generic）是在 JDK 1.5 中引入的一个新特性，其本质是参数化类型（Parameterized Type）。在 Java 编程中，经常会遇到在容器中存放对象或从容器中取出对象，并根据需要转型为相应的对象的情形。在转型过程中极易出现错误，并且很难发现。使用泛型可以在存放对象时明确地指明对象的类型，将问题暴露在编译阶段，由编译器进行检测，这样可以避免在运行时出现转型异常，从而增加程序的可读性与稳定性，提高程序的运行效率。本章将讲解泛型的概念及其在 Java 编程中的应用。

6.1 概述

在 Java 语言没有引入泛型之前，如果要实现对不同引用数据类型的变量进行操作，则可以通过 Object 类来实现参数类型的抽象化。

【例 6.1】在 TypeObjectTest 类的定义中，通过 Object 类实现了参数类型的抽象化。

```
1.  public class TypeObjectTest {
2.     private Object to;
3.     public void setTo(Object to) {
4.        this.to=to;
5.     }
6.     public Object getTo() {
7.        return to;
8.     }
9.     public static void main(String[] args) {
10.       TypeObjectTest tot=new TypeObjectTest();
11.       tot.setTo(new Integer(8));
12.       System.out.println("Integer 类型对象的值为: "+tot.getTo());
13.       tot.setTo(new String("hello"));
14.       System.out.println("String 类型对象的值为: "+tot.getTo());
15.    }
16. }
```

【运行结果】

```
Integer 类型对象的值为: 8
String 类型对象的值为: hello
```

【分析讨论】

- 由于 Java 语言中所有的类都继承自 Object 类，因此将 public void setTo(Object to) 方法的参数类型设置为 Object 之后，该方法可以接收任何类型的引用变量。例如，该方法可以接收 Integer 类型和 String 类型的变量。

- 在 JDK 1.4 之前的版本中，为了让定义的 Java 类具有通用性，类中的方法传入的参数或方法返回值的类型都被定义成 Object 类。例如，Java 的集合类 List、Map、Set 等就是这样定义的，但是这种定义方式会产生一定的问题。

【例 6.2】在 LinkedListTest 类的定义中，介绍了通过 Object 类来实现参数类型抽象化时所产生的问题。

```
1.   import java.util.*;
2.   public class LinkedListTest {
3.     public static void main(String[] args) {
4.       List li=new LinkedList();
5.       li.add(new String("hello"));
6.       li.add(new String("world"));
7.       System.out.println("链表中共有"+li.size()+"个节点");
8.       for(int i=0;i<li.size();i++){
9.         String s=(String)li.get(i);
10.        System.out.println(s.toUpperCase());
11.      }
12.      li.add(new Boolean("true"));
13.      System.out.println("链表中共有"+li.size()+"个节点");
14.      for(int i=0;i<li.size();i++) {
15.        String s=(String)li.get(i);
16.        System.out.println(s.toUpperCase());
17.      }
18.    }
19.  }
```

【运行结果】

```
链表中共有 2 个节点
HELLO
WORLD
链表中共有 3 个节点
HELLO
WORLD
Exception in thread "main" java.lang.ClassCastException: java.lang.Boolean cannot be cast
to java.lang.String at LinkedListTest.main(LinkedListTest.java:15)
```

【分析讨论】

- LinkedListTest 类中的 add(Object element)方法和 Object get(int index)方法的参数值和返回值的类型都被定义成 Object 类型，但是在通过 Object 类型来实现参数类型的抽象化时产生了异常。
- 当通过 add(Object element)方法向链表中添加节点时，不能保证链表中的节点是相同的类型。例如，链表中的节点的类型可以是 String 和 Boolean 类型。
- 当通过 Object get(int index)方法返回链表中的节点时，节点的类型都为 Object 类型，这样会失去节点原来的类型信息。如果要获得节点原来的类型信息，则必须进行强制类型转换，而这种转换如果发生错误，在编译时检查不出来，而在运行时则会发生 ClassCastException。例如，链表中的前两个节点的类型被强制转换成 String 类型后，可以调用 String 类中的 toUpperCase()方法，但是第 3 个节点被错误地强制转换成 String 类型，所以在运行时出现了异常。

根据以上分析可以看出，虽然 Object 类可以实现参数类型的抽象化，使类的定义更具有通用性，但是不能满足类型的安全性。而在 JDK 1.5 中引入的泛型则能够很好地实现参数化类型，并允许在创建集合时指定集合中元素的类型。

6.2 使用泛型

泛型是 JDK 1.5 中引入的一个新特性，目的在于定义安全的泛型类。在 JDK 1.5 版本之前，通过使用 Object 类解决了参数类型抽象化的部分需求，而泛型类的引入最终解决了类型抽象及安全问题。Java 泛型的本质是参数化类型，也就是说所操作的数据类型被指定为一个参数。

6.2.1 定义泛型类、泛型接口

在定义泛型类或泛型接口时，是通过类型参数来抽象数据类型的，而不是将变量的类型都定义成 Object 类。这样做的好处是使泛型类或泛型接口的类型安全检查在编译阶段进行，并且所有的类型转换都是自动的和隐式的，从而保证了类型的安全性。定义泛型类的语法格式如下：

```
<类的访问控制符> class 类名<类型参数> {
    类体;
}
```

【例 6.3】在 GenericsClassDeTest 类的定义中，介绍了泛型类的定义及使用。

```
1.  public class GenericsClassDeTest<T> {
2.    private T mvar;
3.    public void set(T mvar) {
4.      this.mvar=mvar;
5.    }
6.    public T get() {
7.      return mvar;
8.    }
9.    public static void main(String[] args) {
10.       GenericsClassDeTest<Integer> gcdt1=new GenericsClassDeTest<Integer>();
11.       gcdt1.set(new Integer(10));
12.       System.out.println("Integer 类型对象的值为: "+gcdt1.get());
13.       //gcdt1.set(new String("hello")); 当参数为 String 类型对象时编译错误
14.       GenericsClassDeTest<String> gcdt2=new GenericsClassDeTest<String>();
15.       gcdt2.set(new String("hello"));
16.       System.out.println("String 类型对象的值为: "+gcdt2.get());
17.       //Integer i=gcdt2.get(); 方法返回值的类型应为 String 类型
18.    }
19. }
```

【运行结果】

```
Integer 类型对象的值为: 10
String 类型对象的值为: hello
```

【分析讨论】

- 在泛型类 GenericsClassDeTest 的定义中，声明了类型参数 T，它可以用来定义 GenericsClassDeTest 类中的成员变量、方法的参数及方法返回值的类型。
- 类型参数 T 的具体类型是在创建泛型类的对象时确定的。在创建第 1 个泛型类的对象时，类型参数 T 的类型为 Integer，则调用 set(T mvar)方法时传递的参数的数据类型只能为 Integer 类型，否则会出现编译错误。在创建第 2 个泛型类的对象时，类型参数 T 的类型为 String，则调用 get()方法时返回值的数据类型只能为 String 类型。

通过定义泛型类，可以将变量的类型视为参数来定义，而变量的具体类型是在创建泛型类的对象时确定的。通过使用泛型类可以使程序具有更大的灵活性，但是在编译时需要注意以下问题：

- 在泛型类的定义中，类型参数的定义写在类名后面，并用尖括号（<>）括起来。
- 类型参数可以使用任何符合 Java 语言命名规则的标识符，但是为了方便，通常都采用单个的大写字母。例如，用 E 表示集合元素类型，用 K 与 V 分别表示键/值对中的键类型与值类型，而用 T、U、S 表示任意类型。
- 泛型类的类型参数同时可以有多个，多个参数之间使用逗号隔开。
- 当创建泛型类的对象时，类型参数的类型只能为引用数据类型，而不能为基本数据类型。

定义泛型类的方法同样适用于泛型接口，定义具有泛型特点的接口的语法格式如下：

```
<接口的访问控制符> interface 接口名<类型参数> {
    接口体;
}
```

在具有泛型特点的类和接口的定义中，类名和接口名后面的类型参数的类型可以为任意类型。如果要限制类型参数的类型为某个特定子类型，则把这种泛型称为受限泛型。在受限泛型中，定义类型参数的语法格式如下：

```
类型参数 extends 父类型
类型参数 extends 父类型 1 &父类型 2 &...&父类型 n
```

【例 6.4】在 GenericsClassExtendsDeTest 类的定义中，介绍了受限泛型类的定义及使用。

```
1.  public class GenericsClassExtendsDeTest<T extends Number> {
2.     public int sum(T t1,T t2){
3.        return t1.intValue()+t2.intValue();
4.     }
5.     public static void main(String[] args) {
6.        GenericsClassExtendsDeTest<Integer> gcedt1=
7.           new GenericsClassExtendsDeTest<Integer>(); //编译正确
8.        System.out.println(gcedt1.sum(new Integer(2),new Integer(5)));
9.        //GenericsClassExtendsDeTest<String> gcedt2=
10.          //new GenericsClassExtendsDeTest<String>(); 编译错误
11.    }
12. }
```

【运行结果】

```
7
```

【分析讨论】

- 在上面的泛型类定义中，类型参数 T 继承了抽象类 Number，则在创建泛型类的对象时，类型参数 T 必须为 Number 类的子类。
- 当类型参数 T 的类型为 Integer 时，Integer 类继承了 Number 类，所以编译正确；当类型参数 T 的类型为 String 时，String 类并不是 Number 类的子类，所以此时会出现编译错误。

如果把 GenericsClassExtendsDeTest 类定义成非受限泛型类，而在创建对象时确保没有用不适当的类型来实例化类型参数，那么会出现什么问题呢？下面的示例对此进行了讨论。

【例 6.5】在 GenericsClassExtendsDeTest 类的定义中，介绍了非受限泛型类中类型参数可调用方法的限制所产生的问题。

```
1.  public class GenericsClassExtendsDeTest<T> {
2.     public int sum(T t1,T t2) {
3.        return t1.intValue()+t2.intValue();
4.     }
5.     public static void main(String[] args) {
6.        GenericsClassExtendsDeTest<Integer> gcedt1=
7.           new GenericsClassExtendsDeTest<Integer>(); //编译正确
```

```
8.        System.out.println(gcedt1.sum(new Integer(2),new Integer(5)));
9.    }
10. }
```

【编译结果】

```
C:\JavaExample\chapter06\6.5\GenericsClassExtendsDeTest.java:3: 找不到符号
符号:  方法 intValue()
位置:  类 java.lang.Object
       return t1.intValue()+t2.intValue();
                ^
C:\JavaExample\chapter06\6.5\GenericsClassExtendsDeTest.java:3: 找不到符号
符号:  方法 intValue()
位置:  类 java.lang.Object
       return t1.intValue()+t2.intValue();
                            ^
2 个错误
```

【分析讨论】

- public int sum(T t1,T t2)方法中的类型参数 T 是非受限类型，类型参数 T 的实际类型可以是 Object 类或 Object 的子类，所以通过类型参数 T 只能访问 Object 类中的方法。

- 受限类型的泛型有以下两个优点：第一，编译时的类型检查可以保证类型参数的每次实例化都符合所设定的范围；第二，由于类型参数的每次实例化都是受限父类型或其子类型，因此通过类型参数可以调用受限父类型中的方法，而不仅仅是 Object 类中的方法。

- 在泛型类的定义中，类型参数 T 的类型限制可以有以下 3 种形式。

    ➢ 类型参数 extends Object：这种形式实际上是直接指定类型参数，extends Object 可以省略。

    ➢ 类型参数 extends 父类型：这种形式的类型参数必须是父类型或其子类，或者实现父类型的接口。父类型可以是类，也可以是接口。

    ➢ 类型参数 extends 父类型 1 & 父类型 2 & … & 父类型 n：这种形式的类型参数可以继承 0 个或 1 个父类，但是可以实现多个接口，并且要将接口名定义在类名的后面。

6.2.2 从泛型类派生子类

在 Java 语言中，类通过继承可以实现类的扩充，泛型类也可以通过继承来实现泛型类的扩充。在泛型类的子类中可以保留父类的类型参数，也可以增加新的类型参数。

【例 6.6】在下面的 Java 程序中，介绍了由泛型类派生出子类，并在其子类中保留了父类中的类型参数的情形。

```
1.  class G<T> {                         //泛型类
2.      private T tt;
3.      public G(T tt) {
4.          this.tt=tt;
5.      }
6.      public void setT(T tt) {
7.          this.tt=tt;
8.      }
9.      public T getT() {
10.         return tt;
11.     }
12. }
13. class SubG<T,S> extends G<T> {        //泛型类子类
14.     private S ss;
```

```
15.    public SubG(T tt,S ss) {
16.       super(tt);
17.       this.ss=ss;
18.    }
19.    public void setS(S ss) {
20.       this.ss=ss;
21.    }
22.    public S getS() {
23.       return ss;
24.    }
25. }
26. public class GenericsClassExtendsDeTest {
27.    public static void main(String[] args) {
28.       SubG<Integer,String> sg=null;
29.       sg=new SubG<Integer,String>(new Integer(4),"hello");
30.       System.out.println("泛型类父类中的类型参数的值为: "+sg.getT());
31.       System.out.println("泛型类子类中的类型参数的值为: "+sg.getS().toUpperCase());
32.    }
33. }
```

【运行结果】

泛型类父类中的类型参数的值为: 4
泛型类子类中的类型参数的值为: hello

【分析讨论】

- 在 class SubG<T,S> extends G<T>类的定义中，子类 SubG 继承父类 G，父类 G 中的类型参数 T 被保留在子类 SubG 中，同时子类又增加了自己的类型参数 S。
- 如果在定义子类时没有保留父类中的类型参数，则父类中的类型参数的类型为 Object。

【例 6.7】在下面的 Java 程序中，介绍了由泛型类派生出子类，而在其子类中并没有保留父类中的类型参数的情形。

```
1.  class G<T> {                        //泛型类
2.     private T tt;
3.     public G(T tt) {
4.        this.tt=tt;
5.     }
6      public void setT(T tt) {
7.        this.tt=tt;
8.     }
9.     public T getT() {
10.       return tt;
11.    }
12. }
13. class SubG<S> extends G {            //泛型类子类
14.    private S ss;
15.    public SubG(Object tt,S ss) {
16.       super(tt);
17.       this.ss=ss;
18.    }
19.    public void setS(S ss) {
20.       this.ss=ss;
21.    }
22.    public S getS() {
23.       return ss;
24.    }
25. }
26. public class GenericsClassExtendsDeTest {
27.    public static void main(String[] args) {
```

```
28.        SubG<Integer> sg=null;
29.        sg=new SubG<Integer>("hello",new Integer(4));
30.        //编译错误
31.        System.out.println("泛型类父类中的类型参数的值为: "+sg.getT().toUpperCase());
32.        System.out.println("泛型类子类中的类型参数的值为: "+sg.getS().intValue());
33.    }
34. }
```

【编译结果】

```
C:\JavaExample\chapter06\6.7\GenericsClassExtendsDeTest.java:31: 找不到符号
符号:   方法 toUpperCase()
位置:   类 java.lang.Object
    System.out.println("泛型类父类中的类型参数的值为: "+sg.getT().toUpperCase());
                                                            ^
注意: C:\JavaExample\chapter06\6.7\GenericsClassExtendsDeTest.java 使用了未经检查或不安全的
操作。
注意: 要了解详细信息, 请使用 -Xlint:unchecked 重新编译。
1 个错误
```

【分析讨论】

- 在泛型类子类 class SubG<S> extends G 的定义中，子类并没有保留父类中的类型参数 T，父类中的类型参数 T 的类型自动转换为 Object 类型，泛型类父类中的 public T getT() 方法返回值的数据类型应是 Object 类型而不是 String 类型。
- 泛型类父类在定义时含有类型参数，而在使用时并没有传入实际的类型参数，所以 Java 编译器发出了警告信息：使用了未经检查或不安全的操作。

6.3 类型通配符

在 Java 语言中，Object 类是所有类的父类。当泛型类中的类型参数为 Object 类型时，该泛型参数是否可以为其他泛型参数的父类呢？下面的示例对此进行了讨论。

【例 6.8】在 GenericsClassWildcardTest 类的定义中，介绍了泛型类中类型参数为 Object 类型的泛型参数并不是其他泛型参数的父类的情形。

```
1.  import java.util.*;
2.  public class GenericsClassWildcardTest {
3.     public static void main(String[] args) {
4.        Collection<Object> co=new ArrayList<Object>();
5.        co.add(new Object());
6.        co.add(new Integer(6));
7.        co.add(new String("hello"));
8.        Collection<String> cs=new ArrayList<String>();
9.        cs.add(new String("ok"));
10.       co=cs;                        //编译错误!
11.    }
12. }
```

【编译结果】

```
C:\JavaExample\chapter06\6-8\GenericsClassWildcardTest.java:10: 不兼容的类型
找到:   java.util.Collection<java.lang.String>
需要:   java.util.Collection<java.lang.Object>
    co=cs;                              //编译错误!
       ^
1 个错误
```

【分析讨论】

在上面的代码中，虽然 String 类是 Object 类的子类，但是泛型类 Collection<String>却不是 Collection<Object>的子类，二者是不兼容的类型。

可以使用类型通配符（?）表示泛型类 Collection<T>的父类。类型通配符（?）可以表示任意具体类型，是一个不确定的、未知的类型。

【例 6.9】在 GenericsClassWildcardTest 类的定义中，介绍了泛型类中使用类型通配符的类型参数可以作为其他类型参数的父类的情形。

```
1.   import java.util.*;
2.   public class GenericsClassWildcardTest {
3.     public static void main(String[] args) {
4.       GenericsClassWildcardTest gcwt=new GenericsClassWildcardTest();
5.       Collection<Object> co=new ArrayList<Object>();
6.       co.add(new Boolean("true"));
7.       co.add(new Integer(6));
8.       co.add(new String("hello"));
9.       gcwt.printElement(co);
10.      Collection<String> cs=new ArrayList<String>();
11.      cs.add(new String("ok"));
12.      cs.add(new String("world"));
13.      gcwt.printElement(cs);
14.    }
15.    public void printElement(Collection<?> c) {
16.      System.out.println("集合中的元素为: "+c);
17.    }
18.  }
```

【运行结果】

```
集合中的元素为: [true, 6, hello]
集合中的元素为: [ok, world]
```

【分析讨论】

在上面的代码中，通过类型通配符（?）来表示任何类型的泛型参数，这样可以分别将 ArrayList<Object>和 ArrayList<String>泛型类对象传递给 Collection<?>类型的引用，从而可以输出不同类型参数集合中的所有元素。

类型通配符（?）表示任意一个具体的类型，Java 语言中 Object 类为所有类的父类，所以类型通配符（?）可以表示为 G<? extends Object>。如果要表示某一个类的任何一个子类，则可以使用有界通配符。有界通配符的语法格式如下：

```
? extends 父类型
? extends 父类型 1 &父类型 2 &... &父类型 n
```

【例 6.10】在下面的 Java 程序中，介绍了使用有界通配符作为泛型参数父类的情形。

```
1.   import java.util.*;
2.   interface Shape {
3.     public void draw();
4.   }
5.   class Circle implements Shape {
6.     public void draw() {
7.       System.out.println("Circle draw()");
8.     }
9.   }
10.  class Triangle implements Shape {
11.    public void draw() {
12.      System.out.println("Triangle draw()");
```

```
13.     }
14.  }
15.  class Rectangle implements Shape {
16.     public void draw() {
17.        System.out.println("Rectangle draw()");
18.     }
19.  }
20.  public class GenericsClassWildcardExtTest {
21.     public static void main(String[] args) {
22.        GenericsClassWildcardExtTest gcwt=new GenericsClassWildcardExtTest();
23.        List<Circle> cc=new ArrayList<Circle>();
24.        cc.add(new Circle());
25.        gcwt.drawAll(cc);
26.        List<Triangle> ct=new ArrayList<Triangle>();
27.        ct.add(new Triangle());
28.        gcwt.drawAll(ct);
29.        List<Rectangle> cr=new ArrayList<Rectangle>();
30.        cr.add(new Rectangle());
31.        gcwt.drawAll(cr);
32.     }
33.     public void drawAll(List<? extends Shape> c) {
34.        for(int i=0;i<c.size();i++) {
35.           c.get(i).draw();
36.        }
37.     }
38.  }
```

【运行结果】

```
Circle draw()
Triangle draw()
Rectangle draw()
```

【分析讨论】

- 在 public void drawAll(List<? extends Shape> c)方法中，参数 c 的类型为有界通配符，这样传递给参数 c 的列表就可以是 List<Circle>、List<Triangle>和 List<Rectangle>。
- 如果将类型通配符的使用格式写成"泛型类<?>"这种形式，则可以表示为：泛型类<? extends Object>。
- 类型通配符只能用于引用数据类型变量的声明中，而不能用于定义泛型类及创建泛型类对象。
- 类型通配符表示的是未知类型，不是一个确定的类型，所以不能通过具有类型通配符的引用数据类型变量来调用具体类型参数的方法。

【例 6.11】在下面的 Java 程序中，介绍了具有类型通配符的引用数据类型变量不能调用具体类型参数的方法的情形。

```
1.   class A<T extends Number> {
2.      private T mvar;
3.      public void setT(T mvar) {
4.         this.mvar=mvar;
5.      }
6.      public T getT() {
7.         return mvar;
8.      }
9.      public void aa() {
10.        System.out.println(mvar.toString());
11.     }
```

```
12. }
13. public class GenericsClassWildcardTest {
14.    public static void main(String[] args) {
15.      A<Integer> a1=new A<Integer>();
16.      a1.setT(new Integer(4));
17.      A<? extends Number> a2=a1;
18.      a2.aa();                                    //编译正确
19.      a2.setT(new Integer(5));                    //编译错误
20.    }
21. }
```

【编译结果】

```
C:\JavaExample\chapter06\6.11\GenericsClassWildcardTest.java:19: 无法将 A<capture of ?
extends java.lang.Number> 中的 setT(capture of ? extends java.lang.Number) 应用于
(java.lang.Integer)
      a2.setT(new Integer(5));//编译错误
              ^
1 个错误
```

【分析讨论】

- 在上面的代码中，变量 a2 为具有有界通配符的泛型类 A<? extends Number>，所以其类型参数可以为 Integer、Double 等。
- 由于类型通配符可以表示任意具体类型，它是不确定的，因此在调用与具体参数类型相关的方法时会出现编译错误。

6.4 泛型方法

与泛型类或泛型接口的声明相同，方法的声明也可以被泛型化，即在定义方法时带有一个或多个类型参数。定义泛型方法（Generic Method）的语法格式如下：

```
<类型参数> 方法返回值类型 方法名(参数列表) {
  方法体
}
```

【例 6.12】在下面的 Java 程序中，介绍了泛型方法的定义及使用。

```
1.  import java.util.*;
2.  class A {
3.    //泛型方法
4.    <T> void array(T[] ta,Vector<T> vt) {
5.      for(int i-0;i<ta.length;i++) {
6.        vt.add(ta[i]);
7.      }
8.    }
9.  }
10. public class GenericsMethodTest {
11.   public static void main(String[] args) {
12.     A a=new A();
13.     String[] s={"hello","world","ok"};
14.     Integer[] i={new Integer(1),new Integer(2)};
15.     Vector<String> vs=new Vector<String>();
16.     a.<String>array(s,vs);              //调用泛型方法时明确给出类型参数为 String
17.     System.out.println(vs);
18.     Vector<Integer> vi=new Vector<Integer>();
19.     a.array(i,vi);                      //没有明确给出类型参数，根据传递的引用数据类型来确定
20.     System.out.println(vi);
```

```
21.    }
22. }
```

【运行结果】

```
[hello, world, ok]
[1, 2]
```

【分析讨论】

- 在上面的代码中，<T> void array(T[] ta, Vector<T> vt)方法含有用尖括号（<>）括起来的类型参数 T，该方法为泛型方法。
- 通过泛型方法可以参数化方法参数及返回值的类型，当实际调用该方法时再确定其具体类型。

6.5 擦除与转换

泛型类和泛型接口中的类型参数可以实现数据类型的抽象化，从而增强程序的健壮性和可读性，所以 JDK 1.5 中的集合类都支持泛型。通过使用泛型，集合框架中的各种集合类既可以在编译时检查集合中元素类型的错误，又可以避免元素类型的强制转换，从而提高了开发效率。但是，JDK 1.5 之前的集合类并不支持泛型，为了保证没有使用泛型的 Java 程序也能够在新环境中运行，JDK 1.5 提供了泛型自动擦除与转换的功能，从而实现新旧 Java 程序的兼容。

如果在使用一个已经声明了泛型参数的类时不给出具体的泛型参数类型，则系统会自动按照一定的规则来设置泛型参数的类型，这就是所谓的泛型自动擦除。具体的擦除规则如下：

- 如果泛型参数没有限定范围，则泛型参数的类型将设置为 Object 类。
- 如果泛型参数为有界类型，则泛型参数的类型将设置为有界类型的上限类型。

【例 6.13】在下面的 Java 程序中，介绍了泛型参数为无限定范围类型的自动擦除情形。

```
1.  class A<T> {
2.    private T a;
3.    A(T a) {
4.        this.a=a;
5.    }
6.    public void setA(T a) {
7.        this.a=a;
8.    }
9.    public T getA() {
10.     return a;
11.    }
12. }
13. public class GenericsEraseTest {
14.   public static void main(String[] args) {
15.       A<String> as=new A<String>(new String("hello"));
16.       //as 为 A<String>类型的对象，setA()方法的参数只能为 String 类型
17.       //as.setA(new Integer(6)); 当参数为 Integer 类型对象时编译错误
18.       System.out.println(as.getA());
19.       A ao=new A(new String("ok"));          //当无类型参数时，泛型参数的类型为 Object 类
20.       ao.setA(new Integer(4));
21.       Object aogetA=ao.getA();
22.       System.out.println(aogetA);
23.       ao=as;
24.       ao.setA(new Double(5.6));
25.       //String asgetA=as.getA();       运行时出现异常
```

```
26.    }
27. }
```

【编译结果】

注意: C:\JavaExample\chapter06\6.13\GenericsEraseTest.java 使用了未经检查或不安全的操作。
注意: 要了解详细信息，请使用 -Xlint:unchecked 重新编译。

【运行结果】

```
hello
4
```

【分析讨论】

- A 为泛型类，但是在创建泛型类 A 的对象时没有指定类型参数，所以在编译时会给出警告信息：使用了未经检查或不安全的操作。
- as 为 A<String> 类型的对象，所以 setA() 方法的参数的类型只能为 String 类型，当为其他类型时则出现编译错误。getA() 方法的返回值的类型应为 String 类型，而在第 25 行代码中，该方法的返回值的实际类型为 Double 类型，所以在第 25 行代码出现运行时异常：Exception in thread "main" java.lang.ClassCastException: java.lang.Double cannot be cast to java.lang.String at GenericsEraseTest.main(GenericsEraseTest.java:25)。
- ao 为无泛型参数的泛型类 A 的对象，当没有提供类型参数时泛型参数的类型为 Object 类，所以 setA() 方法的参数的类型可以为 Object 类或其子类，getA() 方法的返回值的类型为 Object 类。

【例 6.14】在下面的代码中，介绍了泛型参数为有界类型的自动擦除情形。

```
1.  class A<T extends Number> {
2.     private T a;
3.     A(T a) {
4.        this.a=a;
5.     }
6.     public void setA(T a) {
7.        this.a=a;
8.     }
9.     public T getA() {
10.       return a;
11.    }
12. }
13. public class GenericsBoundedEraseTest {
14.    public static void main(String[] args) {
15.       A<Double> ad=new A<Double>(new Double("7.9"));
16.       //ad.setA(new Integer(6));    当参数为 Integer 类型对象时编译错误
17.       System.out.println(ad.getA());
18.       A an=new A(new Float("2.1"));       //当无类型参数时，泛型参数的类型上限为 Number 类型
19.       an.setA(new Integer(4));
20.       Number angetA=an.getA();
21.       System.out.println(angetA);
22.       an=ad;
23.       an.setA(new Integer(6));
24.    }
25. }
```

【运行结果】

```
7.9
4
```

6.6 泛型与数组

由于泛型中的类型参数只存在于编译时阶段而不存在于运行时阶段，因此在程序运行时并不知道泛型参数的类型。当数组中的元素为泛型类时，只能声明元素类型为泛型类的引用而不能创建这种类型的数组对象。如果泛型类的类型参数为无界通配符，则可以创建泛型数组对象。

【例 6.15】在 GenericsArrayTest 类的定义中，介绍了泛型数组的定义与使用。

```
1.   import java.util.*;
2.   public class GenericsArrayTest {
3.     public static void main(String[] args) {
4.       List<String>[] ls;                //声明泛型类型的数组引用
5.       //ls=new ArrayList<String>[8];   编译错误
6.       List<?>[] l=new List<?>[8];       //创建类型参数为无界通配符的泛型数组
7.       List<String> lsa=new ArrayList<String>();
8.       lsa.add(new String("hello"));
9.       Object[] oa=l;
10.      oa[0]=lsa;
11.      String s=(String)l[0].get(0);
12.      System.out.println(s);
13.    }
14.  }
```

【运行结果】

```
hello
```

6.7 本章小结

Java 泛型是在集合类或其他类上强加了编译时阶段的类型安全，所以可以将泛型理解为严格的编译时保护。利用泛型的类型参数信息，编译器可以确保添加到集合中的元素类型的正确性，并且从集合中获得的元素不需要强制类型转换。但是这种类型检查只存在于编译时阶段，为了支持早期版本集合类的遗留代码，在程序运行时阶段并不存在类型参数信息。Java 泛型改善了非泛型程序中的类型安全问题，使得类型安全的错误可以被编译器及早发现，从而为程序员开发更高效、更安全的系统提供了一种更有效的途径。

6.8 课后习题

1. 下列哪个选项可以插入注释行位置，从而使代码能够编译和运行？（   ）

```
1.   //插入声明代码
2.   for(int i=0;i<=10;i++) {
3.     List<Integer> row=new ArrayList<Integer>();
4.     for(int j=0;j<=10;j++) {
5.       row.add(i*j);
6.     }
7.     table.add(row);
8.   }
9.   for(List<Integer> row :table) {
10.    System.out.println(row);
11.  }
```

A.　List<List<Integer>> table=new List<List<Integer>>();

B.　List<List<Integer>> table=new ArrayList<List<Integer>>();

C.　List<List<Integer>> table=new ArrayList<ArrayList<Integer>>();

D.　List<List,Integer> table=new List<List,Integer>();

E.　List<List,Integer> table=new ArrayList<List,Integer>();

F.　List<List,Integer> table=new ArrayList<ArrayList,Integer>();

2. 下列哪个选项替换后代码仍能编译和运行？（　　　）

```
1.  import java.util.*;
2.  public class AccountManager {
3.    private Map accountTotals=new HashMap();
4.    private int retirementFund;
5.    public int getBalance(String accountName) {
6.      Integer total=(Integer)accountTotals.get(accountName);
7.      if(total==null) {
8.        total=Integer.valueOf(0);
9.        return total.intValue();
10.     }
11.   }
12.   public void setBalance(String accountName,int amount) {
13.     accountTotals.put(accountName, Integer.valueOf(amount));
14.   }
15. }
```

A.　第 3 行替换为：

　　private Map<String,int> accountTotals=new HashMap<String,int>();

B.　第 3 行替换为：

　　private Map<String,Integer> accountTotals=new HashMap<String,Integer>();

C.　第 3 行替换为：

　　private Map<String<Integer>> accountTotals=new HashMap<String<Integer>>();

D.　第 6～9 行替换为：

　　int total=accountTotals.get(accountName);

　　if(total==null){

　　　　total=0;

　　}

　　return total;

E.　第 6～9 行替换为：

　　Integer total=(Integer)accountTotals.get(accountName);

　　if(total==null){

　　　　total=0;

　　}

　　return total;

F.　第 6～9 行替换为：

　　return accountTotals.get(accountName);

G.　第 12 行替换为：

　　accountTotals.put(accountName,amount);

H. 第 12 行替换为：

accountTotals.put(accountName,amount.intValue());

3. 如果方法的声明如下所示，则哪些选项可以插入注释行位置？（　　　）

```
public static <E extends Number> List<E> process(List<E> nums)
//插入声明代码
output=process(input);
```

    A. ArrayList<Integer> input=null;

       ArrayList<Integer> output=null;

    B. ArrayList<Integer> input=null;

       List<Integer> output=null;

    C. ArrayList<Integer> input=null;

       List<Number> output=null;

    D. List<Number> input=null;

       ArrayList<Integer> output=null;

    E. List<Number> input=null;

       List<Number> output=null;

    F. List<Integer> input=null;

       List<Integer> output=null;

4. 下列哪个选项可以插入注释行位置并使代码能够编译？（　　　）

```
1.   import java.util.*;
2.   class Business {}
3.   class Hotel extends Business {}
4.   class Inn extends Hotel {}
5.   public class Travel {
6.     ArrayList<Hotel> go() {
7.       //插入代码
8.     }
9.   }
```

    A. return new ArrayList<Inn>();

    B. return new ArrayList<Hotel>();

    C. return new ArrayList<Object>();

    D. return new ArrayList<Business>();

5. 下列哪个选项可以使代码编译成功？（　　　）

```
1.   interface Hungry<E> {
2.     void munch(E x);
3.   }
4.   interface Carnivore<E extends Animal> extends Hungry<E> {}
5.   interface Herbivore<E extends Plant> extends Hungry<E> {}
6.   abstract class Plant {}
7.   class Grass extends Plant {}
8.   abstract class Animal {}
9.   class Sheep extends Animal implements Herbivore<Sheep> {
10.    public void munch(Sheep x){}
11.  }
12.  class Wolf extends Animal implements Carnivore<Sheep> {
13.    public void munch(Sheep x){}
14.  }
```

A. 将接口 Carnivore 的定义改为：

　　interface Carnivore<E extends Plant> extends Hungry<E> {}

B. 将接口 Herbivore 的定义改为：

　　interface Herbivore<E extends Animal> extends Hungry<E> {}

C. 将 Sheep 类的定义改为：

　　class Sheep extends Animal implements Herbivore<Plant> {
　　　　public void munch(Grass x){}
　　}

D. 将 Sheep 类的定义改为：

　　class Sheep extends Plant implements Carnivore<Wolf> {
　　　　public void munch(Wolf x){}
　　}

E. 将 Wolf 类的定义改为：

　　class Wolf extends Animal implements Herbivore<Grass> {
　　　　public void munch(Grass x){}
　　}

6. 请完成下面的程序，使得程序可以正确编译及运行。

```
1.  public class _____ {
2.      private ___ object;
3.      public Gen(T object) {
4.          this.object = object;
5.      }
6.      public ___ getObject() {
7.          return object;
8.      }
9.      public static void main(String[] args) {
10.         Gen<String> str = new Gen<String>("answer");
11.         Gen<Integer> intg = new Gen<Integer>(42);
12.         System.out.println(str.getObject() + "=" +intg.getObject());
13.     }
14. }
```

7. 在下面代码中的注释位置分别插入如下语句后，判断程序是否能编译成功？

　　① m1(listA);　　② m1(listB);　　③ m1(listO);

　　④ m2(listA);　　⑤ m2(listB);　　⑥ m2(listO);

```
1.  import java.util.*;
2.  class A {}
3.  class B extends A {}
4.  public class Test {
5.      public static void main(String[] args) {
6.          List<A> listA = new LinkedList<A>();
7.          List<B> listB = new LinkedList<B>();
8.          List<Object> listO = new LinkedList<Object>();
9.          //insert code here
10.     }
11.     public static void m1(List<? extends A> list) {}
12.     public static void m2(List<A> list) {}
13. }
```

8．请完成下面的程序，使得程序可以正确编译及运行。

```
1.   interface Pet {}
2.   class Cat implements Pet {}
3.   public class GenericB _____ {
4.      public T foo;
5.      public void setFoo(T foo) {
6.         this.foo=foo;
7.      }
8.      public T getFoo() {
9.         return foo;
10.     }
11.     public static void main(String[] args) {
12.        GenericB<Cat> bar=new GenericB<Cat>();
13.        bar.setFoo( _____ );
14.        Cat c=bar.getFoo();
15.     }
16. }
```

9．应用泛型编写程序，输出三角形、长方形、正方形和圆的面积。要求：首先，定义一个接口，该接口中包含一个计算图形面积的方法；其次，定义4个类，分别表示三角形、长方形、正方形和圆，在类中分别实现不同图形面积的计算方法；最后，应用泛型可以在控制台窗口中输出不同图形的面积。

第7章

Java 语言输入/输出

程序在执行时通常要和外部进行交互，从外部读取数据或向外部设备发送数据，这就是所谓的输入/输出（I/O）。数据可以来自或输出在磁盘文件、内存、其他程序或网络中，并且可能有多种类型，包括字节、字符、对象等。Java 语言使用抽象概念——流（Stream）来描述程序与数据发送者或接收者之间的数据通道。使用 I/O 流可以方便、灵活和安全地实现 I/O 功能。本章将对 Java 语言的 I/O 系统进行讲解，包括 I/O 流、File 类、RandomAccessFile 类及对象序列化等。

7.1 Java I/O 流

7.1.1 流的概念

Java 语言本身不包含 I/O 语句，而是通过 Java API 提供的 java.io 包完成 I/O。为了读取或输出数据，Java 程序与数据发送者或接收者之间要建立一个数据通道，这个数据通道被抽象为流（Stream）。输入时通过流读取数据源（Data Source），输出时通过流将数据写入目的地（Data Destination）。Java 程序在输出时只管将数据写入输出流，而不管数据写入哪一个目标（如文件、程序等）；在输入时只管从输入流读取数据，而不管数据是从哪一个数据源（如文件、程序等）读取的。Java 程序对各种流的处理也基本相同，都包括打开流、读取/写入数据、关闭流等操作。Java 程序通过流可以实现用统一的形式处理 I/O，使得 I/O 的编程变得非常简单方便。

在 Java 语言中，流有多种分类方式。按照流的方向来划分，流可以分为输入流（InputStream）和输出流（OutputStream）。

- 输入流：Java 程序可以打开一个从某种数据源（如文件、内存等）到程序的流，从这个流中读取数据，这就是输入流。因为流是有方向的，所以只能从输入流中读取数据，而不能向它写入数据。
- 输出流：Java 程序可以打开一个到某种目标（如文件、程序等）的流，把数据顺序写入该流中，从而把程序中的数据保存在目标对象中。因为流是有方向的，所以只能将数据写入输出流，而不能从输出流中读取数据。

按照流所关联的是否为最终数据源或目标来划分，流可以分为节点流（Node Stream）和处理流（Processing Stream）。

- 节点流：直接与最终数据源或目标关联的流为节点流。

- 处理流：不直接连到数据源或目标，而是对其他 I/O 流进行连接和封装的流为处理流。

节点流一般只提供一些基本的读/写操作方法，而处理流则会提供一些功能比较强大的方法。所以，在实际应用中通常将节点流与处理流结合起来使用，以满足不同的 I/O 需求。

按照流所操作的数据单元来划分，流可以分为字节流和字符流。

- 字节流：以字节为基本单元进行数据的 I/O，可以用于二进制数据的读/写。
- 字符流：以字符为基本单元进行数据的 I/O，可以用于文本数据的读/写。

7.1.2 字节流

InputStream 和 OutputStream 是字节流的两个顶层父类，提供了输入流类与输出流类的通用 API。

1．InputStream

InputStream 类的子类及其继承关系如图 7.1 所示。在 InputStream 类的子类中，底色为灰色的子类为节点流，其余的子类为处理流。

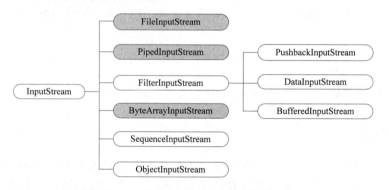

图 7.1　InputStream 类的子类及其继承关系

抽象类 java.io.InputStream 是所有字节输入流的父类，该类中定义了读取字节数据的基本方法。下面是 InputStream 类中常用的方法。

- public abstract int read()：读取 1 字节作为方法的返回值。如果返回-1，则表示到达流的末尾。
- public int read(byte[] b)：将读取的数据保存在一字节数组中，并返回读取的字节数。
- public int read(byte[] b, int off, int len)：从输入流中读取 len 字节存储在初始偏移量为 off 的字节数组中，返回实际读取的字节数。
- public long skip(long n)：从输入流中最多跳过 n 字节，返回跳过的字节数。
- public int available()：返回此输入流中可以不受阻塞地读取（跳过）的字节数。
- public void close()：关闭输入流，并且释放与该流相关联的所有系统资源。
- public void mark(int readlimit)：标记当前的位置，参数 readlimit 用于设置从标记位置处开始可以读取的最大字节数。
- public void reset()：将输入流重新定位到最后一次 mark()方法标记的位置。
- public boolean markSupported()：如果输入流支持 mark()和 reset()方法，则返回 true，否则返回 false。

2．OutputStream

OutputStream 类的子类及其继承关系如图 7.2 所示。在 OutputStream 类的子类中，底色为灰色的子类为节点流，其余的子类为处理流。

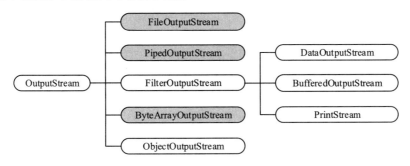

图 7.2　OutputStream 类的子类及其继承关系

抽象类 java.io.OutputStream 是所有字节输出流的父类，该类中定义了输出字节数据的基本方法。下面是 OutputStream 类中常用的方法。

- public abstract void write(int b)：将参数 b 的低 8bit 写入输出流。
- public void write(byte[] b)：将字节数组 b 的内容写入输出流。
- public void write(byte[] b, int off, int len)：将字节数组 b 中从偏移量 off 开始的 len 字节写入输出流。
- public void flush()：刷新输出流，并且强制写出所有缓冲的输出字节。
- public void close()：关闭输出流，并且释放与该流相关联的所有系统资源。

7.1.3　字符流

Reader 和 Writer 是 java.io 包中两个字符流类的顶层抽象父类，定义了在 I/O 流中读/写字符数据的通用 API。字符流能够处理 Unicode 字符集中的所有字符，而字节流则仅限于处理 ISO Latin-1 字符集中的 8 字节数据。

1．Reader

Reader 类的子类及其继承关系如图 7.3 所示。在 Reader 类的子类中，底色为灰色的子类为节点流，其余的子类为处理流。

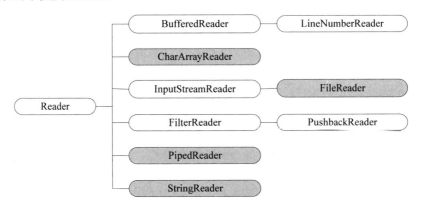

图 7.3　Reader 类的子类及其继承关系

抽象类 java.io.Reader 是所有字符输入流的父类，该类中定义了读取字符数据的基本方法。下面是 Reader 类中常用的方法。

- public int read()：读一个字符作为方法的返回值，如果返回-1，则表示到达流的末尾。
- public int read(char[] cbuf)：将读取的字符保存在数组中，并且返回读取的字符数。
- public abstract int read(char[] cbuf, int off, int len)：将读取的字符存储在数组的指定位置，并返回读取的字符数。
- public long skip(long n)：从输入流中最多跳过 n 个字符，返回跳过的字符数。
- public boolean ready()：当输入流准备好可以读取数据时返回 true，否则返回 false。
- public boolean markSupported()：当输入流支持 mark()方法时返回 true，否则返回 false。
- public void mark(int readAheadLimit)：标记当前的位置，参数用于设置从标记位置处开始可以读取的最大字符数。
- public void reset()：将输入流重新定位到最后一次 mark()方法标记的位置。
- public abstract void close()：关闭输入流，并且释放与该流相关联的所有系统资源。

2. Writer

Writer 类的子类及其继承关系如图 7.4 所示。在 Writer 类的子类中，底色为灰色的子类为节点流，其余的子类为处理流。

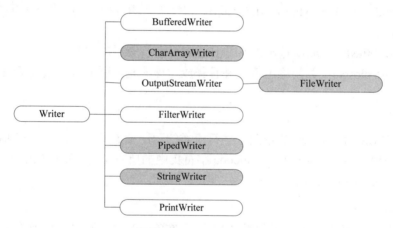

图 7.4　Writer 类的子类及其继承关系

抽象类 java.io.Writer 是所有字符输出流的父类，该类中定义了输出字符数据的基本方法。下面是 Writer 类中常用的方法。

- public void write(int c)：将参数 c 的低 16bit 写入输出流。
- public void write(char[] cbuf)：将字符数组 cbuf 的内容写入输出流。
- public abstract void write(char[] cbuf, int off, int len)：将字符数组 cbuf 中从偏移量 off 开始的 len 个字符写入输出流。
- public void write(String str)：将字符串 str 中的全部字符写入输出流。
- public void write(String str, int off, int len)：将字符串 str 中从偏移量 off 开始的 len 个字符写入输出流。
- public abstract void flush()：刷新输出流，并且强制写出所有缓冲的输出字符。
- public abstract void close()：关闭输出流，并且释放与该流相关联的所有系统资源。

7.1.4　I/O 流的套接

在 Java 程序中，通过节点流可以直接读取数据源中的数据，或者将数据通过节点流直接写入目标中。节点流可以直接与数据源或目标相关联，但是它提供了基本的数据读/写方法。例如，当使用节点流 FileInputStream 和 FileOutputStream 对文件进行读/写时，每次读/写字节数据时都要对文件进行操作。为了提高读/写效率，避免多次对文件进行操作，Java 提供了读/写字节数据的缓冲流 BufferedInputStream 和 BufferedOutputStream。此外，当使用节点流 FileInputStream 和 FileOutputStream 读/写数据时，只能以字节为单位而不能按照数据类型来读/写数据。为了增强读/写功能，Java 提供了 DataInputStream/DataOutputStream 类来实现按照数据类型读/写数据。因此，根据系统的实际需求选择合适的处理流可以提高读/写效率及增强读/写能力。

在 Java 程序中，通常将节点流与处理流二者结合起来使用。由于处理流不直接与数据源或目标关联，因此可以将节点流作为参数来构造处理流。即处理流对节点流进行了一次封装，而处理流还可以作为参数来构造其他处理流，从而形成了处理流对节点流或其他处理流的进一步封装，这就是所谓的 I/O 流套接。下面是 I/O 流套接的示例：

```
InputStreamReader isr=new InputStreamReader(System.in);
BufferedReader br=new BufferedReader(isr);
```

【分析讨论】

- 在 System 类中，静态成员 in 是系统输入流，类型为 InputStream，在 Java 程序运行时系统会自动提供。在默认情况下，系统输入流会连接到键盘，所以通过 System.in 可以读取键盘输入。但是 System.in 是 InputStream，在第 1 条语句中将其作为参数封装在 InputStreamReader 中，从而形成了 I/O 流的套接，并将 InputStream 字节流转换为字符流。
- 在第 2 条语句中将转换后的字符流作为参数封装在 BufferedReader 中，从而形成了 I/O 流的再次套接，并将字符流转换为缓存字符流。

节点流是以物理 I/O 节点作为构造方法的参数，而处理流构造方法的参数不是物理节点而是已经存在的节点流或处理流。通过处理流来封装节点流可以隐藏底层设备节点的差异，使节点流完成与底层设备的交互，而处理流则提供了更加方便的 I/O 方法。

7.1.5　常用的 I/O 流

下面的表 7.1 与表 7.2 把 java.io 包中提供的 I/O 流进行了分类与描述，表 7.1 所示为 java.io 包中的节点流，表 7.2 所示为 java.io 包中的处理流。从表 7.1 和表 7.2 中可以看出，java.io 包中的字节流与字符流实现了同种类型的 I/O，只是处理的数据类型不同。

表 7.1　java.io 包中的节点流

功　能	字节输入流	字节输出流	字符输入流	字符输出流
访问文件	FileInputStream	FileOutputSteam	FileReader	FileWriter
访问内存数组	ByteArrayInputStream	ByteArrayOutputStream	CharArrayReader	CharArrayWriter
访问字符串			StringReader	StringWriter
访问管道	PipedInputStream	PipedOutputStream	PipedReader	PipedWriter

表 7.2　java.io 包中的处理流

功　　能	字节输入流	字节输出流	字符输入流	字符输出流
缓存流	BufferedInputStream	BufferedOutputStream	BufferedReader	BufferedWriter
转换流			InputStreamReader	OutputStreamWriter
对象流	ObjectInputStream	ObjectOutputStream		
过滤流	FilterInputStream	FilterOutputStream	FilterReader	FilterWriter
打印流		PrintStream		PrintWriter
行流			LineNumberReader	
推回输入流	PushbackInputStream		PushbackReader	
各种类型数据流	DataInputStream	DataOutputStream		

1. 文件流

文件流是节点流，包括 FileInputStream/FileOutputStream 类及 FileReader/FileWriter 类，它们都是对文件系统中的文件进行读/写的类。文件流的构造方法经常以字符串形式的文件名或一个 File 类的对象作为参数。例如，下面是 FileInputStream 类的两个构造方法。

- public FileInputStream(String name)
- public FileInputStream(File file)

【例 7.1】通过 FileInputStream/FileOutputStream 类读/写文件的示例如下。在系统当前目录下读取 source.jpg 文件的内容，并将其复制生成新文件 dest.jpg。

```
1.   import java.io.*;
2.   public class FileStreamTest {
3.     public static void main(String[] args) throws IOException {
4.       FileInputStream fis=null;
5.       FileOutputStream fos=null;
6.       try {
7.         fis=new FileInputStream("source.jpg");
8.         fos=new FileOutputStream("dest.jpg");
9.         byte[] b=new byte[1024];
10.        int count;
11.        while((count=fis.read(b))>0)
12.          fos.write(b,0,count);
13.      }
14.      catch(IOException e) {
15.        e.printStackTrace();
16.      }
17.      finally {
18.        fis.close();
19.        fos.close();
20.      }
21.    }
22.  }
```

【分析讨论】

- 当使用 FileInputStream 类读取源文件时，如果源文件没有指定路径，则默认在系统当前目录下，并且源文件一定要存在。
- 当使用 FileOutputStream 类将数据写入目标文件时，如果目标文件不存在，则系统会自动创建。如果目标文件指定的路径也不存在，则不会创建文件而是会抛出 FileNotFoundException。
- 当使用 I/O 流类时一定要处理异常。

FileReader/FileWriter 类与 FileInputStream/FileOutputStream 类中的方法功能相同，二者的区别在于读/写文件内容时读/写的单位不同，FileReader/FileWriter 类以字符为单位，而 FileInputStream/FileOutputStream 类则以字节为单位。在通常情况下，FileReader/FileWriter 类用于读/写文本文件。

【例 7.2】使用 FileReader/FileWriter 类读/写文件的示例如下。在系统当前目录下创建源文件 source.txt，将源文件的内容在控制台和目标文件 dest.txt 中输出，最后在控制台输出目标文件的内容。

```java
1.  import java.io.*;
2.  public class FileReaderWriterTest {
3.    public static void main(String[] args) {
4.        FileReader fr=null;
5.        FileWriter fs=null;
6.        FileWriter fd=null;
7.        FileReader ft=null;
8.        try {
9.            fs=new FileWriter("source.txt");
10.           fs.write("很高兴学习 Java! ");
11.           fs.close();
12.           fr=new FileReader("source.txt");
13.           fd=new FileWriter("dest.txt");
14.           int c;
15.           System.out.print("源文件的内容: ");
16.           while((c=fr.read())!=-1) {
17.             System.out.print((char)c);
18.              fd.write(c);
19.           }
20.           fd.close();
21.           fr.close();
22.           System.out.print("\n 目标文件的内容: ");
23.           ft=new FileReader("dest.txt");
24.           char[] ch=new char[100];
25.           int count;
26.           while((count=ft.read(ch))!=-1){
27.             System.out.print(new String(ch,0,count));
28.           }
29.           ft.close();
30.       }
31.       catch(IOException e) {
32.           c.printStackTrace();
33.       }
34.    }
35. }
```

【运行结果】

```
源文件的内容: 很高兴学习 Java!
目标文件的内容: 很高兴学习 Java!
```

【分析讨论】

由于中文字符存储时占 2 字节，因此在使用 FileInputStrcam 类读取文本文件时以字节为单位。如果 read()方法读取时只读取了中文字符编码的 1 字节，则会输出乱码。FileReader 类中的 read()方法以字符为单位读取，这样可以保证文本文件中的中文字符能够被正确读取。

2．数据流

数据流包括数据输入流 DataInputStream 类和数据输出流 DataOutputStream 类，它们允许按照 Java 语言的基本数据类型读/写流中的数据。数据输入流以一种与机器无关的方式读取 Java 基本数据类型数据及使用 UTF-8 修改版格式编码的字符串。DataInputStream 类的定义如下：

```
public class DataInputStream extends FilterInputStream implements DataInput
```

DataInputStream 类的构造方法为 public DataInputStream(InputStream in)。

DataInputStream 类中除了具有 InputStream 类中字节数据的读取方法，还实现了 DataInput 接口中 Java 基本数据类型数据及字符串数据的读取方法。DataInputStream 类中读取数据的方法如表 7.3 所示。

表 7.3　DataInputStream 类中读取数据的方法

方　　法	说　　明
public final boolean readBoolean()	返回读取的 boolean 值
public final byte readByte()	返回读取的 byte 值
public final short readShort()	返回读取的 short 值
public final char readChar()	返回读取的 char 值
public final int readInt()	返回读取的 int 值
public final long readLong()	返回读取的 long 值
public final float readFloat()	返回读取的 float 值
public final double readDouble()	返回读取的 double 值
public final String readUTF()	返回使用 UTF-8 修改版格式编码的字符串

数据输出流 DataOutputStream 类将 Java 基本数据类型数据及使用 UTF-8 修改版格式编码的字符串写入输出流。DataOutputStream 类的定义如下：

```
public class DataOutputStream extends FilterOutputStream implements DataOutput
```

DataOutputStream 类的构造方法为 public DataOutputStream(OutputStream out)。

DataOutputStream 类中除了具有 OutputStream 类中字节数据的写入方法，还实现了 DataOutput 接口中 Java 基本数据类型数据及字符串数据的写入方法。DataOutputStream 类中写入数据的方法如表 7.4 所示。

表 7.4　DataOutputStream 类中写入数据的方法

方　　法	说　　明
public final void writeBoolean(boolean v)	将 boolean 值写入输出流
public final void writeByte(int v)	将参数 v 的 8 个低位写入输出流
public final void writeShort(int v)	将参数 v 的 16 个低位写入输出流
public final void writeChar(int v)	将参数 v 的 16 个低位写入输出流
public final void writeInt(int v)	将 int 值写入输出流
public final void writeLong(long v)	将 long 值写入输出流
public final void writeFloat(float v)	将 float 值写入输出流
public final void writeDouble(double v)	将 double 值写入输出流
public final void writeUTF(String str)	将字符串使用 UTF-8 修改版格式编码，并写入输出流

【例 7.3】使用处理流按照数据类型读/写数据的示例如下。处理流 DataInputStream 和 DataOutputStream 分别封装了节点流 FileInputStream 和 FileOutputStream，使用处理流实现按照数据类型读/写数据，而数据最终通过节点流完成读/写。

```
1.   import java.io.*;
2.   public class DataStreamTest {
3.     public static void main(String[] args) {
4.       FileInputStream fis;
```

```
5.      FileOutputStream fos;
6.      DataInputStream dis;
7.      DataOutputStream dos;
8.      try {
9.        fos=new FileOutputStream("write.dat");
10.       dos=new DataOutputStream(fos);
11.       dos.writeUTF("Java 程序设计");
12.       dos.writeDouble(30.6);
13.       dos.writeInt(337);
14.       dos.writeBoolean(true);
15.       dos.close();
16.       fis=new FileInputStream("write.dat");
17.       dis=new DataInputStream(fis);
18.       System.out.println("书名: "+dis.readUTF());
19.       System.out.println("单价: "+dis.readDouble());
20.       System.out.println("页数: "+dis.readInt());
21.       System.out.println("是否适合初学者: "+dis.readBoolean());
22.       dis.close();
23.     }
24.     catch(IOException e) {
25.       e.printStackTrace();
26.     }
27.   }
28. }
```

【运行结果】

```
书名：Java 程序设计
单价：30.6
页数：337
是否适合初学者：true
```

【分析讨论】

- DataInputStream 与 DataOutputStream 类应配对使用来完成数据读/写，而且读取数据的顺序要与写入数据的顺序完全相同。
- I/O 流使用后应当关闭，关闭处理流时系统会自动关闭处理流所封装的节点流。

3. 缓存流

外设读/写数据的速度远低于内存读/写数据的速度，为了减少外设的读/写次数，通常利用缓存流从外设中一次读/写一定长度的数据，从而提高系统性能。缓存流包括 BufferedInputStream/BufferedOutputStream 和 BufferedReader/BufferedWriter 4 个类。

BufferedInputStream 类是实现缓存功能的 InputStream，创建 BufferedInputStream 类时即创建了一个内部缓存数组。下面是 BufferedInputStream 类的构造方法。

- public BufferedInputStream(InputStream in)
- public BufferedInputStream(InputStream in, int size)

BufferedOutputStream 类是实现缓存功能的 OutputStream，创建 BufferedOutputStream 类时即创建了一个内部缓存数组。下面是 BufferedOutputStream 类的构造方法。

- public BufferedOutputStream (OutputStream out)
- public BufferedOutputStream (OutputStream out, int size)

缓存流实现了对基本输入/输出流的封装并创建内部缓存数组。输入时基本输入流一次读取一定长度的数据到内部缓存数组，缓存流通过内部缓存数组来读取数据。输出时缓存流将数据写入缓存，基本输出流将缓存中的数据一次写出。缓存流构造方法中的第 2 个参数 size 用于指定缓存的大小，如果未指定大小，则缓存的大小为默认值。

BufferedReader/BufferedWriter 类实现了对 Reader/Writer 流的封装，并创建了内部缓存数组。二者的功能与 BufferedInputStream/BufferedOutputStream 类类似，区别在于读/写数据的基本单位不同。下面是 BufferedReader 类的构造方法。

- public BufferedReader(Reader in)
- public BufferedReader(Reader in, int sz)

下面是 BufferedWriter 类的构造方法。

- public BufferedWriter(Writer out)
- public BufferedWriter(Writer out, int sz)

BufferedReader 类增加了 public String readLine()方法，用于读取一个文本行并返回该行内的字符串，如果已到达流末尾，则返回 null。BufferedWriter 类增加了 public void newLine()方法，用于写入一个行分隔符。

【例 7.4】使用 BufferedReader/BufferedWriter 类读/写文件的示例如下。使用 BufferedReader 类读取 BufferedReaderWriterTest.java 文件的内容，添加行号后再使用 BufferWriter 类写入 dest.java 文件中。

```
1.  import java.io.*;
2.  public class BufferedReaderWriterTest {
3.    public static void main(String[] args) {
4.      try {
5.        FileReader f=new FileReader("BufferedReaderWriterTest.java");
6.        BufferedReader br=new BufferedReader(f);
7.        FileWriter fw=new FileWriter("dest.java");
8.        BufferedWriter bw=new BufferedWriter(fw);
9.        String s;
10.       int i=1;
11.       while((s=br.readLine())!=null) {
12.         bw.write(i+++": "+s);
13.         bw.newLine();
14.       }
15.       bw.flush();
16.       br.close();
17.       bw.close();
18.     }
19.     catch(IOException e) {
20.       e.printStackTrace();
21.     }
22.   }
23. }
```

【分析讨论】

BufferedWriter 类中的 newLine()方法写出与平台相关的行分隔符。

4. InputStreamReader/OutputStreamWriter

在使用 InputStream 和 OutputStream 处理数据时，通过 InputStreamReader 和 OutputStreamWriter 类的封装就可以实现字符数据处理功能。InputStreamReader 类是 Reader 类的子类，它是字节流通向字符流的桥梁，使用平台默认字符集或指定字符集读取字节并将其解码为字符。下面是 InputStreamReader 类的构造方法。

- public InputStreamReader(InputStream in)

- public InputStreamReader(InputStream in, String charsetName)

OutputStreamWriter 类是 Writer 类的子类，它是字符流通向字节流的桥梁，使用平台默认字符集或指定字符集将字符编码为字节后输出。下面是 OutputStreamWriter 类的构造方法。

- public OutputStreamWriter(OutputStream out)
- public OutputStreamWriter(OutputStream out, String charsetName)

5．PrintStream/PrintWriter

PrintStream 类封装了 OutputStream，它可以使用 print()和 println()方法输出 Java 语言中所有基本数据类型和引用数据类型的数据。与其他的流有所不同，PrintStream 类不会抛出 IOException，而是在发生 IOException 时将其内部错误状态设置为 true，并通过 checkError()方法进行检测。下面是 PrintStream 类的构造方法。

- public PrintStream(OutputStream out)
- public PrintStream(String fileName)
- public PrintStream(File file)

PrintWriter 类的功能与 PrintStream 类的功能相同，都可以使用 print()和 println()方法完成各种类型数据的输出。但是 PrintWriter 类除了可以封装 Writer，还可以封装 OutputStream。下面是 PrintWriter 类的构造方法。

- public PrintWriter(Writer out)
- public PrintWriter(OutputStream out)
- public PrintWriter(String fileName)
- public PrintWriter(File file)

6．标准输入/输出流

在 java.lang.System 类中，定义了系统标准输入流 in、系统标准输出流 out、系统标准错误输出流 err。系统标准流在 Java 程序运行时会自动提供，系统标准输入流 System.in 将会读取键盘的输入，系统标准输出流 System.out 将数据在控制台窗口中输出，系统标准错误输出流 System.err 将错误信息在控制台窗口中输出。下面是这 3 个系统标准流的具体定义。

- public static final InputStream in
- public static final PrintStream out
- public static final PrintStream err

【例 7.5】使用系统标准输入/输出流的示例如下。通过系统标准输入流 System.in 读取键盘输入的 3 个整数，然后判断它们是否能构成三角形。如果这 3 个整数能构成三角形，则通过系统标准输出流 System.out 输出；否则，通过系统标准错误输出流 System.err 输出。

```
1.   import java.io.*;
2.   public class SystemStreamTest {
3.     public static void main(String[] args) {
4.       try {
5.         InputStreamReader isr=new InputStreamReader(System.in);
6.         BufferedReader br=new BufferedReader(isr);
7.         String s=null;
8.         String[] ss=null;
9.         int a,b,c;
10.        System.out.println("请输入 3 个整数，数值之间用逗号隔开: ");
11.        s=br.readLine();
```

```
12.        while(!s.equals("exit")) {
13.            ss=s.split(",");
14.            if(ss.length!=3) {
15.                System.err.println("数据少于 3 个");
16.            }
17.            else {
18.                a=Integer.parseInt(ss[0]);
19.                b=Integer.parseInt(ss[1]);
20.                c=Integer.parseInt(ss[2]);
21.                if(a+b>c&&a+c>b&&b+c>a) {
22.                    System.out.println(a+", "+b+", "+c+" 能组成三角形");
23.                }
24.                else {
25.                    System.err.println(a+", "+b+", "+c+" 不能组成三角形");
26.                }
27.            }
28.            s=br.readLine();
29.        }
30.        br.close();
31.    }
32.    catch(IOException e) {
33.        e.printStackTrace();
34.    }
35.    }
36. }
```

【运行结果】

```
请输入 3 个整数，数值之间用逗号隔开：
3, 4, 5
3, 4, 5 能组成三角形
1, 2
数据少于 3 个
1, 2, 3
1, 2, 3 不能组成三角形
exit
```

【分析讨论】

在第 12～26 行代码中，通过键盘循环输入 3 个整数，当 3 个整数能构成三角形时通过系统标准输出流 System.out 输出；当输入的整数少于 3 个或 3 个整数不能构成三角形时通过系统标准错误输出流 System.err 输出。输入字符串"exit"时结束循环。

在上面的程序中，如果不想让系统标准输出流和系统标准错误输出流中的信息都通过控制台窗口输出，则可以将系统标准输入/输出流进行重定向。下面是 System 类提供的 3 个用于重定向系统标准输入/输出流的方法。

- public static void setIn(InputStream in)
- public static void setOut(PrintStream out)
- public static void setErr(PrintStream err)

【例 7.6】 重定向系统标准输入/输出流的示例如下。将系统标准输入/输出流分别重定向到 in.txt、out.txt 和 err.txt 文件，通过 in.txt 文件读取所需数据，程序运行结果写入 out.txt 文件中，程序运行错误信息写入 err.txt 文件中。

```
1.  import java.io.*;
2.  public class SystemStreamSetTest {
3.      public static void main(String[] args) {
4.          try {
```

```
5.          FileInputStream fis=new FileInputStream("in.txt");
6.          InputStreamReader isr=new InputStreamReader(fis);
7.          BufferedReader br=new BufferedReader(isr);
8.          System.setIn(fis);
9.          FileOutputStream fos=new FileOutputStream("out.txt");
10.         BufferedOutputStream bos=new BufferedOutputStream(fos);
11.         PrintStream pso=new PrintStream(bos);
12.         System.setOut(pso);
13.         FileOutputStream fes=new FileOutputStream("err.txt");
14.         BufferedOutputStream bes=new BufferedOutputStream(fes);
15.         PrintStream pse=new PrintStream(bes);
16.         System.setErr(pse);
17.         String s=null;
18.         String[] ss=null;
19.         int a,b,c;
20.         s=br.readLine();
21.         while(!s.equals("exit")) {
22.           ss=s.split(",");
23.           if(ss.length!=3) {
24.             System.err.println("数据少于 3 个");
25.           }
26.           else {
27.             a=Integer.parseInt(ss[0]);
28.             b=Integer.parseInt(ss[1]);
29.             c=Integer.parseInt(ss[2]);
30.             if(a+b>c&&a+c>b&&b+c>a) {
31.               System.out.println(a+", "+b+", "+c+" 能组成三角形");
32.             }
33.             else {
34.               System.err.println(a+", "+b+", "+c+" 不能组成三角形");
35.             }
36.           }
37.           s=br.readLine();
38.         }
39.         System.out.close();
40.         System.err.close();
41.         br.close();
42.       }
43.       catch(IOException c) {
44.         e.printStackTrace();
45.       }
46.     }
47. }
```

程序执行时读/写的 3 个文件的内容如图 7.5 所示。

图 7.5　重定向系统标准输入/输出流后所读/写的 3 个文件的内容

7.2　File 类

通过输入/输出流可以实现对文件内容的读/写，而如果想获得文件的属性信息（如文件的大小、建立或最后修改的日期和时间、文件的可读/写性信息等），或者删除和重命名文件，以及实现对系统目录的操作与管理，则要通过 java.io.File 类来实现。File 类是文件或目录的抽象表示，通过它可以实现对文件和目录信息的操作与管理。

7.2.1　创建 File 类对象

File 类对象表示文件或目录，通过 File 类的构造方法可以创建 File 类对象。下面是 File 类中的常用构造方法。

- public File(String pathname)：通过指定的路径字符串 pathname 创建一个 File 类对象。
- public File(String parent, String child)：根据父路径字符串 parent 及子路径字符串 child 创建一个 File 类对象。
- public File(File parent, String child)：根据指定的父 File 类对象 parent 及子路径字符串 child 创建一个 File 类对象。

下面的代码分别通过 File 类的构造方法创建 File 类对象：

```
File f1=new File("out.txt");              //表示当前目录下的 out.txt 文件
File f2=new File("temp","out.txt");       //表示 temp 子目录下的 out.txt 文件
File directory=new File("temp");
File f3=new File(directory,"out.txt");    //表示 temp 子目录下的 out.txt 文件
```

7.2.2　操作 File 类对象

通过 File 类中的方法可以实现对文件和目录的操作与管理。下面是 File 类中常用的方法。

1．文件名的操作

- public String getName()：返回文件或目录的名称，该名称是路径名的名称序列中最后一个名称。
- public String getParent()：如果 File 类对象中没有指定父目录，则返回 null；否则，将返回父目录的路径名字符串及子目录路径名称序列中最后一个名称以前的所有路径。
- public String getPath()：返回 File 类对象所表示的路径名的字符串。
- public String getAbsolutePath()：返回 File 类对象所表示的绝对路径名字符串。
- public boolean renameTo(File dest)：如果 File 类对象所表示的文件或目录重命名成功，则返回 true，否则返回 false。

2．获取文件信息的操作

- public boolean isAbsolute()：如果 File 类对象表示的是绝对路径名，则返回 true，否则返回 false。
- public boolean canRead()：如果 File 类对象所表示的文件可读，则返回 true，否则返回 false。
- public boolean canWrite()：如果 File 类对象所表示的文件可写，则返回 true，否则返回 false。

- public boolean exists()：如果 File 类对象所表示的文件或目录存在，则返回 true，否则返回 false。
- public boolean isDirectory()：如果 File 类对象所表示的是一个目录，则返回 true，否则返回 false。
- public boolean isFile()：如果 File 类对象所表示的是一个文件，则返回 true，否则返回 false。
- public boolean isHidden()：如果 File 类对象所表示的是隐藏文件或目录，则返回 true，否则返回 false。
- public long lastModified()：返回 File 类对象所表示的文件或目录的最后修改时间，如果文件或目录不存在，则返回 0L。
- public long length()：返回 File 类对象所表示的文件或目录的长度。

3．文件创建、删除的操作

- public boolean createNewFile()：如果 File 类对象所表示的文件不存在并成功创建，则返回 true，否则返回 false。
- public boolean delete()：删除 File 类对象所表示的文件或目录，目录必须为空才能删除。删除成功时返回 true，否则返回 false。
- public void deleteOnExit()：当 JVM 终止时，删除 File 类对象所表示的文件或目录。

4．目录操作

- public String[] list()：返回 File 类对象所表示目录中的文件和目录名称所组成的字符串数组。
- public boolean mkdir()：如果 File 类对象所表示的目录创建成功，则返回 true，否则返回 false。

【例 7.7】File 类中方法的使用示例如下。在系统当前目录下生成文件并获得文件的属性信息，最后当 JVM 终止时删除所创建的文件。

```
1.   import java.io.*;
2.   import java.util.*;
3.   public class FileTest {
4.     public static void main(String[] args) {
5.       try {
6.         String curuserdir=System.getProperty("user.dir");
7.         System.out.println("当前用户目录为："+curuserdir);
8.         File tempdir=new File(curuserdir);
9.         File f=new File(tempdir,"temp.txt");
10.        System.out.println("文件是否存在："+f.exists());
11.        System.out.println("文件名为："+f.getName());
12.        System.out.println("文件的绝对路径为："+f.getAbsolutePath());
13.        f.createNewFile();
14.        System.out.println("文件是否存在："+f.exists());
15.        System.out.println("文件是否可读："+f.canRead());
16.        System.out.println("文件是否可写："+f.canWrite());
17.        System.out.println("文件的大小是："+f.length()+"字节");
18.        System.out.println("文件是否为隐藏文件："+f.isHidden());
19.        System.out.println("文件建立的日期时间为："+new Date(f.lastModified()));
20.        f.setReadOnly();
21.        System.out.println("设置只读属性后文件是否可写："+f.canWrite());
22.        System.out.println("当 JVM 终止时删除"+f.getName()+"文件");
```

```
23.        f.deleteOnExit();
24.      }
25.      catch(IOException e) {
26.        e.printStackTrace();
27.      }
28.    }
29. }
```

【运行结果】

```
当前用户目录为: C:\JavaExample\chapter07\7.7
文件是否存在: false
文件名为: temp.txt
文件的绝对路径为: C:\JavaExample\chapter07\7.7\temp.txt
文件是否存在: true
文件是否可读: true
文件是否可写: true
文件的大小是: 0 字节
文件是否为隐藏文件: false
文件建立的日期时间为: Thu Jul 29 14:32:38 CST 2010
设置只读属性后文件是否可写: false
当 JVM 终止时删除 temp.txt 文件
```

【分析讨论】

当 File 类实例表示的文件在系统中不存在时，不会自动创建该文件。在第 9～12 行代码中，File 类对象所表示的 temp.txt 文件在当前目录下不存在，使用 createNewFile()方法后才会创建该文件。

7.3 RandomAccessFile 类

到目前为止，我们学习的 Java I/O 流都是顺序访问流，即流中的数据必须按照顺序进行读/写。Java 语言还提供了一个功能更强大的随机存取文件类 RandomAccessFile，它可以实现对文件的随机读/写操作。RandomAccessFile 类的定义如下：

```
public class RandomAccessFile extends Object implements DataOutput, DataInput, Closeable
```

RandomAccessFile 类实现了接口 DataInput 和 DataOutput，所以它除了可以读/写字节数据，还可以实现按照数据类型来读/写数据。

7.3.1 创建 RandomAccessFile 类对象

用 RandomAccessFile 类实现文件随机读/写的原理是将文件视为字节数组，并用文件指针指示文件当前的读/写位置。创建完 RandomAccessFile 类的实例后，文件指针指向文件的头部，在读/写 n 字节数据后，文件指针也会移动 n 字节，文件指针的位置即下一次读/写数据的位置。由于 Java 语言中每种基本数据类型数据的长度是固定的，因此可以通过设置文件指针的位置来实现对文件内容的随机读/写。

下面是 RandomAccessFile 类的构造方法：

- public RandomAccessFile(String name,String mode)
- public RandomAccessFile(File file, String mode)

上述构造方法有两个参数：第 1 个参数为数据文件，以文件名或文件对象表示；第 2 个参数 mode 是访问模式字符串，它规定了 RandomAccessFile 类对象可以用何种方式打开和访问指定的文件。下面是参数 mode 的取值及含义。

- r：以只读方式打开文件，如果对文件执行写入，则抛出 IOException。
- rw：以读写方式打开文件，如果该文件不存在，则尝试创建该文件。
- rws：以读写方式打开文件，相对于 rw 模式，还要求对文件内容或元数据的每个更新都同步写入底层存储设备。
- rwd：以读写方式打开文件，相对于 rw 模式，还要求对文件内容的每个更新都同步写入底层存储设备。

7.3.2　操作 RandomAccessFile 类对象

RandomAccessFile 类通过对文件指针的设置，就可以实现对文件的随机读/写。下面是与文件指针相关的方法。

- public long getFilePointer()：返回文件指针的当前位置。
- public void seek(long pos)：将文件指针设置到 pos 位置。

【例 7.8】RandomAccessFile 类的使用示例如下。使用 RandomAccessFile 类创建 stu.txt 文件并写入两个学生的信息，然后重新设置文件指针值来访问并修改两个学生的信息。

```
1.   import java.io.*;
2.   public class RandomAccessFileTest {
3.     public static void main(String[] args) throws IOException {
4.       RandomAccessFile r=new RandomAccessFile("stu.txt","rw");
5.       w(r,2010001,"李刚","男",85.89);
6.       w(r,2010002,"王红","女",75.23);
7.       disp(r);
8.       System.out.println("修改第二个学生的信息：");
9.       r.seek(22);
10.      w(r,2010002,"王小红","女",80.21);
11.      System.out.println("修改第一个学生的信息：");
12.      r.seek(0);
13.      w(r,2010001,"李刚","男",75.34);
14.      disp(r);
15.      r.close();
16.    }
17.    public static void w(RandomAccessFile r, int sno, String sname, String sex, double ave){
18.      try {
19.        r.writeInt(sno);
20.        if(sname.length()==2) {
21.          sname=sname+"   ";
22.        }
23.        if(sname.length()==3) {
24.          sname=sname+"  ";
25.        }
26.        r.write(sname.getBytes());
27.        r.write(sex.getBytes());
28.        r.writeDouble(ave);
29.      }
30.      catch(IOException e) {
31.        e.printStackTrace();
32.      }
33.    }
34.    public static void disp(RandomAccessFile r) throws IOException {
35.      r.seek(0);
36.      long count=r.length()/22;
```

```
37.        byte[] name=new byte[8];
38.        byte[] sex=new byte[2];
39.        for(int i=0;i<count;i++) {
40.          System.out.print(r.readInt()+"\t");
41.          r.read(name);
42.          System.out.print(new String(name)+"\t");
43.          r.read(sex);
44.          System.out.print(new String(sex)+"\t");
45.          System.out.println(r.readDouble());
46.        }
47.    }
48. }
```

【运行结果】

```
2010001    李刚      男   85.89
2010002    王红      女   75.23
修改第二个学生的信息:
修改第一个学生的信息:
2010001    李刚      男   75.34
2010002    王小红    女   80.21
```

【分析讨论】

每个学生的信息包括学号、姓名、性别、平均分。学号为 int 值,用 4 字节存储;姓名定义为长度为 4 的字符串,每个汉字用 2 字节存储,所以姓名信息用 8 字节存储;性别用 2 字节存储;平均分为 double 值,用 8 字节存储。所以,每个学生的信息要占用 22 字节存储。

7.4 对象序列化

在 Java 程序执行过程中,通过 I/O 流可以将基本数据类型或 String 类型变量的值进行存储和传输。那么,对象又是如何存储在外部文件中的呢?怎样将一个对象通过网络进行传输呢?本节将要讲解的"对象序列化"就是用来解决这个问题的。

7.4.1 基本概念

将 Java 程序中的对象保存在外存中,称为对象持久化。对象持久化的关键是将它的状态信息以一种序列格式表示出来,以便以后读取该对象时能够把它重构出来。因此,在 Java 语言中,对象序列化是指将对象写入字节流以实现对象的持久性,而在需要时又可以从字节流中恢复该对象的过程。对象序列化的主要任务是将对象的状态信息以二进制流的形式输出。如果对象的属性又引用其他对象,则递归序列化所有被引用的对象,从而建立一个完整的序列化流。

7.4.2 对象序列化的方法

对象序列化技术主要有两方面的内容:一是如何使用 ObjectInputStream 类和 ObjectOutputStream 类实现对象的序列化;二是如何定义类,使其对象可以序列化。

ObjectOutputStream 类提供了 writeObject()方法将对象写入流中。定义该方法的语法格式如下:

```
public final void writeObject(Object obj) throws IOException
```

只有类实现了 Serializable 接口,其对象才是可序列化的。writeObject()方法在输出的对象不可序列化时,将抛出 NotSerializableException 类型异常。

ObjectInputStream 类提供了 readObject()方法用于从对象流中读取对象。定义该方法的语法格式如下：

```
public final Object readObject() throws IOException, ClassNotFoundException
```

反序列化读取到的是对象的属性值，因此，当重建 Java 对象时必须提供对象所属类的.class 文件，否则会引发 ClassNotFoundException 类型异常。

7.4.3　构造可序列化对象的类

只有类实现了 Serializable 接口，它的对象才是可序列化的。实际上，Serializable 接口是一个空接口，它的目的只是标识一个类的对象可以被序列化。如果一个类是可序列化的，则它的所有子类也是可序列化的。当序列化对象时，如果对象的属性又引用其他对象，则被引用的对象也必须是可序列化的。

【例 7.9】使用 OjbectInputStream/ObjectOutputStream 类实现对象序列化的示例如下。可以使用 ObjectOutputStream 类序列化 Teacher 类对象，使用 ObjectInputStream 类反序列化并输出对象的信息。

```
1.   import java.io.*;
2.   class Person implements Serializable {
3.     private static final long serialVersionUID=123L;
4.   }
5.   class Course implements Serializable {
6.     private static final long serialVersionUID=456L;
7.     String name;
8.     Course(String name) {
9.       this.name=name;
10.    }
11.    public String toString() {
12.      return name;
13.    }
14.  }
15.  class Teacher extends Person {
16.    private static final long serialVersionUID=789L;
17.    String name;
18.    Course cou;
19.    Teacher(String name, Course cou) {
20.      this.name=name;
21.      this.cou=cou;
22.    }
23.    public String toString() {
24.      return name+"\t"+cou;
25.    }
26.  }
27.  public class SerializableTest {
28.    public static void main(String[] args) {
29.      Course cou=new Course("English");
30.      Teacher t=new Teacher("Tom", cou);
31.      try{
32.        FileOutputStream fos=new FileOutputStream("out.ser");
33.        ObjectOutputStream oos=new ObjectOutputStream(fos);
34.        oos.writeObject(t);
35.        oos.close();
36.        FileInputStream fis=new FileInputStream("out.ser");
37.        ObjectInputStream ois=new ObjectInputStream(fis);
38.        System.out.println((Teacher)ois.readObject());
```

```
39.        }
40.        catch(Exception e) {
41.           e.printStackTrace();
42.        }
43.     }
44. }
```

【运行结果】

```
Tom English
```

【分析讨论】

- 可序列化类中的属性 serialVersionUID 用于标识类的序列化版本，如果不显式地定义该属性，则 JVM 会根据类的相关信息计算它的值，而类修改后的计算结果与类修改前的计算结果往往不同，这样反序列化时就会因类的版本不兼容而失败。
- Person 类的实例是可序列化的，所以其子类 Teacher 类的对象也是可序列化的。

【例 7.10】 子类对象序列化的示例如下。父类对象不能被序列化，但是其子类的对象仍可以被序列化，反序列化子类对象时首先调用父类的构造方法来初始化父类对象中的成员变量。

```
1.  import java.io.*;
2.  class Point {
3.     int x=10;
4.     int y=20;
5.     Point() {
6.        System.out.println("调用父类的构造方法");
7.        x=40;
8.        y=50;
9.     }
10.    public void setXY(int x, int y) {
11.       this.x=x;
12.       this.y=y;
13.    }
14.    public String toString() {
15.       return "(x,y)="+x+","+y;
16.    }
17. }
18. class Rectangle extends Point implements Serializable {
19.    static final long serialVersionUID=123L;
20.    int width;
21.    int height;
22.    Rectangle(int width, int height) {
23.       super();
24.       this.width=width;
25.       this.height=height;
26.    }
27.    public String toString() {
28.       return super.toString()+" width="+width+" height="+height;
29.    }
30. }
31. public class ChildSerializableTest {
32.    public static void main(String[] args) {
33.       Rectangle r=new Rectangle(15,25);
34.       r.setXY(90, 90);
35.       System.out.println("序列化前: "+r);
36.       try{
37.          FileOutputStream fos=new FileOutputStream("out.ser");
38.          ObjectOutputStream oos=new ObjectOutputStream(fos);
39.          oos.writeObject(r);
```

```
40.          oos.close();
41.          FileInputStream fis=new FileInputStream("out.ser");
42.          ObjectInputStream ois=new ObjectInputStream(fis);
43.          System.out.print("序列化后: ");
44.          System.out.println((Rectangle)ois.readObject());
45.          ois.close();
46.        }
47.        catch(Exception e) {
48.          e.printStackTrace();
49.        }
50.      }
51. }
```

【运行结果】

```
调用父类的构造方法
序列化前: (x,y)=90,90 width=15 height=25
序列化后: 调用父类的构造方法
(x,y)=40,50 width=15 height=25
```

【分析讨论】

一个类如果其自身实现了 Serializable 接口，即使其父类没有实现 Serializable 接口，它的对象仍然可以被序列化。在反序列化时，系统会首先调用父类的构造方法来初始化父类对象中的成员变量。

使用 writeObject()方法和 readObject()方法，可以自动完成将对象中所有数据写入和读出的操作。但是，当一个类中的属性值为敏感信息时，则可以使用关键字 transient 使其不被序列化。

【例 7.11】使用关键字 transient 修饰的成员变量不被序列化的示例。

```
1.  import java.io.*;
2.  class Employee implements Serializable {
3.      static final long serialVersionUID=123456L;
4.      String name;
5.      transient String password;
6.      transient double salary;
7.      Employee(String name, String password, double salary) {
8.        this.name=name;
9.        this.password=password;
10.       this.salary=salary;
11.     }
12.     public String toString() {
13.       return name+"\t"+password+"\t"+salary;
14.     }
15. }
16. public class TransientTest {
17.     public static void main(String[] args) {
18.       Employee e=new Employee("Jack", "123321", 2546.5);
19.       System.out.println("序列化前: "+e);
20.       try {
21.         FileOutputStream fos=new FileOutputStream("out.ser");
22.         ObjectOutputStream oos=new ObjectOutputStream(fos);
23.         oos.writeObject(e);
24.         oos.close();
25.         FileInputStream fis=new FileInputStream("out.ser");
26.         ObjectInputStream ois=new ObjectInputStream(fis);
27.         System.out.println("序列化后: "+(Employee)ois.readObject());
28.         ois.close();
29.       }
30.       catch(Exception ex) {
```

```
31.        ex.printStackTrace();
32.      }
33.    }
34. }
```

【运行结果】

```
序列化前: Jack  123321  2546.5
序列化后: Jack  null    0.0
```

【分析讨论】

在对象序列化时, transient 属性不被序列化; 在反序列化时, transient 属性根据数据类型取得默认值。

进行对象的序列化操作时, 需要注意两个问题: 一是在对象序列化时只保存对象的非静态成员变量, 而不保存静态成员变量和成员方法; 二是不保存类中使用关键字 transient 修饰的成员变量。

7.5 本章小结

本章讲解了 Java 语言输入/输出系统的相关内容。其中, I/O 流是 Java 语言 I/O 的基础, 是本章应该重点掌握的内容。而 RandomAccessFile 类是一个方便实用的类, 也是经常使用的类。对象序列化在 Web 编程中也有广泛的应用, 掌握这种技术对于深入学习 Java 语言程序设计具有重要的意义。

7.6 课后习题

1. 下列代码的运行结果是什么? (   )

```
1.  import java.io.*;
2.  public class DOS {
3.    public static void main(String[] args) {
4.      File dir=new File("dir");
5.      dir.mkdir();
6.      File f1=new File(dir, "f1.txt");
7.      try{
8.        f1.createNewFile();
9.      }catch(IOException e){}
10.     File newDir=new File("newDir");
11.     dir.renameTo(newDir);
12.   }
13. }
```

A. 编译错误

B. 在系统当前目录下生成名称为 dir 的空目录

C. 在系统当前目录下生成名称为 newDir 的空目录

D. 在系统当前目录下生成名称为 dir 的目录, 在该目录下包含 f1.txt 文件

E. 在系统当前目录下生成名称为 newDir 的目录, 在该目录下包含 f1.txt 文件

2. 编译并运行下列代码, 运行结果是什么? (   )

```
1.  import java.io.*;
2.  public class Forest implements Serializable {
3.    private Tree tree=new Tree();
```

```
4.    public static void main(String[] args) {
5.       Forest f=new Forest();
6.       try {
7.          FileOutputStream fs=new FileOutputStream("Forest.ser");
8.          ObjectOutputStream os=new ObjectOutputStream(fs);
9.          os.writeObject(f);
10.         os.close();
11.      }catch(Exception ex) {
12.         ex.printStackTrace();
13.      }
14.   }
12. }
13 class Tree {}
```

    A．编译错误

    B．运行时异常

    C．Forest 类的一个实例被序列化

    D．Forest 类的一个实例和 Tree 类的一个实例都被序列化

  3．下列代码的运行结果是什么？（　　　）

```
1.  import java.io.*;
2.  public class Maker {
3.   public static void main(String[] args) {
4.      File dir=new File("dir");
5.      File f=new File(dir, "f");
6.   }
7.  }
```

    A．编译错误

    B．当前系统的目录结构没有任何变化

    C．在系统当前目录下创建一个文件

    D．在系统当前目录下创建一个目录

    E．在系统当前目录下创建一个文件和一个目录

  4．下列代码的运行结果是什么？（　　　）

```
1.  import java.io.*;
2.  class Player {
3.    Player() {
4.       System.out.print("p");
5.    }
6.  }
7.  class CardPlayer extends Player implements Serializable {
8.    CardPlayer() {
9.       System.out.print("c");
10.   }
11.   public static void main(String[] args) {
12.      CardPlayer c1=new CardPlayer();
13.      try{
14.      FileOutputStream fos=new FileOutputStream("play.txt");
15.      ObjectOutputStream os=new ObjectOutputStream(fos);
16.      os.writeObject(c1);
17.      os.close();
18.      FileInputStream fis=new FileInputStream("play.txt");
19.      ObjectInputStream is=new ObjectInputStream(fis);
20.      CardPlayer c2=(CardPlayer)is.readObject();
21.      is.close();
22.      }
```

```
23.          catch(Exception e) {}
24.      }
25. }
```

    A. 编译错误   B. 运行时异常   C. pc

    D. pcc   E. pcp   F. pcpc

   5. 下列代码的运行结果是什么？（   ）

```
1.  import java.io.*;
2.  class Keyboard {}
3.  public class Computer implements Serializable {
4.      private Keyboard k=new Keyboard();
5.      public static void main(String[] args) {
6.        Computer c=new Computer();
7.        c.storeIt(c);
8.      }
9.      void storeIt(Computer c) {
10.       try{
11.         FileOutputStream fos=new FileOutputStream("myFile");
12.         ObjectOutputStream os=new ObjectOutputStream(fos);
13.         os.writeObject(c);
14.         os.close();
15.         System.out.println("done");
16.       }
17.       catch(Exception x) {
18.         System.out.println("exc");
19.       }
20.     }
21. }
```

    A. 编译错误   B. exc   C. done

    D. 一个对象被序列化   E. 两个对象被序列化

   6. 编译并运行下列代码，运行结果是什么？（   ）

```
1.  import java.io.*;
2.  public class Example {
3.    public static void main(String[] args) {
4.      try {
5.        RandomAccessFile raf=new RandomAccessFile("test.java","rw");
6.        raf.seek(raf.length());
7.      }
8.      catch(IOException ioe) {}
9.    }
10. }
```

    A. 编译错误

    B. 运行时抛出 IOException

    C. 文件指针定位在文件中最后一个字符前

    D. 文件指针定位在文件中最后一个字符后

   7. 下列代码在 Win32 平台系统目录 C:\source 下的运行结果是什么？（   ）

```
1.  import java.io.*;
2.  public class Example {
3.    public static void main(String[] args) throws Exception {
4.      File file=new File("Ran.test");
5.      System.out.println(file.getAbsolutePath());
6.    }
7.  }
```

A．Ran.test　　　　B．source\Ran.test　　C．c:\source\Ran.test　D．c:\source

8. 在下列代码中，哪些选项可以插入注释行位置？（　　　）

```
1.  import java.io.*;
2.  public class Example {
3.    public static void main(String[] args) {
4.      try{
5.        File file=new File("temp.test");
6.        FileOutputStream stream=new FileOutputStream(file);
7.        //insert code
8.      }
9.      catch(IOException ioe) {}
10.   }
11. }
```

A．DataOutputStream filter=new DataOutputStream(stream);

for(int i=0;i<10;i++) {

filter.writeInt(i);

}

B．for(int i=0;i<10;i++){

file.writeInt(i);

}

C．for(int i=0;i<10;i++){

stream.writeInt(i);

}

D．for(int i=0;i<10;i++){

stream.write(i);

}

9. 编译并运行下列代码，运行结果是什么？（　　　）

```
1.  import java.io.*;
2.  public class Example {
3.    public static void main(String[] args) {
4.      try {
5.        PrintStream pr=new PrintStream(new FileOutputStream("outfile"));
6.        System.out=pr;
7.        System.out.println("ok!");
8.      }
9.      catch(IOException ioe) {}
10.   }
11. }
```

A．输出字符串"ok!"

B．编译错误

C．运行时异常

10. 编译并运行下列代码，运行结果是什么？（　　　）

```
1.  import java.io.*;
2.  public class Example {
3.    public static void main(String[] args) {
4.      try {
5.        FileOutputStream fos=new FileOutputStream("xx");
6.        for(byte b=10;b<50;b++) {
```

```
7.            fos.write(b);
8.         }
9.         fos.close();
10.        RandomAccessFile raf=new RandomAccessFile("xx","r");
11.        raf.seek(10);
12.        int i=raf.read();
13.        raf.close();
14.        System.out.println("i="+i);
15.     }
16.     catch(IOException ioe) {}
17.   }
18. }
```

  A. i=30   B. i=20   C. i=10   D. i=40

11. 编译并运行下列代码，运行结果是什么？（ ）

```
1.  import java.io.*;
2.  public class Example {
3.    public static void main(String[] args) {
4.      try {
5.        RandomAccessFile file=new RandomAccessFile("test.txt","rw");
6.        file.writeBoolean(true);
7.        file.writeInt(123456);
8.        file.writeInt(7890);
9.        file.writeLong(1000000);
10.       file.writeInt(777);
11.       file.writeFloat(.0001f);
12.       file.writeDouble(56.78);
13.       file.seek(5);
14.       System.out.println(file.readInt());
15.       file.close();
16.     }
17.     catch(IOException ioe){}
18.   }
19. }
```

  A. 777   B. 123456   C. 1000000   D. 7890

12. 编译并运行下列代码，运行结果是什么？（ ）

```
1.  import java.io.*;
2.  public class Example {
3.    public static void main(String[] args) {
4.      SpecialSerial s=new SpecialSerial();
5.      try {
6.        FileOutputStream fos=new FileOutputStream("myFile");
7.        ObjectOutputStream os=new ObjectOutputStream(fos);
8.        os.writeObject(s);
9.        os.close();
10.       System.out.print(s.z+" ");
11.       FileInputStream fis=new FileInputStream("myFile");
12.       ObjectInputStream is=new ObjectInputStream(fis);
13.       SpecialSerial s2=(SpecialSerial)is.readObject();
14.       is.close();
15.       System.out.println(s2.y+" "+s2.z);
16.     }
17.     catch(Exception ioe) {
18.       System.out.println("exc");
19.     }
20.   }
21. }
```

```
22. class SpecialSerial implements Serializable {
23.     transient int y=7;
24.     static int z=9;
25. }
```

　　　A．10 0 9　　　　　B．9 0 9　　　　　C．10 7 9　　　　D．10 7 10

13．如果 myfile.txt 文件的内容为 abcd，则编译并运行下列代码，运行结果是什么？（　　　）

```
1.  import java.io.*;
2.  public class ReadingFor {
3.    public static void main(String[] args) {
4.      String s;
5.      try{
6.        FileReader fr=new FileReader("myfile.txt");
7.        BufferedReader br=new BufferedReader(fr);
8.        while((s=br.readLine())!=null) {
9.          System.out.println(s);
10.          }
11.        br.flush();
12.      }
13.      catch(IOException e) {
14.        System.out.println("io error");
15.      }
16.    }
17. }
```

　　　A．编译错误　　　　B．运行时异常　　　　C．abcd　　　　D．a b c d

14．下列代码中哪些类的实例可以被序列化？（　　　）

```
1.  import java.io.*;
2.  class Vehicle {}
3.  class Wheels {}
4.  class Car extends Vehicle implements Serializable {}
5.  class Ford extends Car {}
6.  class Dodge extends Car {
7.    Wheels w=new Wheels();
8.  }
```

　　　A．Vehicle　　　　B．Wheels　　　　C．Car　　　　D．Ford

　　　E．Dodge

15．请完成下面的程序，运行该程序可以在当前目录下创建子目录 dir3，并且在子目录下创建 file3 文件。

```
1.  import java.io.File;
2.  public class FileCreate {
3.    public static void main(String[] args) {
4.      try{
5.        File dir=new File("dir3");
6.        _____;
7.        File file=new File(dir, "file3");
8.        _____;
9.      }
10.      catch(Exception c) {}
11.    }
12. }
```

16．请完成下面的程序，运行该程序将从 file1.dat 文件中读取全部数据，然后写入 file2.dat 文件中。

```
1.  import java.io.*;
2.  public class FileCopy {
```

```
3.      public static void main(String[] args) {
4.        try {
5.          File inFile=new File("file1.dat");
6.          File outFile=_____;
7.          FileInputStream fis=_____;
8.          FileOutputStream fos=_____;
9.          int c;
10.         while(_____) {
11.           fos._____;
12.         }
13.         fis.close();
14.         fos.close();
15.       }
16.       catch(FileNotFoundException e) {
17.         e.printStackTrace();
18.       }
19.       catch(IOException e) {
20.         e.printStackTrace();
21.       }
22.     }
23. }
```

17. 编写程序，输出系统当前目录下所有文件和目录的信息。如果是目录，则要输出<DIR>字样；如果是文件，则要输出文件的大小。下面是具体的输出格式：日期 时间 <DIR> 文件大小 文件名或目录名。

18. 编写程序，通过键盘读取 10 个学生的信息并保存在数组中，学生信息由学号、姓名、专业和平均分组成。按照学生的平均分由低到高排序，并将排序后的学生对象信息写入文件中。

19. 编写程序，读取文件并将文件中的字符串"str"全部替换为"String"。

第8章

类型封装器、自动装箱与注解

本章将介绍从 JDK 5 开始增加的 3 个特性：类型封装器、自动装箱与注解。这 3 个特性为处理 Java 语言程序设计提供了流线型的方式。

8.1 类型封装器

在 Java 语言中，使用基本数据类型来保存如 int 或 double 类型的数据。因此，这些基本数据类型的数据不是对象，它们不能够继承 Object 类，所以不能够表示为对象形式。但是，Java 语言实现的许多标准数据结构都是针对对象进行操作的。这意味着不能使用这些结构存储基本数据类型。为了处理这些情形，Java 语言提供了类型封装器（Type Wrapper），用于将基本数据类型封装到对象中。类型封装器包括 Double、Float、Long、Integer、Short、Byte、Character 和 Boolean 类。这些类提供了大量的方法，可以将基本数据类型集成到 Java 语言的对象层次中。

8.1.1 Character 封装器

Character 类是 char 类型的封装器。它的构造方法为 Character(char ch)——ch 用于指定将创建的 Character 类对象封装的字符。从 JDK 9 开始，Character 构造方法不再使用，而推荐使用静态方法 static Character valueOf(char ch) 取得 Character 类对象。而为了取得 Character 类对象中的 char 值，可以通过使用 char charValue() 方法返回被封装的字符。

8.1.2 Boolean 封装器

Boolean 类是用来封装布尔值的封装器。从 JDK 9 开始，Boolean 构造方法不再使用，而推荐使用静态方法 valueOf() 取得 Boolean 类对象。valueOf() 方法的定义如下：

```
static Boolean valueOf(Value)
static Boolean valueOf(String)
```

而为了从 Boolean 类对象中取得布尔值，可以使用 booleanValuc() 方法，该方法将返回与调用对象等价的布尔值。

8.1.3 数值类型封装器

从 JDK 9 开始，已经不再使用数值类型封装器，而是推荐使用 valueOf()方法来取得封装器对象。valueOf()方法是所有数值类型封装器的静态方法，并且所有数值类型都支持将数值或字符串转换成对象。例如，Integer 类型所支持的两种形式的 valueOf()方法定义如下：

```
static Integer valueOf(int val)
Static Integer valueOf(String valStr) throws NumberFormatException
```

其中，val 用于指定整型值；valStr 用于指定字符串，表示以字符串形式正确格式化后的数值。这两种形式的 valueOf()方法都将返回一个封装了指定值的 Integer 类对象。示例如下：

```
Integer iob=Integer.valueOf(100);
```

上述语句被执行后，整数 100 将由 Integer 类实例对象来表示。Byte、Short、Integer 和 Long 类同样提供了指定基数的形式。

【例 8.1】数值类型封装器的示例。

```
1.  package wrapexamples;
2.  public class WrapExamples {
3.    public static void main(String args[]) {
4.      Integer iOb=Integer.valueOf(100);
5.      int i=iOb.intValue();
6.      System.out.println(i + " " + iOb);
7.    }
8.  }
```

【运行结果】

```
100 100
```

【分析讨论】

- 该程序将整数值 100 封装到 Integer 类对象 iOb 中，然后调用 intValue()方法返回这个数值，并将结果保存在 i 中。
- 将数值封装到对象中的过程称为装箱（Unboxing）。例如，第 5 行代码。
- JDK 5 以前的版本也提供了上述程序中装箱与拆箱数值的功能。但是，从 JDK 5 开始，可以通过自动装箱对这一过程进行改进。

8.2 自动装箱

从 JDK 5 开始，Java 语言增加了两个重要特性，即自动装箱与自动拆箱。自动装箱是指无论何时，只要需要基本数据类型的对象，就将基本数据类型自动装箱（封装）到与之等价的类型封装器中，而不需要显式地构造对象。自动拆箱是指当需要时自动拆箱（提取）已经装箱对象的数值的过程，而不再需要调用 intValue()或 doubleValue()这类方法。

自动装箱与自动拆箱的特性极大地简化了算法的编码，去除了单调乏味的手动装箱和拆箱的数值操作，从而有助于防止错误的发生。另外，它们对于"泛型"非常重要，因为泛型只能操作对象。集合框架也需要自动装箱的特性进行工作。

【例 8.2】使用自动装箱与自动拆箱特性改写例 8.1 的示例。

```
1.  class AutoBox {
2.    public static void main(String args[]) {
3.      Integer iOb=100;                     //autobox an int
4.      int i=iOb;                           //auto-unbox
```

```
5.       System.out.println(i + " " + iOb);     //displays 100 100
6.    }
7.  }
```

【运行结果】

```
100 100
```

【分析讨论】

- 有了自动装箱特性，封装基本数据类型将不再手动创建对象。只需要将数值赋给类型封装器引用即可。Java 语言将自动创建对象，如第 3 行代码。
- 为了拆箱对象，可以将对象引用赋值给基本数据类型的变量，如第 4 行代码。
- Java 语言自动处理了第 3、4 行代码的这个过程的细节。

8.2.1　自动装箱的方法

在 Java 语言中，如果必须将基本数据类型转换为对象，则将会发生自动装箱；如果对象必须转换为基本数据类型，则将会发生自动拆箱。所以，当向方法传递参数或从方法返回数值时，都有可能会发生自动装箱与自动拆箱。

【例 8.3】自动装箱的方法的示例。

```
1.  class AutoBox2 {
2.    static int m(Integer v) {
3.      return v;
4.    }
5.    public static void main(String args[]) {
6.      Integer iOb=m(100);
7.      System.out.println(i + " " + iOb);
8.    }
9.  }
```

【运行结果】

```
100
```

【分析讨论】

- 在程序中，第 2~4 行代码的静态方法 m() 指定了一个 Integer 类型的参数并返回 int 型结果。
- 在 main() 方法中，为 m() 方法传递的数值是 100。因为 m() 方法期望传递过来的是 Integer 类对象，所以对这个数值进行自动装箱。之后，m() 方法返回与其参数等价的 int 型数值，这将导致对 v 进行自动拆箱。然后，将 int 型数值赋给 iOb，这将会导致对返回的 int 型数值进行自动装箱。

8.2.2　表达式中发生的自动装箱/拆箱

对于表达式来说，当需要将基本数据类型转换为对象或将对象转换为基本数据类型时，将会发生自动装箱与自动拆箱。在表达式中，数值对象会被自动拆箱。如果需要，还可以对表达式的输出进行重新装箱。

【例 8.4】表达式中发生的自动装箱与自动拆箱的示例。

```
1.  package ch03;
2.  class AutoBox3 {
3.    public static void main(String args[]) {
4.      Integer iOb, iOb2;
5.      int i;
6.      iOb=100;
```

```
7.        System.out.println("Original value of iOb: " + iOb);
8.        ++iOb;
9.        System.out.println("After ++iOb: " + iOb);
10.       iOb2=iOb + (iOb / 3);
11.       System.out.println("iOb2 after expression: " + iOb2);
12.       i=iOb + (iOb / 3);
13.       System.out.println("i after expression: " + i);
14.    }
15. }
```

【运行结果】

```
Original value of iOb: 100
After ++iOb: 101
iOb2 after expression: 134
i after expression: 134
```

【分析讨论】

在程序中，第 8 行代码将 iOb 自动拆箱，将值递增，然后将结果自动装箱。

自动拆箱还允许在表达式中混合不同数值类型的对象。一旦数值被拆箱，就会应用标准的类型提升和转换。

【例 8.5】表达式中的自动装箱与自动拆箱的示例。

```
1.  package ch03;
2.  class AutoBox4 {
3.    public static void main(String args[]) {
4.        Integer iOb=100;
5.        Double dOb=99.6;
6.        dOb=dOb+iOb;
7.        System.out.println("dOb after expression: " + dOb);
8.    }
9.  }
```

【运行结果】

```
dOb after expression: 199.6
```

在程序的第 6 行代码，Double 类对象 dOb 和 Integer 类对象 iOb 都参与了加法运算，对结果再次自动装箱并存储在 dOb 中。

正因为 JDK 5 提供了自动拆箱的特性，所以可以应用 Integer 数值对象来控制 switch 语句。

【例 8.6】表达式中的自动装箱与自动拆箱的示例。

```
1.  package ch03;
2.  class AutoBox5 {
3.    public static void main(String args[]) {
4.      Integer iOb=2;
5.      switch(iOb) {
6.        case 1:System.out.println("One");
7.                break;
8.        case 2:System.out.println("Two");
9.                break;
10.       default:System.out.println("Error");
11.    }
12. }
```

- 在程序的第 5 行代码，当对 switch 表达式求值时，iOb 将被拆箱，从而得到其中存储的 int 型数值。
- 通过自动装箱与自动拆箱的特性，在表达式中使用数值类型对象不仅直观而且容易，也不涉及强制类型转换。

8.2.3　布尔类型和字符类型的数值的自动装箱/拆箱

布尔类型和字符类型的封装器分别是 Boolean 和 Character 类。它们也同样应用自动装箱与自动拆箱的特性。

【例 8.7】 表达式中的自动装箱与自动拆箱的示例。

```
1.  class AutoBox6 {
2.    public static void main(String args[]) {
3.      //autobox/unbox a boolean
4.      Boolean b = true;
5.      //Below, b is auto-unboxed when used in
6.      //a conditional expression, such as an if
7.      if(b){
8         System.out.println("b is true");
9.      }
10.     //autobox/unbox a char
11.     Character ch='x'; //box a char
12.     char ch2=ch; //unbox a char
13.     System.out.println("ch2 is " + ch2);
14.   }
15. }
```

【运行结果】

```
b is true
ch2 is x
```

【分析讨论】

- 在程序中，第 7 行代码的 if 条件表达式对 b 进行自动拆箱。因为 if 的条件表达式的求值结果必须是布尔类型。
- 正因为有了自动装箱与自动拆箱的特性，所以可以使用 Boolean 类对象。
- 当将 Boolean 类对象用作 while、for 或 do while 的条件表达式时，也会自动拆箱为它的布尔等价形式。

8.3　注解

Java 语言支持在源文件中嵌入说明信息，这类信息被称为注解。注解不会改变程序的动作，因此，也就不会改变程序的语义。

8.3.1　基础知识

注解基于接口创建。例如，下面的代码声明了注解 MyAnno：

```
//A simple annotation type
@interface MyAnno {
   String MyAnno;
   int val();
}
```

- 关键字 interface 之前的@，用于告知 Java 编译器这是声明了一种注解类型。
- 所有的注解都只包含方法的声明，但是，不能为这些方法提供方法体，而是由 Java 实现这些方法。
- 注解不能包含 extends 子句，因为所有注解类型都自动继承了 Annotation 接口。该接口是在 java.lang.annotation 包中定义的。在该接口中，重写了 hashCode()、equals()及 toString()方法。另外，还定义了 annotationType()方法，该方法表示调用注解的 Class 对象。

当应用注解时，需要为注解的成员提供值。例如，下面的示例将注解 MyAnno 应用到某个方法声明中。

```
//Annotate a method
@MyAnno(str="Annotation Example", val=100)
public static void myMeth() {
    //...
}
```

- 上述注解被链接到方法 myMeth()。
- 注解的名称以@作为前缀，后面跟位于圆括号中的成员初始化列表。
- 为了给成员提供值，需要为成员的名称赋值。在本例中，将字符串"Annotation Example" 赋给注解 MyAnno 的 str 成员。

8.3.2 定义保留策略

注解的保留策略决定了在什么位置丢弃注解。Java 语言定义了 3 种策略，它们被封装在 java.langannotation.RetentionPolicy 枚举中。

- SOURCE 保留策略：只在源文件中保留，在编译期间将会被抛弃。
- CLASS 保留策略：在编译期间被存储到.class 文件中，但是在运行时通过 JVM 不能得到这些注解。
- RUNTIME 保留策略：在编译期间被存储到.class 文件中，并且在运行时可以通过 JVM 获取这些注解。
- 需要注意的是，局部变量声明的注解不能存储在.class 文件中。

保留策略是通过 Java 语言的内置注解@Retention 指定的，它的语法格式如下：

```
@Retention(retention-policy)
```

其中，retention-policy 必须是上面的枚举常量之一。如果没有为注解指定保留策略，则将使用默认保留策略 CLASS。

下面的示例使用了 RUNTIME 保留策略，在程序执行期间通过 JVM 可以获取注解 MyAnno：

```
@Retention(RetentionPolicy.RUNTIME)
@interface MyAnno {
    String str();
    Int val();
    //...
}
```

8.4　本章小结

本章简要介绍了 JDK 5 中增加的 3 个特性：类型封装器、自动装箱与注解。每个特性都为处理通用编程提供了流线型的方式。其中，自动装箱与注解是本章的学习重点。通过本章的学习，读者对 Java 语言有了更加深入的了解，为后续章节的学习奠定了一定的基础。

8.5　课后习题

1. 阅读下列 Java 程序，写出它的运行结果。（　　　）

```
1.  public class enumExamples {
2.     public enum Week { Sun,Mon,Tue,Wed,Thu,Fri,Sat };
3.     public static void main(String[] args) {
4.        //TODO Auto-generated method stub
5.        Week day1=Week.Mon;
6.        Week day3=Week.Wed;
7.        int interval=day3.ordinal()-day1.ordinal();
8.        System.out.println("day1 is :"+day1);
9.        System.out.println("day1 order is"+day1.ordinal());
10.       System.out.println("day1 and day3 interval is :"+interval);
11.    }
12. }
```

2. 阅读下列 Java 程序，写出它的运行结果。（　　　）

```
1.  public class Test {
2.     public enum MyColor {red, green, blue};
3.     public static void main(String[] args) {
4.        MyColor m = MyColor.red;
5.        switch(m) {
6.           case red:
7.              System.out.println("red");
8.              break;
9.           case green:
10.             System.out.println("green");
11.             break;
12.          case blue:
13.             System.out.println("blue");
14.             break;
15.          default:
16.             System.out.println("default");
17.             break;
18.       }
19.       System.out.println(m);
20.    }
21. }
```

3. 定义一个计算机品牌枚举类，其中只有固定的几个计算机品牌：Lenovo、Dell、Accer、ASN。要求编写一个 Java Application，测试类输出这个枚举类中的一个计算机品牌。

4. 定义一个 Person 类，其中包含姓名、年龄、生日、性别，性别只能是"男"或"女"。要求编写 Sex 枚举类，测试类输出每个人的信息。

第9章

Lambda 表达式

Lambda 表达式是 JDK 8 中新增的特性，它开启了 Java 语言支持函数式编程（Functional Programming）的新时代。Lambda 表达式也称闭包（Closure）。当今许多流行的编程语言都支持 Lambda 表达式。例如，C#、C++\Objective-C 及 JavaScript 等语言。Lambda 表达式是实现支持函数式编程技术的基础。

9.1 Lambda 表达式简介

函数式编程与面向对象编程的区别在于，函数式编程将程序代码视为数学中的函数，函数本身作为另一个函数的参数或返回值。而面向对象编程则是按照现实世界客观事物的自然规律进行分析，现实世界中存在什么样的实体，构建的软件系统中就有什么样的实体。所以，即使 JDK 8 及之后的版本提供了对函数式编程的支持，Java 语言仍是以面向对象编程为主的语言，函数式编程只是作为对 Java 语言的补充。

在 Java 语言中，实现 Lambda 表达式有两个关键的结构：第一个是 Lambda 表达式自身；第二个是函数式接口。Lambda 表达式本质上是一个匿名方法。但是，这个方法不能独立执行，而是由实现函数式接口的另一个方法来执行它。因此，Lambda 表达式将生成一个匿名类。

函数式接口是仅包含一个抽象方法的接口，用于指明接口的用途。因此，函数式接口通常表示单个动作。此外，函数式接口还定义了 Lambda 表达式的目标类型。需要注意的是，Lambda 表达式只能用于其目标类型已经被指定的上下文中。所以，函数式接口有时也被称为简单抽象方法（Simple Abstract Method，SAM）。再有，函数式接口可以指定 Object 类定义的任何公有方法（如 equals()方法），而不影响其作为"函数式接口"的状态。Object 类的公有方法也被视为函数式接口的隐式成员，因为函数式接口的实例对象会默认自动地实现它们。

在 JDK 8 中，Lambda 表达式引入了一个新的操作符 "->"，称为 Lambda 操作符（称作"进入"）。"进入"操作符将 Lambda 表达式分成左右两个部分：操作符的左侧指定了 Lambda 表达式的参数列表（接口中抽象方法的参数列表）；操作符的右侧指定了 Lambda 体——Lambda 表达式所要执行的功能（是对抽象方法的具体实现）。Lambda 表达式的语法格式如下：

```
(parmeters) -> expression
或者：(parmeters) -> (statements;)
```

上述语法格式还可以写成以下几种形式。

- 无参数，无返回值：() -> 具体实现。

- 有一个参数，无返回值：(x) -> 具体实现，或者：x -> 具体实现。
- 有多个参数，有返回值，并且 Lambda 体中有多条语句：(x,y)->{具体实现}。
- 如果方法体中只有一条语句，则花括号和 return 语句都可以省略。

注意如下问题：Lambda 表达式的参数列表中的参数类型可以省略，Java 编译器可以进行类型推断。在 JDK 8 及之后的版本中，可以使用 Lambda 表达式表示接口的一个实现。

【例 9.1】设计一个通用方法，能够实现加法与减法的运算。

首先，设计一个数值计算接口，其中定义该通用方法。用 Lambda 表达式实现的接口称为函数式接口，这种接口只能有一个抽象方法。JDK 8 提供了一个声明函数式接口的注解 @FunctionalInterface。如果试图增加一个抽象方法，则将会发生编译错误，但是可以添加默认方法和静态方法。需要注意的是，加或不加这个注解对函数式接口是没有任何影响的。该注解只是提示编译器去检查该接口是否仅包含一个抽象方法。接口的实现代码如下：

```
1.   //Calculable.java
2.   //可计算接口
3.   @FunctionalInterface
4.   public interface Calculable {
5.       //计算两个 int 型数值
6.       int calculateInt(int a, int b);
7.   }
```

然后，用 Lambda 表达式实现通用方法 calculate()。实现代码如下：

```
1.   public class HelloWorld {
2.     public static void main(String[] args) {
3.       int n1=10;
4.       int n2=5;
5.       //实现加法计算 Calculable 对象
6.       Calculable f1=calculate('+');
7.       //实现减法计算 Calculable 对象
8.       Calculable f2=calculate('-');
9.       //调用 calculateInt()方法进行加法计算
10.      System.out.printf("%d + %d = %d \n", n1, n2, f1.calculateInt(n1, n2));
11.      //调用 calculateInt()方法进行减法计算
12.      System.out.printf("%d - %d = %d \n", n1, n2, f2.calculateInt(n1, n2));
13.    }
14.    /**
15.     * 通过操作符进行计算
16.     * @param opr 操作符
17.     * @return 实现 Calculable 接口对象
18.     */
19.    public static Calculable calculate(char opr) {
20.      Calculable result;
21.      if (opr=='+') {
22.        //Lambda 表达式实现 Calculable 接口
23.        result=(int a, int b) -> {
24.          return a + b;
25.        };
26.      } else {
27.        //Lambda 表达式实现 Calculable 接口
28.        result=(int a, int b) -> {
29.          return a - b;
30.        };
31.      }
32.      return result;
```

```
33.    }
34. }
```

【运行结果】

```
10 + 5 = 15
10 - 5 = 5
```

【分析讨论】

函数式接口可以被隐式地转换为 Lambda 表达式。函数式接口可以对现有的函数友好地支持 Lambda 表达式。JDK 8 中增加的函数式接口包含很多类，用来支持 Java 语言的函数式编程，增加的函数式接口的相关内容请参阅 java.util.function 包。

9.2　Lambda 表达式的简化形式

使用 Lambda 表达式是为了简化程序代码，Lambda 表达式提供了多种简化形式，本节将介绍这几种简化形式。

1. 省略参数类型

Lambda 表达式可以根据上下文代码环境推断出参数类型。calculate()方法中 Lambda 表达式能够推断出参数 a 和 b 都是 int 类型，简化形式的代码如下：

```
1.    public static Calculable calculate(char opr) {
2.        Calculable result;
3.        if (opr=='+') {
4.          //Lambda 表达式实现 Calculable 接口
5.          result=(a, b) -> {
6.             return a + b;
7.          };
8.        } else {
9.          //Lambda 表达式实现 Calculable 接口
10.         result=(a, b) -> {
11.            return a - b;
12.         };
13.       }
14.       return result;
15.    }
16. }
```

【分析讨论】

在上述代码中，有下画线的代码就是省略了参数类型的形式，其中 a 和 b 是参数。

2. 省略参数圆括号

当 Lambda 表达式中的参数只有一个时，可以省略参数圆括号。修改后的 Calculable 接口的代码如下：

```
1.    //Calculable.java 文件
2.    //可计算接口
3.    @FunctionalInterface
4.    public interface Calculable {
5.       //计算一个 int 型数值
6.       int calculateInt(int a);
7.    }
```

其调用代码如下：

```
1.    //HelloWorld.java 文件
2.    public class HelloWorld {
```

```
3.    public static void main(String[] args) {
4.        int n1=10;
5.        / 实现二次方计算 Calculable 对象
6.        Calculable f1=calculate(2);
7.        //实现三次方计算 Calculable 对象
8.        Calculable f2=calculate(3);
9.        //调用 calculateInt()方法进行加法计算
10.       System.out.printf("%d 二次方=%d \n", n1, f1.calculateInt(n1));
11.       //调用 calculateInt()方法进行减法计算
12.       System.out.printf("%d 三次方=%d \n", n1, f2.calculateInt(n1));
13.    }
14.    /**
15.     * 通过幂计算
16.     * @param power 幂
17.     * @return 实现 Calculable 接口对象
18.     */
19.    public static Calculable calculate(int power) {
20.       Calculable result;
21.       if (power==2) {
22.          //Lambda 表达式实现 Calculable 接口
23.          result=(int a) -> { //标准形式
24.             return a * a;
25.          };
26.       } else {
27.          //Lambda 表达式实现 Calculable 接口
28.          result=a -> {  //省略形式
29.             return a * a * a;
30.          };
31.       }
32.       return result;
33.    }
34.}
```

【分析讨论】

第 23～25 行代码是标准形式，没有任何减法。第 28～30 行代码是省略了参数类型和圆括号的形式。

3. 省略 return 和花括号

如果 Lambda 体中只有一条语句，则可以省略 return 和花括号。示例如下：

```
1. public static Calculable calculate(int power) {
2.    Calculable result;
3.    if(power==2) {
4.       //Lambda 表达式实现 Calculable 接口
5.       result=(int a) -> {        //标准形式
6.          return a * a;
7.       };
8.    }
9.    else {
10.      //Lambda 表达式实现 Calculable 接口
11.      result=a -> a * a * a;      //简化形式
12.    }
13.    return result;
14. }
```

【分析讨论】

第 11 行代码省略了 return 和花括号，这是简化形式的 Lambda 表达式。

9.3 作为参数使用 Lambda 表达式

Lambda 表达式常见的一种用途是作为参数传递给方法。这就需要声明参数的类型为函数式接口类型。示例如下：

```
1.  //HelloTest.java 文件
2.  public class HelloTest {
3.    public static void main(String[] args) {
4.      int n1=10;
5.      int n2=5;
6.      //打印加法计算结果
7.      display((a, b) -> {
8.        return a + b;
9.      }, n1, n2);
10.     //打印减法计算结果
11.     display((a, b) -> a - b, n1, n2);
12.   }
13.   /**
14.    * 打印计算结果
15.    * @param calc Lambda 表达式
16.    * @param n1 操作数 1
17.    * @param n2 操作数 2
18.    */
19.   public static void display(Calculable calc, int n1, int n2) {
20.     System.out.println(calc.calculateInt(n1, n2));
21.   }
22. }
```

【分析讨论】

- 第 7～9 行、第 11 行代码两次调用 display()方法，它们的第 1 个参数都是 Lambda 表达式。
- 第 19～22 行代码定义了 display()方法，用于打印计算结果。其中，参数 calc 的类型是 Calculable，该参数可以接收实现 Calculable 接口的对象，也可以接收 Lambda 表达式，因为 Calculable 接口是函数式接口。

9.4 访问变量

Lambda 表达式可以访问所在外层作用域类定义的变量，包括成员变量和局部变量。

1. 访问成员变量

成员变量包括实例成员变量和静态成员变量。在 Lambda 表达式中都可以访问这些成员变量，此时的 Lambda 表达式与普通方法相同，可以读取成员变量，也可以修改成员变量。示例如下：

```
1.  //LambdaDemo.java 文件
2.  public class LambdaDemo {
3.    //实例成员变量
4.    private int value=10;
5.    //静态成员变量
6.    private static int staticValue=5;
7.    //静态方法，进行加法运算
8.    public static Calculable add() {
9.      Calculable result=(int a, int b) -> {
10.       //访问静态成员变量，不能访问实例成员变量
```

```
11.        staticValue++;
12.        int c=a + b + staticValue; //this.value;
13.        return c;
14.      };
15.      return result;
16.   }
17.   //实例方法，进行减法运算
18.   public Calculable sub() {
19.      Calculable result=(int a, int b) -> {
20.        //访问静态成员变量和实例成员变量
21.        staticValue++;
22.        this.value++;
23.        int c=a - b - staticValue - this.value;
24.        return c;
25.      };
26.      return result;
27.   }
28. }
```

【分析讨论】

- 第 4 行与第 6 行代码分别声明了一个实例成员变量 value 和一个静态成员变量 staticValue。此外，第 8~16 行代码还定义了静态方法 add()，第 18~27 行代码定义了实例方法 sub()。

- add()是静态方法，在静态方法中不能访问实例成员变量,也不能访问实例成员方法。sub()是实例方法，在实例方法中，能够访问静态成员变量和实例成员变量。当然，实例成员变量与实例成员方法也能够访问 sub()方法。

2．捕获局部变量

对于成员变量的访问，Lambda 表达式与普通方法没有区别。但是，在访问外层局部变量时将会发生"捕获变量"情形。即在 Lambda 表达式中捕获变量时，会将变量当成 final 类型的变量，也就是说，在 Lambda 表达式中不能修改那些捕获的变量。示例如下：

```
1. //LambdaDemo.java 文件
2. public class LambdaDemo {
3.    //实例成员变量
4.    private int value=10;
5.    //静态成员变量
6.    private static int staticValue=5;
7.    //静态方法，进行加法运算
8.    public static Calculable add() {
9.      //局部变量
10.     int localValue=20;
11.     Calculable result=(int a, int b) -> {
12.       //localValue++; //编译错误
13.       int c=a + b + localValue;
14.       return c;
15.     };
16.     return result;
17.   }
18.   //实例方法，进行减法运算
19.   public Calculable sub() {
20.     //final 类型局部变量
21.     final int localValue=20;
22.     Calculable result=(int a, int b) -> {
23.       int c=a - b - staticValue - this.value;
```

```
24.        //localValue=c;  //编译错误
25.        return c;
26.     };
27.     return result;
28.   }
29. }
```

【分析讨论】

- 第 10 行与第 21 行代码分别声明了一个局部变量 localValue，第 13 行与第 23 行代码的 Lambda 表达式捕获了这个变量。
- 无论这个变量是否使用了关键字 final，它都不能在 Lambda 表达式中修改变量，所以第 12 行和第 24 行代码如果去掉注释，则会发生编译错误。

3. 方法引用

在 JDK 8 及以后的版本中，Java 语言增加了冒号（::）运算符，将该运算符用于方法引用。需要注意的是，方法引用与 Lambda 表达式及函数式接口都有关系。

方法引用分为静态方法与实例方法的方法引用，它们的语法格式如下：

```
类型名 :: 静态方法
实例名 :: 实例方法
```

需要注意的是，被引用方法的参数列表和返回值的类型必须与函数式接口的方法参数列表与方法返回值的类型一致。示例如下：

```
1.  //LambdaDemo.java 文件
2.  public class LambdaDemo {
3.      //静态方法，进行加法运算
4.      //参数列表要与函数式接口的方法 calculateInt(int a, int b)兼容
5.      public static int add(int a, int b) {
6.          return a + b;
7.      }
8.      //实例方法，进行减法运算
9.      //参数列表要与函数式接口的方法 calculateInt(int a, int b)兼容
10.     public int sub(int a, int b) {
11.         return a - b;
12.     }
13. }
```

【分析讨论】

在 LambdaDemo 类中定义了一个静态方法 add()和一个实例方法 sub()。这两个方法必须与函数式接口的参数列表一致，方法返回值的类型也必须保持一致。

调用代码如下：

```
1.  //HelloTest.java 文件
2.  public class HelloTest {
3.      public static void main(String[] args) {
4.          int n1=10;
5.          int n2=5;
6.          //打印加法计算结果
7.          display(LambdaDemo::add, n1, n2);
8.          LambdaDemo d=new LambdaDemo();
9.          //打印减法计算结果
10.         display(d::sub, n1, n2);
11.     }
12.     /**
13.      * 打印计算结果
14.      * @param calc Lambda 表达式
```

```
15.    * @param n1    操作数 1
16.    * @param n2    操作数 2
17.    */
18.   public static void display(Calculable calc, int n1, int n2) {
19.      System.out.println(calc.calculateInt(n1, n2));
20.   }
21. }
```

【分析讨论】

- 第 18~20 行代码定义了 display()方法，第 1 个参数 calc 的类型是 Calculabel，它可以接收 3 种对象：Calculabel 实例对象、Lambda 表达式及方法引用。
- 在第 7 行代码中，display()方法的第 1 个参数是对静态方法的方法引用。在第 10 行代码中，display()方法的第 1 个参数是对实例方法的方法引用，d 是 LambdaDemo 类的实例。
- 需要注意的是，方法引用并不是方法调用，只是将引用传递给 display()方法，在 display()方法中才是真正的调用方法。

9.5 本章小结

本章简要介绍了 Lambda 表达式的相关知识。读者需要了解为什么使用 Lambda 表达式，Lambda 表达式的优点是什么；掌握 Lambda 表达式的基本语法，了解 Lambda 表达式的几种简化形式；掌握 Lambda 表达式作为参数使用的场景，了解方法引用。

9.6 课后习题

1. 判断对与错。

（1）Lambda 表达式实现的接口不是普通的接口，称为函数式接口，这种接口只能有一个方法。（   ）

（2）双冒号（::）运算符用于方法调用。（   ）

2. 在下列选项中，（   ）是定义 Lambda 表达式的语法格式的标准形式。

    A. (参数列表) -> {

        //Lambda 体

        }

    B. {(参数列表) -> 返回值类型

        //Lambda 体

        }

    C. (参数列表) {

        //Lambda 体

        }

3. 定义如下接口语句：

```
@FunctionalInterface
interface Calculable {
   //计算两个 int 型数值
```

```
    int calculateInt(int a, int b);
}
```

在下列选项中，（　　）是正确的 Lambda 表达式。

A．Calculabel result1=(a) -> {return a * a;};

B．Calculabel result2=a -> {return a * a;};

C．Calculabel result3=a -> a * a;

D．Calculabel result4=a -> {a * a;};

第2篇 Java Web 应用开发技术

第10章

Oracle JDeveloper 10g 概述

Oracle JDeveloper 是一个免费的集成开发环境（IDE），通过支持 Java EE Web 应用开发生命周期的每个步骤，从而简化了 Java EE Web 应用的开发。JDeveloper 为 Oracle 的平台和 Oracle 的应用提供了完整的端到端开发的解决方案。本章将简要介绍 Java 2 企业版，重点介绍 Oracle JDeveloper 10g 的安装与启动方法、IDE 编程环境及怎样使用联机帮助，对开发过程中涉及的一些逻辑概念也将做简要说明。

10.1　Java 2 企业版概述

Java 2 计算平台以 Java 语言为中心，其体系结构与 OS（Operating System，操作系统）无关，共有 3 个独立的版本，每一个版本都针对特定的软件产品类型。

1. Java SE（Java Standard Edition）

Java SE 针对包含丰富的 GUI、复杂逻辑和高性能的桌面应用程序。Java SE 支持独立的 Java 应用程序，或者与服务器进行交互的客户端应用程序。

2. Java EE（Java Enterprise Edition）

Java EE 针对提供关键任务的企业应用程序，这些程序是高度可伸缩和可用的。Java EE 是基于模块和使用 Java 语言编写的可重用软件组件，运行于 Java SE 之上。

3. Java ME（Java 2 Micro Edition）

Java ME 针对消费品市场。例如，移动电话、PDA、电视机的机顶盒，以及其他具有有限的连接、内存和用户界面能力的设备。Java ME 使得制造商和内容创作者能够编写适合消费品市场的可移植的 Java 程序。

10.1.1　Java EE 体系结构

Java EE 是一个标准的多层体系结构，适用于开发和部署分布式、基于组件、高度可用、安全、可伸缩、可靠及易于管理的企业应用程序。Java EE 体系结构的目标是降低开发分布式应用的复杂性，以及简化开发和部署过程。Java EE 平台的简要体系结构如图 10.1 所示。Java EE 平台包含了创建一个标准 Java 企业应用的体系结构的设计模型，而这样的 Java 企业应用可以从客户层的消费者用户界面跨越到企业信息系统（Enterprise Information System，EIS）层的数据存储。

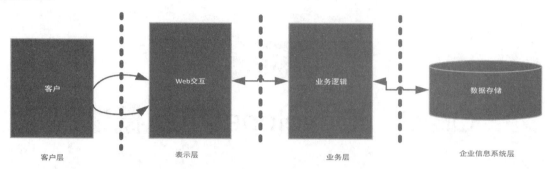

图 10.1　Java EE 平台的简要体系结构

　　Java EE 体系结构是一个多层、端到端的解决方案，这个体系结构包括客户层、表示层、业务层、企业信息系统层。Java EE 体系结构将一个企业应用程序划分为 4 个层次，而这些层次被映射到 Java EE 体系结构实现中处理特定的功能。

- 客户层：通常是一台桌面计算机，客户可以使用 GUI 与程序进行交互。
- 中间层：由表示层与业务层组成，通常由一个或多个应用服务器组成。服务器处理客户端请求，执行复杂的表示形式和业务逻辑，然后将结果返回给客户层。Java EE 应用服务器提供两种类型的应用程序框架和网络基础架构，它们被称为容器。容器为 Java EE 平台支持的两种类型组件提供运行时环境——Web 容器和 EJB 容器。
- 企业信息系统层：也称数据层，是存储业务数据的地方。在处理业务逻辑时，由中间层访问企业信息系统层。

10.1.2　客户层

　　客户层处理 Java EE 应用程序的客户表示和用户界面。客户层可以用现实世界中的桌面计算机、Internet 设备或无线设备表示，有瘦客户和胖客户两种类型。

1．瘦客户

　　瘦客户基于 Web 或基于浏览器，使用 HTTP/HTTPS 协议与表示层交互。在一个基于 Web 的客户端中，浏览器从 Web 层和提交的页面为适当的设备下载静态或动态的 HTML、XML（eXtensible Markup Language）或 WML（Wireless Markup Language）页面。

2．胖客户

　　胖客户不是 Web 客户端，不使用浏览器来执行，而是在客户端容器内执行。胖客户使用 RMI-IIOP（Remote Method Invocation，RMI；Internet Inter-ORB Protocol，IIOP）协议与业务层交互。胖客户可以划分为基于 Java 和不基于 Java 的独立应用程序。当客户端需要丰富的 GUI 或具有复杂逻辑的应用程序时，可以考虑使用独立的 Java 应用程序。

在一台计算机上的 Java 对象，可以通过使用 RMI 协议实现与另外一台计算机上的远程 Java 对象通信。RMI 协议是一种简单而又强有力的编写分布式应用程序的方法，但是只能在 Java 环境中运行。IIOP 协议是一种基于 CORBA（Common Object Request Broker Architecture，公共对象请求代理体系结构）的标准，建立在 TCP/IP 协议的基础之上。

Java EE 的目标之一是能与非 Java 和 CORBA 客户端交互，所以 RMI 与 IIOP 协议被合并到一起实现跨平台通信。RMI-IIOP 协议赋予了 Java 对象具有远程调用特征——调用位于其他计算机上的对象的方法如同调用本地计算机上的对象的方法一样容易，而且与调用过程中涉及的程序语言及 OS 无关。

10.1.3　表示层

由 Web 容器代表的表示层也被称为 Web 层，负责处理瘦客户的 HTTP 请求和响应。Web 容器为 Web 组件提供运行时环境。Web 组件由 Servlet 与 JSP 两种类型的 Java 技术构成。Servlet 与 JSP 一起处理客户端的请求，也可以处理能够向业务层发送请求的表示逻辑，然后创建返回客户端的动态内容显示。

10.1.4　业务层

业务层由 EJB 容器组成，它为 EJB 提供运行时环境。EJB 封装了业务逻辑，并且可以在 EJB 容器内的服务器端运行它的组件。业务组件服务处理客户端（Servlet、JSP、Java 或 CORBA 应用程序）的请求，并且有可能在处理请求时访问 EIS 层。EJB 应用程序只能用 Java 语言编写，而且必须使用 EJB API。EJB 应用程序无须修改任何源代码就可以在 Java EE 认证的应用服务器之间移植和互操作。

10.1.5　企业信息系统层

EIS 层将数据——数据库、企业资源规划（Enterprise Resource Planing，ERP）系统、大型机事务处理和其他遗留信息——从业务层和客户层中分离出来。为了提供对 EIS 层的标准的可移植的访问，Java EE 提供了两项技术：Java 数据库连接和连接器（Connector）。JDBC API 提供了一种标准、统一的方式从 Java 应用访问 RDBS，使用标准 JDBC API 调用 Oracle 数据库的 Java 应用程序可以不加修改地调用其他供应商的数据库。与 JDBC 技术类似，Connector API 允许应用程序以一致的和可移植的方式访问 ERP 系统。图 10.2 所示为带有组件和通信协议的 Java EE 体系结构。其中，双箭头描述了不同层之间的通信。瘦客户使用 HTTP/HTTPS 协议与 Web 层通信，胖客户及非 Java 客户端使用 RMI-IIOP 协议与业务层通信；Web 层使用 RMI-IIOP 协议和某种供应商专有的协议与业务层通信。

HTML 容器（浏览器）及独立的 Java 应用程序和独立的非 Java 应用程序代表了客户端的表示层；支持 Servlet 和 JSP 组件的 Web 容器代表了服务器端的表示层；位于业务逻辑层中的 EJB 容器代表了业务层；标有"RDBMS 与 ERP"的圆柱形代表了 EIS 层或数据层。需要注意的是，应用服务器必须支持 RMI-IIOP 通信协议，应用服务器供应商可以自由地实现其他优化的专有协议。

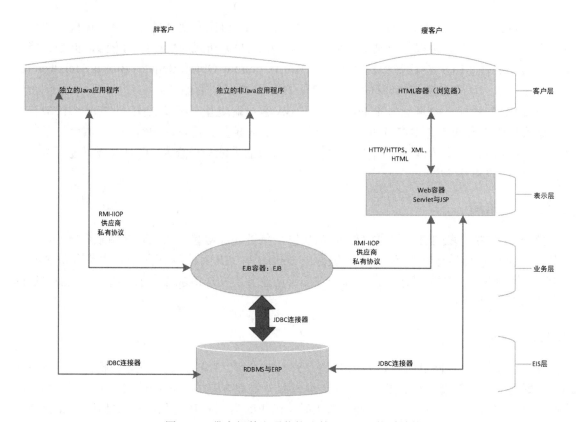

图 10.2　带有组件和通信协议的 Java EE 体系结构

10.2　安装 Oracle JDeveloper 10g

在 Windows 系统下安装 Oracle JDeveloper 10g 对软/硬件系统有如下最低要求：

* Intel Pentium Ⅲ 500 MHz 或兼容处理器。
* Microsoft Windows 2000、Windows XP、Windows NT4（Service Pack 2）、Windows 7/10。
* 内存最少为 256MB。完全初始化需要 1.75GB 硬盘空间。
* CD-ROM 和鼠标、SVGA 或更高级显示器（最少支持 1024 像素×768 像素分辨率）。

1. 下载 Oracle JDeveloper 10g

登录 Oracle Technology Network 官方网站，免费注册会员后，就可以登录免费下载软件。本书下载使用的软件版本是 jdevstudio1013.zip，这是一个压缩文件。需要注意的是，Oracle JDeveloper 10g 的安装软件本身包含 JDK 5 的版本，如果想要使用更高版本的 JDK，则可以在 Oracle 官方网站免费下载安装。

2. 安装 Oracle JDeveloper 10g

（1）将压缩文件 jdevstudio1013.zip 解压缩到某一目录中（本书为 E:\JDevStudio1013）。

（2）修改 Oracle JDeveloper 10g 的启动配置文件（E:\JDevStudio1013\jdev\bin\jdev.conf）。查找 jdev.conf 文件中有关 Java 2 SDK 1.5.0 的根目录默认的设置命令为 SetJavaHome C:\Java\ jdk1.5.0_04，按照如下所示进行修改。需要注意的是，在启动之前，必须确认 Java 2 SDK 1.5.0

的安装目录与 Oracle JDeveloper 10g 的启动配置文件内的设置一致，否则就不能够正确启动 IDE。

```
# Directive SetJavaHome is not required by default, except for the base
# install, since the launcher will determine the JAVA_HOME.  On Windows
# it looks in ..\..\jdk, on UNIX it looks in the PATH by default.
# SetJavaHome C:\Java\jdk1.5.0_04
SetJavaHome E:\JDevStudio1013\jdk
```

（3）完成上述配置文件的修改之后，执行如下命令，就可以启动 Oracle JDeveloper 10g 了：

```
E:¥>cd\JDevStudio1013
E:¥>cd jdev
E:¥>cd bin
E:¥>jdevw
```

Oracle JDeveloper 10g 的启动界面如图 10.3 所示。

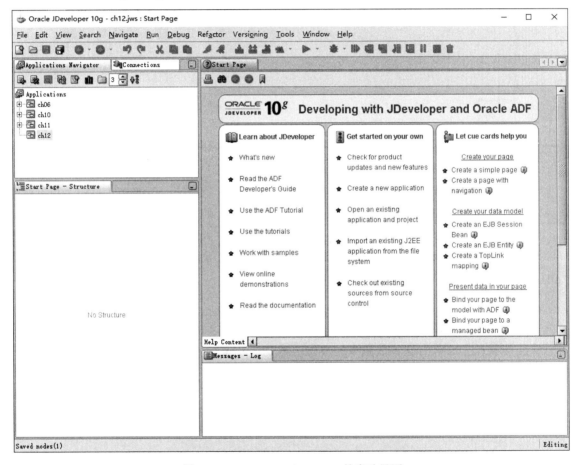

图 10.3　Oracle JDeveloper 10g 的启动界面

10.3　集成开发环境（IDE）

Oracle JDeveloper 10g 提供的 IDE 主要由命令工作区、开发工作区和信息浏览工作区等 3 个区域组成，如图 10.4 所示。

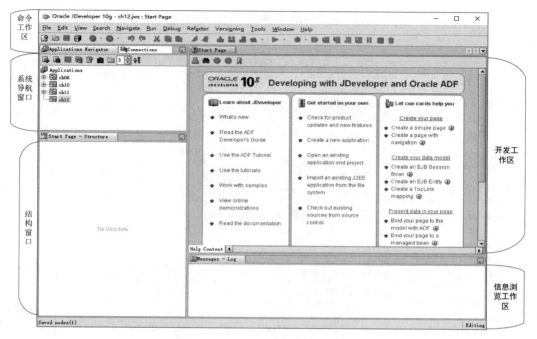

图 10.4　Oracle JDeveloper 10g 的工作区

10.3.1　命令工作区

命令工作区由菜单栏（Menu Bar）、工具栏（Tool Bar）、文档栏（Document Bar）和组件面板（Component Palette）等 4 个部分组成。

1．菜单栏

菜单栏由 12 个菜单项组成，分别是 File、Edit、View、Search、Navigate、Run、Debug、Refactor、Versioning、Tools、Window、Help。

2．工具栏

工具栏位于主窗体的中部，由一些操作按钮组成，分别对应着一些菜单选项或命令的功能，可以直接用鼠标左键单击这些按钮来完成指定的功能。工具栏按钮使用户的操作过程得以简化。另外，菜单和工具都是上下文相关的，当它们以灰色显示时，表示与它们相关联的窗体或对象没有被激活，不能使用，如图 10.5 所示。

图 10.5　工具栏

3．文档栏

文档栏用于显示开发工作区的源代码编辑器所打开的文件名。如果编辑器被关闭，则文件名也随之消失，如图 10.6 所示。

图 10.6　文档栏

4．组件面板

组件面板包括 UI Editor 所使用的组件，这些组件根据其来源被放置在不同的标签中。例如，AWT 标签中包含了一些来自 AWT 库的组件，如图 10.7 所示。

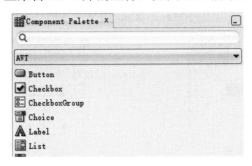

图 10.7　组件面板

UI Editor 窗口提供了可视化开发用户界面的功能。开发人员可以从组件面板中选择 AWT、Swing、JDBC 等各类标准组件的菜单、滚动条、按钮等，然后直接放置在 UI Editor 窗口中，IDE 将会自动生成组件的设计和属性设置（Java 代码可以从 Code Editor 窗口看到）。

10.3.2　开发工作区

开发工作区由系统导航（System Navigator）窗口、结构（Structure）窗口、视图编辑器（View Editor）窗口及属性检视器（Property Inspector）窗口等 4 个部分组成。开发工作区为开发人员提供了一个管理所有对象和文件的操作界面，以及一个进入各种编程功能的入口，开发人员可以通过它编辑类、管理项目、更改对象属性、连接各种数据源等。

1．系统导航窗口

系统导航窗口显示了选定对象的层次化视图，如图 10.8 所示。最上面的节点为工作区，然后是工程，最下面一层是属于这个工程的.java 文件。当用 Oracle JDeveloper 10g 进行开发时，需要关闭所有打开的工作区，并且创建一个属于自己的工程。

工作区是一个逻辑结构，它容纳了一个应用程序的所有元素，一个工作区也可以容纳多个工程。一个工作区就是一个扩展名为.jws 的文本文件，包含了开发人员所建立的工程和应用程序的信息。工作区用来跟踪应用程序所用的文件和位置，工作区文件会和其他一些与工程相关的文件一起存入一个或多个文件夹中。存放一组相关文件的文件夹称为包。包也指 Java 类库文件（.jar 或.zip）中一个代表库中存储路径的复制结构。JAR 是一个基本的压缩文件，包含了开发人员编程时想要使用或共享的编译代码和一个描述 JAR 内容的附加文件。工作区能够维护存储在许多不同包中的文件的信息。当保存一个工作区时，当前打开的所有文件和窗口将会被更新和保存。

在工作区中，文件在逻辑上被划分为工程。从代码角度看，在功能上工程只是作为文件的一个逻辑上的容器。在物理上，一个工程就是一个扩展名为.jpr 的文件。在用 Oracle JDeveloper 10g 进行开发工作之前，必须建立一个工作区和工程文件。这些文件在开发过程中提供一种组织代码的逻辑方式，并扮演着容纳工作内容的表的角色。因此，最好建立分层目录，把工作区和工程文件及相关源代码放入相同的目录中。

2．结构窗口

结构窗口包含了在系统导航窗口中的选择文件的内部项目的一个视图。这个视图的形式取决于所选文件的类型和 View 菜单中活动的标签。例如，在系统导航窗口中选择了 Client 工作区作为一个实体，那么结构窗口中将会显示如图 10.9 所示的工程、包、类及构造方法等。

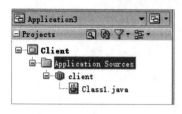

图 10.8　系统导航窗口

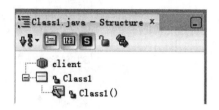

图 10.9　结构窗口

3．视图编辑器窗口

在系统导航窗口中，用鼠标左键双击一个文件名或单击文档栏上的文件名，将会打开视图编辑器窗口。视图编辑器窗口的类型将取决于文件的类型。例如，如果是一个.java 文件，则将打开 Code Editor 窗口并显示其源代码，如图 10.10 所示。如果是一个图形文件，则将打开一个 UI Editor 窗口并显示这个文件的图形。

4．属性检视器窗口

当选择打开 UI Editor 窗口时，属性检视器窗口将被激活。这个窗口包含属性和事件两个标签。属性标签显示了结构窗口中所选类的一个属性列表，当修改一个组件的属性值时，代码将会改变以对应这个新的属性，一些属性的值可以通过直接输入来获得；另外一些属性则提供了一个固定的值列表形式以供选择；还有一些属性值区域将呈现一个"..."按钮，单击按钮将会显示另外一个窗口，在窗口中可以设置所需的属性值。事件标签显示了结构窗口中所选择组件的一个事件列表。通过在列表中输入一个事件的名称作为这个事件的值并按 Enter 键，就可以在这个标签中添加处理任何事件的代码。此时，Code Editor 窗口将会被打开并定位于添加的代码处，可以在此处输入一个事件处理程序，如图 10.11 所示。

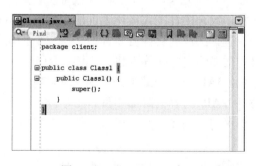

图 10.10　Code Editor 窗口

图 10.11　属性检视器窗口

10.3.3　信息浏览工作区

在运行、调试或编译代码时，信息浏览工作区将显示对应的信息。如果是错误信息，则在窗口中用鼠标左键双击错误文本，错误的代码将会在 Code Editor 窗口中突出显示。这个功能能够使用户快速浏览错误代码，如图 10.12 所示。

图 10.12　信息浏览工作区

10.4　联机帮助

Oracle JDeveloper 10g 提供了 6 种获取帮助信息的途径，如图 10.13 所示。

用鼠标左键选择帮助菜单中任意的帮助命令，将打开对应的帮助信息窗口或对应的 Oracle 帮助信息页面。例如，选择"Table of Contents"命令，将打开如图 10.14 所示的帮助信息窗口。

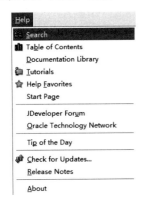

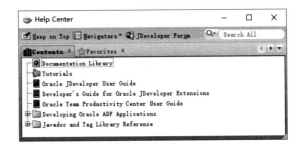

图 10.13　IDE 帮助菜单　　　　　　　　　图 10.14　帮助信息窗口

用鼠标左键双击任意的帮助命令，将在开发工作区或网站打开对应的 Oracle 帮助信息页面，如图 10.15 所示网页。

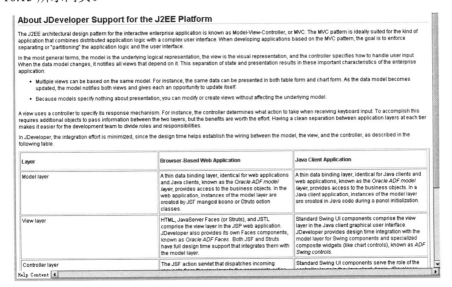

图 10.15　Oracle 帮助信息页面

10.5　IDE 工作环境配置

IDE 主菜单中的 Tools 子菜单有两个命令是开发人员用来设置工作环境的参数的，下面对这两个命令做简要说明。

1．Preferences 命令

Preferences 命令定义了怎样显示 IDE。在 IDE 的主菜单中选择"Tools"→"Preferences"命令，将弹出 Preferences 配置对话框，如图 10.16 所示。在该对话框中，可以定义编辑器的环境、Code Editor、Debugger 等功能部件的工作方式等。

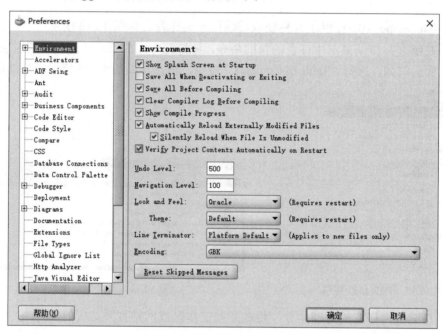

图 10.16　Preferences 配置对话框

2．Configure Palette 命令

Configure Palette 命令定义了怎样显示组件面板。在 IDE 的主菜单中选择"Tools"→"Configure Palette"命令后，弹出的对话框显示了与从组件面板的弹出式菜单中选择 Property 时一样的属性配置对话框。在这里，开发人员可以增加或修改组件面板工具栏的内容。

10.6　JDeveloper 对象库

Oracle JDeveloper 10g 对象库包含的向导快捷方式用来生成对象实例。例如，Java 类、Servlet/JSP 对象实例等。在 IDE 的主菜单中选择"File"→"New"命令，就可以弹出 IDE 对象库配置对话框，如图 10.17 所示。

Oracle JDeveloper 10g 根据 Java EE 体系结构将应用开发对象划分为 4 个层次：General（通用层次）、Business Tier（业务层）、Client Tier（客户层）、Database Tier（数据库层）（见图 10.17）。每一层又包括许多类别的对象，每一类对象包括许多对象实例。在"Categories"列表框中选择

某一类别的对象，则"Items"列表框中将会显示这个类别对象所能创建的对象实例。每个对象实例都对应一个向导快捷方式或模板。Oracle JDeveloper 10g 基于 Java 语言创建代码轮廓，并将文件加入属于某一工作区的一个工程文件中。它们的具体使用方法将在后续章节中陆续介绍。

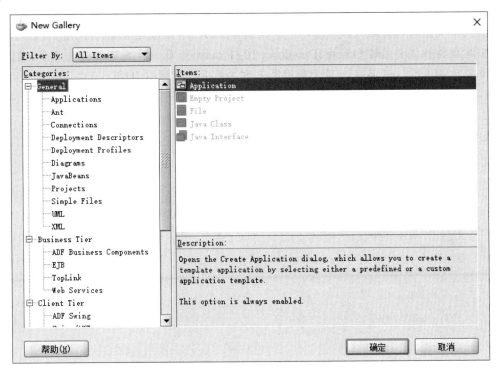

图 10.17　IDE 对象库配置对话框

10.7　本章小结

Oracle JDeveloper 10g 为 Java 开发人员创建 Java EE 应用和 Web 服务提供了全面的支持，为 Java、XML、SQL、商业智能、Java EE Web 服务提供了功能强大的 IDE。在允许开发人员创建个性化的 Java IDE 方面具有无与伦比的技术优势。Oracle JDeveloper 10g 与其他的 IDE 相比较具有以下优势。

- 高效的 Java 开发工具。对开发和部署 Java EE 应用提供 100%的支持。提供了一个完整的 IDE——编辑、编译、配置和优化 Java EE 应用和 Web 服务，继承了 UML 建模功能，能够建模并生成 Java EE 应用和 Web 服务。
- 一个与 IDE 集成在一起的 Oracle WebLogic Server，使得 Web 应用的编辑、编译、调试、部署周期快速而高效。一个能建立可伸缩、拥有广泛用户的基于 Web 的系统，能处理包括部门应用、公司内部应用和电子商务的可选工具。
- 一个基于 Java 的开发工具，对于客户端的要求相对较低（例如，发布 JSP 应用，对客户端的唯一要求是具有一个能够解释 HTML 的浏览器）；一个 3GL 的代码生成工具，虽然有些代码需要手动编写，但是提供了对完成任务有很大帮助的向导。

- 开发人员可以利用 Java 快速创建业务逻辑，利用 Java 类、PL/SQL、数据库存储过程、EJB 来创建 Web 服务。从用户接口分离的 BC4J（Business Component for Java，基于 Java 技术的业务组件模型）代码能够很容易地建立业务逻辑与数据访问，BC4J 为不同应用和不同用户访问目标提供了一个统一的标准。

- 提供了与开放资源软件内嵌的集成性，允许开发人员直接从 Oracle JDeveloper 10g 中使用大多数流行的开放式软件资源，包括 Apache Ant、Jakarta Struts、JUnit 及 CVS 等。这一集成特性主要通过 Oracle JDeveloper 10g Extension 软件开发者工具包建立，后者是一个基于标准的 API 集合，用于利用第三方工具来扩展核心 IDE。

第11章

Oracle AS 10g Container for Java EE

Oracle Container for Java EE（OC4J）是 Oracle Application Server 10g 提供的完全用 Java 语言开发的 Java EE 容器，具有快速、轻量级、高度可伸缩、易用、完善等技术特征，可以运行在 Java 2 SDK 1.5.xxx 及以上版本的 JVM 上。OC4J 作为 Oracle JDeveloper 10g 的 Java EE 容器，既可以在 IDE 环境下直接使用，也可以作为 Web 服务器单独使用。本章将简要介绍 Java EE 应用程序的构成、开发角色和阶段，详细介绍 OC4J 的应用开发特性、初始化、启动与停止方法，以及在 OC4J 环境下使用和部署 Web 应用的方法，对涉及的一些逻辑概念也将做简要说明。

11.1 Java EE 应用的构成

Java EE 技术提供了一个基于组件的方法来加快设计、开发、装配和部署企业级应用程序。Java EE 平台提供了一个多层结构的分布式应用程序模型，该模型具有重用组件的能力、基于 XML 的数据交换、统一的安全模式和灵活的事务控制。开发人员不仅可以比以前更快地发表对市场新的解决方案，而且独立于平台的基于组件的 Java EE 解决方案不再受任何供应商的产品和应用程序编程界面（API）的限制。

1．Java EE 组件

Java EE 应用程序由组件组成。一个 Java EE 组件就是一个自带功能的软件单元，它随同相关的类和文件被装配到 Java EE 应用程序中，并实现与其他组件的通信。Java EE 规范是这样定义 Java EE 组件的：

- 客户端应用程序和 Applet 是运行在客户端的组件。
- Java Servlet 和 JSP 是运行在服务器端的 Web 组件。
- EJB 组件是运行在服务器端的商业组件。

Java EE 组件是使用 Java 语言编写的，并和使用该语言写成的其他程序一样进行编译。Java EE 组件和标准 Java 类的不同点在于，Java EE 组件被装配在一个 Java 应用程序中，具有固定的格式并遵守 Java EE 规范，它被部署在产品中，由 Java EE 服务器对其进行管理。

2．Web 组件

Java EE 的 Web 组件既可以是 Servlet，也可以是 JSP。Servlet 是一个 Java 类，可以动态地处理请求并做出响应。JSP 是一个基于文本的页面，它以 Servlet 的方式执行，但是它可以更方便地创建静态内容。在装配应用程序时，静态的 HTML 页面和 Applet 被绑定到 Web 组件中，但是它们并不被 Java EE 规范视为 Web 组件。服务器端的功能类也可以被绑定到 Web 组件中，与 HTML 页面相同，它们也不被 Java EE 规范视为 Web 组件。

一个 Java EE 应用程序极可能包含一个或多个 EJB 组件、Web 组件或应用程序客户端组件。其中，应用程序客户端组件是运行于可容许存取 Java EE 服务的容器中的 Java 应用程序。

3．Java EE 容器

容器是一个组件和支持组件的底层平台特定功能之间的接口。在一个 Web 组件、EJB 组件或一个应用程序客户端组件可以被执行前，它们必须被装配到一个 Java EE 应用程序中，并且部署到它们的容器中。装配过程包括为 Java EE 应用程序中的每个组件及 Java EE 应用程序本身指定容器的设置。容器设置定制了由 Java EE 服务器提供的底层支持，包括安全性、事务管理、Java 命令目录接口（JNDI）搜寻及远程连接等。

4．容器类型

部署时会将 Java EE 应用组件安装到 Java EE 容器中，如图 11.1 所示。

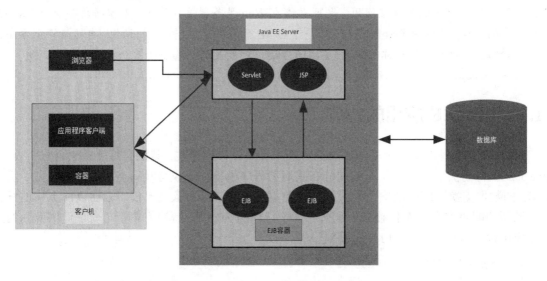

图 11.1　Java EE 服务器和容器

Java EE 服务器是 Java EE 产品的运行部分，提供了 EJB 容器和 Web 容器。EJB 容器管理 Java EE 应用程序的 EJB 组件的执行，EJB 组件和它的容器运行在 Java EE 服务器中。Web 容器管理 Java EE 应用程序的 JSP 和 Servlet 组件的执行，Web 组件和它的容器运行在客户端中。应用程序客户端容器管理应用程序客户端组件的执行，应用程序客户端组件和它的容器运行在客户端中。

5．部署

Java EE 组件被分别打包并绑定到一个 Java EE 应用程序中以供部署。每个组件（诸如 GIF、HTML 文档和服务器端功能类这样的相关文件）与一个部署说明组成了一个模块并被添加到 Java EE 应用程序中。一个 Java EE 应用程序由一个或几个 EJB 组件模块、Web 组件模块或应用程序客户端组件模块组成。根据不同的设计要求，最终的企业解决方案可以是一个 Java EE 应用程序，也可以由两个或多个 Java EE 应用程序组成。

Java EE 应用程序及它的每个模块都有它们自己的部署说明，也就是一个具有.xml 扩展名的 XML 文件，它描述了一个组件的部署设置。因为部署说明信息是公开的，所以它可以被改变而不必修改组件的源代码。在运行时，Java EE 服务器将读取这个部署说明并遵守其规则来执行。一个 Java EE 应用程序及它的所有模块被提交到一个 EAR（Enterprise Archive File）文件中。一个 EAR 文件就是一个具有.ear 扩展名的标准的 JAR（Java Archive）文件。

- 每个 EAR 文件包含一个部署说明、EJB 文件及相关的文件。
- 每个应用程序客户端 JAR 文件包含一个部署说明、应用程序客户端的类文件及相关的文件。
- 每个 WAR（Web Application Resource）文件包含一个部署说明、Web 组件文件及相关的资源。

使用模块和 EAR 文件，使得运用同一组件以装配许多不同的 Java EE 应用程序成为可能。不需要额外的开发工作，开发人员唯一要做的就是在 Java EE EAR 文件中添加各种 Java EE 模块。

11.2　OC4J 概述

如今的企业应用程序都设计在一个 Internet 体系结构上，该体系结构中的一个中间层——Java EE 服务器为应用程序提供运行时环境。为了满足这些需求并为 Java EE 应用程序提供一个健壮的实现平台，Oracle AS 10g 包含了很多全新的特性，用以简化企业应用程序开发及提供部署应用程序时的高可靠性。Java EE 应用程序可以通过与 Oracle AS 10g 无缝集成的 Oracle JDeveloper 来构建。OC4J 作为 Oracle AS 10g 的一个 Java EE 容器，提供了完整的 Java EE 应用程序开发环境。

1. 在 Java 2 SDK 1.5.0 上运行的纯 Java 容器/运行时

Oracle AS 10g 的 Java EE 容器——OC4J 是使用 Java 语言实现的，它具备以下特性。

- 轻量级：85MB 磁盘空间，20MB 内存。
- 安装快速：不到 10 分钟就可以完成安装。
- 易于使用：简单的管理和配置，支持标准的 Java 开发和配置工具。
- 在包括 Solaris、HP-UX、AIX、Linux、Windows 等在内的操作系统和硬件平台的 32 位与 64 位版本上均可使用。

2. OC4J 完全实现了 Java EE

OC4J 包括一个 JSP Translator（一个符合 JSP 1.2 标准的编译器和运行时引擎）、一个 Servlet 容器和一个 EJB 容器。OC4J 还支持 JMS 等其他的 Java 规范。OC4J 支持的 Java EE 技术如表 11.1 所示。

表 11.1　OC4J 支持的 Java EE 技术

Java EE Standard Interface	支持的版本
JSP/Servlet	1.2/2.3
EJB	2.0
Java Transaction API（JTA）	1.0.1
Java Message Service（JMS）	1.0.1
Java Naming and Directory Interface（JNDI）	1.2
Java Mail	1.1.2

Java EE Standard Interface	支持的版本
Java Database Connectivity（JDBC）	2.0/3.0
Java Authentication and Authorization Service（JAAS）	1.0
Java EE Connector Architecture（JCA）	1.0
Java API for XML Parsing（JAXP）	1.0

11.3 OC4J 应用开发特性

Oracle AS 10g 进一步加强了对 Java EE 应用程序和 Web 服务开发的支持，为开发人员开发与部署动态 Web 站点、事务性 Internet 应用和 Web 服务提供了一个高效的应用服务器环境。

1．Servlet

Java Servlet 是一个扩展 Web 服务器功能的组件。Servlet 接收来自客户端的请求，动态生成应答，然后将包含 HTML 或 XML 文件的应答发送给客户端。Servlet 与 CGI 类似，但是更容易编写，因为 Servlet 使用 Java 类来实现。Servlet 的执行也更加快速，原因是 Servlet 被编译成 Java 字节码，而且运行时 Servlet 实例被保存在内存中。OC4J Servlet 容器对 Servlet 提供了如下支持。

- 完全支持 Servlet 2.3。
- 与 Tomcat 完全兼容：与使用由 Apache 提供的 Tomcat Servlet 引擎按照 JSP/Servlet 标准开发的应用完全兼容。因此，使用过 Apache Tomcat 的开发人员可以很容易地将这些应用部署到 OC4J 上。
- 对过滤器的全面支持：支持作为 Servlet 2.3 规范一部分的简单和复杂的过滤器。过滤器是在客户端请求该过滤器所映射到的资源（如 URL 模板或 Servlet Name）时被调用的一个组件、应答或标头值（Header），而不是用于为客户端产生应答的。
- 完全基于 WAR 文件的部署：通过使用标准的 WAR 文件，Servlet 被打包和部署到 Java EE 容器中。OC4J 提供了以下功能。
  - ➢ 一个获取多个 Servlet 并将其打包到 WAR 文件中的 WAR 文件打包工具。
  - ➢ 一个获得作为结果的 WAR 文件，并将其部署到一个或多个 OC4J 实例上的 WAR 文件部署工具。
  - ➢ WAR 部署工具支持集群部署，使得一个特定的档案文件可以被同步部署到所有被定义为组成某个集群的 OC4J 实例上。
- Servlet 的自动部署：在部署一个 Web 应用时，服务器自动解压缩.war 文件，产生特定容器的部署描述符，并且无须请求服务器重新启动就可以使应用程序立即可用。Web 容器还能够以与 JSP 模型同样的方式为 Servlet 编译源代码并运行编译后的应用程序。这有助于缩短 Web 应用的开发、编译、部署周期。
- Servlet 的状态故障时切换和集群部署：Servlet 利用标准的 Servlet HttpSession 对象在方法请求之间（一个请求结束之后，另一个请求开始之前）保存客户端的会话状态。HttpSession 对象类似于特定客户端的存储域，保存在后续请求中需要的任何数据，并且在以后通过客户端的特定键值来获取这些数据。集群是一组为了以一种透明的方式提供可伸缩的高可用服务而调整其操作的 OC4J 服务器。OC4J 支持一个基于 IP 多点传送的集群机制，允许 Servlet 透明地（无须 API 的任何编程改动）复制 Servlet 会话状态，尤其是集群中其他 OC4J 实例的 HttpSession 对象。

2．JSP

JSP 是一种基于文本、以表示为中心、快速开发和轻松维护信息丰富的动态 Web 页面的方法。JSP 将内容表示从内容生成中分离出来，使 Web 设计人员可以改变整体页面布局而不影响基本的动态内容。JSP 使用类似于 XML 的标记和使用 Java 语言编写的脚本段来封装产生页面内容的逻辑。另外，应用逻辑可以放在页面通过这些标记和脚本段访问的基于服务器的资源中。例如，JavaBeans。通过将页面逻辑与其设计和显示相分离，JSP 使得构建基于 Web 的应用变得更加快速和简单。JSP 页面看上去像一个标准的 HTML 或 XML 页面，以及一些由 JSP 引擎处理和排除的额外元素。JSP 页面和 Servlet 比 CGI 更理想，因为 CGI 不是平台无关的，使用成本高，而且访问参数数据并将其传递给一个程序也比较困难。一个 JSP 页面包括以下元素。

- JSP 指令：JSP 指令用于向 JSP 容器传递信息。例如，Language 指令用于指定脚本语言和任意扩展，include 指令用于在页面中包含一个外部文档。
- JSP 标记：通过基于 XML 的特定 JSP 标记符实施 JSP 处理。标记用于封装可以在 JSP 页面中使用的功能。例如，条件逻辑和数据库访问。
- 脚本段：JSP 页面还可以在页面中包含小的脚本段（Scriptlet）。脚本段是一个代码段，在请求时间处理时执行。脚本段可以与页面上的静态元素结合建立一个动态生成的页面。脚本包含在<%和%>标记之间。这两个标记之间的任何代码都会经过脚本语言容器（如 JVM）的检查。JSP 规范支持所有的常用脚本元素，包括表达式和变量声明。

OC4J 提供了一个符合 JSP 1.2 的翻译器和运行时引擎——Translator，它具有以下特性。

- 支持简单标记、主体标记、参数化标记和协作标记：OC4J 支持简单 JSP 标记，这种标记的主体只被求值一次；主体（Body）标记的主体将被求值多次；参数化（Parameterized）标记可以接收和显示参数；协助（Collaboration）标记是一种特殊的参数化标记，两个标记可以设计为对一个任务进行协作。例如，一个标记可以增加一个特定值到页面范围，另一个标记可以查找这个值进行进一步的处理。
- 提供预打包的 JSP 标记：为了提高开发效率，OC4J 提供了预打包的 JSP 标记库来简化 JSP 应用程序的构建过程。标记库包括连接池标记、XML 标记符、EJB 标记、文件上传/下载标记、电子邮件标记、缓存标记、个性化标记等。
- 支持 JSP 预编译：为了改善程序性能，OC4J 提供了在部署前将 JSP 预编译为最终格式的功能。这使得容器无须在 JSP 被首次请求时将其编译为相应的 Java 类文件，缩短了第一次访问 Web 应用的响应时间。
- 完全基于 WAR 文件的部署：OC4J 提供了将 JSP 和 Servlet 打包为 Java EE 标准的 WAR 文件的 WAR 文件打包工具，以及获取 WAR 文件并将其部署到一个或多个 OC4J 实例上的 WAR 文件部署工具。WAR 文件部署工具支持集群部署，使得一个特定的档案文件可以被同步部署到所有被定义为组成某个集群的 OC4J 实例上。

OC4J 的应用开发特性不仅有 JSP/Servlet，还有 JDBC、EJB、JTA 等特性（见表 11.1）。

11.4 初始化 OC4J

OC4J 既可以单独作为 Java EE 容器使用，也可以配置为 Oracle JDeveloper 10g 的 Java EE 容器使用。无论是哪一种使用方式，OC4J 都要求 Windows OS 上安装 Java 2 SDK 1.5.0 版本。当 OC4J 单独作为 Java EE 容器使用时，需要下载 OC4J 软件包。可以登录 Oracle 公司网站免费下载，文件名为 oc4j_extended_101350.zip。

1. 初始化 OC4J

如果是将 OC4J 单独作为 Java EE 容器使用，则可以将 oc4j_extended_101350.zip 文件解压缩到某一目录中，然后执行如下命令：

```
cd\<oc4j_install_dir>\j2ee\home
```

当初始化 Oracle JDeveloper 10g 内嵌的 OC4J 时，需要执行如下命令：

```
cd\<oracle JDeveloper 10g_root>/j2ee/home
```

无论是哪一种使用方式，都需要执行如下命令：

```
java -jar oc4j.jar -install
```

OC4J 支持的几种网络协议的默认端口号如下所述。

- HTTP 协议：端口号为 8888。
- RMI 协议：端口号为 23791。
- JMS 协议：端口号为 9127。

2. 启动 OC4J

启动 OC4J 的命令如下：

```
java -jar oc4j.jar
```

图 11.2 所示为启动信息。

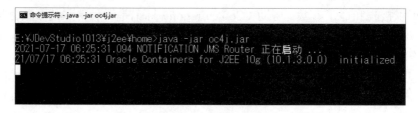

图 11.2　启动信息

3. 测试 OC4J

启动 IE 或其他的浏览器，在地址栏输入 http://localhost:8888。如果浏览器显示如图 11.3 所示的页面，则说明 OC4J 已经正常启动了。

OC4J 提供了用于测试 JSP/Servlet 的实例，在如图 11.3 所示页面的右侧，单击"JSP Test Page"或"Servlet Test Page"这两个文字链接，就可以运行这些实例。

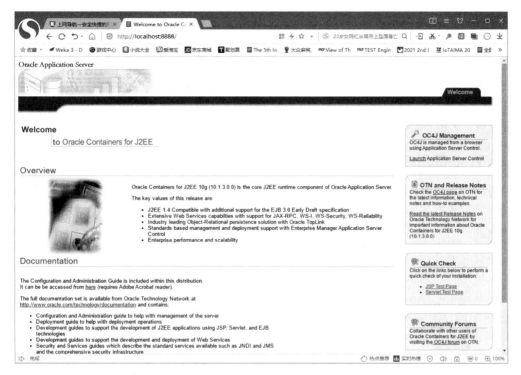

图 11.3　测试 JSP/Servlet 的实例

11.5　使用和部署 Web 应用

一般地，Web 应用定义为：一个由 Servlet、HTML 页面、JSP、JSP 标记库、类，以及其他任何可以捆绑起来，并且在来自多个供应商的多个 Web 容器上运行的 Web 资源构成的集合。可以将 Web 应用从一个服务器移植到另一个服务器，或者移植到同一个服务器的不同位置，而不需要对 Web 应用中的任何 Servlet、JSP 或 HTML 文档做任何改动。

11.5.1　注册 Web 应用

对于 Servlet 2.2 或更高版本（JSP 1.1 或更高版本），Web 应用是可移植的。无论什么服务器，都可以把文件保存在相同的目录结构中并用同样格式的 URL 访问。图 11.4 所示为 OC4J 默认的 Web 应用的目录结构和 URL。

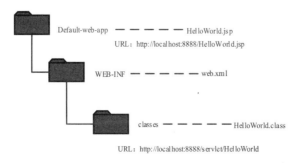

图 11.4　OC4J 默认的 Web 应用的目录结构和 URL

虽然 Web 应用自身是可移植的，但是注册过程是服务器特有的。例如，要把 Default-web-app 从一个服务器移植到另一个服务器，完全不需要修改图 11.4 所示的目录中的任何内容。但是，顶层目录 Default-web-app 所在的位置在不同的服务器上是不同的。因此，需要使用服务器专用的配置文件，来告诉服务器系统应该将以 Default-web-app 开始的 URL 应用到这个 Web 应用。但是在 OC4J 中，Default-web-app 是一个系统默认的 Web 应用，所以只要按照图 11.4 所示的那样存放 JSP 和 Servlet 类文件，并按照给定的 URL 进行访问就可以得到正确的执行结果。

11.5.2　Web 应用结构

注册 Web 应用的过程不是标准化的，常常要用到服务器专用的配置文件。但是，Web 应用本身具有一种完全标准的格式，对于 Servlet 2.2 或更高版本（JSP 1.1 或更高版本），Web 应用是可移植的。一个 Web 应用的顶层目录是一个具有用户所选择的名称的目录。在该目录内，一定类型的内容放入指定的位置。

一般地，JSP 页面和其他常规的 Web 文档放入顶层目录，未打包的 Java 类放入 WEB-INF/classes 目录，JAR 文件放入 WEB-INF/lib 目录，web.xml 文件放入 WEB-INF 目录。典型的 Web 应用的目录结构如图 11.5 所示。

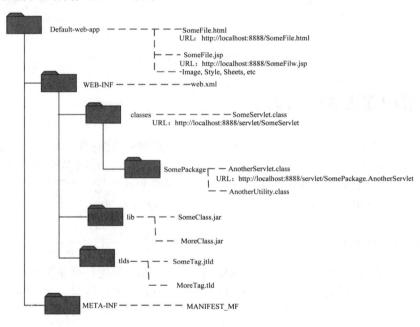

图 11.5　典型的 Web 应用的目录结构

1. JSP 页面

JSP 页面应该放入 Web 应用顶层目录，或者放入除 WEB-INF 和 META-INF 以外的任意目录中。服务器禁止用户使用来自 WEB-INF 或 META-INF 目录的服务文件。在注册 Web 应用时，要告诉服务器该 Web 应用目录位于何处。一旦注册了前缀之后，就可以使用 http://hostname/WebAppPrefix/subDirectory /filename.jsp 形式的 URL 访问这些 JSP 页面了。

2. HTML 文档、图像及其他常规的 Web 内容

只要涉及 Servlet 和 JSP 引擎，HTML 文档、GIF 和 JPEG 图像、样式表及其他 Web 文档

都与 JSP 页面遵循完全相同的规则，它们放置在完全相同的位置，并用形式完全相同的 URL 来访问。

3．Servlet、JavaBeans 及 Helper 类

Servlet 和其他.class 文件或者放入 WEB-INF/classes 目录中，或者放入 WEB-INF/classes 目录下的一个与它们的程序包名相匹配的子目录中。但是，不要忘记在开发过程中设置 CLASSPATH 应该包含的 classe 目录。服务器虽然知道这个位置，但是用户的开发环境并不知道。访问 Servlet 的默认方法是使用 http://hostname/WebAppPrefix/servlet/ServletName 形式的 URL。如果 Servlet 或其他.class 文件打包在 JAR 文件中，则这些 JAR 文件应该放置在 WEB-INF/lib 目录中。如果类位于程序包中，则在 JAR 文件中它们应该位于与它们的包名相匹配的目录中。

4．部署描述符文件

部署描述符（Deployment Descriptor）文件 web.xml 应该保存在 WEB-INF 子目录中，是 Web 应用不可分割的一部分，在 Web 应用部署之后帮助管理 Web 应用的配置。例如，可以使用部署描述符来管理程序的访问控制，指定 Web 应用是否需要登录，如果需要登录，则应该使用什么登录页面，以及用户会作为什么角色等。

5．标记库描述符文件

标记库描述符（Tag Library Descriptor，TLD）文件可以保存在 WEB-INF 的 tlds 目录中，这样可以简化管理。

6．WAR 文件

Web 应用具有了图 11.4 所示的结构以后，就具有了两种部署方法。第一种部署方法就是把上面阐述的组成 Web 应用的 Web 资源复制到对应的目录中，这种部署方法称为分解目录格式，适用于简单的 Web 应用的部署。WAR 文件提供了另一种将 Web 应用打包为一个文件的便捷方法。这将使得把 Web 应用从一个服务器移植到另一个服务器变得更为方便。可以在 JDeveloper IDE 中利用向导工具很方便地实现一个 Web 应用的部署，下一章将详细介绍这种方法。

11.6　本章小结

在一个 Internet 体系结构上设计应用程序已经成为企业发展的迫切需求。在 Internet 体系结构中，中间层 Java 应用服务器为应用程序提供了一个运行时环境。为了满足这些需求，并为 Java EE 应用程序提供一个健壮的关键任务平台，Oracle 推出了 Oracle AS 10g，它可以简化企业应用程序的开发，并在应用程序部署后为其提供更高的可靠性。这样，Java EE 应用程序就可以通过与 Oracle AS 10g 无缝集成的 Oracle JDeveloper 10g 来创建了。

OC4J 是一个完全符合 Java EE 标准的容器，支持 Servlet、JSP、EJB、Web 服务和所有的 Java EE 服务。OC4J 提供了一个快速、可伸缩、可用和高效的环境来构建和部署企业规模的 Java EE 应用程序。

第12章

基本 Servlet 程序设计

Java EE 建立在 Java SE 的基础上，为开发和部署企业应用程序提供 API 和服务。将 Java SE 与 Java EE 的服务及 API 结合起来，将有助于开发独立于系统平台、基于 Web 的 Java EE 应用程序。Servlet 属于 Java EE 应用程序中的 Web 组件，是 JSP 技术的基础，而且大型的 Web 应用的开发需要 Servlet 与 JSP 相互配合才能完成。

本章将介绍 Servlet 的基本概念、Web 服务器与 Web 容器的关系、基本 Servlet 结构。通过实例介绍在 Oracle JDeveloper 10g 环境下开发、部署与运行 Servlet 的方法和步骤。

12.1 Servlet 的基本概念

Servlet 是 CGI 程序设计的 Java 解决方案，是一种用于服务器端程序设计的 Java API。Servlet 自从 1997 年诞生以来，由于具有平台无关性、可扩展性及能够提供比 CGI 脚本程序更加优越的性能，使得它的应用得到了快速增长，并成为 Java EE 的一个关键组件。Servlet 是一些 Java 类，用于动态地处理请求及构造响应信息。它们动态地生成 HTML Web 页面作为对请求的响应，还可以以其他格式向客户端发送数据。例如，串行化 Java 对象——Applet 和 Java 应用程序，以及 XML。这些 Servlet 在一个 Servlet 容器中运行，并且可以访问由该容器提供的服务。Servlet 的客户端可以是一个浏览器、Java 应用程序，或者任何其他可以构造一个请求并从中接收响应的客户端。当然，正常情况下这些请求是 Servlet 可以识别和响应的 HTTP 请求。

在用 Servlet 和 Java EE 技术进行 Java 企业服务器端编程时，Web 服务器从客户端接收请求，并把该请求映射到适当的资源上。如果该请求是一个静态资源，则它会简单地返回该资源给相关的客户端。请求的对象也可以是一个 Java EE 组件（如 Servlet）。在这种情形下，Java EE 服务器会提供一个 Web 容器给 Web 服务器，Web 服务器接着把这个对容器组件的请求转发给指定的容器，随后由该容器把请求转发给相应的组件，再由该组件处理请求并返回一条响应信息。Servlet 的基本执行流程如图 12.1 所示。

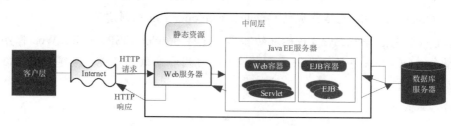

图 12.1　Servlet 的基本执行流程

中间层由 Web 服务器和 Java EE 服务器组成。在一个 Java EE 服务器上有两个容器，即 Web 容器和 EJB 容器。Web 容器就是管理着一个 Web 应用的所有 Servlet 和 JSP 运行的 Java 环境，它是一个 Java EE 服务器的组成部分，它收到的请求来自 Web 服务器。它必须支持 HTTP 协议，并且可以选择支持其他协议。它可以建立在一个 Java EE 服务器中，也可以作为一个组件插入 Web 服务器中。同时，它还负责管理 Servlet 和 JSP 实例的调用和生存周期。

EJB 容器是包含业务规则或逻辑的业务组件，主要提供对 JDBC 等 Java EE API 的访问。EJB 有两种类型：会话 Bean 是面向逻辑的，并处理客户端的请求，也进行数据逻辑的处理；实体 Bean 与数据本身紧密耦合，并处理数据访问和持久性。在客户端上，应用程序容器是由 Java EE 提供的在客户端上运行的 Java 应用程序，它通常使用 AWT 或 Swing API 来构造 GUI。Servlet 不是用户直接调用的程序，而是由实施该 Servlet 的 Web 应用中的 Web 容器根据传入的 HTTP 请求调用的 Servlet。一个 Servlet 被调用后，Web 容器把传入的请求信息转发给该 Servlet，这样 Servlet 就可以处理该请求信息并生成动态响应信息。Web 容器通过接收 Servlet 的请求与 Web 服务器交互，并且把响应信息回送到 Web 服务器。

12.2　基本 Servlet 结构

Java Servlet API 2.3 为以 Servlet 技术为基础的基于 Java EE 和 Java SE 的 Web 应用的开发提供了成熟的技术。Java Servlet API 2.3 包括 javax.servlet 和 javax.servlct.http 两个包。第一个包包含了所有的 Servlet 实现和扩展的通用接口和类，第二个包包含了在实现 HTTP 特定的 Servlet 时所需要的扩充类。

基本 Servlet 结构的核心部分是 javax.servlet.Servlet 接口，它提供了所有 Servlet 的框架结构。javax.servlet.Servlet 接口提供了 5 种方法，其中 3 个重要的方法是：init()方法对 Servlet 进行初始化；service()方法负责接收和响应客户端请求；destroy()方法执行清除对象等收尾工作。所有的 Servlet 必须实现这个接口，可以直接实现，也可以通过继承的方式来实现。

12.2.1　GenericServlet 与 HttpServlet

在 Java Servlet API 2.3 中，两个主要的类是 GenericServlet 与 HttpServlet，其中，HttpServlet 类是从 GenericServlet 类继承而来的。在开发 Servlet 时，通常的做法是继承这两个类中的一个。Servlet 中没有 main()方法，这就是所有的 Servlet 都必须实现 javax.servlet.Servlet 接口的原因。每当 Web 服务器收到一个指向某个 Servlet 的请求时，它总要调用 Servlet 的 service()方法。

当用户的 Servlet 继承 GenericServlet 类时，必须实现 service()方法。GenericServlet 类的 service()方法是一个抽象方法，定义该方法的语法格式如下：

```
public abstract void service(ServletRequest req, ServletResponse res) throws ServletException,
IOException;
```

- ServletRequest：含有发送给 Servlet 的信息，用来保存客户端向服务器发出请求的各种属性，如 IP 地址等。
- ServletResponse：保存返回给客户端的数据，如设置服务器如何对客户端进行响应。

与 GenericServlet 类不同，当用户的 Servlet 继承 HttpServlet 类时，不需要实现 service()方法，因为 HttpServlet 类已经为用户实现了。定义 HttpServlet 类的 service()方法的语法格式如下：

```
protected void service(HttpServletRequest req, HttpServletResponse res) throws ServletException,
IOException;
```

当 HttpServlet.service()方法被调用时，它将读取请求中存储的方法类型，然后基于该值确定应该调用哪一个方法，这些方法是被强制执行的。如果方法的类型是 GET，则 service()方法将调用 doGet()方法；如果方法的类型是 POST，则 service()方法将调用 doPost()方法。

12.2.2　Servlet 的生命周期

Servlet 的生命周期定义了 Servlet 从创建到销毁的整个过程。执行过程如下：

（1）Servlet 由 Web 容器初始化，然后处理请求。

（2）Servlet 组件从客户层接收请求。

（3）Servlet 处理相应的请求。

（4）一旦处理完毕，就会向客户层返回一条响应信息。

（5）最后，由 Web 容器负责销毁它生成的任何 Servlet 实例。

上述执行过程中的第一步和第五步只执行一次，第二、第三和第四步将循环多次，以处理众多请求。

javax.servlet.Servlet 接口说明了 Servlet 生命周期的框架结构。这个接口定义了 Servlet 生命周期的方法，分别是 init()、service()和 destroy()方法。

1．init()方法

init()方法是 Servlet 生命周期的起点，一旦加载了某个 Servlet，服务器立即调用它的 init()方法。在 init()方法中，Servlet 将创建和初始化它在处理请求时要用到的资源。例如，数据库连接。定义 init()方法的语法格式如下：

```
public void init(ServletConfig config) throws ServletException;
```

init()方法使用 ServletConfig 对象作为参数。用户应该保存这个对象，以便在后续程序中引用。一般用如下的方式定义 init()方法：

```
public void init(ServletConfig config) throws ServletException {
    super.init(config);
    ...
}
```

2．service()方法

service()方法处理客户端发出的所有请求。在 init()方法执行之前，service()方法无法开始对客户端的请求提供服务。因此，不能直接实现 service()方法，除非继承了 GenericServlet 抽象类。

3．destroy()方法

destroy()方法标志着 Servlet 生命周期的结束。当服务需要关闭时，Web 容器调用 Servlet 的 destroy()方法。此时，在 init()方法中创建的任何资源都将被清除和释放。例如，如果有打开的数据库连接，就应当被关闭。定义 destroy()方法的语法格式如下：

```
public void destroy();
```

12.3　用 Oracle JDeveloper 10g 开发 Servlet

本节将通过一个实例来介绍在 Oracle JDeveloper 10g 环境下怎样创建一个基本的 Servlet。将对生成的 Servlet 源代码进行分析，主要着眼于这个 Servlet 的每个组成部分、Servlet 的实现方法及 Servlet 使用的对象。

12.3.1　创建基本的 Servlet

（1）启动 Oracle JDeveloper，创建一个新的工作区，如图 12.2 所示。

（2）单击"确定"按钮，将弹出如图 12.3 所示的对话框，让用户创建一个工程文件。输入工程文件名为 BasicServlet，然后单击"确定"按钮，则可以完成工作区和工程文件的创建。

图 12.2　创建一个新的工作区　　　　图 12.3　创建一个新的工程文件

（3）在创建的工程文件中增加一个 Servlet 对象。在 IDE 的主菜单中选择"File"→"New"命令，将弹出如图 12.4 所示的对话框。在对话框左侧的"Categories"列表框中选择"Web Tier"→"Servlet"选项，然后在右侧的"Items"列表框中选择"HTTP Servlet"选项，单击"确定"按钮，将会显示 HTTP Servlet Wizard 向导对话框，如图 12.5 所示。

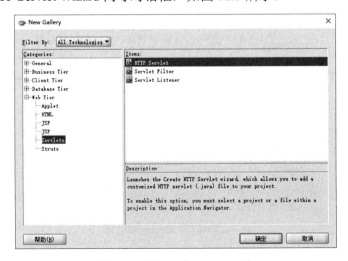

图 12.4　增加一个 Servlet 对象

图 12.5　HTTP Servlet Wizard 向导对话框

（4）单击"下一步"按钮，将会显示选择 Web 应用版本对话框，在该对话框中选中"Servlet 2.3\JSP 1.2(J2EE 1.3)"单选按钮，如图 12.6 所示。

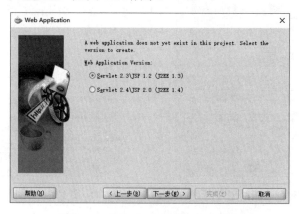

图 12.6　选择 Web 应用版本对话框

（5）单击"下一步"按钮，将会显示创建 Servlet 对话框，在该对话框的"Class"文本框中输入 BasicServlet，在"Package"下拉列表中选择"BasicServlet"选项，然后勾选"doGet()"与"doPOST()"复选框，如图 12.7 所示。

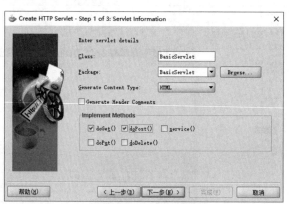

图 12.7　创建 Servlet 对话框

（6）单击"下一步"按钮，将会显示创建 Servlet 的 URL 映射名称对话框。在该对话框中指定创建的 Servlet 的 URL 映射名称和 URL 前缀，如图 12.8 所示。这样，在浏览器中运行该 Servlet 时，Web 容器 OC4J 就知道这个 Servlet 的具体存放位置了。

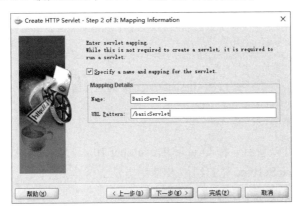

图 12.8　创建 Servlet 的 URL 映射名称对话框

（7）单击"完成"按钮，就可以在 Code Editor 窗口得到如下所示的 BasicServlet.java 的源代码：

```
1.  package BasicServlet;
2.  import java.io.IOException;
3.  import java.io.PrintWriter;
4.  import javax.servlet.*;
5.  import javax.servlet.http.*;
6.  public class BasicServlet extends HttpServlet {
7.    private static final String CONTENT_TYPE="text/html; charset=GBK";
8.    public void init(ServletConfig config) throws ServletException {
9.      super.init(config);
10.   }
11.   public void doGet(HttpServletRequest request, HttpServletResponse response) throws
ServletException, IOException {
12.     response.setContentType(CONTENT_TYPE);
13.     PrintWriter out=response.getWriter();
14.     out.println("<html>");
15.     out.println("<head><title>BasicServlet</title></head>");
16.     out.println("<body>");
17.     out.println("<p>这个 Servlet 接收一个 GET 请求。</p>");
18.     out.println("</body></html>");
19.     out.close();
20.   }
21.   public void doPost(HttpServletRequest request,HttpServletResponse response) throws
ServletException, IOException {
22.     response.setContentType(CONTENT_TYPE);
23.     PrintWriter out=response.getWriter();
24.     out.println("<html>");
25.     out.println("<head><title>BasicServlet</title></head>");
26.     out.println("<body>");
27.     out.println("<p>The Servlet has received a POST. This is the reply.</p>");
28.     out.println("</body></html>");
29.     out.close();
30.   }
31. }
```

（8）在 IDE 的主菜单中选择"Run"→"Run BasicServlet.jpr"命令，运行该工程。Oracle JDeveloper 10g 首先启动内嵌在 IDE 中的 OC4J，并常驻内存中，然后启动默认的 IE 浏览器，运行结果如图 12.9 所示。

图 12.9　BasicServlet.jpr 的运行结果

12.3.2　分析 BasicServlet 类

通过上述开发过程可以看到，在 Oracle JDeveloper 10g 环境下开发 Servlet 给我们带来了极大的便利。下面分析 BasicServlet 类的组成及使用方法。

1．BasicServlet 类的基本组成结构

首先，BasicServlet 类继承了 HttpServlet 类。HttpServlet 类是一个抽象类，简化了 HTTP Servlet 的编码工作。同时，HttpServlet 类继承了 GenericServlet 类，提供了处理 HTTP 特定请求的功能。

2．BasicServlet 类继承的方法

BasicServlet 类重写了它继承的 3 个方法，下面说明这 3 个方法的用法。

1）init()方法

init()方法首先读取传递给它的 ServletConfig 对象，然后把该对象传递给它的父 init()方法，否则将保存该对象以备以后使用。一个 Servlet 可以使用 ServletConfig 对象访问其配置数据。init()方法如果不能正常完成，则将抛出一个 ServletException。

Servlet 技术规范保证了 init()方法只在 Servlet 的任何实例上被调用一次，init()方法被允许在任何请求传递到该 Servlet 之前完成。

执行上述动作的代码如下：

```
super.init(config);
```

在 init()方法中可以实现下列一些典型任务：

- 从配置文件中读取配置数据。
- 使用 ServletConfig 对象读取初始化参数。
- 初始化诸如注册一个数据库驱动程序、连接日志记录服务等这样的一次性活动。

BasicServlet 类在 init()方法中没有创建任何资源，所以也就没有定义 destroy()方法。

2）doGet()和 doPost()方法

这两个方法的唯一区别是它们服务的请求的类型不同。doGet()方法处理 GET 请求，doPost()方法处理 POST 请求。它们均接收 HttpServletRequest 和 HttpServletResponse 对象，这两个对象分别封装了 HTTP 请求信息和 HTTP 响应信息。HttpServletRequest 对象包含客户端发出的信息，而 HttpServletResponse 对象则包含了回送给客户端的信息。这两个方法中被执行的第 1 条语句如下：

```
response.setContentType(CONTENT_TYPE);
```

这条语句用于设置响应的内容类型和字符编码，这个响应属性只能设置一次，在开始向 Writer 或 OutputStream 输出流输出信息之前，必须先设置这个属性。在 BasicServlet 类中，正在使用的是 PrintWriter 类，所以把响应类型设置为 "text/html"。

下一步要做的就是创建 PrintWriter 类的对象，以便通过输出流对象把 HTML 文本信息输出到客户端的浏览器上。可以通过调用 HttpServletResponse 对象的 getWriter()方法来实现这一目的。执行这个动作的语句如下：

```
PrintWriter out=response.getWriter();
```

现在就有了一个输出流对象的引用，它允许输出 HTML 文本，并回送给 HttpServletResponse 对象所对应的客户端浏览器。下面的程序片段描述了这个过程：

```
out.println("<html>");
out.println("<head><title>BasicServlet</title></head>");
out.println("<body>");
out.println("<p>The Servlet has received a GET. This is the reply.</p>");
out.println("</body></html>");
out.close();
```

上述程序片段是一个非常直观地把 HTML 文本回送给客户端浏览器的方法，需要做的仅仅是把在响应中包含的 HTML 文本传递给 PrintWriter 类对象的 println()方法，然后关闭输出流。

通过对上面内容的学习，读者对 Servlet 的组成有了一定程度的了解，也知道了开发自己的 Servlet 的哪一部分需要符合 Servlet API 的框架结构要求。即类与类、类与接口之间的继承关系。因此，读者现在能够创建自己的基本 Servlet 了。

12.3.3　部署 Web 应用

1. 创建与 OC4J 的连接

（1）启动 OC4J，启动命令及启动后的提示信息如图 12.10 所示。

图 12.10　启动 OC4J

（2）连接 Web 容器 OC4J。在 Oracle JDeveloper 10g 的系统导航窗口中，展开 Connections 节点，选择 Application Server 对象并右击，在弹出的快捷菜单中选择 "New Connection" 命令，将弹出如图 12.11 所示的连接 OC4J 向导对话框。

图 12.11　连接 OC4J 向导对话框

（3）单击"下一步"按钮，将会显示如图 12.12 所示的对话框。在"Connection Name"文本框中输入 OracleAS10g，在"Connection Type"下拉列表中选择"独立 OC4J 10g 10.1.3"选项。

图 12.12　确定连接名称与连接类型

（4）单击"下一步"按钮，将会显示如图 12.13 所示的对话框。在"Username"文本框中使用默认值，在"Password"文本框中输入连接 OC4J 的密码，并勾选"Deploy Password"复选框。

图 12.13　确定用户名与密码

（5）单击"下一步"按钮，将会显示如图 12.14 所示的对话框。在"Host Name"文本框中输入 Dell（作为计算机的默认主机名），而"URL Path"文本框则可以省略。

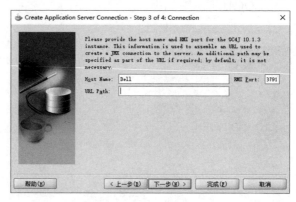

图 12.14　确定主机名等

（6）单击"下一步"按钮，将会显示如图 12.15 所示的对话框。单击"Test Connection"按钮，如果显示"Success!"信息，则说明已经连接成功。单击"完成"按钮，完成与 OC4J 的连接。

图 12.15　测试连接是否成功

2．创建 Web 应用的部署描述符文件

（1）在工程文件 BasicServlet 中添加一个 Web 对象。在 IDE 的主菜单中选择"File"→"New"命令，在弹出的如图 12.16 所示的对话框左侧的"Categories"列表框中选择"General"→"Deployment Profiles"选项，然后在"Items"列表框中选择"WAR File"选项，单击"确定"按钮，将会显示如图 12.17 所示的对话框。在"Deployment Profiles Name"文本框中输入BasicServlet。

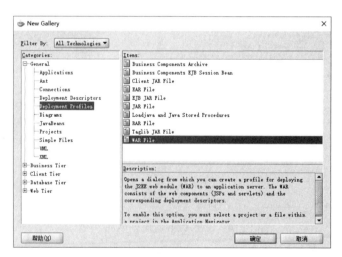

图 12.16　创建部署描述符文件

图 12.17　确定部署描述符文件的名称和路径

（2）单击"确定"按钮，将会显示如图 12.18 所示的 Web 应用的部署信息。单击"确定"按钮，将完成 Web 应用的部署描述符文件的创建工作。

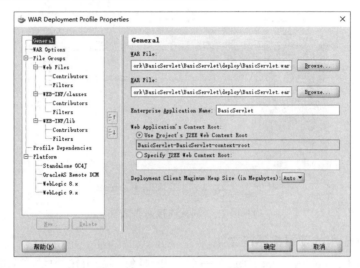

图 12.18　Web 应用的部署信息

3. 部署与运行 Web 应用

在系统导航窗口中选择 BasicServlet.deploy 节点并右击，然后在弹出的快捷菜单中选择"Deploy to OracleAS10g"命令，如图 12.19 所示。

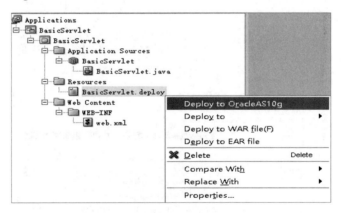

图 12.19　部署 Web 应用到 Web 容器

此时，IDE 将根据用户的配置进行 BasicServlet.jpr 工程的部署工作。在部署进行过程中，信息浏览工作区将不断显示 Web 应用的部署进展情形。如果用户的配置有错误，也会将错误信息显示出来。如果最后显示如下信息，则说明 Web 应用的配置成功完成：

```
---- Deployment started.  ----    2021-7-20 11:56:12
Target platform is 独立 OC4J 10g 10.1.3 (OracleAS10g).
Wrote WAR file to E:\JDevStudio1013\jdev\mywork\BasicServlet\BasicServlet\
deploy\BasicServlet.war
Wrote EAR file to E:\JDevStudio1013\jdev\mywork\BasicServlet\BasicServlet\deploy\
BasicServlet.ear
BasicServlet 的 Application UnDeployer 开始。
...
初始化 BasicServlet 开始...
```

```
初始化 BasicServlet 结束...
已启动的应用程序: BasicServlet
将 Web 应用程序绑定到站点 default-web-site 开始...
将应用程序 BasicServlet 的 BasicServlet Web 模块绑定到上下文根 BasicServlet- BasicServlet-
context-root 下的站点 default-web-site
将 Web 应用程序绑定到站点 default-web-site 结束...
BasicServlet 的 Application Deployer 完成。操作时间: 107 msecs
Elapsed time for deployment: 15 seconds
---- Deployment finished. ----    2021-7-20 11:56:27
```

在 MS-DOS 窗口中，改变当前目录为 E:\JDevStudio1013\J2EE\HOME\config，用 IDE 或其他的文本编辑器打开 default-web-site.xml 文件，其文件内容如下：

```
1. <?xml version="1.0"?>
2. <web-sitexmlns:xsi="http://www.w3.org/2001/XMLSchema-instance"xsi:noNamespaceSchemaLocation=
"http://xmlns.oracle.com/oracleas/schema/web-site-10_0.xsd"port="8888"  display-name="OC4J
10g (10.1.3) Default Web Site" schema-major- version="10" schema-minor-version="0" >
3. <default-web-app application="default" name="defaultWebApp" />
4. <web-app application="system" name="dms0" root="/dmsoc4j" access-log="false" />
5. <web-app application="system" name="dms0" root="/dms0" access-log="false" />
6. <web-app application="system" name="JMXSoapAdapter-web" root="/JMXSoapAdapter" />
7. <web-app application="default" name="jmsrouter_web" load-on-startup="true" root=
"/jmsrouter" />
8. <web-app application="ascontrol" name="ascontrol" load-on-startup="true" root="/em"
ohs-routing="false" />
9. <web-app application="bc4j" name="webapp" load-on-startup="true" root="/webapp" />
10. <web-app application="BasicServlet" name="BasicServlet" load-on-startup="true"
root="/ServletWS-BasicServlet- context-root" />
11. <access-log path="../log/default-web-access.log" split="day" />
12. </web-site>
```

在一个 Web 容器中，每个 Web 应用与一个上下文环境（Context）相关联，并且一个 Web 应用中包含的所有资源都相对于其上下文环境而存在。一个 Servlet 上下文环境存在于 Web 容器的一个已知路径中，这个路径提供了用户访问 Web 容器中存放的 HTML 文档和 Servlet/JSP 等 Web 资源的 URL 值的前缀。

在 Web 容器中，default-web-site.xml 文件提供了部署 Web 应用的上下文环境。

- 从第 3 行代码开始，针对每个已经部署的 Web 应用提供服务，包括每个 Web 应用的名称和上下文环境（root），而这个 root 就是 URL 所指定的 Servlet 的映射地址的前缀，即客户端浏览器访问 URL 的前缀。
- 第 10 行代码被画了下画线，就是部署的 BasicServlet 这个 Web 应用的上卜文环境。因此，可以确定 URL 值为：
  - ➢ 对于 HTML 文档——http://Lenovo:8888/ServletWS-BasicServlet- context-root/HTML 文档名。
  - ➢ 对于 Servlet——http://Lenovo:8888/ServletWS-BasicServlet- context-root/servlet/BasicServlet。

图 12.20 所示为 BasicServlet 的运行结果。

图 12.20　BasicServlet 的运行结果

12.4　本章小结

本章介绍了 Java Servlet 的基础知识。通过实例介绍了在 Oracle JDeveloper 10g 环境下开发、部署与运行 Servlet 的方法和步骤。分析了一个基本 Servlet 的组成，使读者对一个基本 Servlet 的组成有了一定的认识，也了解了开发 Servlet 的哪一部分需要符合 Servlet API 的框架结构要求。最后介绍了怎样确定一个 Servlet 的 URL 的值，以及用户访问这个 Servlet 的 URL 值的确定方法。

第13章

Servlet API 2.3 程序设计

Servlet API 2.3 包含在 javax.servlet 和 javax.servlet.http 这两个包中，这个 API 包含 20 个接口和 16 个类。在 API 中使用大量的接口，使得开发人员可以根据一个特定 Web 容器的要求自定义和优化 Servlet 实现。开发人员并不需要了解 Servlet API 提供的类是如何由 Web 容器实现的细节，只要能够根据类的规则访问这些类中定义的方法即可。本章将介绍 Servlet API 2.3 中主要的接口和类，通过实例介绍这些接口和类的用途与使用方法。

13.1 javax.servlet 包

javax.servlet 包提供了 Servlet 和 Web 容器之间的规则，这使得 Servlet 容器供应商能够致力于按照最适合于其要求的方式开发容器，为 Web 应用提供指定的 Servlet 接口实现。

13.1.1 javax.servlet 接口

javax.servlet 包由 12 个接口组成。Servlet 容器提供了 ServletConfig、ServletContext、ServletRequest、ServletResponse、ServletDispacher、FilterChain、FilterConfig 等 7 个接口的实现。这些接口是 Servlet 容器必须向 Servlet 提供的对象，以便向 Web 应用提供服务。开发人员创建自身的 Servlet 需要实现剩余的 5 个接口，即 Servlet、ServletContextListener、ServletContextAttributeListener、SingleThreadModel、Filter 接口。实现这些接口的目的是使 Servlet 容器能够通过接口中定义的方法来调用相应的实现。因此，Servlet 容器只需要知道接口中定义的方法即可，而实现的细节则由开发人员来完成。

- Servlet 接口定义了基本 Servlet 的初始化、服务和销毁的生命周期方法，这些方法在上一章已经做过介绍了。这个接口中还包含 getServletConfig() 方法，Servlet 可以使用该方法访问 ServletConfig 对象，由 Servlet 容器通过该对象向 Servlet 传递初始化信息。

- ServletConfig 接口中最重要的方法是 getServletContext()，该方法负责返回 ServletContext 对象。ServletContext 对象在执行诸如写入日志文件等操作时被初始化，并且只有当该 Web 应用被关闭时才被销毁。

- ServletContextListener 接口是一个生命周期接口，由开发人员来实现监听 ServletContext 对象的变化。所以，ServletContext 对象的初始化和销毁的生命周期事件将会触发一个监听该 Web 应用的 ServletContextListener 实现。ServletContextAttributeListener 接口对象执行的是相似的功能，但它监听的是 ServletContext 对象上的属性列表的改变。

- ServletDispacher 接口定义了一个对象,该对象通过把客户端请求导向服务器上适当的资源来实现对这些客户端请求的管理。

- Servlet 容器提供了用于实现 ServletRequest 和 ServletResponse 接口的类，这些类向 Servlet 提供客户端请求信息，以及用于向客户端发送响应的对象。
- SingleThreadModel 接口没有定义方法，它用于保证一个 Servlet 一次只能处理一个请求。
- Filter、FilterModel 和 FilterConfig 接口向开发人员提供了过滤功能。Filter 接口既可以用于过滤一个 Servlet 请求，又可以过滤来自一个 Servlet 的响应。过滤可以用于身份验证、日志记录和本地化等应用。

13.1.2 javax.servlet 类

javax.servlet 类包括 GenericServlet、ServletContextEvent、ServletContextAttributeEvent、ServletInputStream、ServletOutputStream、ServletRequestWrapper、ServletResponseWrapper 等 7 个类，以及 ServletException 和 UnavailableException 这两个异常类，共计 9 个类。

- GenericServlet 抽象类用于开发独立于协议的 Servlet，并且仅仅要求实现 service()方法。
- ServletContextEvent 和 ServletContextAttributeEvent 两个类用于提供 ServletContext 对象及各个属性的改变情况的事件类。
- ServletInputStream 和 ServletOutputStream 两个抽象类为与客户端之间发送和读取二进制数据提供输入/输出流。
  - ➢ ServletInputStream 抽象类用于在使用 HTTP POST 和 PUT 方法时，从一个客户端请求中读取二进制数据。除了 InputStream 类中的方法，它还提供了一个 readLine()方法，用于一次一行地读取数据。

```
public int readLine(byte[] b, int off, int len) throws java.io.IOException
```

该方法一次一行地读取数据并保存在一个 byte 数组中。读取操作从指定的偏移量 off 开始，持续到读取指定数量的字节 len，或者读取到一个换行符。换行符也存储在字节数组中。如果还没有读取到指定数量的字节就读取到了文件结束符，则返回-1。

  - ➢ ServletOutputStream 类用于向一个客户端写入二进制数据。它提供了重载版本的 print()和 println()方法，可以用来处理基本数据类型数据和 String 类型数据。其用法与 OutStream 类中定义的方法相同。
- ServletRequestWrapper 和 ServletResponseWrapper 类是包装类，提供了 ServletRequest 和 ServletResponse 接口的实现。这些实现可以产生子类，以便开发人员为自身的 Web 应用增强包装对象的功能。这样做可以实现客户端与服务器之间约定的一个基本协议，或者透明地使用请求的一种特定格式。
- ServletException 是 Servlet 在遇到问题必须放弃时可以抛出的一个通用异常。抛出的这个异常表明用户请求、处理请求或发送响应时出了问题，这个异常抛到了 Servlet 容器中以后，应用程序便失去了处理请求的控制权。Servlet 容器会接着负责清理这些请求，并向客户端返回一个响应。根据容器的实现和配置，容器可能会向客户端返回一个出错页面以表明出现了服务器故障。当一个过滤器或 Servlet 临时或永久性地不可用时，应该抛出 UnavailableException，则可以应用在 Servlet 处理请求时要求的资源。例如，当数据库、域名服务器不可用时，就应该抛出这个异常。

13.1.3　Servlet 接口

所有用户开发的 Servlet 都必须实现 Servlet 接口，尽管大多数情形下都是从一个已经实现了 Servlet 接口的子类继承而来的。Servlet API 提供了抽象类 GenericServlet 来实现 Servlet 接口。一般地，开发一个 Servlet 可以通过生成 GenericServlet 类的子类，或者生成 GenericServlet 类的子类 HttpServlet 的子类来实现。

Servlet 接口中定义的需要 Servlet 实现的方法有：3 个由 Servlet 容器调用的生命周期方法、GetServletConfig() 和 getServletInfo() 方法，后两个方法介绍如下。

- public ServletConfig getServletConfig()：返回一个 ServletConfig 对象的一个引用，其中包含相应 Servlet 的初始化和启动参数。
- public String getServletInfo()：返回一个 String 对象，其中包含该 Servlet 的信息。例如，Servlet 的作者、版本及版本信息。

13.1.4　GenericServlet 类

GenericServlet 类是 Servlet 接口的一个抽象类实现方式。它根据 Servlet 接口的定义实现了相应的生命周期方法，以及 ServletConfig 接口对象有关方法的默认实现方式，如下所示。

- public void init()：该方法可以防止继承的 Servlet 存储 ServletConfig 对象。
- public ServletConfig getServletConfig()：该方法返回与调用 GenericServlet 子类对象关联的 ServletConfig 对象。一个 ServletConfig 对象包含用于初始化 Servlet 的参数。
- public String getServletName()：该方法返回与调用 GenericServlet 对象的名称。

13.1.5　ServletRequest 接口

ServletRequest 接口用于向一个 Servlet 提供客户端的请求信息。当客户端向 Servlet 发出请求时，Servlet 就使用这个接口获取客户端的信息，该接口是由用户实现的。当一个 Servlet 的 service() 方法执行时，Servlet 就可以调用这个接口的方法，ServletRequest 对象作为一个参数传递给 service() 方法。ServletRequest 接口中定义的一些方法如下所示。

- public Object getAttribute(String name)：该方法返回指定属性名的值。
- public String getCharacterEncoding()：该方法返回一个包含字符编码的 String 对象，该字符编码用在请求的主体中。如果没有编码，则返回 null。
- public String setCharacterEncoding()：该方法替代在此请求主体中使用的字符编码。
- public getContentLength()：该方法返回请求的主体部分的长度字节数，如果不知道其长度，则返回-1。
- public ServletInputStream getInputStream()：该方法返回一个 ServletInputStream 对象，可以用于读取请求主体中的二进制数据。
- public String getProtocol()：该方法返回请求使用的协议的名称和版本号。返回的典型版本号是 HTTP/1.1。
- public String getScheme()：该方法返回用来形成请求的方案（HTTP、FTP 等）。
- public String getServletName()：该方法返回包含接收请求的服务器名称的一个 String 对象。

- public int getServerPort()：该方法返回接收该请求的端口号。
- public BufferedReader() getReader()：该方法返回一个 BufferedReader 对象，它可以用来读取请求的主体作为字符数据。
- public String getRemoteAddr()：该方法返回一个 String 对象，其中包含发出请求的客户端的 IP 地址。
- public String getServerHost()：该方法返回一个 String 对象，其中包含客户端的名称。如果无法确定其名称，则返回其 IP 地址。

13.1.6　ServletResponse 接口

ServletResponse 接口用来向客户端发出一条响应信息。一般在 Servlet 的 service()方法中调用，由用户来实现这个接口。当 service()方法执行时，Servlet 可以用它的方法把响应信息返回给客户端。ServletResponse 对象是作为一个参数传递给 service()方法的。ServletResponse 接口中定义的方法如下所示。

- public String getCharacterEncoding()：该方法返回一个 String 对象，其中包含请求主体中使用的字符编码，默认值为 ISO-88591-1。
- public ServletOutputStream getOutputStream()：该方法返回一个 ServletOutputStream 对象，可以用于把响应信息写成二进制数据。
- public PrintWriter getWriter()：该方法返回一个 PrintWriter 对象，它可以把响应信息写成字符数据。
- public void setContentLength(int len)：该方法设置响应信息主体的长度。
- public String setContentType(String type)：该方法设置发送给服务器的响应信息的内容类型。参数 type 指定了一个 MIME 类型。

13.2　javax.servlet.http 包

javax.servlet.http 包提供了用于生成 HTTP 协议专用的 Servlet 类和接口。抽象类 HttpServlet 是用户定义的 HTTP Servlet 的一个基础类，并且提供了相关方法来处理 HTTP 的 DELETE、GET、OPTIONS、POST、PUT 和 TRACE 请求。Cookie 类允许包含状态信息的对象被放置在客户端上并由一个 Servlet 访问。另外，这个包还通过 HttpSession 接口打开了会话跟踪功能。

13.2.1　HttpServletRequest 接口

定义 HttpServletRequest 接口的语法格式如下：

```
public interface HttpServletRequest extends ServletRequest{}
```

HttpServletRequest 接口继承了 ServletRequest 接口，以提供可以用于获取关于一个请求信息的方法，这个请求针对的是一个 HttpServlet。HttpServletRequest 接口中定义的方法如下所示。

- public String getHeader(String name)：该方法返回一个 String 对象指定的标题值。如果请求中没有包含指定的标题，则返回 null。
- public String getMethod()：该方法返回用来生成相关请求的 HTTP 方法的名称，如 GET、POST 等。

- public String getPathInfo()：该方法返回在请求 URL 中包含的任何附加路径信息。这些额外信息位于 Servlet 路径之后、查询字符串之前。如果没有，则返回 null。
- public String getPathTranslated()：该方法返回的信息与 getPathInfo()方法返回的信息相同。
- public String getQueryString()：该方法返回包含在请求 URL 中的查询字符串。
- public String getRemoteUser()：该方法返回相关请求的用户的登录信息。
- public String isUserInRose()：如果身份验证的用户拥有指定的逻辑角色，则该方法返回 true。
- public String getRequestedSessionID()：该方法返回由客户指定的会话 ID；否则，将返回 null。
- public String getRequestURL()：该方法返回相关请求 URL 的一个子部分，从协议名到查询字符串。
- public String getRequestURL()：该方法重新构造用来发出请求的 URL，包括协议、服务器名、端口号和路径，但是不包含查询字符串。
- Public String getServletPath()：该方法返回请求 URL 中用来调用相关 Servlet 的部分，但是不带任何其他信息或查询字符串。
- public String getSession()：该方法返回与相关请求关联的 HttpSession 对象。
- public String getAuthType()：该方法返回请求中使用的身份验证方案的名称；否则，返回 null。

13.2.2　HttpServletResponse 接口

定义 HttpServletResponse 接口的语法格式如下：

```
public interface HttpServletResponse extends ServletResponse{}
```

HttpServletResponse 接口继承了 ServletResponse 接口，并且通过提供访问 HTTP 协议专用功能（如 HTTP 标题）而继承了 ServletResponse 接口的功能。这个接口中定义了许多常量来指示服务器返回的状态。ServletResponse 接口中定义的一些常量如下所示。

- public static final int SC_OK：状态码 200，表明请求被成功地处理。
- public static final int SC_CREATED：状态码 201，表明请求被成功地处理，并且在服务器上创建了一个新的资源。
- public static final int SC_ACCEPTED：状态码 202，表明请求被接收并止在处理，但是没有完成。
- public static final int SC_NO_CONTENT：状态码 204，表明请求被成功地处理，但是没有新的信息返回。
- public static final int SC_BAD_REQUEST：状态码 400，表明客户端发出请求的句法不正确。
- public static final int SC_UNAUTHORIZED：状态码 401，表明请求 HTTP 认证。
- public static final int SC_FORBIDDEN：状态码 403，表明服务器懂得客户端的请求，但是拒绝响应。
- public static final int SC_NOT_FOUND：状态码 404，表明所请求的资源不能使用。
- public static final int SC_BAD_GATEWAY：状态码 502，表明当 HTTP 服务器作为一个代

理服务器或网关服务器时，收到了一个所请求的服务器发过来的无效信号。

- public static final int SC_INTERNAL_SERVER_ERROR：状态码 500，表明 HTTP 服务器内部出现了一个错误，使得它不能完成客户端请求。
- public static final int SC_NOT_IMPLEMENTED：状态码 501，表明 HTTP 服务器不支持所需要的功能而不能完成客户端请求。
- public static final int SERVICE_UNAVAILABLE：状态码 502，表明 HTTP 服务器负载太重，不能处理客户端请求。

13.2.3 HttpServlet 类

定义 HttpServlet 类的语法格式如下：

```
public abstract class HttpServlet extends GenericServlet implements java.io.Serializable
```

HttpServlet 类继承了 GenericServlet 类，以便提供 HTTP 协议调整的功能，包括用于处理 HTTP DELETE、GET、OPTIONS、POST、PUT 及 TRACE 请求的方法。与 GenericServlet 类类似，HttpServlet 类提供了一个 service()方法。但与 GenericServlet 类不同的是，service()方法不需要用户来实现，因为 service()方法的默认实现把相关请求分配到了适当的处理器方法上。

HttpServlet 类的一个子类必须至少替代 HttpServlet 或 GenericServlet 类中定义的一个方法。而 doDelete()、doGet()、doPost()和 doPut()方法是经常被替代的。

1）doGet()方法

定义 doGet()方法的语法格式如下：

```
protected void doGet(HttpServletRequest req, HttpServletResponse res) throws ServletException,
java.io.IOException
```

doGet()方法是由服务器通过 service()方法来调用的，用来处理 HTTP GET 请求。GET 请求可供客户端向服务器发送表单数据。有了 GET 请求，这些表单数据就会追加在浏览器发送的 URL 的后面，作为查询字符串发送给服务器。可以发送的表单数据的数量由 URL 允许的最大长度来限制。

2）doPost()方法

定义 doPost()方法的语法格式如下：

```
protected void doPost(HttpServletRequest req, HttpServletResponse res) throws ServletException,
java.io.IOException
```

doPost()方法是由服务器通过 service()方法来调用的，用来处理 HTTP POST 请求。POST 请求可供客户端向服务器发送表单数据。有了 POST 请求，这些表单数据就会被单独发送给服务器，而不是追加在 URL 的后面，这样就可以发送大量数据了。

3）doHead()方法

定义 doHead()方法的语法格式如下：

```
protected void doHead(HttpServletRequest req, HttpServletResponse res) throws ServletException,
java.io.IOException
```

doHead()方法是由服务器通过 service()方法来调用的，用来处理 HTTP HEAD 请求。HEAD 请求使客户端能够检索出响应信息的标题，而不检索出主体信息。

4）doPut()方法

定义 doPut()方法的语法格式如下：

```
protected void doPut(HttpServletRequest req, HttpServletResponse res) throws ServletException,
java.io.IOException
```

doPut()方法是由服务器通过 service()方法来调用的，用来处理 HTTP PUT 请求。PUT 请求可供客户端把一个文件放在服务器上，并且在概念上类似于通过 FTP 协议向服务器发送文件。

5）doDelete()方法

定义 doDelete()方法的语法格式如下：

```
protected void doDelete(HttpServletRequest req, HttpServletResponse res) throws ServletException,
java.io.IOException
```

doDelete()方法是由服务器通过 service()方法来调用的，用来处理 HTTP DELETE 请求。DELETE 请求可供客户端从服务器上删除一个文档或 Web 网页。

6）doOptions()方法

定义 doOptions()方法的语法格式如下：

```
protected void doOptions(HttpServletRequest req, HttpServletResponse res) throws ServletException,
java.io.IOException
```

doOptions()方法是由服务器通过 service()方法来调用的，用来处理 HTTP OPTIONS 请求。OPTIONS 请求确定服务器支持哪个 HTTP 方法，并且通过一个标题向客户端回送信息。

7）doTrace()方法

定义 doTrace()方法的语法格式如下：

```
protected void doTrace(HttpServletRequest req, HttpServletResponse res) throws ServletException,
java.io.IOException
```

doTrace()方法是由服务器通过 service()方法来调用的，用来处理 HTTP TRACE 请求。TRACE 请求返回随 TRACE 请求发送的标题，回送给客户端。

8）getLastModified()方法

定义 getLastModified()方法的语法格式如下：

```
protected long getLastModified(HttpServletRequest req)
```

getLastModified()方法返回请求的资源上次被修改的时间，返回值表示从 1970 年 1 月 1 日午夜开始计算的毫秒数。

13.3　构造一个 HTTP 请求头的 Servlet

创建一个有效的 Servlet 的一个关键是理解 HTTP，因为 HTTP 对 Servlet 的性能和可用性具有直接的影响。下面将给出一个 Servlet 实例，它建立所收到的所有 HTTP 请求头及其相关值的一个表，并且打印主请求行的 3 个成分：方法、URI 及协议。

（1）启动 Oracle JDeveloper 10g，在工作区 ServletWS.jws 中创建一个工程文件 ShowRequestHeaders.jpr。

（2）在工程文件 ShowRequestHeaders.jpr 中增加一个 Servlet 文件 ShowRequestHeaders.java。在 Code Editor 窗口中对生成的源代码进行如下所示的修改：

```
1. package ShowRequestHeaders;
2. import javax.servlet.*;
3. import javax.servlet.http.*;
4. import java.io.IO.*;
5. import java.util.*;
6. public class ShowRequestHeaders extends HttpServlet {
```

```
7.      private static final String CONTENT_TYPE = "text/html; charset=GBK";
8.      public void init(ServletConfig config) throws ServletException {
9.        super.init(config);
10.     }
11.     public void doGet(HttpServletRequest request,HttpServletResponse response) throws
ServletException, IOException {
12.       response.setContentType(CONTENT_TYPE);
13.       PrintWriter out=response.getWriter();
14.       out.println("<html>");
15.       out.println("<head><title>ShowRequestHeaders</title></head>");
16.       String title="Show Request Headers";
17.       out.println("<body>");
18.       out.println("<h1 align=\"center\">"+title+"</h1>\n");
19.       out.println("<b>Request Method: </b>"+request.getMethod()+"<br>\n");
20.       out.println("<b>Request URI: </b>"+request.getRequestURL()+"<br>\n");
21.       out.println("<b>Request Protocol: </b>"+request.getProtocol()+"<br><br>\n");
22.       out.println("<table border=1 align=\"center\">\n"+"<tr>\n");
23.       out.println("<th>HeaderNames<th>Header Value");
24.       Enumeration headerNames=request.getHeaderNames();
25.       while(headerNames.hasMoreElements()) {
26.         String headerName=(String)headerNames.nextElement();
27.         out.println("<tr><td>"+request.getHeader(headerName));
28.         out.println("<td>"+request.getHeader(headerName));
29.       }
30.       out.println("</body></html>");
31.       out.close();
32.     }
33. }
```

（3）参阅第 12 章的相关内容，部署这个 Web 应用，运行结果如图 13.1 所示。

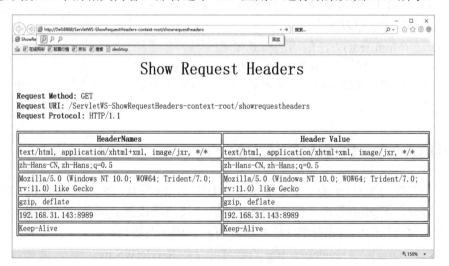

图 13.1　ShowRequestHeaders 的运行结果

【分析讨论】

该 Web 应用为了实现要求的功能，第 19～29 行代码中分别使用了如下方法。

- getMethod()：该方法返回 Web 请求的方法名。
- getRequestURL()：该方法返回 Web 请求的 URL。
- getProtocol()：该方法返回 Web 请求的协议名。

- getHeaderNames()：该方法返回一个 Enumeration 对象，该对象包括 HttpServletRequest 中的所有的 Header 名称。
- getHeader()：该方法根据 Header 的名称返回其值。

13.4　Servlet 会话处理

Internet 通信协议一般分为无状态连接（Stateless）和持续性连接（Stateful）两类，两者的最大差别在于客户端与服务器之间维持连接的状态不同。例如，文件传输协议（FTP）属于 Stateful 协议。因为客户端连接到服务器后，是通过相同且持续性的连接来传输各种操作的，服务器在等待操作完成之后才切断这种连接。服务器能够识别并记忆发出请求的每个客户端，只要连接操作没有结束，就将保持这种持续性的连接和记忆。

HTTP 协议属于 Stateless 协议。HTTP 协议只关心请求和响应的状态，当客户端有请求时，服务器才会建立连接。一旦客户端的请求结束，服务器便会中断与客户端的连接，不与客户端保持持续性的连接状态。

会话跟踪是 Servlet 维护单个客户端一系列请求的当前状态的一种能力。服务器使用的 HTTP 协议是一个无状态的协议，服务器无法从协议中得知传送的请求是否来自同一个客户端。例如，网上书店必须能够确定每个购买书籍的访问者所执行的一系列动作。当用户发现他需要购买的书籍时，他将做出选择。但是，用户的每个请求与先前的请求是相互独立的，所以 Web 服务器无法确定是谁做出了这个选择。因此，必须使用其他的方式才能够得知这一请求来自哪一个客户端。

13.4.1　HttpSession 接口

javax.servlet.http 包提供的 HttpSession 接口，提供了在客户端与服务器之间定义一个会话的方法。尽管 HTTP 协议是无状态的，但是这个会话可以持续一段指定的时间，用于监听来自客户端的多个连接或请求。这个接口声明的方法可以访问关于会话的信息，并把对象绑定到会话上。绑定的对象可以包含状态信息，以供每个请求访问。

HttpSession 接口提供了核心的会话管理功能，抽象了一个会话。从概念上来讲，一个 HttpSession 对象就是一个会话过程中存活的对象，并且与请求对象关联。HttpSession 接口提供了下列方法来获取 HttpSession 接口的实例：

```
public HttpSession getSession()
public HttpSession getSession(boolean create)
```

第一个方法返回与这个请求关联的当前会话。如果目前还没有会话与这个请求关联，则可以使用第二个方法生成一个新的 HttpSession 对象并把它返回。如果其参数为 false，并且目前没有会话与这个请求相关联，则这个方法返回 null。HttpSession 接口中定义的方法如下所示。

- public void setAttribute(String name,Object value)：该方法绑定一个 Object 对象到这个会话指定的属性 name 上。如果该属性 name 已经存在，则传递给该方法的 Object 对象将替代以前的 Object 对象。
- public void getAttribute(String name)：该方法从会话返回一个指定的属性。
- public void removeAttribute(String name)：该方法从会话中删除绑定在指定属性 name 上

的对象。

- public Enumeration getAttributeNames()：该方法返回一个会话中所有属性名称的 Enumeration 对象。
- public long getCreationTime()：当一个客户端第一次访问容器时，容器会生成一个会话。
- public String getId()：该方法返回分配给这个会话的唯一标识符。
- public long getLastAccessedTime()：该方法返回与该会话关联的一个客户端请求发送的时间。
- public void getMaxInactiveInterval(int interval)：该方法返回服务器在两个客户端请求之间将等待的秒数，此段时间之后该会话将失效。如果向该会话传递了一个负值，则该会话将永远不会超时。
- public void invalidate()：该方法使相关会话失效，并且解除在会话上的任何绑定。
- public boolean isNew()：如果相关服务器已经生成了一个还没有被客户端访问的会话，则该方法返回 true。

13.4.2　计数器 Servlet

下面将给出一个计数器 Servlet 的实例，用于显示关于客户端会话的基本信息。当客户端连接时，这个计数器 Servlet 使用 request.getSession(true)检索现在的会话。如果没有会话，则建立一个新的会话。然后，计数器 Servlet 将查找一个整型属性 accessCount。如果不能找到属性，则访问次数为 0。否则，把这个值增 1 并通过 setAttribute 将它与会话关联。

（1）启动 Oracle JDeveloper 10g，在工作区 ServletWS.jws 中创建一个工程文件 ShowSession.jpr。

（2）在工程文件 ShowSession.jpr 中增加一个 Servlet 文件 ShowSession.java（HTTP Servlet）。在 Code Editor 窗口中对生成的 Java 代码进行如下所示的修改：

```
1.   package ShowSession;
2.   import java.io.IOException;
3.   import java.io.PrintWriter;
4.   import javax.servlet.*;
5.   import javax.servlet.http.*;
6.   import java.sql.Date;
7.   public class ShowSession extends HttpServlet {
8.     private static final String CONTENT_TYPE="text/html; charset=GBK";
9.     public void init(ServletConfig config) throws ServletException {
10.       super.init(config);
11.    }
12.    public void doGet(HttpServletRequest request,
13.      HttpServletResponse response) throws ServletException, IOException {
14.      response.setContentType(CONTENT_TYPE);
15.      PrintWriter out=response.getWriter();
16.      String title="Session Tracking Examples";
17.      HttpSession session=request.getSession(true);
18.      String heading;
19.      Integer accessCount=(Integer)session.getAttribute("accessCount");
20.      if(accessCount==null) {
21.        accessCount=new Integer(0);
22.        heading="欢迎访问！";
23.      }
24.      else {
```

```
25.        heading="欢迎再次访问！";
26.        accessCount=new Integer(accessCount.intValue()+1);
27.      }
28.      session.setAttribute("accessCount",accessCount);
29.      out.println("<html>");
30.      out.println("<head><title>ShowSession</title></head>");
31.      out.println("<body>");
32.      out.println("<h1>"+heading+"</h1>\n");
33.      out.println("<h2>Information on Your Session:</h2>\n");
34.      out.println("<table border=1>\n");
35.      out.println("<tr>\n"+"<th>Information Type<th>Value\n");
36.      out.println("<tr>\n"+"<td>"+session.getId()+"\n");
37.      out.println("<tr>\n"+"<td>Creation Time\n"+"<td>");
38.      out.println(new Date(session.getCreationTime())+"\n");
39.      out.println("<tr>\n"+"<td>Time of Last Access\n"+"<td>");
40.      out.println(new Date(session.getLastAccessedTime())+"\n");
41.      out.println("<tr>\n"+"<td>Number of Previous Accesses\n");
42.      out.println("<td>"+accessCount+"\n"+"</table>\n");
43.      out.println("</body></html>");
44.      out.close();
45.    }
46. }
```

（3）参阅第 12 章的相关内容，部署这个 Web 应用，执行结果如图 13.2 和图 13.3 所示。

图 13.2　客户端第一次访问计数器 Servlet 的
执行结果

图 13.3　客户端第三次访问计数器 Servlet 的
执行结果

13.5　本章小结

本章介绍了 Servlet API 2.3 中包含的 20 个接口和 16 个类的用途与使用方法，使开发人员可以根据一个特定 Web 容器的要求自定义和优化 Servlet 实现。通过实例介绍了如何构造一个 HTTP 请求头的 Servlet，它建立所收到的所有 HTTP 请求头及其相关值的一个表，并且打印主请求行的 3 个成分：方法、URI 及协议，还介绍了 Servlet 会话处理。

第14章

基本 JSP 程序设计

Java Server Pages（JSP）是基于 Java 语言的脚本技术，是 Java EE Web 层用于生成网页的另外一种主要技术。JSP 使用类似于 HTML 的标记和 Java 代码段，能够将 HTML 代码从 Web 页面的业务逻辑中分离出来。JSP 技术规范的目标是通过提供一种比 Servlet 更简洁的程序设计结构，来简化动态 Web 页面的生成和管理。每个 JSP 页面在第一次被调用时都会被翻译成一个 Servlet，而该 Servlet 是 JSP 页面中的标记和脚本标记指定的嵌入动态内容的结合体。本章将首先介绍 JSP 的运行原理、生命周期和执行过程，然后在此基础上介绍 JSP 页面的基本组成、语法、JSP 隐含对象的用途和适用范围。最后，通过实例阐述在 Oracle JDeveloper 10g 和 OC4J 环境下，开发、部署与运行 JSP 页面的原理和方法。

14.1 JSP 概述

JSP 是一种用于取代 CGI 的技术，而且性能比 CGI 脚本优越。Servlet 在服务器上运行并截获来自客户端浏览器的请求，适用于确定如何处理客户端请求及调用其他的服务器对象。但是 Servlet 并不适用于生成页面内容。另外，从 Java 代码中生成标记是很难进行维护的，而且 Servlet 必须由熟悉 Java 语言的开发人员来编写。

Servlet 与 JSP 在功能上虽然有所重叠，但是可以把 Servlet 视为控制对象，而把 JSP 视为视图对象。在创建 Web 应用时，不需要在是使用 Servlet 还是使用 JSP 之间做出艰难的选择。Servlet 与 JSP 是互补的技术，复杂的 Web 应用两者都会被使用到。

另一方面，JSP 利用 JavaBeans 与 Java 标记对静态 HTML 代码和动态数据进行了分离。静态 HTML 代码由 HTML 程序员负责编写，而动态数据和 JavaBeans 则由 Java 程序员负责编写。这样的分工原则，可以使不同的程序员专心致志于各自的领域。

14.1.1 JSP 的运行原理

当客户使用浏览器上网时，服务器能够解释来自客户端的信息，这是因为客户端和服务器都遵守了 TCP/IP 协议族的标准。TCP/IP 协议通过 Internet 决定了信息的分发和路由。HTTP 协议给出了 Web 页面请求和相应的格式，这些协议共同工作在网络的传输层上。浏览器根据 HTTP 协议制定的规则来构造请求，然后浏览器通过另一个称为 TCP/IP 堆栈的软件处理请求。TCP/IP 堆栈初始化请求的分发和路由。当请求最终到达一台服务器时，它的 TCP/IP 堆栈将所有到达的请求组合在一起，并将请求传输给服务器软件（OC4J 提供的 JSP 容器），同时根据 HTTP 协议规则解释这个请求。

　　服务器不仅运行 JSP 容器，还运行一个 TCP/IP 堆栈，当然也可以运行其他的软件。通常 JSP 容器仅负责请求/响应周期的 HTTP 协议部分。如果用户请求的是一个 JSP 页面，则服务器将这个请求转发给 JSP 容器，JSP 容器解释 JSP 代码并构造一个 HTML 文档传输给浏览器。

　　服务器将请求转发给一个 JSP 容器有许多方法，其中常用的一种方法是通过 TCP/IP 堆栈进行通信。通常服务器软件和 JSP 容器并不驻留在同一台计算机上，它们通过一个 TCP/IP 堆栈来共享信息。图 14.1 所示为 JSP 的运行原理。

　　提示：读者出于学习目的，可以在本地计算机上同时运行一个客户端浏览器、一个服务器和一个 JSP 容器（OC4J），在运行时再将 Web 应用进行实际的部署。

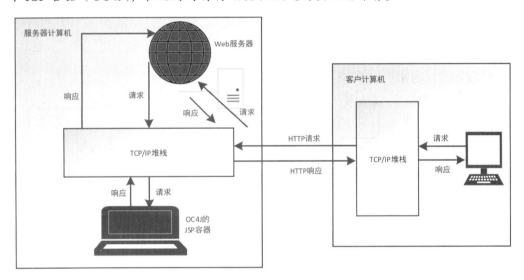

图 14.1　JSP 的运行原理

14.1.2　JSP 的生命周期

　　JSP 的生命周期包括 3 个方法：jspInit()、jspService()及 jspDestroy()，这些方法是根据 JSP 的状态从 JSP 容器中被调用的。

　　在 javax.servlet.jsp 包中定义了一个 JspPage 接口（继承自 Servlet 接口），该接口定义了 jspInit()与 jspDestroy()两个方法。无论客户端使用哪一种通信协议，实现 JspPage 接口的类都可以经由 jspInit()与 jspDestroy()方法完成初始化和资源释放动作。针对 HTTP 通信协议，javax.servlet.jsp 包定义了一个 HttpJspPage 接口。该接口只定义了一个 jspService()方法。

　　一般地，把 jspInit()、jspService()及 jspDestroy()这 3 个方法称为 JSP 生命周期方法。

- 当一个 JSP 页面第一次请求时，JSP 容器将把该 JSP 页面转换为一个 Servlet。JSP 容器首先把该 JSP 页面转换成一个 Java 源文件，在转换时如果发现有语法错误，则将中断转换，并向服务器和客户端输出错误信息；如果转换成功，则 JSP 容器将用 javac 把 Java 源文件编译成.class 文件。上述过程执行完成之后，JSP 容器将创建一个 Servlet 实例，该 Servlet 实例的 jspInit()方法将被执行。

- jspInit()方法在 Servlet 生命周期中只被执行一次，然后将调用 jspService()方法来处理来自客户端的请求。对于每个请求，JSP 容器将会创建一个新线程来处理这个请求。如果有多个客户端同时请求这个 JSP 页面，则 JSP 容器将会创建多个线程。每个客户端请求对应一个线程。以多线程的方式执行 JSP 页面可以大大降低对系统的资源需求，提高系统的并发量及响应速度，但是应当注意多线程的编程限制。

- 由于这个 Servlet 始终驻留在内存之中，因此响应速度非常快。如果 JSP 页面被修改了，则服务器将根据设置决定是否对其进行重新编译。如果需要进行重新编译，则将编译结果取代内存中的 Servlet，并继续进行上述过程。虽然 JSP 执行效率很高，但是在第一次调用时由于需要进行转换和编译，因此会有一些轻微的延迟。此外，如果在任何时候出现系统资源不足的情形发生，则 jspDestroy()方法首先将被调用，然后 Servlet 实例将被标记加入"垃圾回收器"处理。

14.1.3 JSP 的执行过程

JSP 的执行过程如图 14.2 所示。

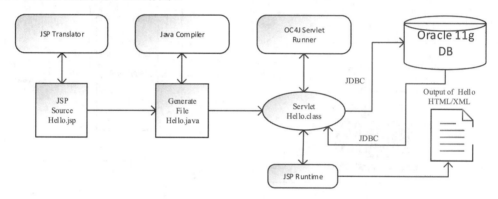

图 14.2　JSP 的执行过程

- JSP 页面及其相关文件总称为翻译单元（Translation Unit）。JSP 容器第一次为一个 JSP 页面截获一个请求时，翻译单元将把它翻译成一个 Servlet。这个编译过程包括两个阶段：第一个阶段是把 JSP 源代码转换成一个 Servlet，第二个阶段是编译这个 Servlet。
- JSP 页面第一次由 JSP 容器装入时，由于实现 JSP 标记的 Servlet 代码会自动生成、编译并加载到 OC4J 提供的 Servlet 容器中。这种情况发生在翻译时间，而且只在第一次请求 JSP 页面时才发生，所以第一次访问 JSP 页面时响应速度会稍慢些。但是以后的请求直接由已经编译过的 Servlet 来处理，这些过程发生在运行时间。因此，理解 JSP 页面执行过程的关键是正确区分翻译时间与运行时间。

14.2　JSP 脚本元素

JSP 页面包含 HTML 与 JSP 两类标记。HTML 标记用一对尖括号括住，而 JSP 标记则用一对尖括号和一对百分号括住。HTML 是页面设计的基本语言，使用 JSP 标记的文档会被 JSP 容器转换成 HTML 标记。JSP 不仅可以使用本身固有的语法，也可以和 HTML 标记一起使用。JSP 页面可以是模板元素、注释、脚本元素、指令元素及操作元素这 5 种元素中的一种或多种的组合体。

如果 JSP 页面中使用的编程语言位于 JSP 标记的外部，则 JSP 容器会将它识别为模板数据（Template Data），并直接将它显示在页面中。模板元素是指 JSP 的静态 HTML 或 XML 内容，它对 JSP 的显示是非常必要的。模板元素是网页的框架，它影响着页面的结构和美观程度。在编译 JSP 页面时，JSP 容器将把模板元素编译到 Servlet 中。当客户端请求该 JSP 页面时，JSP 容器会把模板元素发送到客户端。一个带有 Java 代码的 JSP 标记称为脚步元素，JSP 页面中有声明、表达式和脚本这 3 种类型的脚本元素。

1．声明

声明（Declaration）用于在 JSP 页面中定义方法和实例变量，声明并不生成任何将会送给客户端的输出。其一般语法格式如下：

```
<% ！方法或实例变量的定义 %>
```

2．表达式

表达式（Expression）用于把动态内容（变量值或方法的运算结果）传递给客户端浏览器界面。其一般语法格式如下：

```
<%= 变量或方法的值 %>
```

其中，"变量或方法的值"可以是前面声明中定义的方法或实例变量中的任何一个返回值。例如，下面的程序片段：

```
<%! public double pi=3.14159; %>
<%= pi %>       →输出 3.14159
pi              →输出 pi
```

从输出结果可以看出，pi 只有在 JSP 表达式中才有效，而没有使用表达式的 pi 将被原样显示在浏览器界面中。在表达式中可以使用任何形式的变量，JSP 容器会将标记中的值全部转换成字符串并输出到浏览器界面中。

3．脚本

脚本（Scripting）是用于解释 Java 语言的标记。如果在 JSP 页面中嵌入 Java 语句，则 JSP 容器会解释脚本标记内的 Java 语句，并根据其语法在浏览器界面中运行。其一般语法格式如下：

```
<% Java 代码 %>
```

脚本标记中的 Java 代码大都是用于完成运算功能的，所以这些 Java 代码的运算结果无法直接显示在浏览器界面中。与声明不同，脚本标记可以将一个完整的程序分开使用。例如，下面的程序片段：

```
<% for(int i=0; i<3; i++) {%>
   这是脚本
<%} %>
```

4．注释

所谓注释（Comments），是指在程序代码中用于说明程序流程的语句。JSP 页面中的注释语句如表 14.1 所示。

表 14.1　JSP 页面中的注释语句

种　　类	表　示　形　式
HTML 注释语句	<!--注释语句-->
JSP 注释语句	<%--注释语句--%>
Script 语言注释语句	<%//注释语句%>，<%/*注释语句*/%>

14.3 基于 IDE 开发 JSP 页面

基于 Oracle JDeveloper 10g 开发 JSP 页面，可以充分利用 IDE 的可视化编辑器提供的 HTML 组件面板和 JSP 组件面板提供的标记，以有效地提升开发效率。下面通过一个实例来介绍开发 JSP 页面的可视化编辑器的使用方法。这个实例要求编写一个 JSP 页面，用于显示 1～6 的平方根表。

（1）在 Oracle JDeveloper 10g 中创建工作区 ch14.jws，在该工作区中创建一个工程文件 sqrtTable.jpr。

（2）在工程文件 sqrtTable.jpr 中创建一个 JSP 程序。在 IDE 主菜单中选择"File"→"New"命令，在弹出的对话框左侧的"Categories"列表框中选择"Web Tier"→"JSP"选项，然后在右侧的"Item"列表框中选择"JSP"选项，单击"确定"按钮，将显示 Welcome to the Create JSP Wizard 向导对话框。单击"下一步"按钮，则显示如图 14.3 所示的选择 Web 应用版本对话框。

图 14.3　选择 Web 应用版本对话框

（3）单击"下一步"按钮，将显示如图 14.4 所示的对话框。在"File Name"文本框中输入 sqrtTable.jsp，在"Directory Name"文本框中使用它的默认值，在"Type"选区中选中"JSP Page(*.jsp)"单选按钮。

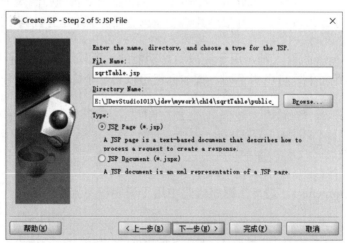

图 14.4　输入 Web 应用的名称、路径及选择程序类型

（4）单击"下一步"按钮，将显示选择"出错页面参数"对话框，如图 14.5 所示。

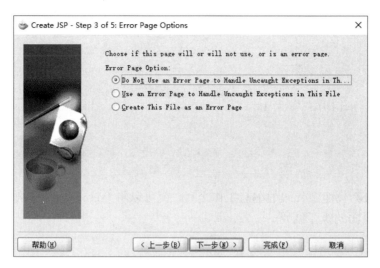

图 14.5　选择"出错页面参数"对话框

（5）单击"下一步"按钮，将显示"使用其他组件库"对话框，本例暂不使用。单击"下一步"按钮，将显示如图 14.6 所示的对话框。在该对话框中，可以选择 HTML 版本、输入 JSP 页面的标题、设置 JSP 页面的背景颜色和样式表等。

图 14.6　选择 HTML 版本、输入 JSP 页面的标题等

（5）单击"完成"按钮，将在 Code Editor 窗口中生成 JSP 页面源代码。

（6）根据要求，修改生成的 JSP 页面源代码如下：

```
1.  <!DOCTYPE HTML PUBLIC "-//W3C//DTD HTML 4.01 Transitional//EN"
2.  "http://www.w3.org/TR/html4/loose.dtd">
3.  <%@ page contentType="text/html;charset=GB2312"%>
4.  <HTML><HEAD>
5.  <META HTTP-EQUIV="Content-Type" CONTENT="text/html; charset=GB2312">
6.  <TITLE>Table Of Square Roots</TITLE></HEAD>
7.  <BODY>
8.  <!--表标题-->
9.  <CENTER>平方根表</CENTER>
10. <!--表头-->
11. <TABLE CELLSPACING="2" CELLPADDING="1" BORDER="2" WIDTH="100%" ALIGN="LEFT">
12. <TR>
```

```
13. <TD>数字</TD>
14. <TD>平方根值</TD>
15. </TR>
16. <%--表体部分，输出数的平方根--%>
17. <% for(int n=1;n<=6;n++) {%>
18. <TR>
19. <% /*输出数*/ %><TD><%=n%></TD>
20. <% /*输出数的平方根*/ %><TD><%=Math.sqrt(n) %></TD>
21. </TR>
22. <%} %>
23. </TABLE></BODY>
24. </HTML>
```

（7）在完成 JSP 页面源代码的编写工作之后，就可以将 Web 应用部署到 OC4J 容器了。图 14.7 所示为 JSP 页面的执行结果。

平方根表	
数字	平方根值
1	1.0
2	1.4142135623730951
3	1.7320508075688772
4	2.0
5	2.23606797749979
6	2.449489742783178

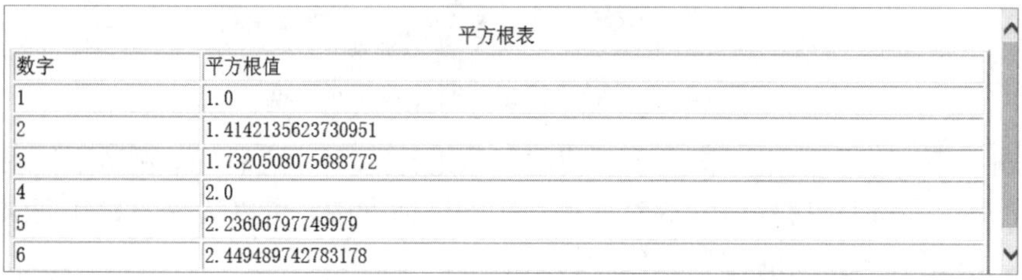

图 14.7　JSP 页面的执行结果

【分析讨论】

- 第 3 行代码表示指定输出文本为 HTML，字符编码为 GBK。
- 该 JSP 页面创建了一个 HTML 表，表的每一行都封装在<TR>和</TR>标记中。由于使用了 for 循环，因此每执行一次循环体，都要用一对新的<TR>和</TR>标记创建表的一个新行。
- 在每一对标记中有两个 JSP 表达式，一个用于输出数 n，一个用于输出该数的平方根。

14.4　JSP 隐含对象

Servlet API 提供的接口为开发人员提供了方便的抽象。JSP 同样可以使用 Servlet API 提供的特定隐含对象（Implicit Object）。这些隐含对象在 JSP 页面中可以使用标准变量实现访问，并且不再需要开发人员重新进行声明，就可以在任何 JSP 表达式和脚本中使用。利用这些隐含对象，可以在 JSP 页面中直接存取 Web 应用的运行环境信息，JSP 隐含对象及用途如表 14.2 所示。例如，通过 request 对象可以获取 HTTP 请求内容，通过 application 对象可以获取 web.xml 中的配置信息等。

表 14.2　JSP 隐含对象及用途

JSP 隐含对象	用　　途
request	客户端发送的 HTTP 请求
response	服务器要发送给客户端的 HTTP 响应
out	输出数据流的 JspWriter 对象

续表

JSP 隐含对象	用　　途
config	JSP 页面编译后所产生的 Servlet 相关信息的 ServletConfig 对象
pageContext	JSP 页面信息的 pageContext 对象
page	相当于 Java 语言的 this 对象
exception	其他 JSP 抛出的异常
session	用于存取 HTTP 会话内容
application	Web 应用配置信息的 ServletContext 对象

14.4.1　对象的使用范围

JSP 对象、JavaBeans 对象及隐含对象的使用范围是一个非常重要的概念，因为它定义了相关对象来自哪个 JSP 页面及生存时间。对象的使用范围在内部依赖于上下文环境（Context），一个上下文环境为资源提供了一个不可见的容器与接口，供它们与程序环境通信。例如，一个 Servlet 在一个上下文环境中运行，这个 Servlet 就需要知道关于服务器的所有资源都可以从这个上下文环境中提取，并且服务器需要与这个 Servlet 通信的所有信息都要通过这个上下文环境来传递。JSP 技术规范为开发人员使用的对象定义了 4 个使用范围，如表 14.3 所示。

表 14.3　对象的使用范围

使 用 范 围	说　　明
page	只能在引用特定对象的 JSP 页面中访问这些对象
request	可以在所有服务于当前请求的页面中访问这些对象。其中包括转发到或包含在原始 JSP 页面中的页面，相应的请求被导入这些 JSP 页面
session	只能通过定义相关对象时访问的 JSP 页面来访问这些对象
application	应用程序范围对象可以由一个给定上下文环境中的所有 JSP 页面访问

14.4.2　request 对象

HTTP 协议描述了来自客户端的请求与服务器的响应两个方面的内容。在 JSP 页面中，可以用 request 和 response 两个隐含对象来分别表示这两方面的内容。

下面的 Web 应用实例用于得到来自客户端请求的相关信息。该 Web 应用的实现原理是：request 对象是 ServletRequest 接口中的一个针对协议和具体实现的子类，具有 rcqucst 使用范围。而且 request 对象包含了客户端向服务器发出请求的内容，可以通过该对象来了解客户端向服务器发出请求的内容和客户端所要求的信息。

在工作区 ch14.jws 中创建一个工程文件 jspRequest.jpr，然后在该工程文件中创建一个 JSP 页面文件 jspRequest.jsp 和一个部署描述符文件 jspRequest.deploy。jspRequest.jsp 页面的源代码如下：

```
1.  <%@ page contentType="text/html;charset=GB2312"%>
2.  <HTML><HEAD><META HTTP-EQUIV="Content-Type" CONTENT="text/html; charset=GB2312">
3.  <TITLE>request/response 实例</TITLE></HEAD>
4.  <BODY>
5.  <B>Browser:</B> <%=request.getHeader("User-Agent") %><BR>
6.  <B>Cookies:</B> <%=request.getHeader("Cookie") %><BR>
7.  <B>Accepted MIME types:</B> <%=request.getHeader("Accept") %><BR>
8.  <B>HTTP method:</B> <%=request.getMethod() %><BR>
```

```
9.  <B>IP Address:</B> <%=request.getRemoteAddr() %><BR>
10. <B>DNS Name(or IP Address again):</B> <%=request.getRemoteHost() %><BR>
11. <B>Country:</B> <%=request.getLocale().getDisplayCountry() %><BR>
12. <B>Language:</B> <%=request.getLocale().getDisplayLanguage() %><BR>
13. </BODY></HTML>
```

jspRequest.jsp 页面的执行结果如图 14.8 所示。

图 14.8   jspRequest.jsp 页面的执行结果

【分析讨论】

- 一个 HTTP 请求可以有一个或多个标题，每个标题都有一个名称和一个值。为了返回客户端请求的标题值，JSP 页面调用了 request 对象的 getHeader()方法。通过 JSP 页面中的第 5、6、7 行代码可以分别得到以下 3 个值：User-Agent，包含一个描述客户端浏览器的信息；Cookie，包含客户端前一次访问服务器时发送的信息，标题值是一个标题号；Accept，包含浏览器响应请求时收到的 MIME 类型的列表。

- JSP 页面中的第 8 行代码，通过调用 request 对象的 getMethod()方法得到 HTTP 请求的方法是 GET。

- 第 9 行代码通过调用 request 对象的 getRemoteAddr()方法返回产生请求的客户端的 IP 地址。第 10 行代码通过调用 request 对象的 getRemoteHost()方法返回服务器的 DNS。如果没有可用的 DNS，则服务器再次返回 IP 地址。

- JSP 页面中的第 11 行代码和第 12 行代码分别返回访问服务器的客户端浏览器所在的国家和使用的语言。

14.4.3   response 对象

response 对象是 javax.servlet.ServletResponse 接口中的一个针对特定协议和具体实现的子类，具有 page 使用范围。

response 对象是服务器对请求的响应的 HttpServletResponse 实例，包含服务器向客户端做出的应答信息。这个对象响应信息包含的内容有 MIME 类型的定义、编码方式、保存的 Cookie、连接到其他 Web 资源的 URL 等。

在 JSP 页面中，可以通过调用 request 对象的方法得到请求信息，也可以通过调用 response 对象的方法设置相应的信息。

1. response 对象的 HTTP 文件头

在下面的实例中，response 对象添加一个头值为 3 的响应头 refresh。客户端浏览器在收到这个响应头之后，每隔 3 秒将再次刷新页面，执行结果如图 14.9 所示。

图 14.9　JSP 页面的执行结果

在工作区 ch14.jws 中创建一个工程文件 jspHeader.jpr，在该工程文件中创建一个 JSP 页面文件 jspHeader.jsp 和一个部署描述符文件 jspHeader.deploy。jspHeader.jsp 页面的源代码如下：

```
1.  <%@ page contentType="text/html;charset=GB2312" %>
2.  <%@ page import="java.util.*" %>
3.  <HTML><BODY bgcolor=cyan>
4.  <FONT size=1 >
5.  <P>现在的时间是: <BR>
6.  <% out.println(""+new Date());
7.  response.setHeader("Refresh","3");
8.  %>
9.  </FONT>
10. </BODY></HTML>
```

【分析讨论】

- 当客户端访问一个页面时，会提交一个 HTTP 文件头传递给服务器。这个请求包括一个请求行、HTTP 文件头和信息行。
- 同样，HTTP 响应也包含一些 HTTP 文件头。
- response 对象可以使用 setHeader(String head, String value)和 addHeader(String head, String value)两个方法动态地添加新的响应头及其值，并将这些 HTTP 文件头发送给浏览器。
- 如果添加的 HTTP 文件头已经存在，则先前的 HTTP 文件头将被覆盖。

2. response 重定向

世界上的一些著名的商业网站都提供免费的 E-mail 服务。在注册、使用 E-mail 时，需要输入用户名和密码，并将其发送给 Mail 服务器，以验证用户的身份。下面的实例就可以完成上述功能。当用户输入正确的密码时，就显示欢迎信息；否则，将显示出错信息

在工作区 ch14.jws 中创建一个工程文件 jspLogin.jpr，在该工程文件中创建一个 HTML 文件 jspLogin.html、一个 JSP 页面文件 jspLogin.jsp 和一个部署描述符文件 jspLogin.deploy。jspLogin.html 页面的源代码如下：

```
1. <!DOCTYPE HTML PUBLIC "-//W3C//DTD HTML 4.01 Transitional//EN" "http://www.w3.org/
TR/html4/loose.dtd">
2. <HTML><HEAD><META HTTP-EQUIV="Content-Type" CONTENT="text/html; charset=GB2312">
3. <TITLE>Login</TITLE></HEAD>
4. <BODY>
5. <FORM action="jspLogin.jsp" method="get" name="loginForm">
6. UserName: <INPUT type="text" name="username"><BR>
7. Password: <INPUT type="password" name="password"><BR>
8. <INPUT type="submit" value="Submit">
9. </FORM></BODY></HTML>
```

jspLogin.html 页面的执行结果如图 14.10 所示。

图 14.10　jspLogin.html 页面的执行结果

【分析讨论】

- 输入用户名和密码，单击"Submit"按钮发送请求，同时将这两个属性值传送给服务器端保存的 jspLogin.jsp 页面。
- <FORM>标签中的 action 属性可以设定连接服务器的 URL 相对路径，这样就可以将<FORM>标签中的数据传送给服务器端的 JSP 或 Servlet 做进一步处理。
- Method 属性的值常用的有 get 和 post。get 是将传送数据安装一定的规则编码附加在 URL 后面，再传送给 JSP 页面。因此，会经常在浏览器的网址中看到如下形式的长字符串：http://dell:8888/ch14-jspLogin-context-root/jspLogin.jsp?username=%CB%CE%B2%A8 &password=songbo。由于 get 方法需要通过环境变量传送数据，数据量限制在 200 个字符以内，因此 get 方法适用于传输少量的数据。如果要传输大量的数据，则应该用 post 方法。它是通过标准输入传送数据给 JSP 页面，所以没有传输数据量长度的限制。

jspLogin.jsp 页面的源代码如下：

```
1.  <!DOCTYPE HTML PUBLIC "-//W3C//DTD HTML 4.01 Transitional//EN"
2.  "http://www.w3.org/TR/html4/loose.dtd">
3.  <%@ page contentType="text/html;charset=GB2312"%>
4.  <HTML><HEAD><TITLE>表单和请求参数实例</TITLE></HEAD>
5.  <BODY>
6.  <% request.setCharacterEncoding("GB2312");
7.  if(request.getParameter("password").equals("songbo")) {%>
8.  <%  String name;
9.  name=request.getParameter("username");
10. %>
11. <H3>欢迎您, <%=name %>!</H3>
12. <%}
13. else {%>
14. <% response.sendError(403); %>
15. <%} %>
16. </BODY></HTML>
```

jspLogin.jsp 页面的执行结果如图 14.11 所示。

图 14.11　jspLogin.jsp 页面的执行结果

【分析讨论】

- request 对象用于保存传送来的数据，getParameter()方法用于获取数据值。
- if 语句用于比较两个字符串，也就是验证用户输入的密码是否正确。如果用户输入的密码正确，则 JSP 页面将得到请求的用户名参数，并将它作为响应的一部分发送给客户端浏览器。执行结果见图 14.11 所示。

● 如果用户输入的密码不正确，则 JSP 页面将发送编号为 403 的错误信息给客户端浏览
　器，如图 14.12 所示。

图 14.12　浏览器响应的错误信息页面

为了保障在输出页面中能够正确显示中文，第 6 行代码设置了在请求主体中使用的字符编
码。常用的字符编码有如下几种。

● GB2312 码：中国国家标准汉字信息交换编码，16 位编码，简称国际码。
● GBK 码：对 GB2312 码的扩展，包含 GB2312 码字符集。
● BIG5 码：中国台湾地区采用的编码方式。
● UNICODE：16 位编码，其目标是准确地表示世界上现有的各种人类语言中的全部已知
　字符。

当一个 Java 程序运行时，内存中的字符串以 UNICODE 编码方式表示。在 Java 程序接收
一个字符串时，JVM 将该字符串从源编码方式转换为目标编码方式。也就是说，在任何一个传
递字符串的地方都有可能出现字符编码转换的问题。

response 对象的主要方法除上述介绍的以外，还有以下的方法。

● addCookie(Cookie cookie)：该方法将向客户端写入一个 Cookie。
● containsHeader(String name)：该方法将判断名为 name 的 header 文件头是否存在，返回
　值为布尔类型。
● setContentLength("attribute")：该方法将设置实体数据的大小。
● getOutputStream(String type)：该方法将获得客户端的输出流对象。
● encodeURL(String url)：该方法将把 SessionID 作为 URL 的参数返回给客户端，以实现
　URL 重写的功能。
● flushBuffer()：该方法将强制把当前缓冲区的内容发送到客户端。

14.4.4　out 对象

out 对象是向客户端的输出流进行写操作的对象。在 JSP 页面中可以利用 out 对象把除脚
本以外的所有信息发送到客户端浏览器。out 对象主要应用在脚本中，它通过 JSP 容器自动转
换为 java.io.PrintWriter 对象。

例如，下面的程序片段在执行时，如果浏览器的字符编码设置为英文，就显示"Hello
English"；否则，将显示"Hello Chinese"：

```
<%
String language=request.getLocale().getDisplayLangyage();
  if(language.equals("English")) {
    out.println("<CENTER><H3>Hello English!<H3></CENTER>");
  }
  else{
```

```
    out.println("<CENTER><H3>Hello Chinese!<H3></CENTER>");
  }
%>
```

out 对象的主要方法如下所示。

- clear()：该方法将清除缓冲区的内容，但是不会把数据输出到客户端。
- clearBuffer()：该方法将清除缓冲区的内容，同时把数据输出到客户端。
- close()：该方法将关闭数据流，清除所有的内容。
- getBufferSize()：该方法将获得当前缓冲区的大小。
- getRemaining()：该方法将获得当前使用后还剩余的缓冲区的大小。
- isAutoFlush()：该方法将返回布尔值。如果布尔值为 true，并且缓冲区已满，则会自动清除；如果返回值为 false，并且缓冲区已满，则不会自动清除，而会进行异常处理。

14.4.5 session 对象

session 对象在第一个 JSP 页面被加载时自动创建，并被关联到 request 对象。Web 应用开发人员主要使用 session 对象解决会话状态的维持问题，它的类型为 javax.servlet.http. HttpSession，拥有 session 范围。JSP 中的 session 对象对于那些希望通过多个页面完成一个事务的 Web 应用是非常有用的。

在 JSP 技术中，让服务器能够跟踪客户端用户的状态称为会话跟踪（Session Tracking）。会话跟踪的具体操作过程是：从上一个客户端请求所传送的数据能够维持状态到下一个请求，并且能够识别出是相同客户端所发送的。也就是说，如果有 10 个客户端同时执行某个 JSP 页面，便会有 10 个分别对应于各客户端的 session 对象。但是，session 对象也有它的生命周期，它的生成始于服务器为某个用户建立 session，它的结束终于服务器内定或设置的时间期限。

1. session 对象的 ID

当一个客户端第一次访问 OC4J 上的 JSP 页面时，JSP 容器将会自动创建一个 session 对象，该对象将调用适当的方法存储客户端在访问各个页面期间提交的各种信息。同时，被创建的这个 session 对象将被分配一个 ID 号，JSP 容器会将这个 ID 号发送到客户端，保存在客户端的 Cookie 中。这样，session 对象与客户端之间就建立起了一一对应的关系，即每个客户端都对应一个 session 对象（该客户端的会话），这些 session 对象互不相同，具有不同的 ID 号。

根据 JSP 的运行原理，JSP 容器将为每个客户端启动一个线程，即 JSP 容器为每个线程分配不同的 session 对象。当客户端再次访问连接该服务器的其他页面时，或者从该服务器连接到其他服务器再回到该服务器时，JSP 容器将不再分配给客户端新的 session 对象，而是使用完全相同的一个 ID 号，直到客户端关闭浏览器，服务器上该客户端的 session 对象才被取消，并且和客户端的会话对应关系也随即消失。当客户端重新打开浏览器并再次连接到该服务器时，服务器将为该客户端再创建一个新的 session 对象。

在下面的 Web 应用实例中，客户端将在服务器的 3 个页面之间进行连接。客户端只要不关闭浏览器，3 个页面的 session 对象是完全相同的。客户端首先访问 Ex1.jsp 页面，然后从这个页面再连接到 Ex2.jsp 页面，最后从 Ex2.jsp 页面再连接到 Ex3.jsp 页面。

在工作区 ch14.jws 中创建一个工程文件 jspSessionID.jpr，在该工程文件中创建上述 3 个 JSP 页面文件 Ex1.jsp、Ex2.jsp、Ex3.jsp 和一个部署描述符文件 jspSessionID.deploy。

Ex1.jsp 页面的源代码如下：

```
1.  <%@ page contentType="text/html;charset=GB2312" %>
2.  <HTML><BODY><P>
3.      <% String s=session.getId();
4.      %>
5.      <P> 客户端的 session 对象的 ID 是：<BR>
6.      <%=s%>
7.      <P>输入姓名连接到 Ex2.jsp 页面。
8.      <FORM action="Ex2.jsp" method="post" name="form">
9.      <INPUT type="text" name="boy">
10.     <INPUT type="submit" value="发送" name="submit">
11.     </FORM>
12. </BODY></HTML>
```

Ex1.jsp 页面的执行结果如图 14.13 所示。

图 14.13　Ex1.jsp 页面的执行结果

Ex2.jsp 页面的源代码如下：

```
1.  <%@ page contentType="text/html;charset=GB2312" %>
2.  <HTML><BODY>
3.      <P>Ex2.jsp 页面
4.      <% String s=session.getId();
5.      %>
6.      <P> 客户端在 Ex2.jsp 页面中 session 对象的 ID 是：
7.      <%=s%>
8.      <P> 单击超链接，连接到 Ex3.jsp 页面。
9.      <A HREF="Ex3.jsp"><BR>
10.     欢迎到 Ex3.jsp 页面来！
11.     </A>
12. </BODY></HTML>
```

Ex2.jsp 页面的执行结果如图 14.14 所示。

图 14.14　Ex2.jsp 页面的执行结果

Ex3.jsp 页面的源代码如下：

```
1.  <%@ page contentType="text/html;charset=GB2312" %>
2.  <HTML><BODY>
3.      <P>这是 Ex3.jsp 页面
4.      <% String s=session.getId();
5.      %>
6.      <P>客户端在 Ex3.jsp 页面中 session 对象的 ID 是：
```

```
7.      <%=s%>
8.      <P>单击超链接, 连接到 Ex1.jsp 页面。
9.      <A href="Ex1.jsp"><BR>
10.     欢迎到 Ex1.jsp 页面来!
11.     </A>
12.   </BODY></HTML>
```

Ex3.jsp 页面的执行结果如图 14.15 所示。

图 14.15　Ex3.jsp 页面的执行结果

2. session 对象的常用方法

创建用户的 session 对象就是产生一个 HttpSession 对象。这个对象的接口被放置在 JSP 默认包 javax.servlet.http 中, 编程时可以不必导入这个包而直接使用接口所提供的方法。session 对象常用的方法可以参阅第 13 章中 13.4.1 节 HttpSession 接口的内容。

下面的 Web 应用实例使用了 JSP 技术中的会话跟踪机制, 来开发一个简易的网上书店。

在工作区 ch14.jws 中创建一个工程文件 jspBook.jpr, 在该工程文件中创建 3 个 JSP 页面文件 book1.jsp、book2.jsp、book3.jsp 和一个部署描述符文件 jspBook.deploy。

book1.jsp 页面的源代码如下:

```
1.    <%@ page contentType="text/html;charset=GB2312" %>
2.    <HTML><BODY bgcolor=cyan>
3.    <% request.setCharacterEncoding("GB2312");
4.        request.getSession(true);
5.        session.setAttribute("customer","顾客");
6.    %>
7.    <P>输入姓名连接到网上书店: book2.jsp
8.      <FORM action="book2.jsp" method="post" name="form">
9.        <INPUT type="text" name="boy">
10.       <INPUT type="submit" value="确定" name="submit">
11.     </FORM>
12.   </BODY></HTML>
```

book1.jsp 页面的执行结果如图 14.16 所示。

图 14.16　book1.jsp 页面的执行结果

【分析讨论】

- 通过 Servlet API 实现 session 时, 首先要得到已经存在的 session 对象或生成新的 session 对象。如果要获得 session 对象, 可以利用 getSession(boolean value)方法 (第 4 行代码)。

在获得 session 对象之后，就可以把数据存储到该对象中了。

- 第 5 行代码用于把参数"顾客"添加到 session 对象中。
- 用户输入姓名后，单击"确定"按钮，用 post 方法把姓名数据发送到服务器端的 book2.jsp 页面进行处理。book2.jsp 页面的执行结果如图 14.17 所示。

图 14.17　book2.jsp 页面的执行结果

book2.jsp 页面的源代码如下：

```
1.  <%@ page contentType="text/html;charset=GB2312" %>
2.  <HTML><BODY bgcolor=cyan>
3.    <% /* 得到 parameter, 存入 session 对象 */
4.      request.setCharacterEncoding("GB2312");
5.      String s=request.getParameter("boy");
6.      session.setAttribute("name",s);
7.    %>
8.    <P>输入购买的图书名称单击"确定"按钮连接到结账页面：book3.jsp
9.    <FORM action="book3.jsp" method="post" name="form">
10.   <INPUT type="text" name="boy">
11.   <INPUT type="submit" value="确定" name="submit">
12.   </FORM>
13. </BODY></HTML>
```

【分析讨论】

第 5 行代码用于得到姓名参数，第 6 行代码用于把参数"姓名"添加到一个 session 对象中。当用户输入图书名称后，单击"确定"按钮，用 post 方法将图书数据发送到 book3.jsp 页面进行处理。book2.jsp 页面的执行结果见图 14.17 所示。

book3.jsp 页面的源代码如下：

```
1.  <%@ page contentType="text/html;charset=GB2312" %>
2.  <HTML><BODY bgcolor=cyan>
3.    <% /* 得到 parameter, 存入 session 对象 */
4.      request.setCharacterEncoding("GB2312");
5.      String s=request.getParameter("boy");
6.      session.setAttribute("goods",s);
7.    %>
8.    <BR>
9.    <% /* 从 session 对象中取出图书名，并输出到页面 */
10.     String 顾客=(String)session.getAttribute("customer");
11.     String 姓名=(String)session.getAttribute("name");
12.     String 图书=(String)session.getAttribute("goods");
13.   %>
14.   <P>这里是结账处：
15.   <P><%=顾客%>的姓名是：<%=姓名%>
16.   <P>您购买的图书是：<%=图书%>
17. </BODY></HTML>
```

【分析讨论】

第 5 行代码用于得到图书参数，第 6 行代码用于把参数"图书"添加到一个 session 对象中。第 10～12 行代码把 session 对象中保存的 3 个对象值取出来，第 15、16 行代码将这两个对象值显示在客户端浏览器上。book3.jsp 页面的执行结果如图 14.18 所示。

图 14.18　book3.jsp 页面的执行结果

14.4.6　application 对象

application 对象表示的是 Servlet 上下文环境，从 Servlet 的配置对象中获取。该配置对象属于 javax.servlet.ServletContext 接口，拥有 application 范围。

当 Web 应用中的任意一个 JSP 页面开始执行时，将产生一个 application 对象。当服务器关闭时，application 对象也将消失。当网站上不止一个 Web 应用，而且客户端浏览不同 Web 应用的 JSP 页面时，将产生不同的 application 对象。在同一个 Web 应用中的所有 JSP 页面，都将存取同一个 application 对象，即使浏览这些 JSP 页面的客户端不是同一个也是如此。因此，保存于 application 对象中的数据，不仅可以跨网页分享，还可以联机分享。所以，想要计算某个 Web 应用的目前联机人数，利用 application 对象就可以达到目的。javax.servlet.ServletContext 接口提供了以下 4 种方法用于访问 ServletContext 附带的属性。

- public Enumeration getAttributeNames()：该方法返回属性名称的一个 Enumeration 对象。
- public Object getAttribute(String name)：该方法取得保存在 application 对象中的属性。
- public void removeAttribute(String name)：该方法将从 application 对象中删除指定的属性。
- public Object setAttribute(String name, Object object)：该方法将数据保存到 application 对象中。

例如，下面的语句将从 application 对象中取得名称为 Num 的数据，并赋给 obj 对象：

```
Object obj=application.getAttribute("Num");
```

一般地，从 application 对象中取得的数据可以是某种类型的对象，但是可以将返回值由 Object 类型直接转换为所要求的类型。例如，下面的语句将从 application 对象中取得名称为 Num 的数据，并直接转换为 String 类型对象：

```
String obj=(String)application.getAttribute("Num");
```

如果该 String 类型对象中保存的是一个整数，则可以利用 Integer 类型的 parseInt() 方法将字符串转换为整数，代码如下：

```
int Num=Integer.setAttribute("Num", String.valueOf(Num));
```

下面的 Web 应用实例使用 application 对象实现了网页计数器的功能。

在工作区 ch14.jws 中创建一个工程文件 jspApp.jpr，在该工程文件中创建一个 JSP 页面文件 jspApp.jsp 和一个部署描述符文件 jspApp.deploy。jspApp.jsp 页面的源代码如下：

```
1.  <%@ page contentType="text/html;charset=GB2312"%>
2.  <HTML><HEAD><TITLE>网页计数器</TITLE></HEAD>
3.  <BODY><P align="left"><FONT size="5">网页计数器</FONT></P><HR>
4.    <% request.setCharacterEncoding("GB2312");
5.       request.getSession(true);
6.       //通过 getAttribute()方法获取数据并赋给变量 counter
7.       String counter=(String)application.getAttribute("counter");
8.       //判断 application 对象中存储的计数器值是否为空
9.       if(counter!=null) {
10.          //如果不为空,则将数据从字符串型转换为整型
11.          int int_counter=Integer.parseInt(counter);
12.          //计数器值增 1
13.          int_counter+=1;
14.          //将加 1 后的数值再转换为字符串类型进行存储
15.          String s_counter=Integer.toString(int_counter);
16.          application.setAttribute("counter",s_counter);
17.       }
18.       //如果为空,则将数值 1 保存到 application 对象中
19.       else {
20.          application.setAttribute("counter","1");
21.       }
22.       out.println("你是访问本网站的第"+counter+"位朋友! ");
23.    %>
24. </BODY></HTML>
```

jspApp.jsp 页面的执行结果如图 14.19 所示。

图 14.19 jspApp.jsp 页面的执行结果

14.4.7 page 与 config 对象

page 与 config 对象是与 Servlet 有关的隐含对象,page 对象表示 Servlet 本身,而 config 对象则是存放 Servlet 的初始参数值。

page 对象代表 JSP 页面本身被编译生成的 Servlet,所以它可以调用被 Servlet 类所定义的方法。它的类型是 java.lang.Object,拥有 page 范围。page 对象很少在 JSP 页面中被使用。

config 对象存放着一些 Servlet 初始的数据结构。与 page 对象相同,config 对象也很少在 JSP 页面中被使用。config 对象被用于实现 javax.servlet.ServletConfig 接口,拥有 page 范围。config 对象提供了以下 4 种方法让 config 对象取得 Servlet 初始参数值。

- Enumeration config.getInitParameterNames():该方法用于以列表方式列举所有的初始参数名称。
- String config.getInitParameterNames():该方法用于取得初始参数名称为 name 的参数值。
- String config.getServletName():该方法用于取得 Servlet 的名称。
- getServletContext():该方法用于取得 Servlet 的上下文环境。

14.4.8　pageContext 对象

pageContext 对象被称为"JSP 页面上下文"对象，代表的是当前运行的一些属性。当隐含对象本身也支持属性时，pageContext 对象能够提供处理 JSP 容器有关信息及其他对象属性的方法，这些方法是从 javax.servlet.jsp.PageContext 类中派生出来的，该对象拥有 page 范围。

pageContext 对象在 JSP 容器执行_jspService()方法之前就已经被初始化了，它的主要功能是让 JSP 容器控制其他隐含对象。例如，对象的生成和初始化、释放对象本身等。pageContext 对象对 JSP 默认的隐含对象及其他可用的对象提供了基本处理方法，这样就能够让各个对象的属性信息可以在 Servlet 与 JSP 页面之间相互传递。pageContext 对象提供的主要方法如下所示。

- forward(java.lang.String relativeUrlPath)：该方法用于把页面重定向到另一个页面或 Servlet 组件上。
- getAttribute(java.lang.String name[, int scope])：该方法用于检索一个特定的已经命名的对象范围，参数 scope 是可选的。
- getException()：该方法用于获得当前网页的异常对象，但是该网页一定要有<%@ page isErrorPage="true"%>的设置。
- getRequest()：该方法用于返回当前的 Request 对象。
- getResponse()：该方法用于返回当前的 Response 对象。
- getServletConfig()：该方法用于返回当前页面的 ServletConfig 对象。
- getServletContext()：该方法用于返回对所有页面都是共享的 ServletContext 对象。
- getSession()：该方法用于返回当前页面的 session 对象。
- findAttribute()：该方法用于查询在所有范围内属性名称为 name 的属性对象。
- setAttribute()：该方法用于设置默认页面范围或特定对象范围内已命名的对象。
- removeAttribute()：该方法用于删除默认页面范围或特定对象范围内已命名的对象。
- Enumeration getAttributeNamesInScope(int scope)：该方法用于返回所有属性范围为 scope 的属性名称。

14.5　本章小结

Java 语言有两种类型的名称：类定义范围的名称和局限于方法定义的名称。这个名称可以是一个变量名，也可以是一个方法名。局限于方法定义的名称只能在定义该名称的方法内部使用。当该方法被调用时，局限于方法定义的名称的内存空间才存在；当该方法调用结束时，该名称的内存空间也就不存在了。如果该方法第二次被调用，则需要重新创建该名称的内存空间。

当创建一个 JSP 页面时，在 JSP 页面中定义的名称是类定义范围的名称。可以在页面的任何位置使用这个名称。在 JSP 容器重新初始化该页面之前，这个名称一直存在并且可用。当 JSP 容器翻译 JSP 页面时，它将创建一个特殊的方法_jspService()。每当用户访问该页面时都将重新调用该方法。任何定义在脚本中的变量都局限于_jspService()方法，每当用户访问该页面时，这些变量将被重新初始化。在 JSP 页面中，存在着以下有关作用域的规则。

- 如果变量是在一个方法中声明的，则不能在该方法之外使用该变量。
- 如果一个变量是在一个脚本中声明的，则不能在 JSP 声明中使用该变量。

- 不能在脚本中定义方法，但是可以在 JSP 声明中定义自己的方法。

JSP 隐含对象是一个名称，这个名称 JSP 容器可以自动调用。可以在 JSP 页面的脚本或表达式中使用隐含对象，但是不能在声明语句中使用隐含对象。每个隐含对象是指在用户请求一个 JSP 页面期间的一些有意义的属性。

维持会话状态是一个 Web 应用开发人员必须面对的问题，Servlet 提供了一个在多个请求之间持续有效的会话对象，该对象允许用户存储和提取会话状态信息，JSP 技术同样支持 Servlet 中的这个概念。

第15章

JSP 指令、操作与 JavaBean

　　JSP 页面由脚本（Scripting）元素、指令（Directive）元素和动作元素组成。指令是 JSP 页面向 JSP 容器发送的消息，用于辅助 JSP 容器处理页面的翻译。这些指令被 JSP 容器用于导入需要的类、设置输出缓冲区选项及来自外部文件的内容。JSP 指令在翻译阶段处理，而 JSP 操作则在请求阶段处理。JSP 技术规范定义了所有与 Java EE 兼容的 Web 容器必须遵守的一些标准操作，还为 JSP 页面开发自定义操作提供了一个功能强大的框架。这个框架使用 taglib 指令被包含在一个 JSP 页面中。JavaBean 是一种通过封装属性和方法来达到具有处理某种业务能力的 Java 类。在 JSP 页面中使用 JavaBean，不但可以把相关的处理逻辑从繁杂的开发中独立出来，还可以使程序具有良好的可读性和简洁的结构，提高开发效率。

　　本章将首先介绍 JSP 指令和操作，然后在此基础上通过实例阐述在 Oracle JDeveloper 10g 和 OC4J 环境下，使用 JSP 指令与操作开发 Web 应用的原理和方法。最后，分析 JSP 与 JavaBean 之间的关系，通过实例阐述在 JSP 页面中使用 JavaBean 的方法。

15.1　JSP 指令

　　JSP 技术规范定义了以下 3 种指令。
- page：用于提供关于页面的一般信息。例如，使用的脚本语言、内容类型等。
- include：用于包含外部文件的内容。
- taglib：用于导入在标记库中定义的自定义操作。

　　JSP 页面的脚本包含 Java 代码段，当 JSP 容器翻译 JSP 页面时，可以把脚本的代码段直接保存到一个新的 Java 程序中。当用户访问页面时，JSP 容器将执行这个程序中的语句。与脚本不同，指令不包含代码段，指令是一个指示，它告诉 JSP 容器如何将一些代码段组织到一个新的 Java 程序中。一个 JSP 指令的语法格式如下：

```
<%@ directive_name attribute_name=attribute_value ... %>
```

　　指令中的符号"<%@"表示开始，"%>"表示结束。"<%@"符号之后要写一个名称，这个名称告诉 JSP 容器执行什么类型的指令。在指令名的后面，可以有一个或多个属性名和值对。每个指令名可以支持某些固定的属性名，每个属性名有一个合法的值集合——属性值，属性值总是用单撇号或双撇号括起来。page 指令的作用域对整个页面有效，而与书写位置无关，一般习惯上把 page 指令写在 JSP 指令的最前面。

15.1.1　page 指令

page 指令定义了整个 JSP 页面的一些属性和这些属性的值，以便在翻译阶段由 JSP 容器使用。例如，可以使用 page 指令来定义一个 JSP 页面的 ContentType 属性的值是"text/html; charset="GBK"，这样页面就可以显示标准的中文。page 指令的语法格式如下：

```
<%@ page
[language="java"]
[extends="package.class"]
[import="package.class|package.*,..."]
[errorPage="relativeURL"]
[session="true|false"]
[info="text"]
[contentType="mimeType{;character=charsetSet}"|"text/html;charset=ISO-8859-1"]
[isThreadSafe="true|false"]
[buffer="none|8kb|size kb"]
[autoFlush="true|false"]
[isErrorPage="true|false"]
%>
```

1．language 属性

language 属性定义了 JSP 页面使用的脚本语言，目前的取值只能为 Java。为这个属性指定其值的语法格式如下：

```
<%@ page language="java"%>
```

上述声明将告诉 JSP 容器，JSP 页面的所有声明、脚本和表达式中的代码都是使用 Java 语言编写的。language 属性的默认值是 Java，即使没有在 JSP 页面中使用 page 指令指定这个属性值，JSP 页面也默认有上述 page 指令存在。

2．extends 属性

extends 属性定义了要继承的 Java 类的名称。JSP 页面如果没有要继承的类，则不需要设置 extends 属性。在 JSP 页面中一般不设置 extends 属性，原因在于这需要指明要继承的类，JSP 容器要额外花费时间查找，然后才能进行处理。extends 属性的语法格式如下：

```
<%@ page extends="要继承的类" %>
```

3．import 属性

import 属性定义了 JSP 页面要导入的包。下面是 JSP 页面默认已经导入的包：

```
java.lang.*, javax.servlet.jsp*, javax.servlet.http.*
```

即使 JSP 页面没有定义 import 属性，上述包也会被自动插入 JSP 页面的适当位置。

如果需要导入多个包，则可以使用 "," 作为分隔符。当为 import 属性指定多个属性值时，JSP 容器将把 JSP 页面翻译成.java 文件，在该文件中会有如下 import 语句：

```
import java.lang.*;
import java.servlet.*;
import java.servlet.jsp.*;
import java.servlet.http.*;
```

在一个 JSP 页面中，也可以使用多个 page 指令指定属性及其值。需要注意的是，可以使用多个 page 指令为 import 属性指定多个值，而对于其他属性，则只能使用一次 page 指令为该属性指定一个值。示例如下：

```
<%@ page contentType="text/html";charset=GBK" %>
<%@ page import="java.util.*" %>
<%@ page import="java.util.*","java.awt.*" %>
```

4．errorPage 与 isErrorPage 属性

errorPage 属性定义了当 JSP 页面处于客户端请求期间，如果 JSP 页面在执行过程中发生异常所要传送的网页。需要注意的是，错误提示页面和产生错误的网页必须保存在同一服务器的相关目录中。isErrorPage 属性用于判断当前页面是否为错误提示页面。当属性值为 true 时，表示当前页面是错误提示页面，并控制异常对象。它的默认值是 false。当属性值为 false 时，无法控制异常对象。

下面通过一个网上订购表单的 Web 应用实例来说明上述属性的用法。在 Oracle JDeveloper 10g 中创建工作区 ch15.jws，在该工作区中创建一个工程文件 orderForm.jpr，在该工程文件中创建一个 HTML 文件 orderForm.html、两个 JSP 页面文件 processOrder.jsp 和 orderError.jsp，以及一个部署描述符文件 orderForm.deploy。orderForm.html 页面的源代码如下：

```
1.  <HTML><HEAD>
2.  <META HTTP-EQUIV="Content-Type" CONTENT="text/html; charset=GB2312">
3.  <TITLE>订购表单</TITLE></HEAD>
4.  <BODY><CENTER><H2>订购表单</H2>
5.  <FORM action="processOrder.jsp" name=orders>
6.  <TABLE border=1><TR><TH>商品名称</TH><TH>购买数量</TH><TH>商品单价</TH></TR>
7.    <TR><TD>高级衬衫</TD>
8.      <TD><INPUT type="text" name="t_shirts" value="0" size="16"></TD>
9.      <TD>175.00 人民币</TD>
10.   </TR>
11.   <TR><TD>高级礼帽</TD><TD><INPUT type="text" name="hats" value="0" size="16"></TD>
12.      <TD>120.00 人民币</TD>
13.   </TR></TABLE><P>
14. <INPUT type="submit" value="确定购买">
15. <INPUT type="reset" value="重新选购">
16. </FORM></CENTER>
17. </BODY></HTML>
```

orderForm.html 页面的执行结果如图 15.1 所示。

订购表单

商品名称	购买数量	商品单价
高级衬衫	33	175.00 人民币
高级礼帽	16	120.00 人民币

图 15.1 orderForm.html 页面的执行结果

如果在"购买数量"文本框中输入了数量，然后单击"确定购买"按钮，则将调用 processOrder.jsp 页面，执行结果如图 15.2 所示。

您购买了如下商品：

高级衬衫数量: 33
人民币: 5775.0

高级礼帽数量: 16
人民币: 1920.0

图 15.2 processOrder.jsp 页面的执行结果

processOrder.jsp 页面的源代码如下：

```
1.  <%-- processOrder.jsp --%>
2.  <%@ page contentType="text/html;charset=GB2312" errorPage="orderError.jsp" %>
3.  <HTML><HEAD>
```

```
4.     <META HTTP-EQUIV="Content-Type" CONTENT="text/html; charset=GB2312">
5.     <TITLE>processOrder.jsp</TITLE></HEAD>
6.  <BODY>
7.     <CENTER><H3>您购买了如下商品: </H3>
8.     <% String numTees = request.getParameter("t_shirts");
9.        String numHats = request.getParameter("hats");
10.       double numTees1=Double.parseDouble(numTees)*175.0;
11.       double numHats1=Double.parseDouble(numHats)*120.0;
12.    %>
13. 高级衬衫数量: <%= numTees %><BR>
14. 人民币: <%= numTees1 %><P>
15. 高级礼帽数量: <%= numHats %><BR>
16. 人民币: <%= numHats1 %>
17. </CENTER>
18. </BODY></HTML>
```

如果在任何一个"购买数量"文本框中输入了非整数值，单击"确定购买"按钮，则仍将发送一个请求到 processOrder.jsp 页面。此时，该页面将产生一个 NumberFormatException。这个异常是由 processOrder.jsp 页面的 errorPage 属性调用 orderError.jsp 页面产生的，执行结果如图 15.3 所示。

请在购买数量字段输入一个数字
返回主页面orderForm.html

图 15.3　orderError.jsp 页面的执行结果

orderError.jsp 页面的源代码如下：

```
1.  <%-- orderError.jsp --%>
2.  <%@ page contentType="text/html;charset=GB2312"  isErrorPage="true" %>
3.  <HTML><HEAD>
4.  <META HTTP-EQUIV="Content-Type" CONTENT="text/html; charset=GB2312">
5.  <TITLE>isErrorPage</TITLE></HEAD><BODY>
6.  <% if(exception instanceof NumberFormatException) %>
7.  请在购买数量字段输入一个数字<BR>
8.  返回主页面<A href="orderForm.html">orderForm.html</A>
9.  </BODY></HTML>
```

在 orderError.jsp 页面中，由于设置了 isErrorPage 属性的值为 true，这样就使隐含对象 exception 对该 JSP 页面是可用的。如果没有设置该属性值，则隐含对象 exception 在该 JSP 页面中就不可被调用。

5．session 属性

session 属性定义了一个页面是否参与一个 HTTP 会话。当该属性的值为 true 时，隐含对象命名的会话为 javax.servlet.http.HttpSession，它可以被使用并可以访问页面的当前会话/新会话。当该属性的值为 false 时，该页面不参与一个 HTTP 会话，隐含对象命名的会话对象也是不可以访问的。

6．info 属性

info 属性为 JSP 页面准备了一个有意义的字符串，该属性的值是某个字符串。因为当 JSP 页面被翻译成 Java 类时，这个类是 Servlet 类的一个子类，所以在 JSP 页面中，可以通过使用 Servlet 类的 getServletInfo()方法来获取 info 属性的值。例如，下面的 JSP 页面程序片段：

```
1.  <% page contentType="text/html;charset=GBK"%>
2.  <%@ page info="作者: 宋波<br>最后更新日期: 2021 年 10 月 01 日" %>
```

```
3.   <HTML><BODY>
4.   <% String s=getServletInfo();
5.     Out.println("<br>"+s); %>
6.   </BODY></HTML>
```

上述 JSP 页面程序片段执行之后将在浏览器上显示如下的 info 属性的值：

作者：宋波
最后更新日期：2021 年 10 月 01 日

7．contentType 属性

contentType 属性定义了 JSP 页面的字符编码和响应信息的 MIME（Multipurpose Internet Mail Extension，多用途 Internet 邮件扩展）类型。通过使用该属性，可以告知浏览器如何对导入的页面进行操作，以及如何解释页面中的字节。浏览器是根据页面的 MIME 类型对从服务器传送过来的页面进行分类的。MIME 是一个两部分的分类系统，可以先指定页面的类型，再指定页面的子类型。例如，如果传送一个 MIME 类型的图像 image/gif，则浏览器就能够识别该图像类型并正确地显示出该图像。如果用户没有创建一个 contentType 属性，则 JSP 容器提供的默认值是<%@ page contentType="text/html; charset=ISO-88591-1" %>。类型 text/html 告诉客户端浏览器按照字母字符解释收到的数据位，然后在文本中查找 HTML 标记。字符集 ISO-88591 包含了在英文中使用的字符。

8．isThreadSafe 属性

isThreadSafe 属性定义了 JSP 页面是否可以用多线程方式被访问。如果该属性的值为 true，则 JSP 页面能同时响应多个客户端请求；如果该属性的值为 false，则 JSP 页面在同一时刻只能处理响应一个客户端请求，其他客户端请求需要排队等待。这与在一个 Servlet 中实现 javax.servlet.SingleThreadModel 接口相同。该属性的默认值是 true。

9．buffer 属性

buffer 属性定义了对客户端的输出流指定的缓冲存储类型。缓存是一种作为中间存储器使用、预先保留的内存区域，其中的数据只是临时存放。如果该属性的值为 none，则没有缓冲存储操作，所有的输出都将由一个 PrintWriter 类通过 ServletResponse 接口写出。如果指定了一个缓冲区的大小，则表示利用 out 对象进行输出时，并不直接传送到 PrintWriter 对象，而是先经过缓存，再输出到 PriteWriter 对象。

10．autoFush 属性

autoFush 属性定义了当 JSP 页面的所有缓存都已经满时，是否自动将所产生的内容输出到客户端浏览器，该属性的默认值是 true。如果将该属性的值改成 false，则当缓存内容超出其所设定的值的大小时，会产生溢出异常。

15.1.2　include 指令

include 指令通知 JSP 容器在当前 JSP 页面中包含一个资源的内容，并把它嵌入在 JSP 页面中来代替这条指令，指定的文件必须是可访问的和可用的。include 指令的语法格式如下：

```
<%@ include file="FileName" %>
```

在 JSP 页面使用 include 指令时，JSP 容器将把 JSP 页面编译成 Servlet。在编译过程中，include 指令指定的文件将被插入当前 JSP 页面中来执行，最终产生的结果是：Servlet 将两个

文件结合在一起输出在一个 JSP 页面中。需要注意的是，使用 include 指令嵌入的文件不能作为一个独立的网页来执行。

15.2　JSP 操作

JSP 操作是在请求阶段处理，为使客户端或服务器实现某种动作而下达的指令。如果实现操作，则服务器就会按照属性中指定的顺序进行计算，并根据计算结果控制服务器和客户端的动作。JSP 操作可以分为标准操作（Standard Action）和用户自定义操作（User-defined Action）两种类型。标准操作由 JSP 开发商定义，适用于所有 JSP 容器，本书只介绍标准操作。

15.2.1　<jsp:include>与<jsp:param>操作

<jsp:include>操作与 include 指令在用法上相似，都是将包含进来的文件插入 JSP 页面的指定位置。但是，<jsp:include>操作不是在 JSP 页面的编译过程中被插入，而是在 JSP 页面的执行过程中被插入。与 include 指令相同，它不是一个独立的页面，而是作为页面的一个部分发挥作用。<jsp:include>操作的语法格式如下：

```
格式1: <jsp:include page="文件的相对路径" flush="true" />
格式2: <jsp:include page="文件的相对路径" flush="true" />
       <jsp:para name="参数名" value="参数值" />
       </jsp:include>
```

- page：指要包含进来的文件位置或经过表达式计算出的相对路径。
- flush：可选属性，默认值为 false。如果该属性的值为 true，则输出流中的缓冲区将在包含的内容执行之前被清除。

<jsp:param>操作被用来以"名—值"对的形式为其他标签提供附加信息，常与<jsp:include>、<jsp:forward>、<jsp:plugin>一起使用。<jsp:param>操作的语法格式如下：

```
   <jsp:param name="paramName" value="paramValue"/>
```

15.2.2　<jsp:forward>操作

<jsp:forward>操作允许把请求转发到另一个 JSP 页面、Servlet 或一个静态资源。但是当开发人员想要根据截获的请求把应用程序分成不同的视图时，这种做法非常有效。

<jsp:forward>操作的语法格式如下：

```
格式1: <jsp:forward page="前一页面" />
格式2: <jsp:param name="参数名" value="参数值" />
      </jsp:forward>
```

请求被转发到的资源必须与这个请求的 JSP 页面位于相同的 Web 应用上下文环境中。当前 JSP 页面的运行在遇到一个<jsp:forward>标志时会停止，缓冲区被清除，并且请求会被修改以接收任何附加指定的参数。

在 ch15.jws 中创建一个工程文件 forward.jpr，在该工程文件中创建一个 HTML 文件 forward.html、两个 JSP 页面文件 forward1.jsp 和 forward2.jsp，以及一个部署描述符文件 forward.deploy。

forward.html 页面用于构建表单，发送一个 POST 请求给 forward1.jsp 页面，其源代码如下：

```
1.  <HTML>
2.  <HEAD><META HTTP-EQUIV="Content-Type" CONTENT="text/html; charset=GB2312">
```

```
3.  <TITLE>Forward action test page</TITLE></HEAD>
4.  <BODY><H2>Forward action test page</H2>
5.  <FORM method="post" action="forward1.jsp">
6.  <P>输入姓名:
7.  <INPUT type="text" name="userName">
8.  <BR>输入密码:
9.  <INPUT type="password" name="password">
10. </P>
11. <P><INPUT type="submit" value="Login"></P>
12. </FORM>
13. </BODY></HTML>
```

forward.html 页面的执行结果如图 15.4 所示。

图 15.4　forward.html 页面的执行结果

forward1.jsp 页面用于检查输入的用户名和密码是否正确。如果正确，则把请求转发给 forward2.jsp 页面；如果错误，则使用 include 指令再次向用户显示登录界面。forward1.jsp 页面的源代码如下：

```
1.  <%-- forward1.jsp --%>
2.  <%@ page contentType="text/html;charset=GB2312"%>
3.  <% request.setCharacterEncoding("GB2312");
4.  if((request.getParameter("userName").equals("宋波")) &&
5.  (request.getParameter("password").equals("songbo"))) {
6.  %>
7.  <jsp:forward page="forward2.jsp" />
8.  <%} else {%>
9.  <%@ include file="forward.html" %>
10. <%} %>
```

forward1.jsp 页面的执行结果如图 15.5 所示。

图 15.5　forward1.jsp 页面的执行结果

forward2.jsp 页面是为登录成功的用户显示的一个欢迎界面。由于原始的包含表单参数的请求已经转发到了该 JSP 页面，因此可以使用请求对象来显示这个用户的名字。forward2.jsp 页面的源代码如下：

```
1. <%-- forward2.jsp --%>
2. <%@ page contentType="text/html;charset=GB2312"%>
3. <HTML><HEAD>
4. <TITLE>Forward action test: Login successful</TITLE></HEAD>
5. <BODY><H2>Login successful!</H2>
6. <% request.setCharacterEncoding("GB2312"); %>
7. <P>Welcome, <%= request.getParameter("userName") %></P>
8. </BODY></HTML>
```

15.3　JSP 与 JavaBean

JavaBean 是一个可重复使用、跨平台的软件组件。一般可以分为有用户界面与没有用户界面两种类型的 JavaBean。通常与 JSP 页面配合使用的是没有用户界面的 JavaBean，其在 JSP 页面中主要用于处理一些诸如数据运算、数据库链接和数据处理等方面的事务。

JavaBean 事实上就是 Java 类。只是这种 Java 类的设计要遵循 Sun 公司制定的 JavaBean 规范文档中的约定。JavaBean 中定义的属性和方法，对于其他的 Java 类来说同样是可用的。一个标准的 JavaBean 通常必须遵守以下几项规范：

- JavaBean 是一个 public 类。
- JavaBean 拥有一个不需要导入参数的构造方法。
- JavaBean 中的每个属性（Property）必须定义一组 getXX()和 setXX()方法，以便存取它的属性值。getXX()和 setXX()方法的名称必须遵循 JavaBean 的命名规则（如果属性名为 name，则方法名应该是 setName()与 getName()）。

下面是一个用于定义雇员的 JavaBean 的示例：

```
1.   public class employeeBeans {
2.       String name;
3.       String address;
4.       public employeeBeans() {}
5.       public String getName() {return name;}
6.       Public void sctName(String newName) {name=newName;}
7.       public String getAddress() {return address;}
8.       public void setAddress(String newAddress) {address=newAddress;}
9.   }
```

15.3.1　JavaBean 的存取范围

在 JSP 页面中创建 JavaBean 时，可以使用<jsp:useBean>元素的 scope 属性设定 JavaBean 的存取范围，如表 15.1 所示。

表 15.1　JavaBean 的存取范围

JavaBean 的存取范围	描　　述
application	Web 应用的所有 JSP 页面都可以存取 JavaBean；此时，该 JavaBean 相当于 ServletContext 对象的属性
session	在相同的 HTTP 会话中可以存取该 JavaBean；此时，该 JavaBean 相当于 HttpSession 对象的属性
request	该 JavaBean 相当于 ServletRequest 对象的属性
page	只有在当前的 JSP 页面中可以存取该 JavaBean；此时，该 JavaBean 相当于 PageContext 对象的属性

15.3.2　使用 JavaBean

为了在 JSP 页面中使用 JavaBean，JSP 技术规范定义了 3 种标准操作与 JavaBean 进行交互。

1．<jsp:useBean>操作

如果要使用 JavaBean，就要通知 JSP 页面。<jsp:useBean>操作可以生成或在指定范围发现一个 Java 对象，该对象在当前 JSP 页面中还可以作为一个脚本变量使用。它的作用就是定义生成和使用 JavaBean 的上下文环境，即定义 JavaBean 的名称、类型和适用范围。<jsp:useBean>操作包括如下 5 个属性。

- id：在 JSP 页面内引用 JavaBean 的变量名称。
- scope：JavaBean 的存取范围，可以是 application、session、request、page，默认值是 page。
- class：JavaBean 的类名称。
- beanName：JavaBean 的名称。
- type：id 属性值的变量名称。

<jsp:useBean>操作的语法格式如下：

```
<jsp:useBean id="变量名称" scope="存取范围" 类型说明 />
```

其中，"类型说明"是 class、beanName 与 type 这 3 种属性的组合，分为以下几种。

- class：JavaBean 的类名称。
- class：JavaBean 的类名称，type：变量类型。
- type：变量类型，class：JavaBean 的类名称。
- type：变量类型，beanName：JavaBean 名称。
- type：变量类型。

以下是该操作的示例：

```
<jsp:useBean id="employee" class="employeeBeans" scope="page" />
```

该示例在 JSP 页面内创建了一个 employeeBeans 的对象实例，可以通过变量 employee 存取该 JavaBean，存取范围是当前 JSP 页面。

2．<jsp:setProperty>操作

创建 JavaBean 对象实例后，可以使用以下两种方式初始化 JavaBean 的属性值：

- 调用 JavaBean 的 setXX()方法。
- 使用<jsp:setProperty>操作。

以下是使用 JavaBean 的 setXX()方法设置其属性值的示例：

```
<jsp:useBean id="employee" class="employeeBeans" scope="page" />
<% employee.setName(request.getParamter("name"));
   employee.setAddress(request.getParamter("Address"));
%>
```

使用<jsp:setProperty>操作也可以设置 JavaBean 的属性值，它包含以下 4 个属性。

- name：JavaBean 变量名称（由<jsp:useBean>操作中的 id 属性指定）。
- property：要设定的 JavaBean 属性名称。
- param：HTTP 请求所传递的参数。
- value：要设定的 JavaBean 属性值。

以下的示例由于没有指定 param 属性，所以 property 属性必须和 ServletRequest 对象的参数名称（HTML<FORM>标签所传递的参数）相同。此时，JSP 容器会自动从 HTTP 请求（ServletRequest 对象）中找出 name 的参数值，存入 JavaBean 的 name 属性。代码如下：

```
<jsp:setProperty name="employee" property="name" />
```

如果 HTML<FORM>标签所传递的参数名称是 employeeName，而 JavaBean 的属性名称为 name，则应该使用下列方式设置 name 的属性值：

```
<jsp:setProperty name="employee" property="name" param="employeeName" />
```

也可以使用 value 属性设置 JavaBean 的属性值。例如，以下的示例：

```
<jsp:setProperty name="employee" property="name" value="smith" />
```

3．JavaBean 的自省机制

在 JSP 页面内进行 JavaBean 的初始化时，如果 HTML<FORM>标签所传递的参数太多，则可以使用 property="*"一次设定 JavaBean 的所有属性。例如，以下的示例：

```
<jsp:useBean id="employee" class="employeeBeans" />
<jsp:setProperty name="employee" property="*" />
```

进行这样的设置的前提条件是 HTML<FORM>标签所传递的参数名称与 JavaBean 的属性名称完全对应（数量与名称完全一致）。

4．<jsp:getProperty>操作

JavaBean 经过初始化后，就可以在 JSP 页面中存取它的属性值。可以使用 JavaBean 本身提供的 getXX()方法取得 JavaBean 的属性值。例如，以下的示例：

```
雇员姓名: <%= employee.getName() %>
```

使用<jsp:getProperty>操作也可以获取 JavaBean 的属性值。例如，以下的示例：

```
雇员姓名: <jsp:getProperty name="employee" property="name" />
```

该操作用于获取 JavaBean 的属性值，并且可以将其显示在 JSP 页面中。在使用该操作之前，必须使用<jsp:useBean>操作创建一个 JavaBean 的对象实例。name 属性是指定义于<jsp:useBean>操作中的 id 属性，即 JavaBean 对象实例的名称。property 属性是指 JavaBean 对象实例中的变量名称。

15.3.3　JavaBean 在 JSP 中的应用

下面以一个教材订购表单为例，说明 JavaBean 在 JSP 中的应用。

用户在如图 15.6 所示的页面中输入教材的订购信息后，单击"发送"按钮，订购数据就会通过 JSP 页面被发送到 JavaBean。然后，JavaBean 就会对这些数据进行处理，并将处理结果返回给 JSP 页面。最后，JSP 页面将处理结果显示在页面中，如图 15.7 所示。

图 15.6　输入教材的订购信息　　　　　　　图 15.7　JSP 页面的处理结果

（1）在 ch15.jws 中创建一个工程文件 bookText.jpr，在该工程文件中创建一个 JavaBean——bookTextBeans.java，其源代码如下：

```
1.  package bookTextBeans;
2.  public class bookTextBeans {
3.      private String id="";
4.      private String desc="";
5.      private int qty=0;
6.      private double price=0.0;
7.      private String item[]={"", "", Integer.toString(0), Double.toString(0.0)};
8.      public bookTextBeans() { }
9.      public void setId(String id){
10.         this.id=id;
11.     }
12.     public void setDesc(String desc) {
```

```
13.        this.desc=desc;
14.    }
15.    public void setQty(int qty) {
16.        this.qty=qty;
17.    }
18.    public void setPrice(double price) {
19.        this.price=price;
20.    }
21.    public void setItem(String item[]) {
22.        this.item=item;
23.    }
24.    public String getId() {
25.        return id;
26.    }
27.    public String getDesc() {
28.        return desc;
29.    }
30.    public int getQty() {
31.        return qty;
32.    }
33.    public double getPrice() {
34.        return price*qty;
35.    }
36.    public String[] getItem() {
37.        return item;
38.    }
39. }
```

【分析讨论】

- JavaBean 必须包含一个没有参数的构造方法（第 8 行代码）。
- JavaBean 设置对象变量的方法必须取名为 setXX()（第 9～23 行代码）。
- JavaBean 取得对象变量的方法必须取名为 getXX()（第 24～38 行代码）。
- 满足上述条件的 Java 类就可以称为 JavaBean。

（2）创建 HTML 文件 bookText.html。它提供输入界面让用户输入 id（编号）、desc（名称）、price（单价）、qty（数量）等的值，其源代码如下：

```
1.  <HTML><HEAD>
2.  <META HTTP-EQUIV="Content-Type" CONTENT="text/html; charset=GB2312">
3.  <TITLE>bookText.html</TITLE></HEAD>
4.  <BODY>
5.  <H2>教材订购表单</H2>
6.  <FORM action="bookText.jsp" method="post">
7.  教材编号:<INPUT type="text" name="id" size="20"><BR>
8.  教材名称:<INPUT type="text" name="desc" size="38"><BR>
9.  教材单价:<INPUT type="text" name="price" size="10"><BR>
10. 订购数量:<INPUT type="text" name="qty" size="10"><BR>
11. <INPUT type="submit" name="submit" value="发 送">
12. </FORM></BODY></HTML>
```

（3）创建 JSP 页面文件 bookText.jsp，其源代码如下：

```
1.  <%@ page contentType="text/html;charset=GB2312"%>
2.  <HTML><HEAD><TITLE>bookText.jsp</TITLE></HEAD>
3.  <BODY>
4.  <H1>教材订购信息</H1><HR>
5.  <% request.setCharacterEncoding("GB2312"); %>
6.  <jsp:useBean id="bookText" scope="session" class="bookTextBeans.bookTextBeans" />
7.  <jsp:setProperty name="bookText" property="*"/>
```

```
8.  教材编号: <jsp:getProperty name="bookText" property="id"/><BR>
9.  教材名称: <jsp:getProperty name="bookText" property="desc"/><BR>
10. 订购数量: <jsp:getProperty name="bookText" property="qty"/><BR>
11. 总 价 值: <jsp:getProperty name="bookText" property="price"/><BR>
12. </BODY></HTML>
```

【分析讨论】

- 第 6 行代码声明了一个 JSP 操作<jsp:useBean>，它是一个使用 JavaBean 的操作。class 属性说明 JavaBean 的类名称为 bookTextBeans.bookTextBeans。该类名称前仅有包名而没有标出路径，表明 bookTextBeans 类的保存位置由 Web 应用的部署描述符文件来实现。

- session 属性说明该 JavaBean 的有效范围。id 属性声明 bookTextBeans 类所建立的对象实例名称为 bookText，该对象实例对于整个 bookText.jsp 页面都有效，可以直接使用该对象实例的方法取得相应变量的值。

- 第 7 行代码通过 bookText 对象设置 JavaBean 代码中所有数据栏均由用户输入的参数值提供，第 8～11 行代码将取得参数值的 4 个数据栏在页面中显示出来。

（4）创建该 Web 应用的部署描述符文件 bookText.deploy，并将它部署到 OC4J 中。在部署过程中将完成上述创建的各种文件的编译、存储位置的确定及访问的 URL 等工作。

15.4　本章小结

每个 JSP 指令由一个指令名后跟一个或多个属性名和值对组成。JSP 支持 3 种不同的指令：include、page 和 taglib。

- include 指令可以将模板文件代码插入一个或多个 JSP 页面中。

- page 指令可以描述 JSP 页面的一些特性。例如，可以在页面的脚本中应用 Java 语言的导入和异常处理特性，通知页面不参与到一个 HTTP 会话中，或者设置响应的 MIME 类型。

- tablib 指令可以创建自身的标记来扩展 JSP 页面的特性。

在 JSP 页面中插入内容有两种方法：使用 include 指令和<jsp:include>操作。两者的差别如下所述。

- 使用 include 指令时，所有的包含是在翻译时完成的。被包含的页面嵌入包含页面的 Java 代码中，当用户发出请求时，JSP 容器只从一个.java 文件中运行代码。

- 使用<jsp:include>操作时，JSP 容器将包含页面与被包含页面分开。如果被包含页面本身是一个 JSP 页面，则得到两个.java 文件：一个是包含<jsp:include>操作的 JSP 页面，另一个则是被包含的 JSP 页面，而实际的包含操作在请求时完成。对于每个请求，JSP 容器运行要包含页面的.java 文件的代码，而在要包含页面的.java 文件中使用语句来调用在被包含页面的.java 文件中的代码。

- <jsp:forward>操作获得当前请求并把它传送给其他的页面，所有来自以前页面的输出都将被删除，用户看到的只是该请求发出的页面输出。

一个 JavaBean 是一个组件，它的代码遵从 Sun Microsystems 公司的 JavaBean 规范中的描述。这样，在定义一个类时，它的对象可以被其他的代码检查和调用。JavaBean 的属性是它内部核心的重要信息，当一个 JavaBean 被实例化为一个对象时，改变它的属性值就改变了它的状态。而一旦这种状态被改变，常常伴随着一系列的数据处理，使得其他相关的属性值也随着发生变化。例如，一个生产"日历"的 JavaBean，可以通过设定 setYear()和 setMonth()方法来确定它的"年"与"月"的属性值，再通过 getCalendar()方法得到该 JavaBean 的重要属性，当"年"与"月"的属性值发生变化时，将直接导致"日历"的属性值也随之发生变化。

- JavaBean 的值是通过属性获得的，可以通过这些属性来访问 JavaBean 的设置。对 JSP 页面而言，JavaBean 不仅封装了大量有用的信息，还将一些数据处理的程序隐藏在 JavaBean 的内部，从而大大降低了 JSP 页面的复杂度。

- JSP 技术规范定义了一个功能强大的标准操作，通过允许页面开发人员与存储为页面、请求、会话和应用程序属性的 JavaBean 组件进行交互，来把表示和内容分开。

- 如果要使用 JavaBean，就要通知 JSP 页面。<jsp:useBean>操作可以生成或在指定范围发现一个 Java 对象，该对象在当前 JSP 页面中还可以作为一个脚本变量来使用。该操作的作用是定义生成和使用 JavaBean 的上下文环境。如果使用该操作，就可以定义 JavaBean 的名称、类型及使用范围等。

- JavaBean 的属性是一个带有设置方法、获取方法或两者都有的变量，这些方法的名称遵循 JavaBean 的规范描述。

- 一旦使用<jsp:useBean>操作创建一个 JavaBean 的对象实例，就可以在 JSP 脚本中调用该 JavaBean 的方法，还可以使用 <jsp:setProperty>和 <jsp:getProperty>操作来调用 JavaBean 的设置与获取方法。

第 3 篇　Java 数据库开发技术

第16章

Oracle DB XE 基础知识

Oracle DB 11g Express Edition（简称 Oracle DB XE）是基于 Oracle DB 11g 代码库的一种入门级、小体积的数据库服务器产品。基于 Oracle DB XE 开发、部署和分发应用均是免费的，而且它下载快并易于管理。

本章将首先介绍 Oracle DB XE 的主要用途、系统需求、安装方法，分析 Oracle DB XE 的体系结构，然后在此基础上介绍启动和停止 Oracle DB XE 的监听器与数据库服务、连接 Oracle 数据库的方法，最后介绍用它提供的"管理命令器"工具创建 DBA 账号和一般用户账号的方法。

16.1　Oracle DB XE 简介

Oracle DB XE 是 Oracle 公司于 2006 年 2 月推出的小型数据库产品。Oracle DB XE 提供了针对 Windows 和 Linux OS 的产品版，开发人员可以借助已经得到证明的、业界领先的强大基础架构来开发和部署各种应用程序，然后在必要时可以升级到 Oracle DB 10g，而无须进行昂贵和复杂的移植。Oracle DB XE 可以安装在任意大小的计算机上，而计算机中 CPU 的数量是不受任何限制的。更为重要的是，这款技术领先的数据库可以免费开发、部署和分发应用。另一方面，Oracle DB XE 在使用上也有一些限制，主要表现为：在主机上只能使用一个 CPU，最多存储 4GB 的用户数据，主机使用的最大内存为 1GB。

Oracle DB XE 是适用于以下人员的一种优秀入门级数据库：

- 开发 Java、PHP、.Net、C/C++和开放式源代码应用的开发人员。
- 开发 SQL、PL/SQL 应用的开发人员。
- 需要用于培训和部署入门级数据库的 DBA。
- 希望获得可以免费分发的入门级数据库的独立软件供应商和硬件供应商。
- 在课程中需要免费数据库的教育机构和学生。

Oracle DB XE 包括以下 3 个产品。

- Oracle Database 11g Express Edition（Western European）：Oracle DB XE 英文版，该版本

主要针对使用单字节拉丁语系的西方欧洲国家，安装文件名为 OracleXE.exe。

- Oracle Database 11g Express Edition（Universal）：Oracle DB XE 通用版，该版本主要针对使用双字节的国家，包括中国、日本、韩国等，安装文件名为 OracleXEUniv.exe。
- Oracle Database 11g Express Client：Oracle DB XE 客户端软件，适用于所有语言，安装文件名为 OracleXEClient.exe。

16.2　Oracle DB XE 系统需求

Oracle DB XE 可以运行在 Windows 和 Linux OS 上，本书以 Windows 10 Professional OS 作为操作系统介绍 Oracle DB XE 的内容。

Oracle DB XE 的软/硬件系统的需求如下所示。

- System Architecture：Intel(x86)。
- Operating System：Windows XP Professional；Windows 7 Professional；Windows 10 Professional。
- Network：TCP/IP。
- Disk Space：1.2GB。
- RAM：256 MB minimum。
- Microsoft：MSI version 2.0 or later。

Oracle DB XE 可以使用浏览器作为控制台，来实现对各种数据库对象的访问和管理。Oracle DB XE 要求浏览器必须支持 JavaScript、HTML 4.0 和 CSS 1.0 标准。以下的浏览器可以作为 Oracle DB XE 的控制台：

- Microsoft Internet Explorer 6.0 or later。
- Netscape Communicator 7.2 or later。
- Mozilla 1.7 or later。

16.3　安装 Oracle DB XE

Oracle 公司为 Oracle DB XE 创建了一个网站，在该网站上人们可以免费下载 Oracle DB XE 安装文件。

（1）在下载目录下，首先将 OracleXE112_Win64.zip 文件解压缩，然后在解压缩的目录下双击 setup.exe 文件，开始安装 Oracle DB XE，并显示安装初始化界面，如图 16.1 所示。

（2）单击"下一步"按钮，将显示如图 16.2 所示的接受协议界面，选中下方的"我接受本许可协议中的条款"单选按钮，然后单击"下一步"按钮，将显示确定安装目录界面（如目标文件夹选择 E:\oraclexe\），如图 16.3 所示。

（3）单击"下一步"按钮，将显示配置 SYS 和 SYSTEM 两个默认数据库账户的密码界面，输入口令，如图 16.4 所示。然后单击"下一步"按钮，将显示当前初始化配置信息界面，如图 16.5 所示。

图 16.1　Oracle DB XE 安装初始化界面

图 16.2　接受协议界面

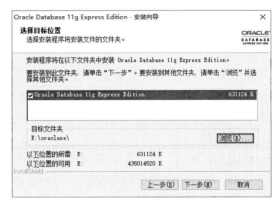

图 16.3　确定安装目录界面

图 16.4　配置默认数据库账户的密码界面

图 16.5　当前初始化配置信息界面

（4）单击"安装"按钮，开始安装 Oracle DB XE，安装进度界面如图 16.6 所示。安装过程主要完成文件复制、启动服务和创建服务等工作。安装完成之后，将会显示完成界面。

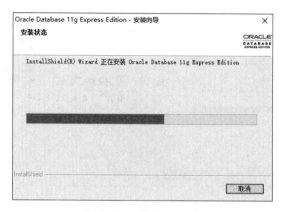

图 16.6　安装进度界面

16.4　Oracle DB XE 体系结构

Oracle DB XE 实际上是指 Oracle 数据库管理系统，它是一个管理数据库访问的计算机软件。Oracle DB XE 由 Oracle 数据库和 Oracle 实例两部分组成。

- Oracle 数据库：是一个操作系统相关文件的集合，Oracle DB XE 用它来存储和管理相关的信息。
- Oracle 实例：也称数据库服务或服务器，是一组 OS 进程和内存区域的集合，Oracle DB XE 用它们来管理数据库的访问。在启动一个与数据库文件关联的实例之前，用户还不能访问数据库。
- 一个 Oracle 实例只能访问一个 Oracle 数据库，而同一个 Oracle 数据库允许多个 Oracle 实例访问。

16.4.1　Oracle 实例

Oracle 实例由系统全局区（System Global Area，SGA）和程序全局区（Program Global Area，PGA）两部分组成，Oracle 实例的体系结构如图 16.7 所示。

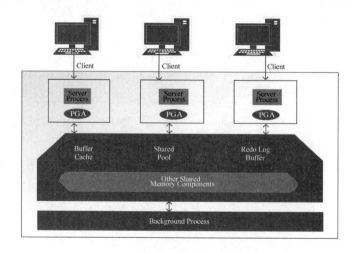

图 16.7　Oracle 实例的体系结构

1．系统全局区

在 Oracle DB XE 中拥有以下进程。

- 用户进程：用户进程是在客户端内存中运行的程序。例如，在客户端上运行的 SQL *Plus、企业管理器等都是用户进程。用户进程用于向服务器进程请求信息。
- 服务器进程：服务器进程是在服务器上运行的程序，接收用户进程发出的请求，并根据请求与数据库通信，完成与数据库的连接操作和 I/O 访问。
- 数据库后台支持进程：数据库后台支持进程负责完成数据库的后台管理工作。

运行在客户端上的用户进程和运行在服务器上的服务器进程是同时进行的，OS 将为这些进程分配专用的内存区域用于它们之间的通信，这个专用的内存区域被称为 SGA（系统全局区）。

在 SGA 中根据功能的不同划分为若干部分，比较重要的有以下 3 个部分。

- Buffer Cache（高速缓冲区）：用于保存从数据文件中读取的数据区块副本或用户已经处理过的数据。设立高速缓冲区的目的是减少访问数据时造成的磁盘读/写操作，进而提高数据处理能力。所有的用户都可以共享高速缓冲区中的数据。
- Shared Pool（共享区）：当数据库接收到来自客户端的 SQL 语句后，系统将会解析 SQL 语句的语法是否正确。在进行解析时需要的系统信息及解析后的结果都将保存在共享区中。如果不同的用户执行相同的 SQL 语句，Oracle 实例便可以直接使用已经解析过的结果，这将大大提高 SQL 语句的执行效率。
- Redo Log Buffer（重置日志缓冲区）：用于记录数据库中所有数据修改的详细信息，这些信息的存储地点称为 Redo Entries，Oracle 实例将适时地把 Redo Entries 写入重置日志文件，以便数据库毁坏时可以进行必要的复原操作。

2．程序全局区

Oracle 实例在运行时将创建服务进程来为用户进程服务。对于每个来自客户端的请求，Oracle DB XE 都会创建一个服务进程来接收这个请求。PGA 是存储区中被单个用户进程所使用的内存区域，是用户私有的，不能共享。PGA 主要用于处理 SQL 语句和控制用户登录等非法信息。

16.4.2　Oracle 数据库

Oracle 数据库是作为一个整体被对待的数据集合，它由物理结构和逻辑结构两部分组成。物理结构是从数据库设计者的角度考察数据库的组成，而逻辑结构是从数据库使用者的角度考察数据库的组成。

1．数据库的物理结构

Oracle 数据库在物理上由数据文件（Data File）、重置日志文件（Redo Log Files）和控制文件 3 类系统义件组成。Oracle 数据库的这些文件为数据库信息提供实际的物理存储。

- 数据文件：每个 Oracle 数据库都有一个以上的物理数据文件。它包括所有的数据库数据，具有逻辑数据库结构（如表、索引等）的数据物理地存放在为数据库分配的数据文件中。
- 重置日志文件：每个 Oracle 数据库都拥有一个重置日志文件组。该组中含有两个以上的重置日志文件，这组重置日志文件被称为数据库重置日志。重置日志由记录组成，每个记录是一个描述数据库的单一基本更改的更改矢量组。重置日志的功能是记录所有对数据的修改。如果由于某种故障致使修改过的数据不能永久写入数据文件，则可以从重置日志获得相应的更改，使所做的工作不会丢失。

- 控制文件：每个 Oracle 数据库都拥有一个控制文件，它包含说明数据库物理结构的条目。例如，数据库名、数据库的数据文件和重置日志文件的名称与位置、数据库的创建时间等。

2. 数据库的逻辑结构

Oracle 数据库的逻辑结构包括表空间、模式和模式对象、段、区、数据块。这些逻辑结构共同规定了数据库的物理表空间是如何被利用的。

- 表空间：每个数据库至少有一个表空间，称为系统表空间。为了便于管理和提高运行效率，系统还自动创建了另外一些表空间。例如，用户表空间供一般用户使用，重做（UNDO）表空间供重做段使用，临时表空间供存放一些临时信息使用。一个表空间只能属于一个数据库。需要注意的是，一个表空间可以对应一个或多个数据文件，而一个数据文件只能属于一个表空间。
- 模式和模式对象：模式是数据库对象的集合，将模式中的数据库对象称为模式对象。模式对象是直接与数据库的数据有关的逻辑结构。例如，表、视图、序列、存储过程、同义词、索引等都是模式对象。一般地，一个模式对象对应一个段，但是利用分区技术时也可以对应多个段。
- 数据块：Oracle 数据库中的数据是按照数据块存储的。数据块对应磁盘上的物理数据库空间的一定数目的字节。在创建数据库时需要为数据库指定数据块的大小。数据库以数据块为单位使用和分配可用的数据库空间。
- 段：段是为某个逻辑结构分配的一组区。有以下一些不同类型的段。
  - 数据段：每个表都有一个数据段。每个表的数据保存在表数据段的某个区中。对于分区表，每个分区有一个数据段。
  - 索引段：每个索引都有一个索引段，用于保存它的所有数据。对于分区索引，每个分区有一个索引段。
  - 回退段：管理员需要为数据库创建一个或多个回退段，用于临时保存"撤销"信息，回退段中的信息用于生成一致性读取数据库的信息，在数据库恢复时，用于回退未提交的用户事务处理。
  - 临时段：在 SQL 语句需要临时工作区来完成所执行的工作时，将创建一个临时段。在该 SQL 语句执行结束后，相应的临时段返回系统以备以后使用。

16.5   启动和停止 Oracle DB XE

Oracle DB XE 在安装完毕后，它的数据库会自动启动。如果不进行设置，以后在启动 Windows OS 时，数据库也会自动启动。数据库启动后，将会占用系统的大量内存和 CPU 资源。如果不想让数据库自动启动，则可以利用 Windows 系统的服务管理工具进行设置，设置方法（基于 Windows 7 系统）如下：

- 选择"开始"→"控制面板"→"系统与安全"→"管理工具"选项，打开管理工具。
- 在管理工具界面中双击"服务"图标。
- 在"服务"界面中选择 Oracle XE 实例并右击，在弹出的快捷菜单中选择"属性"命令，将该服务实例的启动类型设置为"手动"。

　　Oracle DB XE 在安装完毕后，会在"程序"菜单中生成启动数据库、停止数据库等命令，如图 16.8 所示。如果将 OracleServiceXE 实例的启动类型设置为"手动"，则选择"启动数据库"命令将启动数据库。图 16.9 所示为在"命令提示符"窗口中显示的启动信息。

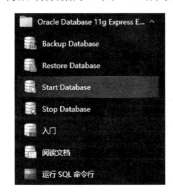

图 16.8　Oracle DB XE 命令菜单　　　　图 16.9　在"命令提示符"窗口中显示的启动信息

16.6　连接 Oracle DB XE

　　Oracle DB XE 提供了一个命令行工具，用于实现与本地或远程数据库的连接。使用方法是：选择"开始"→"程序"→"Oracle Database 11g Express Editor"→"运行 SQL 命令行"命令，打开命令行工具，输入如图 16.10 所示的命令。

图 16.10　Oracle DB XE 命令行工具

16.7　Oracle Application Express

　　Oracle DB XE 使用浏览器作为控制台。利用这个可视化工具，可以方便地实现对 Oracle 数据库安全策略方面的管理。在如图 16.11 所示的命令菜单中选择"入门"命令，就可以启动 Oracle DB XE 控制台界面，如图 16.12 所示。

图 16.11　选择"入门"命令

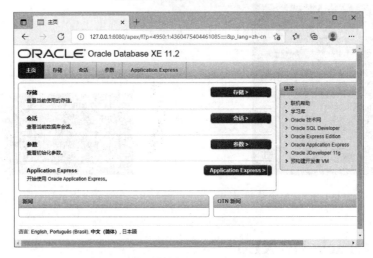

图 16.12　Oracle DB XE 控制台界面

　　单击右侧的"Application Express>"按钮，将显示如图 16.13 所示的界面，输入如图 16.13 所示的用户名和密码（安装时设置的密码），单击"Login"按钮，将进入如图 16.14 所示的"Application Express"窗口。

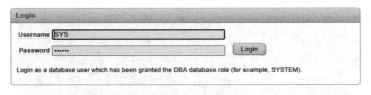

图 16.13　登录界面

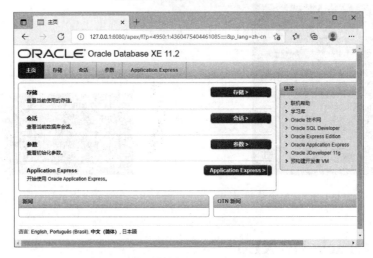

图 16.14　"Application Express"窗口

输入如图 16.14 所示的相应参数，单击"Create Workspace"按钮，将显示如图 16.15 所示的窗口。

图 16.15　创建工作区 SONGBO

单击"请单击此处登录"文字链接，将显示如图 16.16 所示的窗口。

图 16.16　输入工作区和身份证明

单击"登录"按钮，将显示如图 16.17 所示的窗口。

图 16.17　"工作区 SONGBO"窗口

16.8　本章小结

　　本章主要介绍了在 Windows OS 上安装 Oracle DB XE 的方法和过程。为了加深读者的理解，详细阐述了构成 Oracle DB XE 体系结构的 Oracle 实例和 Oracle 数据库的基本概念。接着介绍了启动和停止 Oracle DB XE 的监听器与数据库服务、连接 Oracle 数据库的方法。

　　Oracle DB XE 是一个多用户的 DBMS（Database Management System，数据库管理系统）。为了向用户提供数据库的访问，DBA（DataBase Administrators，数据库管理员）必须为用户创建一个数据库用户账号和工作区。Oracle DB XE 提供了 Web 浏览器作为实现这些操作的可视化工具，极大地简化了这些操作的复杂性。

第17章

Oracle DB XE 模式对象

SQL 是英文 Structured Query Language 的缩写，中文含义为结构化查询语言。根据 ANSI（American National Standards Institute，美国国家标准协会）的规定，SQL 被作为 RDBMS（Relational Database Management System，关系型数据库管理系统）的标准语言。SQL 的主要功能是同各种数据库建立连接、进行沟通。Oracle DB XE 提供的"对象浏览器"提供了对 SQL 命令进行可视化操作的环境，即使不使用 SQL 命令，也可以完成其对应的功能。本章将首先介绍 Oracle DB XE 模式对象的相关概念，然后介绍如何使用 Oracle DB XE 的"对象浏览器"创建和维护表数据。

17.1 SQL 概述

目前，绝大多数流行的关系型数据库管理系统（如 Oracle、IBM DB2、Sybase、SQL Server 等）都采用了 SQL 语言标准。虽然很多数据库都对 SQL 语句进行了再开发和扩展，但是标准的 SQL 命令仍然可以被用于完成几乎所有的数据库操作。SQL 是一种介于关系代数与关系演算之间的结构化查询语言。SQL 可以分为两类，即数据定义语言（DDL）和数据控制语言（DML）。

DDL 是 SQL 中用于定义数据库中数据结构的语言，可以完成如下任务：创建、删除、更改数据库对象，为数据库对象授权，以及回收已经授权给数据库对象的权限。DML 用于在数据库中操纵数据，而非定义数据，可以完成如下任务：查找、插入、删除数据信息，更改数据信息，以及永久写入数据信息。

17.2 数据库模式对象

Oracle 数据库用表、行（记录）、列（字段或属性）等来组织和存储数据。一个 Oracle 数据库由多个表组成。数据库、表、列都有自己的名称。列除了名称，还有数据类型和长度等属性。表 17.1 所示为 Oracle 数据库中部分常用的数据类型。

表 17.1　Oracle 数据库中部分常用的数据类型

类 型 名 称	类 型 说 明
CHAR(length)	存储固定长度的字符串。参数 length 指定了字符串长度，最大长度为 2000 个字符。如果要存储的字符串的长度较小，就在末尾填充空格

续表

类 型 名 称	类 型 说 明
VARCHAR2(length)	存储可变长度的字符串，即使字符串的长度较小，也不用填充空格
DATE	存储日期和时间，存储格式是 4 位的年、月、日、小时、分和秒
INTEGER	存储整数
BINARY_FLOAT	存储一个单精度的 32 位浮点数
BINARY_DOUBLE	存储一个双精度的 64 位浮点数
NUMBER(precision, scale)	存储浮点数，也可以存储整数。参数 precision 是这个数字可以使用的最大位数（包括小数点前后的位数），参数 scale 是小数点右边的最大位数。Oracle 支持的最大精度是 38 位。如果没有指定参数 precision，也没有指定参数 scale，则可以存储 38 位精度的数字

在 Oracle 数据库中，大量的数据和程序逻辑都是以对象的形式组织的。组织数据的对象有表、索引、序列等，组织程序逻辑的对象有存储过程、触发器等。每个数据库应用程序都是建立在一组相关数据库对象基础之上的。

任何通过 SQL 的 CREATE 语句创建的数据库项都可以视为数据库对象。例如，表、索引、触发器、PL/SQL 程序包、视图、存储过程、用户、角色等都是数据库对象。为了更好地理解、管理和运用种类繁多的数据库对象，Oracle 引入了模式的概念，试图从逻辑上对各种对象进行组织。

1. 模式

在 Oracle 数据库中，模式（Schema）是组织相关数据库对象的一个逻辑概念，与数据库对象的物理存储无关，是数据库中存储数据的一个逻辑表示和描述。

在 Oracle 数据库中，每个用户都拥有唯一的一个模式。创建一个用户就创建了一个同名的模式，模式与数据库用户之间是一一对应的关系。在默认情况下，一个用户创建的所有数据库对象均存储在自己的模式中。当用户在数据库中创建了一个对象后，这个对象默认地属于这个用户的模式。当用户访问自己模式中的对象时，在对象名前可以不添加模式名。但是，如果其他用户要访问该用户模式中的对象，则必须在对象名前添加模式名。

2. 模式对象和非模式对象

Oracle 数据库中的所有对象分为模式对象和非模式对象两类。能够包含在模式中的对象称为模式对象。Oracle 数据库中有许多类型的对象，但并不是所有的对象都可以组织在模式中。可以组织在模式中的对象有表、索引、触发器、数据库链接、PL/SQL 程序包、序列、同义词、视图、存储过程/函数、Java 类等。有一些不属于任何模式的数据库对象称为非模式对象，如表空间、用户账号、角色、概要文件等。

3. CREATE TABLE 命令

CREATE TABLE 命令用于创建表，该命令的一般语法格式如下：

```
CREATE TABLE [<模式名>.]<表名>
(<字段名> <类型(长度)> [<字段约束>] [, <字段名> <类型(长度)> [<字段约束>] ... ],
[CONSTRAINT <约束名> <约束类型>(字段[, ...])],
[CONSTRAINT <约束名> <约束类型>(字段[, ...])])
[TABLESPACE <表空间名>]
```

- CREATE：为创建关键字，TABLE 为表的关键字。
- CONSTRAINT：指定表级约束。如果某个约束只作用于单个字段，则可以在字段声明中定义字段约束。如果某个约束作用于多个字段，则必须使用 CONSTRAINT 来定义表级约束。

- 在定义非空字段时，需要在字段后标明 NOT NULL，如 name char(8) NOT NULL。
- 在定义字段的默认值时，需要在字段后标明 DEFAULT <默认值>，如 score number(6,1) DEFAULT 500.0。
- PRIMARY：主属性约束，它能保证主属性的唯一性和非空性，在表中是唯一的。在定义 PRIMARY 类型的字段约束时，需要在该字段后标明 PRIMARY KEY。而在定义 PRIMARY 类型的表级约束时，其语法格式如下：

```
CONSTRAINT <约束名> PRIMARY KEY(主键字段列表)
```

其中，主键字段列表中各字段之间用“,”隔开。示例如下：

```
t_no char(8) PRIMARY KEY
--定义字段t_no、course_no为表级约束，约束名为tc_pri
CONSTRAINT tc_pri PRIMARY KEY(t_no, course_no)
```

- UNIQUE：唯一性约束，用于限定字段取值的唯一性，一般用在非主属性上。

Oracle DB XE 可以使用浏览器作为控制台，来实现对各种数据库对象的访问和管理。Oracle DB XE 要求浏览器必须支持 JavaScript、HTML 4.0 和 CSS 1.0 标准。以下的浏览器可以作为 Oracle DB XE 的控制台：

- Microsoft Internet Explorer 6.0 or later。
- Netscape Communicator 7.2 or later。
- Mozilla 1.7 or later。
- Firefox 1.0 or later。

17.3　创建表

启动 Oracle DB XE 控制台界面。登录 Oracle DB XE，然后选择"SQL 工作室"→"对象浏览器"选项，将显示创建数据库对象的界面，如图 17.1 所示。

图 17.1　"对象浏览器"界面

创建以下两个数据表，如表 17.2 和表 17.3 所示。

表 17.2　部门表（DEPARTMENT）

序　　号	数　据　类　型	功　能　描　述
1	DEPT_ID	部门代码，主键
2	DEPT_NAME	部门名称
3	DEPT_LOCATION	部门地址
4	DEPT_NUM	部门员工人数

表 17.3　员工表（EMPLOYEE）

序　　号	数　据　类　型	功　能　描　述
1	EMP_ID	员工代码，主键
2	EMP_NAME	姓名
3	DEPT_ID	员工所属部门代码，外键
4	EMP_AGE	员工年龄
5	EMP_JOB	职务
6	EMP_SALARY	薪水

下面以创建部门表为例，介绍用对象浏览器创建一个数据表的具体操作步骤和方法。

1）定义表的列

图 17.2 所示为定义表的列信息的界面。

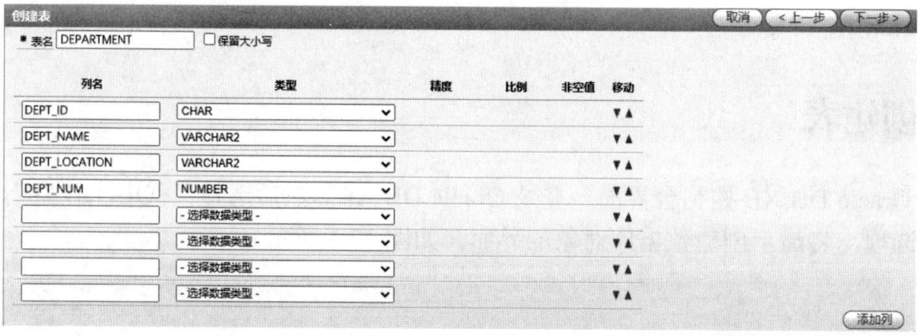

图 17.2　定义表的列信息的界面

- 表名：表的名称，在同一模式下是唯一的。
- 列名：列的名称，在同一个表中是唯一的。
- 类型：列的数据类型。
- 精度：列的长度。
- 比例：小数位数，针对数值型的列而言，指小数点后的位数。
- 非空值：是否为空，要定义的列是否允许为空值。
- "移动"图标：单击向下方的实心三角形图标将删除下一列，单击向上方的实心三角形图标将删除上一列。
- "添加列"按钮：在界面所示的列文本域都使用完的情形下，单击"添加到"按钮，将在界面中添加一列。

2）定义表的主键

主键允许对表中的每一行进行唯一标识，如图 17.3 所示。如果选中"无主键"单选按钮，则表示不创建主键；如果选中"从新序列填充"单选按钮，则将提示输入新序列的名称；如果选中"从现有序列填充"单选按钮，则将提示选择序列；如果选中"未填充"单选按钮，则表示不填充主键。这是定义组合主键的唯一方法，组合主键是多列组成的主键。

图 17.3　创建表的主键的界面

3）定义表的外键

图 17.4 所示为定义表的外键的界面。"名称"为外键的名称。"选择键列"列表框提供了可供选择做外键的列。"引用表"下拉列表则用于选择与外键相关联的表。DEPARMENT 表不需要外键。

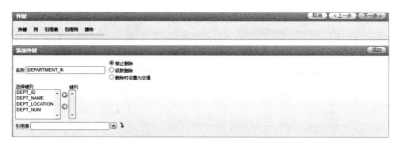

图 17.4　定义表的外键的界面

4）定义检查（Check）和唯一性（Unique）约束

图 17.5 所示为定义检查和唯一性约束的界面。

图 17.5　定义检查和唯一性约束的界面

在如图 17.5 所示的界面中，可以在文本域中输入"检查和唯一性约束表达式"，并在"名称"文本框中输入它的名称。单击"可用列"图标，将显示可选择的检查和唯一性约束的列。单击"检查约束条件示例"图标，将显示示例表达式。

5）创建表

单击"创建"按钮，将显示如图 17.6 所示的界面。在文本区域中显示了创建表的 SQL 命令。这样就完成了创建表的工作，如图 17.7 所示。

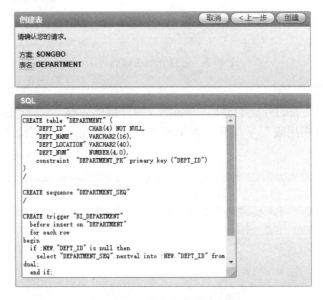

图 17.6　创建表命令完成界面

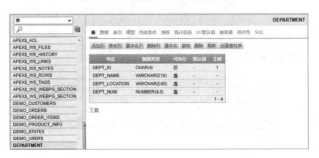

图 17.7　创建完成的部门表

按照同样的方法创建员工表，如图 17.8 所示。

图 17.8　创建完成的员工表

17.4　维护表结构

表创建完成之后，选择"对象浏览器"→"浏览表 department"命令，将显示维护表结构的界面，如图 17.9 所示。

在维护表结构的界面中，可以完成"添加列"、"修改列"等一系列操作。例如，用鼠标左键单击"添加列"按钮，将显示如图 17.10 所示的界面。

图 17.9　创建完成的 EMPLOYEE 表　　　　图 17.10　添加列的界面

17.5　输入和修改表数据

选择某一数据表（如 DEPARTMENT 表），然后选择"数据"选项卡，将显示输入、查询和修改表数据的界面，如图 17.11 所示。

图 17.11　输入、查询和修改表数据的界面

在如图 17.11 所示的界面中单击"插入行"按钮，将显示如图 17.12 所示的界面，输入具体数据。数据输入完成后的表如图 17.13 所示。

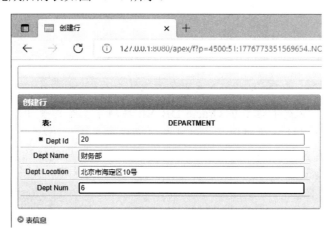

图 17.12　创建行的界面

编辑	DEPT_ID	DEPT_NAME	DEPT_LOCATION	DEPT_NUM
📝	10	人力资源部	沈阳市皇姑区16号	10
📝	20	财务部	北京市海定区10号	6
📝	30	销售部	上海市浦东区16号	33
📝	40	采购部	上海市浦东区16号	20
📝	50	广告部	北京市海定区10号	6
				行 1 - 5 (共 5 行)

图 17.13　数据输入完成后的表

在如图 17.13 所示的界面中，单击第 3 行记录左侧第 1 列的"编辑"图标，将显示如图 17.14 所示的修改该条记录的界面。

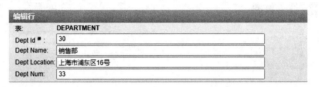

图 17.13　修改一条记录的界面

参照上面的步骤，为 EMPLOYEE 表输入数据，如图 17.15 所示。

编辑	EMP_ID	EMP_NAME	DEPT_ID	EMP_AGE	EMP_JOB	EMP_SALARY
📝	101	王一鸣	10	27	资料员	2000
📝	200	魏明	20	26	经理	5000
📝	202	高伟	20	24	计划员	2600
📝	400	张义民	40	27	经理	4200
📝	100	宋晓波	10	30	部长	6600
📝	501	宋理民	50	28	会记师	4500
📝	201	金昌	20	29	采购员	3000
📝	300	高一民	30	26	经理	5000
📝	301	万一民	30	24	采购员	3000
📝	401	张波	40	26	计划员	2600
📝	500	张晓明	50	36	经理	5600
						行 1 - 11 (共 11 行)

图 17.15　输入数据后的 employee 表

17.6　本章小结

本章主要介绍了 SQL 语言的基础，着重于 SQL 语言的语法规范，该规范是所有关系型数据库的共同语言规范。重点介绍了在 Oracle DB XE 环境下，如何使用对象浏览器提供的向导式界面创建和维护表。通过具体的操作步骤展示了在数据库中的操作。另外，对象浏览器还提供了索引、授权、触发器等数据库对象，以及完整性约束等向导式操作界面，为开发人员创建和维护它们带来了极大地便利。

第18章

用 SQL 访问 Oracle DB XE

Oracle DB XE 的对象浏览器提供了对 SQL 命令进行可视化操作的环境，而 SQL 命令器工具则提供了直接使用 SQL 命令、PL/SQL 命令、存储过程/函数等的命令行执行环境。本章将首先介绍 SQL 函数和操作符，然后介绍如何使用 Oracle DB XE 提供的 SQL 命令器工具实现 SQL 的数据操作功能，即对存储在数据库中的数据进行查询、输入、更新、删除等操作。

18.1 SQL 函数

Oracle 数据库的 SQL 主要包括以下一些函数：数值型函数、字符型函数、日期型函数、转换函数和聚集函数。本节主要介绍这些函数的基本用法。

18.1.1 数值型函数

数值型函数接收的是 number 类型的参数，返回的是 number 类型的数值。Oracle 数据库中常用的 SQL 数值型函数如表 18.1 所示。

表 18.1 Oracle 数据库中常用的 SQL 数值型函数

函　　数	函数返回值
ceil(x)	大于或等于数值 x 的最小整数值
floor(x)	小于或等于数值 x 的最大整数值
mod(x,y)	x 除以 y 的余数；如果 y=0，则返回 x
power(x,y)	x 的 y 次幂
round(x [,y])	如果 y>0，则四舍五入保留 y 位小数；如果 y=0，则四舍五入保留整数；如果 y<0，则从整数的个位向左算起，使 y 位为 0，四舍五入保留数值
sign(x)	如果 x<0，则返回-1；如果 x=0，则返回 0；如果 x>0，则返回 1
sqrt(x)	x 的平方根
trunc(x [, y])	如果 y>0，则截尾到 y 位小数；如果 y=0，则截尾到整数；如果 y<0，则从整数的个位向左算起，使 y 位为 0，数值截尾到 y 位

数值型函数的示例如下所述。

- ceil(16.3)：返回大于 16.3 的整数，结果为 17。
- round(15.6,-1)：y 为-1，从整数的个位向左算起使 1 位为 0，即个位为 0，数值四舍五入，个位 6 进位，结果为 20。

- trunc(15.6,-1)：y 为-1，从整数的个位向左算起使 1 位为 0，即个位为 0，数值截尾到个位，个位 5 被截尾，结果为 10。

18.1.2　字符型函数

字符型函数接收的是字符型参数，返回的是字符值。除个别函数以外，这些函数大都返回 varchar2 类型的值。Oracle 数据库中常用的 SQL 字符型函数如表 18.2 所示。

表 18.2　Oracle 数据库中常用的 SQL 字符型函数

函　　　数	函数返回值
ASCII(string)	返回 string 首字符的 ASCII 码值
CHR(x)	返回 x 的 ASCII 值
concat(string1, string2)	返回将 string1 与 string2 连接起来的字符串
InitCap(string)	返回 string 首字母大写而其他字母小写的字符串
lower(string)	返回 string 的小写形式
LTrim(string1, string2)	删除 string1 中从最左边算起出现 string2 的字符，string2 被默认设置为单个空格
replace(string, search_str[, replace_str])	用 replace_str 替换所有在 string 中出现的 search_str，如果 replace_str 没有被指定，则所有出现的 search_str 都将被删除
RTrim(string1[, string2])	删除 string1 中从最右边算起出现在 string2 中的字符，string2 被默认设置为单个空格，遇到第一个不在 string2 中的字符时返回
substr(string, a[,b]	如果 a>0，则取出 string 中从左算起第 a 个字符开始的 b 个字符的字符串；如果 a=0，则 a 为 1；如果 a<0，则取出 string 中从右算起第 a 个字符开始的 b 个字符的字符串
upper(string)	返回 string 的大写形式
length(string)	返回 string 的长度

示例如下：

- concat('您好，','北京！')的结果为'您好，北京！'。
- substr('[I am a stydent', 3,2)的结果为'am'。

18.1.3　日期型函数

日期型函数接收的是 date 类型的参数，除了 Months-Between 函数返回的是 number 类型的数值，其他的日期型函数都返回 date 类型的值。Oracle 数据库中常用的 SQL 日期型函数如表 18.3 所示。

表 18.3　Oracle 数据库中常用的 SQL 日期型函数

函　　　数	函数返回值
Add_Month(d,x)	日期 d 月份加上 x 个月以后的日期
Last_Day(d)	d 月份的最后一天的日期
SysDate	当前系统的日期和时间
Months_Between(date1,date2)	在 date1 和 date2 之间的月份
Next_Day(d, string)	日期 d 之后由 string 指定的日期，string 用于指定星期几

示例如下：

- Last_Day('6-6 月-06')的结果为 30-6 月-06。
- Next_Day('10-3 月-06,'星期一') 表示 2006 年 3 月 10 日后的星期一，结果为 13-3 月-06。

18.1.4 转换函数

转换函数用于在数据类型之间进行转换。

1. 数值型转换为字符类型

- 函数名称：To_Char(num[, format]) 。
- 函数功能：将 number 类型的数据转换为一个 varchar2 类型的数据，format 为格式参数，如果没有指定 format，则结果字符串包含与 num 中有效位的个数相同的字符。如果为负数，则在前面加一个减号。
- 函数示例：To_Char(9.6)的结果为'9.6'。

2. 日期型转换为字符串类型

- 函数名称：To_Char(d[, format]) 。
- 函数功能：将日期类型的数据转换为一个 varchar2 类型的数据，如果没有指定 format 格式串，则使用默认的日期格式。SQL 提供了许多的日期格式，用户可以用它们的组合来表示最终的输出格式。SQL 提供的日期格式如表 18.4 所示。

表 18.4　SQL 提供的日期格式

日期格式元素	说　明	日期格式元素	说　明
D	一周中的星期几（1～7）	Q	一年中的第几个季度（1～4）
DD	一月中的第几天（1～31）	SS	秒（0～59）
DDD	一年中的第几天（1～366）	WW	当年的第几个星期（1～53）
IYYY	基于 ISO 标准的 4 位年份	W	当月的第几个星期（1～5）
HH 或 HH12	一天中的时（1～12）	YEAR 或 SYEAR	年份的名称，将公元前的年份加负号
HH24	一天中的时（1～24）	YYYY	4 位的年份
MI	分（1～59）	YYY、YY、Y	年份的最后 3、2、1 位数据
MM	月（1～12）		

- 函数示例：假设当前系统的日期为 2003 年 3 月 10 日，则 To_Char(SYSDATE, "YYYY"年"MM"月"DD"日，第"W"个星期，"HH24"时)的结果为"2003 年 3 月 10 日，第 2 个星期，08 时"。

3. 字符串类型转换为日期型

- 函数名称：To_Date(string, format)。
- 函数功能：将 char 或 varchar2 类型的数据转换为一个 date 类型的数据，日期的格式详见表 18.4。
- 函数示例：To_Date('2003-3-10', 'YYYY-MM-DD')的结果为 10-03 月-03。

18.1.5 聚集函数

聚集函数也称分组函数，是从一组记录中返回的汇总信息。Oracle 数据库中常用的 SQL 聚集函数如表 18.5 所示。

表 18.5　Oracle 数据库中常用的 SQL 聚集函数

函　　数	返　回　值	函　　数	返　回　值
Avg(col)	指定列数值的平均值	Min(col)	指定列中的最小值
Count(*)	指定行的总数	Max(col)	指定列中的最大值
Count(col)	指定列非空数值的行数	Sum(col)	指定列数值的总和

下面给出聚集函数的示例：

- Avg(s_score)的结果为 s_score 列数值的平均值。
- Sum(s_score)的结果为 s_score 列数值的总和。

需要注意的是，在 Oracle 数据库中，函数及语句是不分大小写的。

18.2　SQL 操作符

SQL 中涉及的操作符主要分为 4 类：算术运算符、比较操作符、谓词操作符及逻辑操作符。

1．算数运算符

在 SQL 中，常用的算术运算符有+、–、*、/、()。

2．比较操作符

在 SQL 中，常用的比较操作符有=、!=、<>、<、>、<=、>=。

3．谓词操作符

在 SQL 中，常用的谓词操作符有以下几种。

- IN：属于集合的任一成员。
- NOT IN：不属于集合的任一成员。
- BETWEEN a AND b：在 a 和 b 之间，包括 a 和 b。
- NOT BETWEEN a AND b：不在 a 和 b 之间，也不包括 a 和 b。
- EXISTS：总存在一个值满足条件。
- LIKE '[_%]string[_%]'：包括在指定子串内，%将匹配零个或多个任意字符，下画线将匹配一个任意字符。

示例如下。

- LIKE 'stud%'：表示如果一个字符串的前 4 个字符为 stud，后面为 0 个或任意多个字符，都满足集合条件。
- LIKE 'stud_t'：表示如果一个字符串的前 4 个字符为 stud，第 6 个字符为 t，第 5 个字符为任意字符，都满足集合条件。
- BETWEEN 20 AND 30：表示数值在 20 到 30 之间。

4．逻辑操作符

在 SQL 中，常用的逻辑操作符有 AND、OR、NOT。NOT 可以与比较操作符连用，表示非。例如，NOT age>=20，表示 age 小于 20。

18.3 用 SQL 查询数据

用 SQL 查询数据可以使用 SELECT 命令实现，该命令可以查询数据库中的数据，并且能够将查询结果排序、分组及统计等。SELECT 命令的语法格式如下：

```
SELECT [ALL|DISTINCT] <显示列表项>|*
FROM <数据来源项>
[WHERE <条件表达式>]
[GROUP BY <分组选项> [HAVING <组条件表达式>]]
[ORDER BY <排序选项> [ASC|DESC]];
```

命令中各参数的含义如下所述。

- ALL|DISTINCT：表示两者任选其一。其中，ALL 表示查询出表中所有满足条件的记录，是默认选项，可以省略不写。而 DISTINCT 则表示去掉输出结果中的重复记录。
- 显示列表项：指定查询结果中显示的项。这个项可以是表中的字段、字段表达式，也可以是 SQL 常量，各项之间用逗号隔开。字段表达式既可以是 SQL 函数表达式，也可以是 SQL 操作符连接的表达式。如果要显示列表项中包含表中所有的字段，可以用 "*" 来代替。
- 数据来源项：指定显示列表中显示项的来源，它可以是一个或多个表，各项之间用逗号隔开。
- WHERE <条件表达式>：指定查询条件。查询条件中涉及 SQL 函数和 SQL 操作符。
- GROUP BY <分组选项>：表示查询时，可以按照某个或某些字段分组汇总，各分组选项之间用逗号隔开。
- HAVING <组条件表达式>：表示分组汇总时，可以根据组条件表达式选出满足条件的组记录。
- ORDER BY <排序选项>：表示显示结果时，可以按照指定字段排序，各选项之间用逗号隔开。
- ASC|DESC：表示两者任选其一。其中，ASC 表示升序，DESC 表示降序，默认值为 ASC。

SELECT 语句的基本语义是，根据 WHERE 子句的条件表达式，从 FROM 子句指定的表或视图中找出满足条件的记录，再将显示列表项中显示项的值列出来。在这种固定模式中，可以不要 WHERE 子句，但是必须有 SELECT 和 FROM 子句。

1. 单表查询

单表查询即从一个表中查询数据。此时，SELECT 命令中的 FROM 子句中只有一个表，而且语句中涉及的字段可以省略表名。

【例 18.1】查询 DEPARMENT 表中的全部信息。

（1）在 Windows OS 中，选择 "开始" → "程序" → "Oracle DB 11g Express Editor" → "入门" 命令，启动 Oracle DB XE 控制台界面，如图 18.1 所示。

（2）选择 "SQL 工作室" → "SQL 命令" 选项，将显示如图 18.2 所示的 SQL 命令器界面。

（3）输入 SELECT * FROM DEPARTMENT;命令，然后单击 "运行" 按钮，将在其下面显示查询结果，如图 18.3 所示。

图 18.1　Oracle DB XE 控制台界面

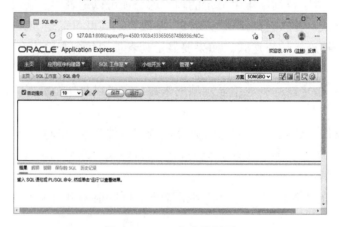

图 18.2　SQL 命令器界面

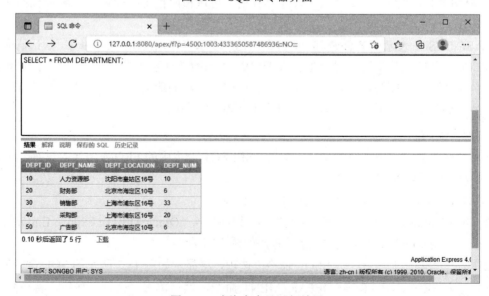

图 18.3　查询命令及运行结果

【例 18.2】查询 EMPLOYEE 表中所有雇员的编号、姓名、年龄、职位、薪水等信息。

```
SELECT EMP_ID,EMP_NAME,EMP_AGE,EMP_JOB,EMP_SALARY FROM EMPLOYEE;
```

查询结果如表 18.6 所示。

表 18.6　查询结果

EMP_ID	EMP_NAME	EMP_AGE	EMP_JOB	EMP_SALARY
101	王一鸣	27	资料员	2000
200	魏明	26	经理	5000
202	高伟	24	计划员	2600
400	张义民	27	经理	4200
100	宋晓波	30	部长	6600
501	宋理民	28	会计师	4500
201	金昌	29	采购员	3000
300	高一民	26	经理	5000
301	万一民	24	采购员	3000
401	张波	26	计划员	2600

【例 18.3】查询 EMPLOYEE 表中雇员所属部门的信息。

```
SELECT DEPT_ID FROM EMPLOYEE;
```

查询结果如下所示:

```
DEPT_ID
10
20
20
46
10
50
20
30
30
40
```

在本例中，如果要去掉输出结果中的重复记录，可以在该字段前加上关键字 DISTINCT。查询命令如下:

```
SELECT DISTINCT DEPT_ID FROM EMPLOYEE;
```

【例 18.4】查询 EMPLOYEE 表中部门编号为 50 的雇员的信息。

查询命令及结果如图 18.4 所示。

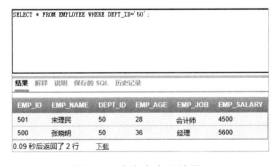

图 18.4　查询命令及结果 1

【例 18.5】查询 EMPLOYEE 表中部门编号为 50 且年龄在 24 岁以上的雇员的信息。

查询命令及结果如图 18.5 所示。

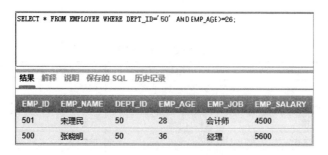

图 18.5　查询命令及结果 2

【例 18.6】查询 EMPLOYEE 表中薪水金额在 4000～10000 元之间的雇员的信息。
查询命令及结果如图 18.6 所示。

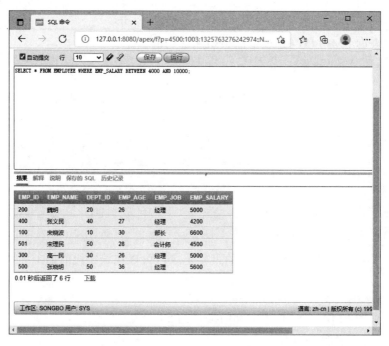

图 18.6　查询命令及结果 3

【例 18.7】查询 EMPLOYEE 表中所有姓名以宋开头的雇员的信息。
查询命令及结果如图 18.7 所示。

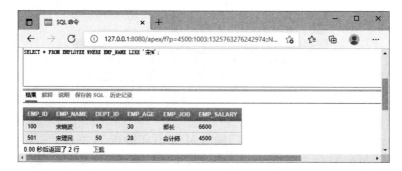

图 18.7　查询命令及结果 4

【例 18.8】 查询 EMPLOYEE 表中部门编号是 301 和 500 的雇员的信息。

查询命令及结果如图 18.8 所示。

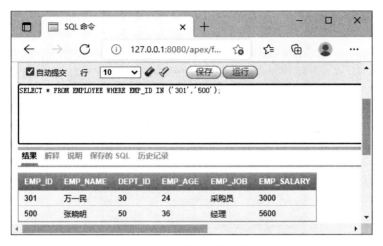

图 18.8　查询命令及结果 5

【例 18.9】 按照部门编号分组统计出 EMPLOYEE 表中各部门雇员的人数。

查询命令及结果如图 18.9 所示。

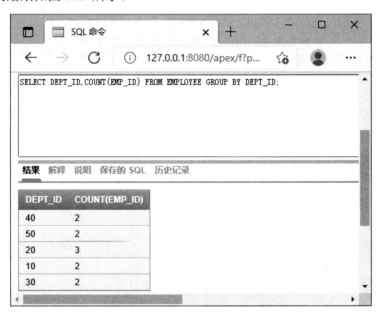

图 18.9　查询命令及结果 6

2. 多表查询

相对于单表查询，多表查询是从多个表中查询数据。在这种情形下，SELECT 命令中的 FROM 子句包含多个表，表之间用 "," 隔开，并且显示列表项中如果某个字段名在多个表中重复出现，则该字段名前必须添加表名。多表查询时，WHERE 子句必须带有表间连接条件，常用的是等值连接。所有在单表查询中应用的 SQL 函数、运算符等均能应用在多表查询中。

【例 18.10】查询所有雇员的编号、姓名、薪水和部门名称等信息。

```
SELECT EMP_ID,EMP_NAME,EMP_SALARY,DEPT_NAME FROM EMPLOYEE,DEPARTMENT WHERE EMPLOYEE
.DEPT_ID=DEPARTMENT.DEPT_ID;
```

查询结果如图 18.10 所示。

EMP_ID	EMP_NAME	EMP_SALARY	DEPT_NAME
101	王一鸣	2000	人力资源部
200	魏明	5000	财务部
202	高伟	2600	财务部
400	张义民	4200	采购部
100	宋晓波	6600	人力资源部
501	宋理民	4500	广告部
201	金昌	3000	财务部
300	高一民	5000	销售部
301	万一民	3000	销售部
401	张波	2600	采购部

有超过 10 行可用。扩大行选择器的可查看更多行。

图 18.10　查询结果

在本例中，由于部门名称在 DEPARTMENT 表，部门编号、姓名、薪水金额在 EMPLOYEE 表，因此是多表查询。在多表查询中，FROM 子句中出现了多个表，为了保证查询结果的正确，就要添加表间的等值连接的条件。

3. 嵌套查询

在 SELECT 查询语句中嵌入 SELECT 查询语句，称为嵌套查询。嵌入的 SECELT 查询语句称为子查询。子查询要加括号，并且与 SELECT 语句的形式类似，也有 FROM 子句，以及可选择的 WHERE、GROUP BY 和 HAVING 子句等。

子查询是一种把查询结果作为参数返回给另一个查询的查询。子查询中的子句格式与 SELECT 语句中的子句格式相同。当用于子查询时，子查询中的子句和 SELECT 语句中的子句执行正常的功能。子查询和 SELECT 语句之间的区别如下：

- 子查询必须生成单字段数据作为其查询结果，即必须是一个确定的项。如果查询结果是一个集合，则需要使用谓词操作符。
- ORDER BY 子句不能用于子查询。子查询的结果只是在父查询内部使用，对用户是不可见的，所以对它们的任何排序都是无意义的。

一般地，嵌套查询一般的求解方法是由里向外处理，即先执行子查询，再将子查询的结果作为父查询的查询条件。

【例 18.11】查询所有薪水金额高于平均值的雇员的信息，并将查询结果按照部门编号、雇员编号排列显示。查询命令及结果如图 18.11 所示。

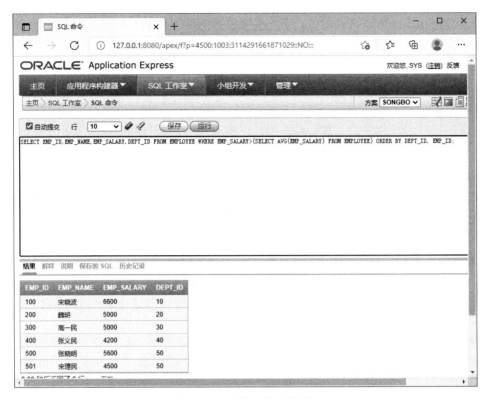

图 18.11　查询命令及结果 7

18.4　用 SQL 输入数据

一般地，SQL 提供了以下 3 种输入数据的方法。

- 单表：用 INSERT 命令向表中输入一行新纪录。
- 多行：用 INSERT 命令从数据库的其他对象中选取多行数据，并将这些数据添加到表中。
- 表间数据复制：从一个表中选择需要的数据输入新表中。这种方法用于初始装载数据库或从其他计算机系统下载来的或从许多节点收集来的数据。

1. 单行输入命令

INSER 命令可以向数据库中输入一行数据，其语法格式如下：

```
INSERT INTO <表名> [(<字段清单>)] VALUES(<数值清单>);
```

- INSERT 为输入关键字，INTO 子句指定接收新数据的表及字段，VALUES 子句指定其数据值。
- 字段清单和数值清单指定哪些数据进入哪些字段，并且数值清单应与字段清单一一对应，清单各项之间用 "," 隔开。
- 如果向表中所有字段输入数据，则字段清单可以省略；如果向表中部分字段输入数据，则字段清单不可以省略。
- 如果不知道某字段的值，则可以使用关键字 NULL 将其值设定为空，两个连续的逗号也可以表示空值。但是，如果表结构中该字段已经设定为 NOT NULL，则不能使用空值输入。

- 对于数值型字段可以直接写值，字符型字段的值要加英文单引号，日期型字段的值也要加英文单引号，其输入顺序为日—月—年。

2. 多行输入命令

多行输入命令的语法格式如下：

```
INSERT INTO <表名> [(<字段清单>)] SELECT 子句;
```

该命令可以将多行数据输入其目标表中。在该命令中，新行的数据源是 SELECT 子句的查询结果。这是从一个表向另一个表复制多行记录的典型方法。

【例 18.12】将 EMP_BAK 表中的数据输入 EMPLOYEE 表中。EMP_BAK 表的结构与 EMPLOYEE 表的结构相同，表中存储了部分雇员的记录，而这些雇员的信息在 EMPLOYEE 表中尚未输入。

```
INSERT INTO EMPLOYEE SELECT * FROM EMP_BAK;
```

3. 表间数据复制

输入数据库中的数据通常来自其他的计算机系统，或者是从其他的网站收集的数据，或者是存储在数据文件中的数据。为了将数据装载到表中，可以先创建该表，再将 SELECT 命令的结果复制到新表中。实现上述功能的命令如下：

```
CREATE TABLE <表名> AS SELECT 子句;
```

【例 18-13】创建一个新表 EMP_NEW，将 EMPLOYEE 表中部分字段的值复制到新表 EMP_NEW 中。

```
CREATE TABLE EMP_NEW AS SELECT SEP_ID, EMP_NAME, EMP_SALARY, DEPT_ID FROM EMPLOYEE;
```

在本例中，利用表间数据复制的方法创建新表 EMP_NEW，结果显示将 EMPLOYEE 表中指定字段的所有记录复制到新表中。

18.5　用 SQL 更新数据

一般地，SQL 提供了以下两种更新数据的方法。

- 直接赋值更新：UPDATE 命令直接将表中的数据更新为确定值。
- 嵌套更新：UPDATE 命令将表中的数据更新为从数据库的其他对象中选取的数据。

1. 直接赋值更新

UPDATE 命令用于更新单个表所选行的一个或多个字段的值，其语法格式如下：

```
UPDATE <表名> SET <字段名>=<表达式> [, <字段名>=<表达式> ...] [WHERE <条件>];
```

- UPDATE 为更新关键字。
- 表名为被更新的目标表。
- WHERE 子句指定被更新表的行，SET 子句指定更新的字段并赋予它们新的值，字段之间用逗号隔开。

【例 18.13】将 EMPLOYEE 表中宋理民的雇员编号改为 502。

更新命令：

```
UPDATE EMPLOYEE EMP_ID='502' WHERE EMP_NAME='宋理民';
SELECT EMP_ID,EMP_NAME FROM EMPLOYEE WHERE EMP_NAME='宋理民';
```

更新结果:

```
EMP_ID          EMP_NAME
-----------------------------------------------
 502            宋理民
```

2．嵌套更新

与 INSERT 命令相同，UPDATE 命令也可以使用 SELECT 子句查询的结果进行更新。

【例 18.14】将 EMPLOYEE 表中宋理民的部门编号改为高义民的部门编号。

更新命令:

```
UPDATE EMPLOYEE DEPT_ID=(SELECT DEPT_ID FROM EMPLOYEE WHERE EMP_NAME='宋立民';
SELECT EMP_ID, EMP_NAME, DEPT_ID, FROM EMPLOYEE WHERE EMP_NAME='宋立民';
```

更新结果:

```
EMP_ID     EMP_NAME      DEPT_ID
-----------------------------------------------
 501        宋立民          30
```

18.6　用 SQL 删除数据

一般地，SQL 提供了以下两种删除表中的数据的方法。

- 删除所选的行：DELETE 命令用于从表中删除所选行的数据。
- 删除整个表：TRUNCATE 命令用于删除整个表中的数据。整表删除只删除数据，表结构仍然存在。

1．删除记录

DELETE 命令可以从数据表中删除所选行的数据，其语法格式如下:

```
DELETE FROM <表名> [WHERE <条件>];
```

DELETE 为删除关键字，FROM 子句指定目标表，WHERE 子句指定被删除的行。如果没有指定删除条件，则将删除表中所有的数据。

【例 18.15】将 EMPLOYEE 表中宋理民的记录删除。

删除命令:

```
DELETE FROM EMP_NAME='宋立民';
```

需要注意的是，如果 DELETE 语句没有找到满足条件的数据，则结果将显示"0 rows deleted."。

2．整表数据删除

使用 DELETE 命令删除一个数据量大的表时需要很长时间，因为要把这些数据存储在系统回滚段中，以备恢复时使用。Oracle 数据库提供了一种快速删除一个表中全部记录的命令——TRUNCATE。这个命令所做的修改不能够回滚，即这种删除是永久删除。TRUNCATE 命令的语法格式如下:

```
TRUNCATE TABLE <表名>;
```

【例 18.16】永久删除 EMPLOYEE 表中的全部记录。

```
TRUNCATE TABLE EMPLOYEE;
```

18.7　本章小结

　　本章主要介绍了 Oracle DB XE 中的 SQL 函数和 SQL 操作符，重点介绍了在 SQL 命令行执行环境下，用于查询数据的 SELECT 命令、用于输入数据到表中的 INSERT 命令、用于更新表中数据的 UPDATE 命令、用于删除表中所选行的数据的 DELETE 命令及用于永久删除表中数据的 TRUNCATE 命令的用法。

　　SQL 的主要功能是同各种数据库建立连接、进行沟通，而且 SQL 是 RDBMS 的标准语言。目前，绝大多数流行的 RDBMS 都采用了 SQL 语言标准。因此，要操作数据库就必须掌握好 SQL。

第19章

Oracle JDBC 程序设计

大多数复杂的 Web 应用都要求具有数据持久性。RDBS（Relational Database System，关系型数据库系统）引擎是保存数据的一种常见的选择。Java 为开发人员提供了多种保存数据的方法——序列化对象、文件、JDBC（Java Database Connectivity）。其中，最具代表性的是 JDBC 技术。JDBC API 为开发人员提供了一种在 Java 程序中连接关系型数据库的能力。开发人员可以使用 JDBC API 连接到一个关系型数据库，执行 SQL 语句，并处理这些语句所产生的结果集。

本章将首先介绍 JDBC 的基本概念、JDBC 的工作原理及 JDBC 驱动程序的类型，然后在此基础上通过实例来介绍在 Oracle JDeveloper 10g 与 OC4J 环境下开发、部署、运行 JDBC 程序的原理与方法。

19.1　JDBC 的基本概念

JDBC API 为遵守 SQL 标准的数据库提供了一组通用的数据库访问方法。所以，它提供了对广泛的关系型数据库的连接能力和数据访问能力。JDBC 通过把特定数据库供应商专用的细节抽象出来而得到一组类和接口，然后将其放入 java.sql 包中。这样就可以供任何具有 JDBC 驱动程序的数据库使用，从而实现了大多数常用数据库访问功能的通用化。在具体实现方式上，可以在 Java 程序中通过简单地转换 JDBC 驱动程序而用于不同的数据库。也就是说，Java 程序可以通过一致的方式为任何种类的数据库提供 JDBC 连接能力。

图 19.1 所示为 JDBC 体系结构的概念图，即 Java 程序与 JDBC 及数据库之间进行连接的关系图。JDBC 是一个分层结构，在开发人员如何配置 JDBC 而不需要改变程序代码方面提供了很大的灵活性，主要体现在以下几方面：

- Java 程序通过 JDBC API 与数据库进行连接。也就是说，真正提供存取数据库功能的是 JDBC 驱动程序，客户端如果想要存取某一具体的数据库中存储的数据，就必须拥有对应于该数据库的驱动程序。
- JDBC API 由一组用 Java 语言编写的类和接口组成。它提供了用于处理列表和关系型数据的标准 API。通过调用 JDBC API 提供的类和接口中的方法，客户端就能够以一致的方式连接不同类型的数据库，进而使用标准的 SQL 存取数据库中的数据，而不必再为每一种数据库系统编写不同的 Java 程序代码。
- JDBC 为数据库开发人员、数据库前台工具开发人员提供了一种标准的程序接口，使开发人员可以用纯 Java 语言编写完整的数据库应用程序。

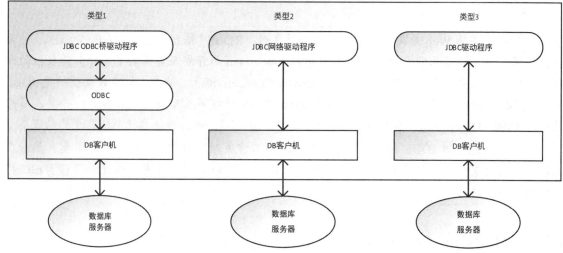

图 19.1　JDBC 体系结构的概念图

综上所述，JDBC 是围绕以下两个关键内容创建的：

- 加载针对供应商的 JDBC 驱动程序，以允许 Java 程序连接到供应商的数据库并与之交互。
- 用 JDBC API 编写 Java 代码，JDBC API 是以与供应商无关的方式定义的，所以可编写出高度可移植的 Java 程序。

JDBC 所做的工作包括：

- 创建数据库连接。
- 发送 SQL 语句、返回和处理结果集。
- 使用 JDBC 可以很容易地把 SQL 语句传送到任何一种关系型数据库中，而开发人员不需要为每种关系型数据库单独编写一个程序。

综上所述，JDBC 的定义如下：JDBC 是面向对象的、基于 Java 的 API，用于完成对数据库的访问，它由一组用 Java 语言编写的类和接口组成，旨在作为 Java 开发人员和数据库供应商可以遵循的标准。

19.2　java.sql 包

在 Java 2 SDK 中，java.sql 包提供了核心 JDBC API，它包含所有访问数据库所需的类、接口及异常类。在 java.sql 包中，一些关键的 JDBC 类与接口如下所述。

- java.sql.DriverManager 类：该类用来处理 JDBC 驱动程序、注册驱动程序及创建 JDBC 连接。
- java.sql.Driver 接口：该接口代表 JDBC 驱动程序，必须由每个驱动程序供应商实现。例如，oracle.jdbc.OracleDriver 类是在 Oracle JDBC 驱动程序中实现 Driver 接口的类。
- java.sql.Connection 接口：该接口代表数据库连接，并且拥有创建 SQL 语句的方法，以完成常规的 SQL 操作。SQL 语句始终在 Connection 的上下文环境内部执行，并且为数据库事务处理提交和回滚方法。
- java.sql.Statement 接口：该接口提供在给定数据库连接的上下文环境中执行 SQL 语句的方法。数据库查询的结果在 java.sql.Result 对象中返回。它有以下两个重要的子接口。
  - ➢ java.sql.PreparedStatement 子接口：该子接口允许执行预先解析语句，这将大大提高数据库操作的性能。因为 DBMS 只预编译 SQL 语句一次，以后就可以执行多次。使用预编译语句是构建高性能 Java 程序所必需的。
  - ➢ java.sql.CallableStatement 子接口：该子接口允许执行存储过程，如 PL/SQL 和 Java 存储过程。
- java.sql.ResultSet 接口：该接口含有并提供访问行的方法，这些行存在于执行语句所返回的 SQL 查询中。根据使用的 ResultSet 类型，还可以拥有用于滚动、修改和操纵被检索数据的方法。
- java.sql.SQLException 接口：该接口是一个异常接口，提供了对与数据库错误相关的所有信息的访问。该接口提供的一些方法用于检索数据库供应商提供的错误消息和错误代码，以访问错误堆栈。

19.3　JDBC 的工作原理

JDBC 的工作原理的概念图如图 19.2 所示。

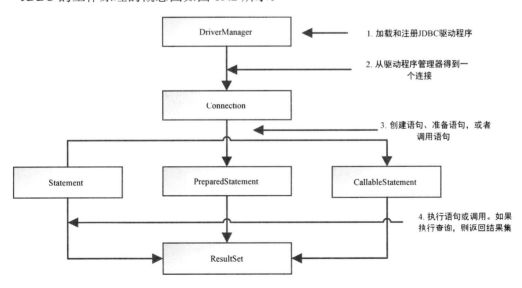

图 19.2　JDBC 的工作原理的概念图

从图 19.2 可以看出，基于 JDBC API 开发 Java 程序遵循相同的工作模式。即 JDBC 体系结构以 Java 类和接口的集合为基础，它们使开发人员能够连接到数据源、创建和执行 SQL 语句，以及在数据库中检索和修改数据。

图 19.2 从较高层次展示了访问数据库中 JDBC 对象的基本步骤。在得到 Connection 对象以后，通过它可以得到以下对象。

- Statement 对象：用于执行静态 SQL 语句。
- PreparedStatement 对象：用于执行预编译 SQL 语句。这些语句可以从程序变量中得到值，或者将结果返回给程序变量。
- CallableStatement 对象：用于执行数据库中存储的代码，如 PL/SQL、存储过程、存储函数等。
- SQLException 对象：当访问数据库出现错误时所产生的异常对象。

如果 Statement、PreparedStatement 或 CallableStatement 对象执行一个查询以后返回了一个行集，则将创建 ResultSet 对象。否则，将产生一个 SQLException 对象。

19.4　JDBC 驱动程序

数据库系统通常拥有可供客户端和数据库之间通信所使用的专用网络协议。每个 JDBC 驱动程序都有与特定的数据库系统连接和相互作用所要求的代码，这些代码是与数据库相关的，并且数据库供应商统一提供这些 JDBC 驱动程序。对于 Java 程序员来说，可以通过 DriverManager 类与数据库系统进行通信，以完成请求数据操作并返回被请求的数据。只要在 Java 程序中指定某个数据库系统的驱动程序，就可以连接存取指定的数据库系统。当需要连接不同种类的数据库系统时，只需要修改程序代码中的 JDBC 驱动程序，而不需要对其他程序代码进行任何改动。JDBC 驱动程序有 4 种类型，不同的类型有着不同的功能和使用方法。充分了解这一点有助于用户按需选择。

1. JDBC-ODBC 桥接驱动程序（类型 1）

JDBC-ODBC（Open Database Connectivity，ODBC）桥接驱动程序由 Sun 与 Merant 公司联合开发，主要功能是把 JDBC API 调用转换成 ODBC API 调用，然后 ODBC API 调用针对供应商的 ODBC 驱动程序来访问数据库，即利用 JDBC-ODBC 桥通过 ODBC 来存取数据源，其体系结构如图 19.3 所示。

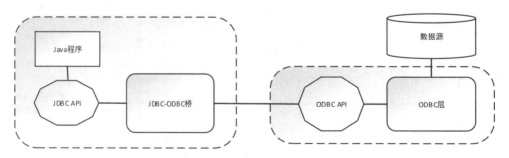

图 19.3　类型 1 驱动程序的体系结构

从图 19.3 可以看出，JDBC-ODBC 桥把 JDBC API 调用转换成对应的 ODBC API 调用，驱动程序接着把这些调用分配到数据源。JDBC API 中的 Java 类及 JDBC-ODBC 桥都是在客户端应用程序处理中被调用的，ODBC 层执行另一个处理。这种配置要求每个运行该应用程序的客户端都要安装 JDBC-ODBC 桥接 API、ODBC 驱动程序及本机语言的 API。Java 2 SDK 类库中包含了了用于 JDBC-ODBC 桥接驱动程序的类，因此不再需要安装任何附加包就可以使用。但是客户端仍然需要通过生成数据源名（DSN）来配置 ODBC 管理器。DSN 是一个把数据库、驱动程序及一些可选的设置连接起来的命名配置。

2．Java 本机 API 驱动程序（类型 2）

类型 2 驱动程序使用 Java 代码与供应商专用 API 相结合的方式来提供数据访问的功能，其体系结构如图 19.4 所示。

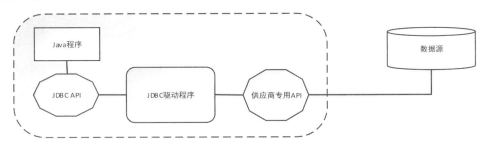

图 19.4　类型 2 驱动程序的体系结构

从图 19.4 可以看出，JDBC API 调用被转换成供应商专用 API 调用，数据库处理相关请求并把结果通过 API 送回，然后结果再被转发到 JDBC 驱动程序。JDBC 驱动程序把结果转换成 JDBC 标准，并返回 Java 程序。与类型 1 驱动程序相似，部分 Java 代码、部分本机代码驱动程序及供应商专用的本机语言 API，必须在运行该 Java 程序的客户端上安装。例如，在 Oracle 中，因为核心 Oracle API 是用 C 语言开发的，所以 JDBC 调用必须通过 JNI（Java Native Interface）调用 SQL*Net 或 Net 8 库来实现。

3．中间数据库服务器（类型 3）

类型 3 驱动程序使用一个中间数据库服务器，它能够把多个客户端连接到多个数据库服务器上，其体系结构如图 19.5 所示。

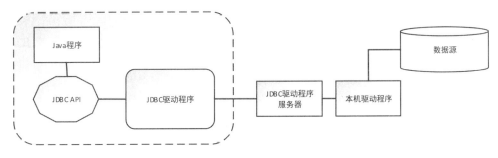

图 19.5　类型 3 驱动程序的体系结构

从图 19.5 可以看出，客户端通过一个中间件服务器组件（JDBC 驱动程序服务器）连接到数据库服务器，这个中间程序起到了连接多个数据库服务器的网关的作用。客户端通过一个 JDBC 向中间数据库服务器发送一个 JDBC 调用，它使用另一个驱动程序（如类型 2 驱动程序）

完成到数据源的请求。用来在客户端和中间数据库服务器之间通信的协议取决于这个中间件服务器的供应商，但是中间件服务器可以使用不同的本机协议来连接不同的数据库。

4．本机协议纯 Java 驱动程序（类型 4）

类型 4 驱动程序是使用 Java 语言编写的，与供应商专用 API 代码无关，其体系结构如图 19.6 所示。

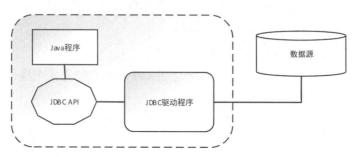

图 19.6　类型 4 驱动程序的体系结构

从图 19.6 可以看出，类型 4 驱动程序使用供应商专用的网络协议，把 JDBC API 调用直接转换为针对 DBMS 的供应商网络协议，它们之间通过套接字直接与数据库建立连接。类型 4 驱动程序提供的性能要优于类型 1 和类型 2 驱动程序，也是在实际应用中最简单的驱动程序，原因是不再需要安装其他的中间件。主要的数据库供应商都为它们的数据库提供了类型 4 的 JDBC 驱动程序。类型 4 驱动程序可以在任何 Java 程序中使用，而且可以下载到客户端，以避免在客户端手动安装其他的 DBMS 软件。

19.5　基于 JDBC API 访问通用数据库

一般地，无论编写何种类型的 Java 程序，基于 JDBC API 访问何种类型的数据库，大致上都遵循以下几个步骤。

1．加载 JDBC 驱动程序

在与某一种类型的数据库建立连接之前，必须首先加载与之相匹配的 JDBC 驱动程序，这是通过使用 java.sql 包中的下列方法实现的：

```
Class.forName("DriverName");
```

DriverName 是要加载的 JDBC 驱动程序的名称，可以根据数据库供应商提供的 JDBC 驱动程序的种类来确定。加载 Oracle 数据库驱动程序的方法如下：

```
Class.forName("oracle.jdbc.driver.OracleDriver");
```

可以在 DriverName 中写上一系列的 JDBC 驱动程序的名称，中间用冒号隔开，则程序会按照顺序搜索列出驱动程序，并加载第一个能与数据库中指定的 URL 连接的驱动程序。

2．创建数据库连接

创建与指定数据库的连接，需要使用 DriverManager 类的 getConnection()方法。该方法的语法格式如下：

```
Connection conn=DriverManager.getConnection(URL, user, password);
```

该方法将返回一个 Connection 对象。这里的 URL 是一个字符串，代表了建立连接的数据源，即数据库的具体位置。该方法的执行过程如下：

- 首先，解析 JDBC URL，然后搜寻系统内所有已经注册的 JDBC 驱动程序，直到找到符合 JDBC URL 设定的通信协议为止。
- 如果搜寻到符合条件的 JDBC 驱动程序，则 DriverManager 类建立一个新的数据库连接；否则将返回一个 NULL，然后继续查询其他类型的驱动程序。
- 如果最后无法找到符合条件的 JDBC 驱动程序，则将不能建立数据库连接，Java 程序将抛出一个 SQLException。

不同类型的 JDBC 驱动程序，其 JDBC URL 是不同的。JDBC URL 提供了一种辨识不同种类数据库的方法，使指定种类的数据库驱动器能够识别它，并且与之建立连接。标准的 JDBC URL 语法格式如下：

```
jdbc:<子协议名>:<子名称>
```

JDBC URL 由 3 个部分组成，各个部分之间用冒号隔开。子协议是指数据库连接的方式，子名称可以根据子协议的改变而变化。

在实际的 JDBC 程序设计中，JDBC URL 一般有两种语法格式。第一种 JDBC URL 语法格式如下：

```
jdbc:driver:database
```

这种形式的 URL 用来通过 ODBC 连接本地数据库，driver 一般是 ODBC。而 ODBC 已经提供了主机、端口等信息，所以这些信息通常可以省略。通过 ODBC 连接数据库的示例如下：

```
Class.forName("sun.jdbc.odbc.JdbcOdbcDriver");
Connection Conn=DriverManager.getConnection("jdbc:odbc:DBName");
```

第二种 JDBC URL 语法格式如下：

```
jdbc:driver://host:port/database 或 jdbc:driver:@host:post:database
```

这种形式的 URL 用于连接网络数据库，因此必须提供主机、端口号、用户名和密码等所有信息。例如，在连接 MySQL 和 Oracle 数据库时，就可以使用下面的形式：

```
Class.forName("org.gjt.mm.mysql.Driver");
Connection Conn=DriverManager.getConnection("jdbc:mysql://localhost:3306/DBName;user=
root;password= ");
Class.forName("oracle.jdbc.driver.OracleDriver");
Connection Conn=DriverManager.getConnection("jdbc:oracle:thin:@myhost:1521:DBName",
"scott","tiger");
```

3. 执行 SQL 语句

在与某个数据库建立连接之后，这个连接会话就可以用于发送 SQL 语句。在发送 SQL 语句之前，必须创建一个 Statement 对象，该对象负责将 SQL 语句发送给数据库。如果 SQL 语句运行后产生结果集，Statement 对象将把结果集返回给一个 ResultSet 对象。创建 Statement 对象是使用 Connection 接口对象的 createStatement()方法来实现的：

```
Statement stmt=conn.createStatement();
```

Statement 对象创建好之后，就可以使用该对象的 executeQuery()方法执行数据库查询语句。executeQuery()方法返回一个 ResultSet 类的对象，它包含了 SQL 查询语句执行的结果。例如，下面的语句：

```
ResultSet rs=stmt.executeQuery("select * from student");
```

如果使用 INSERT、UPDATE、DELETE 命令，则必须使用 executeUpdate()方法。例如，下面的语句：

```
ResultSet rs=stmt.executeUpdate("create table table1(No char(10), Name char(10)");
```

4．处理结果集

JDBC 接收结果是通过 ResultSet 对象实现的。一个 ResultSet 对象包含了执行某个 SQL 语句后所有的行，而且还提供了对这些行的访问。在每个 ResultSet 对象内部就好像有一个指针，借助于指针的移动，就可以遍历 ResultSet 对象内的每个数据项。因为一开始指针所指向的是第一条数据项之前，所以必须首先调用 next()方法才能取出第一条记录，而第二次调用 next()方法时指针就会指向第二条记录，以此类推。

了解了数据项的取得方式之后，还必须知道如何取出各字段的数据。通过 ResultSet 对象提供的 getXXX()方法，可以取得数据项内的每个字段的值。假定 ResultSet 对象内包含两个字段，分别为整形与字符串，则可以使用 rs.getInt(1)与 rs.getString(2)方法取得这两个字段的值（1、2 分别代表各字段的相对位置）。例如，下面的程序片段利用 while 循环输出 ResultSet 对象内的所有数据项：

```
while(rs.next()) {
  System.out.println(rs.getInt(1));
  System.out.println(rs.getString(2));
}
```

5．关闭数据库连接

在成功取得执行结果之后，最后一个操作就是关闭 Connection、Statement、ResultSet 等对象。关闭对象的方法如下：

```
try {
  rs.close();
  stmt.close();
  conn.close();
}
catch(SQL Exception e) {
  E.printStackTrace();
}
```

19.6　基于 JDBC API 连接 Oracle DB XE

上一节介绍了用 JDBC API 连接数据库的一般步骤，这对包括 Oracle 数据库在内的所有数据库都是适用的。Oracle AS 提供的 Java EE 容器 OC4J 充分利用了 JDBC 2.0 提供的 DataSource 接口等最新特性，在利用 JDBC API 连接 Oracle 数据库方面，提供了更加简洁、功能更为强大的方法。这主要体现在"加载 JDBC 驱动程序"和"创建数据库连接"这两个步骤上。

19.6.1　Oracle JDBC 驱动程序

Oracle 提供了 4 种类型的 JDBC 驱动程序。其中，两种类型用于客户层或中间层应用程序，另外两种类型在 Oracle 数据库 Java 虚拟机中执行 JDBC 时使用。这 4 种类型的驱动程序通过 JDBC 支持全部 Oracle 和非 Oracle 数据库的访问，这主要体现在以下两个方面。

- 完整的 JDBC 2.0 扩展支持：两种客户端驱动程序，即 JDBC 瘦（Thin）驱动程序（类型 4）和 JDBC OCI 驱动程序（类型 2）。
- 完整的 JDBC 2.0 扩展支持：两种服务器端驱动程序，即服务器端瘦驱动程序（类型 4）

和服务器端内部驱动程序（类型 2）。

Oracle JDBC 驱动程序的体系结构如图 19.7 所示。

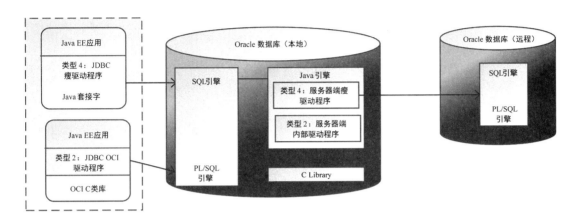

图 19.7　Oracle JDBC 驱动程序的体系结构

JDBC 瘦驱动程序和 JDBC OCI 驱动程序运行在数据库的外部，用于客户端/服务器应用程序，它们使用不同的网络机制打开数据库连接。服务器端瘦驱动程序运行在数据库的内部，在当前数据库会话的上下文环境的内部执行。服务器端内部驱动程序允许 Java 程序访问本地数据库资源，而不必打开物理连接。服务器端瘦驱动程序允许 Java 程序运行在数据库内部，访问外部的 Oracle 数据库（远程数据库）。

所有的 Oracle 驱动程序都支持 JDBC 1.22 标准和 Oracle 对 JDBC 2.0 的扩充，具有相同的 API 和语法。这些驱动程序之间的主要区别在于连接数据库的方式和传递数据的方式。JDBC 瘦驱动程序通过 TCP/IP 协议，使用标准的 Java 套接字连接到数据库。而 JDBC OCI 驱动程序在客户端中使用 Oracle Net8 与数据库进行通信。如果 Oracle 数据库的监听器被配置成使用 TCP/IP 协议，则 JDBC 瘦驱动程序就只能连接到数据库，而 JDBC OCI 驱动程序则没有这方面的限制，可以连接到支持不同协议的数据库监听器。

JDBC 瘦驱动程序是类型 4 的驱动程序，可以在不同的 OS 之间进行移植。这个驱动程序在客户端使用标准的 Java 套接字与数据库直接通信，通过 TCP/IP 协议提供轻量级实现，模仿 TTC（Two-Task Common）和 Net 8 协议。

TTC 和 Net8 协议是 JDBC 客户端与 Oracle 数据库之间进行堆栈通信的组成部分。TTC 协议是 OSI 表示层的 Oracle 实现，用于在客户端与 Oracle 数据库之间交换数据。Java TTC 是 Oracle TTC 的轻量级实现，可以在客户端与数据库服务器之间提供字符集和数据类型的交换。

JDBC 瘦驱动程序不要求在客户端上安装任何附加的 Oracle 软件，所以适合于客户端/服务器应用程序。也可以在中间层使用它来构建访问 Oracle 数据库和创建动态网页的 Web 应用。JDBC 瘦驱动程序主要包括以下特性：

- 完整的数据类型支持。
- JDBC 2.0 连接缓冲池与 JDBC 的高级特性。
- 捆绑了 Type 4 DataDirect JDBC 驱动程序，提供对 Sybase、SQL Server 和 IBM DB2 等数据库访问的支持。

19.6.2 命名服务与目录服务

Java 命名和目录接口（JNDI）的设计，为 Java EE 应用组件（Servlet、JSP、EJB 等）提供了一个命名环境，简化了在开发高级网络程序设计中对目录等基础设施访问的复杂度。目录是一种特殊的数据库，提供了对其数据存储的快速访问。数据库通常采用关系型数据存储模型，而目录数据库则是以一种读取优化的层次结构来存取信息。

命名服务是一种能够为给定的一组数据生成标准名字的服务。在 Internet 上，每个主机都有一个人类能够识别的正式域名 FQDN，如 www.synu.com.cn。FQDN 由一个主机名、0 个或多个子域名及一个域名组成。通过使用子域名和域名来共享相同主机名的系统仍然能够彼此区分。目录服务是一种特殊类型的数据库。通过使用不同的索引、缓冲存储和磁盘访问技术来优化读取访问。目录服务中的信息采用层次信息模型表示。目录服务总是对应一个命名服务，但是命名服务并不总是有对应的目录服务。例如，电话簿是一种静态资源，在出版后很快就会过时，并且通常只提供一种访问方式。而电子目录服务则更具动态性，允许进行更灵活的查询，查询时收到的信息很可能是最新的。

在目前的网络系统中，有许多目录服务正在使用。其中，常用的是 Internet 上使用的 DNS，DNS 用于把一个 FQDN 转换成一个 IP 地址。这项服务对于网络上的计算机靠 IP 地址信息来实现成功通信是至关重要的。即使给定站点的 IP 地址发生变动，只要地址变动信息已经通过分布式 DNS 命名服务进行了发布，那么这个 IP 地址的 FQDN 就会仍然有效。事实上，DNS 服务维护着一个 URL/IP 地址映射库。这样人们就可以不必担心 IP 地址发生变化的情况发生，因为命名服务会负责将名字正确地解析成 FQDN。由 Java EE 提供的命名服务就是通过类似的方式使名字能够映射到分布式网络环境中的一个对象。

JNDI 的体系结构提供了一个标准的、与命名系统无关的 API，这个 API 构建在特定的命名系统的驱动程序之上。这一层帮助把应用程序和实际的数据源相隔离，因此程序无论是访问 LDAP、RMI、DNS，还是访问其他的目录服务，这都没有关系。JNDI 与任何特定的目录服务实现无关，用户可以使用任何目录，只要用户拥有相应的服务提供程序接口（或驱动程序）即可。JNDI 的体系结构如图 19.8 所示。

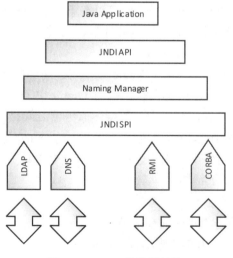

图 19.8　JNDI 的体系结构

Java EE 平台通过 JNDI API 提供一个标准的命名服务套件。Java EE 应用通过 JNDI 可以为软件组件、远程方法调用服务、数据库连接缓冲池等使用命名服务和目录服务。JNDI 的体系结构由两部分组成：一个 API，被 Java EE 应用组件用来访问命名服务和目录服务；一个服务提供者接口，用来将命名服务和目录服务提供者插入 Java EE 平台中。

JNDI 并不绑定到任何特定的命名服务或目录服务上，而是提供统一的 API。这些 API 可以访问广泛的该种类型的服务（如 DNS、UUDI 等），从而可以产生灵活并可移植的 Java EE 应用。这样的应用还可以更加容易地与企业遗留应用和系统进行集成。为此，Java EE 平台允许应用装配商和部署商在部署应用时对其行为和业务逻辑进行配置，而不要求它们接触源代码。具体做法是：在部署时提供参数值、外部资源链接信息、数据库名、访问权限及其他信息，而不是要求将其硬编码到应用中。

JNDI 被包含在 Java 2 SDK 1.3 及以上版本中。Java 2 SDK 1.4 对 JNDI 进行了修订，将以下命名/目录服务提供程序包含进来：

- 轻量级目录访问协议（LDAP）服务提供程序。
- 公共对象请求代理架构（CORBA）的公共对象服务与命名服务提供程序。
- Java RMI 注册表服务提供程序。
- 域名系统（DNS）服务提供程序。

19.6.3　javax.sql 包

javax.sql 包的体系结构建立在客户端/服务器编程方案的基础上。实际上，用基于 java.sql 包的 JDBC 编程步骤与 ODBC 模型完全相同。这种编程模型非常适用于具有长期固定连接及本地化数据库事务的桌面客户端。在这种类型的应用程序中，一个或多个桌面客户端连接到一个中央数据库，然后对数据库进行多方面处理以实现各种业务逻辑。但是这种模型并不适用于基于 Internet 的分布式应用程序设计，其主要原因有如下几方面的考虑：

- 使用 java.sql.DriverManager 类进行连接管理有两方面的限制。首先，每次一个客户端要求一个连接时，该类都会尝试获得一个新的连接。这种连接管理方式对以 Internet 为中心的分布式应用而言效率不高；其次，java.sql.DriverManager 类并没有把客户端应用程序与指定的驱动程序类隔离开。
- javax.sql 包对于分布式事务并没有提供体系结构上的支持。而分布式事务支持对于建立可扩展的并具有容错能力的企业级应用是非常重要的。
- 针对上述情况，javax.sql 包提供了以下几方面的功能。
  - ➢ 通过基于 JNDI 的查找，实现利用逻辑名访问数据库。这种实现方式并不是让每个客户端从各自的本地虚拟机装入驱动程序类，而是利用基于 JNDI 的查找技术，通过为这些资源分配逻辑名字来实现数据库资源的访问。
  - ➢ javax.sql 包为实现连接缓冲池指定了另外一个中间层。这样，连接缓冲池的责任从应用程序开发人员那里迁移到了驱动程序和应用程序服务器供应商。
  - ➢ javax.sql 包指定了一个框架来支持分布式事务，使之在 javax.sql 包之下透明地完成。在这个框架中，分布式事务支持可以在一个 Java EE 环境中采用最小配置打开。
  - ➢ 行集（RowSet）对象是一个遵守 JavaBean 规范的对象，封装了数据库结果集和访问信息。一个行集可以是连接的，也可以是断开的。而结果集必须保持与数据库的连接。

行集可供封装一组行，而不必维护一条连接。行集还允许更新数据并把这些更改向回传播到下层数据库。

19.6.4　JDBC 数据源

部署到 OC4J 的 JDBC 程序使用数据源对象建立与 Oracle 数据库的连接。数据源是一个 Java 对象，具有 javax.sql.DataSource 接口指定的属性和方法。javax.sql 包提供了 javax.sql.DataSource 接口作为 java.sql.DriverManager 类的一个替代，这个接口作为生成数据库连接的主要途径被使用。在 JDBC 程序设计方面，主要涉及以下因素：

- 不在客户端应用程序运行过程中装入驱动程序管理器类，而是使用一个集中化的 JNDI 服务查找来获得一个 javax.sql.DataSource 接口对象。
- 不使用 java.sql.DriverManager 类，而是使用一个 javax.sql.DataSource 接口来获得数据库连接的类似功能。

1．javax.sql.DataSource 接口

javax.sql.DataSource 接口是一个用于生成数据库连接的工厂（Factory）。工厂是一种用于生成类的实现方式，而不需要直接实例化实现类的方案。实现 javax.sql.DataSource 接口的对象用 JNDI 服务对其进行注册。这个接口提供的主要方法如下所述。

- getConnection()方法：该方法返回一个对数据源的连接，有以下两种语法格式。

```
public Connection getConnection() throws SQLException
public Connection getConnection(String username,String password) throws SQLException
```

- getLoginTimerout()方法：该方法返回数据源在试图获得一个数据库连接时将等待的秒数。默认的登录时间限制由具体的驱动程序/数据库确定。其语法格式如下：

```
public int getLoginTimerout() throws SQLException
```

- setLoginTimerout()方法：该方法指定在获得一个数据库连接时数据源将等待的时间，以秒为单位。其语法格式如下：

```
public int setLoginTimerout(int seconds) throws SQLException
```

- getLogWriter()方法：该方法返回当前 java.io.PrintWriter 对象，javax.sql.DataSource 对象将向这个对象写入日志消息。在默认情况下，除非使用 setLogWriter()方法设置一个 java.io.PrintWriter 对象，否则日志记录都将被关闭。其语法格式如下：

```
public PrintWriter getLogWriter() throws SQLException
```

- setLogWriter()方法：该方法为日志记录设置一个 java.io.PrintWriter 对象。其语法格式如下：

```
public PrintWriter setLogWriter(LogWriter out) throws SQLException
```

2．JNDI 与数据源

JNDI 作为 Java EE 规范的一部分，为定位用户、计算机、网络、对象和服务提供了标准接口，该接口的对象类型之一就是数据源。数据源提供了一种连接数据库的替代机制。用 JNDI 和数据源指定数据库的连接的最大优势在于，可以去除 JDBC 程序代码与其赖以运行的数据库配置的关联。

JNDI 的体系结构包含一个 API 和一个服务提供者接口。应用程序利用 JNDI API 访问命名服务和目录服务，JNDI SPI 用于附加命名服务和目录服务的提供者。indi.jar 形式的 JNDI 类库随 OC4J 一起发布。JNDI API 包含以下 5 个软件包。

- javax.naming 包：该包含有访问命名服务的类和接口。该包定义了一个 Context 接口用于

查找、绑定/解除绑定和重新声明对象，以及创建和销毁上下文环境，lookup()方法是最常用的操作。

- javax.naming.directory 包：该包扩展了 javax.naming 包，提供了除命名服务以外的访问目录服务功能。该包含有代表目录上下文的 DirContext 接口。该接口扩展了 Context 接口，并定义了与目录上下文环境有关的检查和更新属性的方法。
- javax.naming.event 包：该包含有的类和接口支持在命名服务和目录服务中的事件通知。
- javax.naming.ldap 包：该包含有的类和接口可以使用轻量级目录访问协议 3.0 版的所有功能。
- javax.naming.spi 包：该包提供了一种方法，基于这种方法，不同的命名服务或目录服务提供者的开发人员可以开发自己的产品，并使应用程序能够通过 JNDI 使用这些工具。

Oracle AS 10g 提供了一个完整的 JNDI 1.2 实现规范，Web 应用和 EJB 可以通过标准的 JNDI 编程接口访问 Java 命名服务。JNDI 服务提供者可以在一个基于 XML 的文件系统或在一个作为替换 JNDI 服务提供者的 LDAP 目录中实现。JNDI 环境允许为系统指定组件和子组件而无须定制系统代码。这个规范建议所有的资源管理器的 Connection Factory 引用，在应用组件的上下文环境中进行组织，为每个资源管理器类型使用一个不同的子上下文环境。

在 OC4J 中，所有的 Java EE 应用对象均使用 JNDI 得到命名的上下文环境，该上下文环境使得应用程序能够定位并检索对象（如数据源、本地的和远程的 EJB 组件、JMS 服务，以及其他的 Java EE 对象和服务）。

每个命名服务为名称格式确定了规则。为了访问 HTTP 服务器，需要使用 URL 与 HTTP 服务器建立连接。这个命名约定组合了主机/IP 地址的域名系统（DNS），需要把它嵌入 URL 中，并且 URL 的结构必须满足 HTTP 协议的规则。URL 格式可以选择在主机或端口之后指定路径/目录或目标文件。例如，http://java.sun.com/JNDI/index.html 相对于 HTTP 服务器归档，这个路径是 JNDI/，而目标文件 index.html 是这个目录中的文件。HTTP 文档根相当于初始上下文。初始上下文是通过绑定名称开始搜索或查找对象的起点的，绑定名称指在启用 JNDI 的目录服务中注册的对象名称。

在 JNDI 中，目录被称为上下文，index.html 表示原子名称。名称在上下文中是唯一的，表示与对象的连接。从目录服务的角度看，名称与磁盘上实际文件之间的关联就是绑定。为了访问文件内容，要在目录服务中查找文件名，请求文件内容，然后解析绑定，以通过目录服务找到文件内容，并返回文件对象的引用，这样应用程序就可以读取文件内容。相对于目录服务根的绑定名称，可以使用以下格式表示基于 JDBC 的数据源：

```
jdbc/<your-unique-name>
```

上下文名称 jdbc 是一个约定，需要用唯一标志基于 JDBC 的资源名称替换文本<your-unique-name>。

一个数据源可以被视为由 JNDI 服务检索出的一个网络资源。在 JNDI 服务中，应用程序可以使用名字来绑定对象，其他应用程序可以使用这些名字来检索这些对象。在 JNDI 服务中把对象绑定到相关名字的应用程序，以及在 JNDI 服务中查找这些名字的应用程序都可以是远程的。JDBC API 允许应用程序服务器供应商和驱动程序供应商根据这种方式建立数据库资源。

图 19.9 所示为利用 JNDI 和数据源进行连接的执行流程。

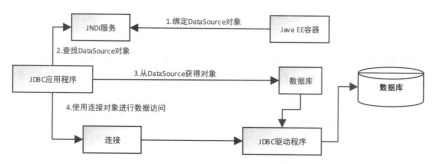

图 19.9　利用 JNDI 和数据源进行连接的执行流程

图 19.9 显示了实现 javax.sql.DataSource 接口的对象是如何可供 JNDI 服务使用的，以及客户端 JDBC 应用程序是如何查找这些对象的，并生成 Connection 接口的对象。JNDI 服务是 JNDI API 的提供者，在 JNDI 服务中绑定 DataSource 对象的 Java EE 容器也可以是一个应用服务器，它能够实现所有的 Java EE 服务。

- 驱动程序或 Java EE 容器实现了 javax.sql.DataSource 接口。
- Java EE 容器生成实现 javax.sql.DataSource 接口的对象的一个实例，并且在第一步指出的操作中在 JNDI 服务中把它绑定到一个逻辑名字上。
- JDBC 应用程序使用这个逻辑名字在 JNDI 服务中执行一个查找，并且检索出实现 javax.sql.DataSource 接口的对象。
- JDBC 应用程序使用 DataSource 对象来获得数据库连接，数据源实现使用可能的 JDBC 驱动程序来检索一个连接。
- JDBC 应用程序利用 Connection 接口的对象，使用 JDBC API 完成对数据库的全部访问操作。

3．生成数据源

生成数据源的过程包括实例化一个实现了 javax.sql.DataSource 接口的对象，以及把它绑定到一个名字上。例如，下面的代码片段：

```
xDataSource x=new xDataSource();
try {
  Context context=new InitialContext();
  Context.bind("jdbc/Orders", x);
}
catch(NamingException e) {
  ...
}
```

在上述代码片段中，xDataSource 是一个实现了 javax.sql.DataSource 接口的类，由驱动程序和数据库供应商实现。这个类的实际名字与程序开发人员无关。开发人员使用的是分配给 DataSource 的逻辑名字。在上述代码片段中，是 jdbc/Orders。InitialContext 类是一个实现了 JNDI API 的 javax.naming.Context 接口的类。根据生成初始上下文环境的客户端或服务器环境，可能需要使用 InitialContext 类的构造方法，它以一个 Hashtable 对象作为参数。这个 Hashtable 对象应该包含着控制初始上下文环境及如何生成特定环境的属性。

上述代码片段的执行过程由 Java EE 容器负责控制。在启动一个 Java EE 容器时，Java EE 容器首先实例化实现 javax.sql.DataSource 接口的类，然后在 JNDI 服务中把这些对象绑定到逻辑名字上。

4．检索 DataSource 对象

Java EE 容器在 JNDI 服务中绑定到一个 DataSource 对象之后，网络中的任何客户端 JDBC 程序都可以使用该数据源相关的逻辑名字检索这个 DataSource 对象。下面这个代码片段说明了这一过程：

```
try {
  Context context=new InitialContext();
  DataSource dataSource=(DataSource)context.lookup("jdbc/x");
}
catch(NamingException e) {
  ...
}
```

在 JNDI 中，命名服务和目录服务操作是相对于上下文的，没有绝对的根目录。JNDI 定义的 InitialContext 类提供了命名服务和目录服务操作的起点。一旦拥有了初始化的上下文，就可以查找其他的上下文和对象。InitialContext 类扩展了 Object 类并实现了 Context 接口。上述代码片段生成了一个 InitialContext 对象，并且使用在服务器配置中分配的逻辑名字执行一个查找。由于 JNDI 服务一般存在于不同的 JVM 上，因此 lookup()操作一般情况下是一种远程操作。同时，DataSource 类也实现了 java.io.Serializable 接口。

19.6.5　基于 Oracle JDeveloper 10g 连接 Oracle DB XE

在 Oraclc JDeveloper 10g 环境下，利用 JDBC 2.0 API 的 DataSource 接口，使用 JNDI 服务就可以与 Oracle 数据库连接。这个连接过程使用 JDBC 瘦驱动程序（类型 4）。为了实现与 Oracle 数据库的连接，必须赋予 JDBC 全面的信息，以识别希望连接的数据库。

* HOST：安装有 Oracle 数据库的主机名及其 IP 地址。如果使用的是本地数据库，则可以使用 localhost 作为主机名。
* PORT：有效的 Oracle 数据库监听器所定义的端口号，默认是 1521。
* DBA 用户名和密码：要求为 Oracle 服务器端瘦驱动程序提供具有 DBA 角色的用户。

1．创建 Oracle JDBC 数据源

在创建一个 Oracle JDBC 数据源之前，首先启动 Oracle DB XE、OC4J，然后启动 JDeveloper IDE。创建一个 Oracle JDBC 数据源，就是创建一个用于访问 Oracle 数据库的 JDBC 连接。

（1）在如图 19.10 所示的 "Connections" 窗口中选择 Database 节点并右击，然后在弹出的快捷菜单中选择"New Database Connection..."命令，将显示创建数据库连接向导对话框，如图 19.11 所示。

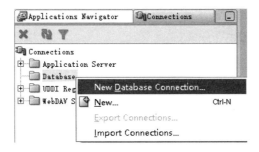

图 19.10　创建与 Oracle DB XE 的连接

图 19.11　创建数据库连接向导对话框

（2）单击"下一步"按钮，将显示如图 19.12 所示的对话框。将"Connection Name"文本框中的值修改为 JDBCConn，在"Connection Type"下拉列表中选择"Oracle（JDBC）"选项。

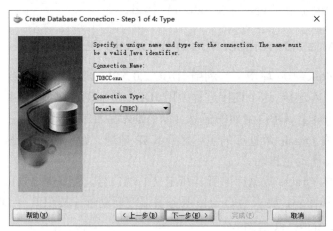

图 19.12　确定连接名称与连接类型

（3）单击"下一步"按钮，将显示如图 19.13 所示的对话框。

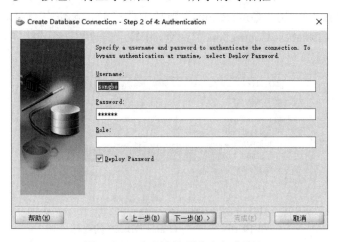

图 19.13　确定连接用户名与密码

（4）单击"下一步"按钮，将显示如图 19.14 所示的对话框。在"Driver"下拉列表中选择"thin"选项，在"HostName"文本框中输入 Dell（作为计算机的默认服务器名），在"JDBC Port"文本框中输入 1521，然后选中"SID"单选按钮，并在其右侧的文本框中输入 XE。

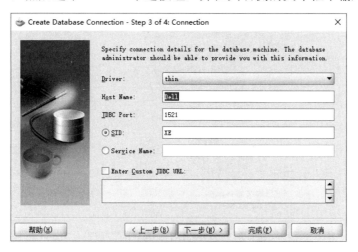

图 19.14　确定 JDBC 驱动程序类型等值

（5）单击"下一步"按钮，将显示如图 19.15 所示的对话框。单击"Test Connection"按钮，如果在 Status 区域显示"Success!"信息，则说明已经与 Oracle DB XE 连接成功。单击"完成"按钮，完成与 Oracle DB XE 的连接操作。

图 19.15　测试连接是否成功

与 Oracle DB XE 连接成功以后，在 IDE 的"Connections"窗口中选择数据库连接节点JDBCConn，将显示用户 SONGBO 所拥有的各个数据库对象，如图 19.16 所示。

选择 Table 节点，将在视图编辑器窗口中显示表的结构或表的数据，如图 19.17 所示。

（6）可以从 OC4J 管理员那里得到分配给 DataSource 的逻辑名字。这个逻辑名字为"jdbc/数据库连接名+CoreDS"。由此可以确定这个逻辑名字为 jdbc/JDBCConnCoreDS。

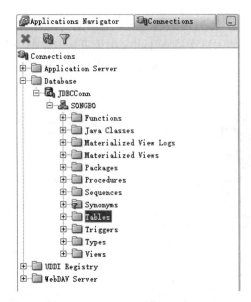

图 19.16　用户 SONGBO 所拥有的数据库对象

	EMP_ID	EMP_NAME	DEPT_ID	EMP_AGE	EMP_JOB	EMP_SALARY
1	101	王一鸣	10	27	资料员	2000
2	200	魏明	20	26	经理	5000
3	202	高伟	20	24	计划员	2600
4	400	张义民	40	27	经理	4200
5	100	宋晓波	10	30	部长	6600
6	501	宋理民	50	28	会记师	4500
7	201	金昌	20	29	采购员	3000
8	300	高一民	30	26	经理	5000
9	301	万一民	30	24	采购员	3000
10	401	张波	40	26	计划员	2600
11	500	张晓明	50	36	经理	5600

图 19.17　用户数据库对象即表数据

2．创建与运行 Web 应用

创建了 Oracle JDBC 数据源之后，就可以创建 Web 应用了。这个 Web 应用实例用于把 EMPLOYEE 表的数据在浏览器上显示出来，如图 19.18 所示。

	servletJDBC	×	+				
← → C	⚠ 不安全 | dell:8888/ch19-servletJDBC-context-root/servletJDBC						

雇员信息一览表

代码	姓名	部门编号	年龄	职位	薪水
101	王一鸣	10	27	资料员	2000
200	魏明	20	26	经理	5000
202	高伟	20	24	计划员	2600
400	张义民	40	27	经理	4200
100	宋晓波	10	30	部长	6600
501	宋理民	50	28	会记师	4500
201	金昌	20	29	采购员	3000
300	高一民	30	26	经理	5000
301	万一民	30	24	采购员	3000
401	张波	40	26	计划员	2600
500	张晓明	50	36	经理	5600

图 19.18　servletJDBC 的执行结果

（1）启动 Oracle JDeveloper 10g，创建工作区 ch19.jws，然后在该工作区中创建一个工程文件 servletJDBC.jpr，再在该工程文件中创建一个 servletJDBC.java 文件及一个部署描述符文件aervletJDBC.deploy。

（2）servletJDBC.java 的源代码如下：

```
1.   package servletJDBC;
2.   import javax.servlet.*;
3.   import javax.servlet.http.*;
4.   import java.io.PrintWriter;
5.   import java.io.IOException;
6.   import java.sql.Connection;
7.   import java.sql.Statement;
8.   import java.sql.ResultSet;
9.   import java.sql.SQLException;
10.  import javax.sql.DataSource;
11.  import javax.naming.InitialContext;
12.  import javax.naming.NamingException;
13.  public class servletJDBC extends HttpServlet {
14.    private static final String CONTENT_TYPE="text/html; charset=GB2312";
15.    public void doGet(HttpServletRequest request, HttpServletResponse response) throws
ServletException, IOException {
16.      response.setContentType(CONTENT_TYPE);
17.      PrintWriter out=response.getWriter();
18.      try {
19.        InitialContext ic=new InitialContext();
20.        DataSource ds=(DataSource)ic.lookup("jdbc/JDBCConnCoreDS");
21.        Connection conn=ds.getConnection();
22.        Statement st=conn.createStatement();
23.        ResultSet rs=st.executeQuery("SELECT * FROM EMPLOYEE");
24.        out.println("<HTML>");
25.        out.println("<HEAD><TITLE>servletJDBC</TITLE></HEAD>");
26.        out.println("<BODY>");
27.        out.println("<CENTER>雇员信息一览表</CENTER>");
28.        out.println("<CENTER><TABLE width=85% border=1>");
29.        out.println("<TR>");
30.        out.println("<TD>代码</TD>");
31.        out.println("<TD>姓名</TD>");
32.        out.println("<TD>部门编号</TD>");
33.        out.println("<TD>年龄</TD>");
34.        out.println("<TD>职位</TD>");
35.        out.println("<TD>薪水</TD>");
36.        out.println("</TR>");
37.        while(rs.next()) {
38.          out.println("<TR>");
39.          out.println("<TD>"+rs.getString("EMP_ID")+"</TD>");
40.          out.println("<TD>"+rs.getString("EMP_NAME")+"</TD>");
41.          out.println("<TD>"+rs.getString("DEPT_ID")+"</TD>");
42.          out.println("<TD>"+rs.getString("EMP_AGE")+"</TD>");
43.          out.println("<TD>"+rs.getString("EMP_JOB")+"</TD>");
44.          out.println("<TD>"+rs.getString("EMP_SALARY")+"</TD>");
45.          out.println("</TR>");
46.        }
47.        out.println("</TABLE>");
48.        out.println("</CENTER>");
49.        rs.close();
50.        st.close();
51.        conn.close();
```

```
52.      }
53.      catch(NamingException ee) {
54.        out.println("数据库连接失败"); }
55.      catch(SQLException e) {
56.        out.println("数据库操作失败"); }
57.    }
58. }
```

（3）启动 OC4J 10g 服务器与 Oracle DB XE，然后将这个 Web 应用部署到 OC4J 10g 服务器中。其运行结果见图 19.18。

【分析讨论】

使用 JNDI 连接 Oracle DB XE 的步骤如下：

- 创建 Oracle JDBC 数据源，确定 DataSource 的逻辑名字。创建 Oracle DB XE 的 JDBC 连接之后，就可以确定这个逻辑名字是 jdbc/JDBCConnCoreDS。
- 创建一个 InitialContext 对象，使用在 OC4J 中分配的逻辑名字执行一个查找，从而检索出实现 DataSource 接口的对象，然后使用该对象来获取数据库连接（第 19、第 20 行代码）。
- 使用 Connection 对象并使用 JDBC API 来完成对数据库的访问（第 21~23 行代码）。
- 最后，关闭数据库连接（第 49~51 行代码）。

19.6.6 PL/SQL 程序设计环境

创建 Oracle JDBC 数据源的过程就是与 Oracle DB XE 进行连接的过程。数据源（JDBCConn）创建之后，只要不删除，就将作为连接对象永久存在。每次启动 Oracle JDeveloper 10g 之后，可以选定这个连接对象并右击，在弹出的快捷菜单中选择打开连接就可以实现与数据库的连接。也可以利用 SQL Worksheet 工具完成针对各种数据库对象的操作，如图 19.19 和图 19.20 所示。

图 19.19　选择"SQL Worksheet"命令　　　　图 19.20　　SQL Worksheet 工作环境

在如图 19.20 所示的界面的上方区域中输入查询命令，然后单击左上角的向右三角形图标▶，执行这个命令后，其执行结果见图 19.20。

19.7　本章小结

本章从分析 JDBC 的体系结构开始，阐述了 JDBC 的基本概念与工作原理，对各种类型的 JDBC 驱动程序的特点和用途进行了详细地介绍，概述了用于 JDBC 程序设计的 java.sql 与 javax.sql 两个包，介绍了基于 JDBC API 连接通用数据库的一般步骤，重点介绍了 Oracle JDBC 驱动程序的类型，以及在 Oracle JDeveloper 10g 环境下开发 JDBC 程序的方法和步骤，并通过实例对开发过程进行说明。JDBC API 在 Java EE 平台和多种数据源之间能够建立与数据库系统无关的连接。JDBC 技术允许应用程序组件提供者完成以下功能：

- 完成对数据库服务器的连接与操作。
- 为了预处理和执行而将 SQL 状态语句传送给数据库引擎。
- 执行存储过程。

Java EE 平台既需要 JDBC 2.0 核心 API，又需要 JDBC 2.0 扩展 API。JDBC 2.0 扩展 API 提供了对行集、借助 JNDI 的连接命名、连接缓冲池和分布式事务的支持。JDBC 驱动程序使用连接缓冲池和分布式事务特性与 Java EE 服务器进行协调。

JNDI API 提供了命名服务和目录服务功能，向应用程序提供了能够完成标准的目录服务操作的方法。应用程序使用 JNDI 能够存储和检索任何类型的已命名 Java 对象。

第20章

基于 JDBC API 的 Web 应用开发

JDBC API 是实现 JDBC 标准支持数据库操作的类与方法的集合，Java 2 SDK 1.4.2 以上版本支持 JDBC 3.0。JDBC API 包括 java.sql 和 javax.sql 两个包。java.sql 包包含 JDBC 2.0 核心API 及 JDBC 3.0 增加部分；javax.sql 包包含 JDBC 2.0 与 JDBC 3.0 标准的扩展 API。JDBC 标准从一开始推出就体现出了良好的设计性能，所以 JDBC 1.0 到目前为止都没有改变，后续 JDBC标准都是在 JDBC 1.0 基础上进行的扩展。JDBC API 提供了以下的基本功能：（1）建立与一个数据源的连接；（2）向数据源发送查询和更新语句；（3）处理从数据源得到的结果。实现上述功能的 JDBC API 的核心类和接口都定义在 java.sql 包中。所以，熟练掌握这些类和接口的用途及提供的方法，是 JDBC 程序设计的基础，也是构建更复杂、更高级应用的必要条件。

本章将首先介绍 java.sql 包中主要的类和接口的用途，对这些类和接口所提供的方法做简要说明。然后在此基础上通过实例阐述在 Oracle JDeveloper 10g 和 OC4J 环境下，基于 JDBCAPI 创建 Web 应用的原理和方法。

20.1 Connection 接口

java.sql.Connection 接口用来建立与数据库之间的物理连接，通过它可以读/写数据库。该接口提供了进行事务处理的方法、创建执行 SQL 语句和创建存储过程所用对象的方法，同时它还提供了一些基本的错误处理方法。该接口的实例可以通过 DriverManager.getConnection()或DataSource.getConnection()方法创建。表 20.1 所示为 java.sql.Connection 接口提供的方法。

表 20.1 java.sql.Connection 接口提供的方法

方 法 名 称	方 法 说 明
void close()	结束 Connection 对象与数据库的连接
void commit()	将所有的更新都永久地放置在底层的数据存储中
Statement createStatement(int resultSetType, int resultSetConnection)	为执行 SQL 语句而创建一个 Statement 对象。参数指明了语句所产生的 ResultSet 应该是指定的类型，并提供指定的并发类型
boolean getAutoCommit()	返回 Connection 对象的自动提交模式的布尔值。如果是true，则自动提交模式是打开的；否则，自动提交模式是关闭的
DatabaseMetaData getMetaData()	返回用于确定数据库特性的 DatabaseMetaData 对象

续表

方 法 名 称	方 法 说 明
boolean isClose()	如果数据库连接由于调用了 close()方法而已经关闭，则返回 true；如果数据库仍然是打开的，则返回 false
PreparedStatement PreparedStatement(Sring sql)	创建一个预设的 SQL 语句，即当前数据库连接上的是一个已解析、预编译好的和可重复使用的语句，它返回 PreparedStatement 对象
CallableStatement preparedCall(String sql)	在当前的数据库连接上使用传递的 SQL 语句参数来创建并返回一个 CallableStatement 对象（一个可用来调用存储过程的对象）
void setAutoCommit(boolean AutoCommit)	根据所传递方法的布尔值参数设置自动提交模式。如果为 true，则自动提交模式是打开的；否则，自动提交模式是关闭的
void rollback()	回滚或恢复当前事务中所进行的更新

20.2　Statement 接口

一旦拥有与数据库的连接，就可以实现与数据库的交互。java.sql.Statement 接口可以实现这种交互。Statement 对象可用于向数据库发送 SQL 语句并返回执行的结果。但由于 java.sql.Statement 是接口，没有构造方法，不能直接实例化对象，因此必须通过使用 Connection 对象的 createStatement()方法才能得到 Statement 对象。例如，下面的代码片段：

```
Connection conn=null;
InitialContext ic=new InitialContext();
DataSource ds=(DataSource)ic.lookup("jdbc/JDBCConnCoreDS");
conn=ds.getConnection();
Statement stmt=conn.creatStatement();
```

Statement 对象既可以处理 DML，也可以处理 DDL。在 JDBC 程序中，当利用数据库连接执行 SQL 语句时，返回的执行结果称为结果集（ResultSet）。结果集就像是一个虚拟的表，由一组记录组成，但是一次执行只能存取一条记录，而这条记录就是记录指针所指向的记录，可以通过记录指针这个逻辑概念指定结果集中要操作的记录。表 20.2 所示为 java.sql.Statement 接口提供的基本方法。

表 20.2　java.sql.Statement 接口提供的基本方法

方 法 名 称	方 法 说 明
ResultSet executeQuery(String sql)	用于执行单个结果集的 SQL 语句，返回值是一个结果集
int executeUpdate(String sql)	用于执行一个 SQL 数据更新语句，返回被更新的行的个数。对于不作用在表行上的语句（如 CREATE 语句），返回值为 0
boolean execute(String sql)	用于执行参数传递的 SQL 语句，既可以执行查询语句，也可以执行更新语句。其返回值如果为 true，则表示得到的是多个结果集中的第一个结果集。此时，可以继续调用 getResultSet()或 getUpdate()方法得到进一步的执行结果。如果为 false，则表示没有得到执行结果
int[] executeBatch()	用于以批处理方式执行多个更新语句，它可以是 INSERT、UPDATE、DELETE 及数据定义语句，但不能是包含结果集的 SQL 语句。该方法的返回值是一个数组，数组的每一项是成功执行更新的次数

方 法 名 称	方 法 说 明
Connection getConnection()	返回创建该对象的 Connection 对象
int getMaxFieldSize()	返回一个结果集中某字段所允许的最大字节数
int getMaxRows()	返回一个结果集中能够包含的最大行数
boolean getMoreResultSet()	当 Statement 对象包含多个 ResultSet 对象时，该方法就移到下一个 ResultSet 对象
ResultSet getResultSet()	返回当前的 ResultSet 对象
int getUpdateCount()	返回该对象执行的最后一条语句的当前更新次数
void close()	关闭当前的 Statement 对象
void setMaxFieldSize(int max)	设置该对象返回的列的最大字节数
void setMaxRows(int max)	设置所有 SELECT 查询能够返回的最大行数

拥有了有效的 Statement 对象以后，就可以使用该对象把包含 SQL 语句的字符串传送给数据库。当 SQL 语句是 SELECT 语句时，可以使用 executeQuery()方法，并使用 ResultSet 对象查看从查询返回的行。例如，下面的代码片段就说明了如何执行一个表查询操作：

```
String sql="SELECT * FROM userinfo";
ResultSet rs=Statement.executeQuery(sql);
```

如果 SQL 语句是其他类型的 SQL 语句，就要使用 executeUpdate()方法。例如，下面的代码片段：

```
String sql="SELECT INTO userinfo VALUES('7107', '宋晓一', '123789', 'xiaoyi@yahoo. com')";
int rowCount=statement.executeUpdate(sql);
```

executeUpdate()方法返回一个 int 值，表示有多少行记录受 SQL 语句影响。对于不影响行的 SQL 语句（如 CREATE TABLE 语句），该方法的返回值为 0。

下面的实例说明了如何将一个新纪录插入 EMPLOYEE 表中。

（1）启动 Oracle JDeveloper 10g，在工作区 ch19.jws 中创建一个工程文件 InsertData.jpr，然后在该工程文件中创建一个 JSP 页面文件 InsertData.jsp，其源代码如下：

```
1.  <%@ page contentType="text/html;charset=GBK"%>
2.  <%@ page import="java.sql.*" %>
3.  <%@ page import="javax.sql.DataSource" %>
4.  <%@ page import="javax.naming.InitialContext" %>
5.  <%@ page import="javax.naming.NamingException" %>
6.  <HTML><HEAD>
7.  <META HTTP-EQUIV="Content-Type" CONTENT="text/html; charset=GBK">
8.  <TITLE>插入数据</TITLE></HEAD>
9.  <BODY>
10. <% Connection conn=null;
11. try {
12.   request.setCharacterEncoding("GBK");
13.   InitialContext ic=new InitialContext();
14.   DataSource ds=(DataSource)ic.lookup("jdbc/JDBCConnCoreDS");
15.   conn=ds.getConnection();
16.   if(!conn.isClosed()) {
17.     out.println("数据库连接成功!");
18.   }
19.   Statement st=conn.createStatement();
20.   st.executeUpdate("INSERT INTO EMPLOYEE(EMP_ID,EMP_NAME,DEPT_ID,EMP_AGE, EMP_JOB,
EMP_SALARY)"+"VALUES('103','李晓一','10',33,'计划员',2300.00)");
21.   out.println("\n 记录插入完毕!");
22.   st.close();
23. }
24. catch(SQLException e) {
```

```
25.    out.println("\n 数据库连接失败!");
26. }
27. finally {
28.    conn.close();
29. }
30. %>
31. </BODY></HTML>
```

（2）启动 Oracle DB XE 与 OC4J 10g，在 IDE 中创建部署描述符文件 InsertData.deploy，并将其部署到 OC4J 10g 与 Oracle DB XE 中。

（3）执行结果如图 20.1 与图 20.2 所示。

图 20.1　InsertData.jsp 页面的执行结果

	EMP_ID		EMP_NAME		DEPT_ID		EMP_AGE		EMP_JOB		EMP_SALARY
1	101		王一鸣		10		27		资料员		2000
2	200		魏明		20		26		经理		5000
3	202		高伟		20		24		计划员		2600
4	400		张义民		40		27		经理		4200
5	100		宋晓波		10		30		部长		6600
6	501		宋理民		50		28		会记师		4500
7	201		金昌		20		29		采购员		3000
8	300		高一民		30		26		经理		5000
9	301		万一民		30		24		采购员		3000
10	401		张波		40		26		计划员		2600
11	500		张晓明		50		36		经理		5600
12	103		宇晓一		10		33		计划员		2300

图 20.2　插入新纪录后的 EMPLOYEE 表

【分析讨论】

上述源代码中在 try-catch-finally 语句块中包装了代码。因为每个 JDBC 方法调用都有可能产生 SQLException，所以需要捕捉异常对象，并输出产生的异常信息。使用 finally 语句块是为了确保关闭 Connection 对象，而不管是否产生了 SQLException。

20.3　SQLException 类

大量的 JDBC 方法都抛出 SQLException。这个异常类继承了 java.lang.Exception 接口，并通过继承的 getMessage()方法提供了产生异常的原因或生成的异常信息。

SQLException 类的构造方法包含了一个字符串，这是数据库服务器或 JDBC 驱动程序根据 SQL 状态给出的产生异常的原因。SQL 状态是一个标准化的字符串，包含了产生异常的 SQL 处理的状态及数据库供应商提供的相关整数错误码。SQLException 类提供了以下的构造方法。

- SQLException()：用于创建一个新的 SQLException 对象，将产生异常的原因、SQL 状态及供应商错误码的值都设置为 null。
- SQLException(String reason)：用于创建一个新的 SQLException 对象，以产生异常的原因作为参数，将 SQL 状态及供应商错误码的值都设置为 null。
- SQLException(String reason, String SQLState)：用于创建一个新的 SQLException 对象，分别以产生异常的原因、SQL 状态作为参数，并将供应商错误码的值都设置为 null。
- SQLException(String reason, String SQLState, int vendorCode)：用于创建一个新的 SQLException 对象，分别以产生异常的原因、SQL 状态及供应商错误码作为参数。

SQLException 类提供了以下的方法，以实现对抛出异常的内部数据的访问。

- Int getErrorCode()：返回异常的供应商错误码。
- SQLExcption getNextException()：如果有异常，则检索异常链表中的下一个异常。
- String setNextException(SQLException e)：设置当前对象的异常链表中的下一个异常。

20.4　ResultSet 接口

一旦建立了数据库连接并执行了 SQL 语句，则 SQL 语句的执行结果是以一个 ResultSet 对象来表示的。此时，可以使用一个程序循环来检索这个结果集。

ResultSet 类封装了 SQL 查询执行所得到的数据行或元组。在 JDBC API 的早期版本中，ResultSet 类只允许对一系列记录的串行遍历——即从表的第一条记录到最后一条记录的遍历，不允许在结果集中随机地移动记录指针。而且，ResultSet 类中的数据是只读的，不允许通过 ResultSet 类进行记录更新。

在 JDBC 2.0 可选的扩展中，ResultSet 规范增加了一些功能，允许以随机的顺序来检索结果集。这就是可滚动的 ResultSet 或可滚动的游标。Oracle JDBC 驱动程序提供了对这些特性的支持。

20.4.1　串行访问 ResultSet

在 Statement 接口中，executeQuery()方法用了 String 变量，返回 ResultSet 对象，传入的变量是有效的 SQL 查询。示例如下：

```
String sql="SELECT * FROM EMPLOYEE WHERE EMP_ID='103'";
ResultSet rs=statement.executeQuery(sql);
```

ResultSet 对象包含了执行 SQL 查询语句返回的结果集，可以把这个结果集视为一个二维表。要得到这张表中的任何一个字段项，首先需要找到它所处的行，然后找到它所处的列。完成这个工作要靠一个指向当前记录的指针，而且开始记录指针指向的是第一行之前的位置。如果在 ResultSet 对象上调用 next()方法，则将把记录指针移到下一个位置。从这时开始，记录指针将一直保持有效，直到结束所有行的遍历或关闭它。

如果使用默认的 ResultSet 对象，则拥有只向前移动的指针。在通常情况下，可以在循环中使用 next()方法处理结果集中的行。例如，下面的代码片段：

```
String sql="SELECT * FROM EMPLOYEE WHERE EMP_ID='103'";
ResultSet rs=statement.executeQuery(sql);
while(rs.next()) {
    //process the row
}
```

如果移动到有效的行，则 next()方法返回 true；如果移出了末尾，则 next()方法返回 false。所以，可以使用 next()方法来控制 while 循环。当然，这是假设 ResultSet 对象是从默认状态开始，并且记录指针设置在第一行之前的情形。也可以使用 isLast()或 isFirst()方法分别测试是否到达记录末尾或开头，使用 isBeforeFirst()或 isAfterLast()方法分别测试是位于紧接着第一行记录之前，还是已经超出了记录末尾。

20.4.2　ResultSet 接口中的方法

ResultSet 接口提供了一系列的方法来在结果集中自由地移动记录指针，以加强程序的灵活性和提高程序的执行效率，如表 20.3 所示。

表 20.3　ResultSet 接口提供的移动记录指针的方法

方 法 名 称	方 法 说 明
boolean previous()	将 ResultSet 指针从当前行移到前一行
boolean isFirst()	如果 ResultSet 指针在 ResultSet 中的第一行，则返回 true
boolean first()	将 ResultSet 指针移到 ResultSet 中的第一行
boolean beforeFirst()	将 ResultSet 指针移动在 ResultSet 中的第一行之前
boolean isBeforeFirst()	如果 ResultSet 指针 ResultSet 中的第一行之前，则返回 true
boolean isLast()	如果 ResultSet 指针 ResultSet 中的最后一行，则返回 true
boolean last()	将 ResultSet 指针移动 ResultSet 中的最后一行
boolean afterLast()	将 ResultSet 指针移动 ResultSet 中的最后一行之后
boolean isAfterLast()	如果 ResultSet 指针在 ResultSet 中的最后一行之后，则返回 true
boolean relative(int rows)	将 ResultSet 指针按照整数参数给出的大小进行移动。这种移动相对于 ResultSet 指针的相对位置，正数表示向前移动，负数表示向后移动
boolean absolute(int rows)	将 ResultSet 指针按照整数参数给出的大小，移动到相对于 ResultSet 的起始或末尾的绝对位置

SQL 数据类型与 Java 数据类型并不是完全匹配的，因此，在使用 Java 类型的应用程序与使用 SQL 类型的数据库之间，需要一种转换机制。

当使用 ResultSet 接口中的 getXXX()方法获得结果集中列的值时，就需要将 SQL 类型转换为 Java 类型，方法如表 20.4 所示。

表 20.4　ResultSet 接口中由 SQL 类型转换为 Java 类型的方法

方 法 名 称	方 法 说 明
Array getArray(int colIndex)	以一个 java.sql.Array 的形式返回由整数索引参数所标志的 ResultSet 列的值
Array getArray(String colName)	以一个 java.sql.Array 的形式返回由字符串名参数所标志的 ResultSet 列的值
InputStream getAsciiStream(int colIndex)	以一个 AsciiStream 的形式返回由整数索引参数所标志的 ResultSet 列的值
InputStream getAsciiStream(String colName)	以一个 AsciiStream 的形式返回由列名字符串参数所标志的 ResultSet 列的值
BigDecimal(int colIndex)	以一个全精度的 java.math.BigDecimal 的形式返回由整数索引参数所标志的 ResultSet 列的值
BigDecimal(String colName)	以一个全精度的 java.math.BigDecimal 的形式返回由列名字符串参数所标志的 ResultSet 列的值
InputStream getBinaryStream(int colIndex)	以一个 BinaryStream 的形式返回由整数索引参数所标志的 ResultSet 列的值
InputStream getBinaryStream(String colName)	以一个 BinaryStream 的形式返回由列名字符串参数所标志的 ResultSet 列的值
boolean getBoolean(int colIndex)	以一个 boolean 的形式返回由整数索引参数所标志的 ResultSet 列的值
boolean getBoolean(String colName)	以一个 boolean 的形式返回由列名字符串参数所标志的 ResultSet 列的值
byte getByte(int colIndex)	以一个 byte 的形式返回由整数索引参数所标志的 ResultSet 列的值
byte getByte(String colName)	以一个 byte 的形式返回由列名字符串参数所标志的 ResultSet 列的值
byte[] getBytes(int colIndex)	以一个 byte 数组类型的形式返回由整数索引参数所标志的 ResultSet 列的值
byte[] getBytes(String colName)	以一个 byte 数组类型的形式返回由列名字符串参数所标志的 ResultSet 列的值
Date getDate(int colIndex)	以一个 java.sql.Date 引用的形式返回由整数索引参数所标志的 ResultSet 列的值
Date getDate(int colIndex, Calendar cal)	以一个 java.sql.Date 引用的形式返回由整数索引参数所标志的 ResultSet 列的值
Date getDate(String colName)	以一个 java.sql.Date 引用的形式返回由列名字符串参数所标志的 ResultSet 列的值
Date getDate(String colName, Calendar cal)	以一个 java.sql.Date 引用的形式返回由列名字符串参数所标志的 ResultSet 列的值
String getString(int colIndex)	以 String 的形式返回由整数索引参数所标志的 ResultSet 列的值

续表

方 法 名 称	方 法 说 明
String getString(String colName)	以 String 的形式返回由列名字符串参数所标志的 ResultSet 列的值
double getDouble(int colIndex)	以 double 的形式返回由整数索引参数所标志的 ResultSet 列的值
double getDouble(String colName)	以 double 的形式返回由列名字符串参数所标志的 ResultSet 列的值
float getFloat(int colIndex)	以 float 的形式返回由整数索引参数所标志的 ResultSet 列的值
float getFloat(String colName)	以 float 的形式返回由列名字符串参数所标志的 ResultSet 列的值
long getLong(int colIndex)	以 long 的形式返回由整数索引参数所标志的 ResultSet 列的值
long getLong(String colName)	以 long 的形式返回由列名字符串参数所标志的 ResultSet 列的值
int getInt(int colIndex)	以 int 的形式返回由整数索引参数所标志的 ResultSet 列的值
int getInt(String colName)	以 int 的形式返回由列名字符串参数所标志的 ResultSet 列的值
short getShort(int colIndex)	以 short 的形式返回由整数索引参数所标志的 ResultSet 列的值
short getShort(String colName)	以 short 的形式返回由列名字符串参数所标志的 ResultSet 列的值
Time getTime(int colIndex)	以一个 java.sql.Time 对象引用的形式返回由整数索引参数所标志的 ResultSet 列的值
Time getTime(int colIndex, Calendar cal)	以一个 java.sql.Time 对象引用的形式返回由整数索引参数所标志的 ResultSet 列的值。如果底层数据库没有包含时间区信息，则使用 java.util.Calendar 对象来创建 Time 对象
Time getTime(String colName)	以一个 java.sql.Time 对象引用的形式返回由列名字符串参数所标志的 ResultSet 列的值
Time getTime(String colName, Calendar cal)	以一个 java.sql.Time 对象引用的形式返回由列名字符串参数所标志的 ResultSet 列的值。如果底层数据库没有包含时间区信息，则使用 java.util.Calendar 对象来创建 Time 对象
Timestamp getTimestamp(int colIndex)	以一个 java.sql.Timestamp 对象引用的形式返回由整数索引参数所标志的 ResultSet 列的值
Timestamp getTimestamp(int colIndex, Calendar cal)	以一个 java.sql.Timestamp 对象引用的形式返回由整数索引参数所标志的 ResultSet 列的值。如果底层数据库没有包含时间区信息,则使用 java.util.Calendar 对象来创建 Timestamp 对象
Timestamp getTimestamp(String colName)	以一个 java.sql.Timestamp 对象引用的形式返回由列名字符串参数所标志的 ResultSet 列的值
Timestamp getTimestamp(String colName, Calendar cal)	以一个 java.sql.Timestamp 对象引用的形式返回由列名字符串参数所标志的 ResultSet 列的值。如果底层数据库没有包含时间区信息,则使用 java.util.Calendar 对象来创建 Timestamp 对象
Object getObject(int colIndex)	以一个 Object 对象引用的形式返回由整数索引参数所标志的 ResultSet 列的值
Object getObject(String colName)	以一个 Object 对象引用的形式返回由列名字符串参数所标志的 ResultSet 列的值

表 20.4 中的每个方法都有重载版本，提供了识别含有数据的列的两种途径。为了选择列，可以传送 String 变量作为 SQL 列名，或者传送 int 类型的列的索引值。其中，第一列的索引值是 1。例如，对于下面的查询，可以按照名称返回列值：

```
ResultSet rs=statment.executeQuery("select code, name, from employee");
while(rs.next()) {
  String code=rs.getString("emp_id");
  String name=rs.getString("emp_name");
}
//或者按照表中字段顺序返回列值
while(rs.next()) {
  String code=rs.getString(1);
  String name=rs.getString(2);
}
```

20.4.3　结果集元数据

元数据是有关数据的数据，ResultSetMetaData 接口提供了有关在 ResultSet 对象中返回元数据的信息。如果从 ResultSet 对象中获得 ResultSetMetaData 对象的实例，则可以查看数据表中有关列属性的信息。

下面的实例说明了如下操作过程：将 DEPARTMENT 表中所有列的名称、类型、以 int 形式返回的 Java 类型（对应于 java.sql.Types 类中的常量值之一）显示出来。

（1）创建工作区 ch20.jws，在该工作区中创建工程文件 queryMetaData.jpr，然后在该工程文件中创建 JSP 页面文件 queryMetaData.jsp，其源代码如下：

```
1.  <%@ page contentType="text/html;charset=GB2312"%>
2.  <%@ page import="java.sql.*" %>
3.  <%@ page import="javax.sql.DataSource" %>
4.  <%@ page import="javax.naming.InitialContext" %>
5.  <%@ page import="javax.naming.NamingException" %>
6.  <HTML><HEAD><TITLE>queryMetaData.jsp</TITLE></HEAD>
7.  <BODY>
8.  <% Connection conn=null;
9.  try {
10.    request.setCharacterEncoding("GB2312");
11.    InitialContext ic=new InitialContext();
12.    DataSource ds=(DataSource)ic.lookup("jdbc/JDBCConnCoreDS");
13.    conn=ds.getConnection();
14.    if(!conn.isClosed()) {
15.      out.println("数据库连接成功!");
16.      out.println("<BR>");
17.    }
18.    Statement st=conn.createStatement();
19.    ResultSet rs=st.executeQuery("SELECT * FROM DEPARTMENT");
20.    ResultSetMetaData rsmd=rs.getMetaData();
21.    for (int i=1; i<=rsmd.getColumnCount(); i++) {
22.      out.println("Column name=" + rsmd.getColumnName(i));
23.      out.println(" type=" + rsmd.getColumnTypeName(i));
24.      out.println(" java type=" + rsmd.getColumnType(i));
25.      if (rsmd.getColumnType(i)==java.sql.Types.TIMESTAMP)
26.        out.println(" it's a Date/Time!");
27.    }
28.    else {
29.      out.println(" it's NOT a Date/Time.");
30.      out.println("<BR>");
31.    }
32.    rs.close();
33.    st.close();
34. }
35. catch (SQLException e) {
36.    out.println("数据库连接错误:" + e);
37. }
38. finally {
39.    conn.close();
40. }
41. %>
42. </BODY></HTML>
```

（2）启动 Oracle DB XE 与 OC4J 10g，然后创建部署描述符文件 queryMetaData.deploy，并将 JSP 页面文件部署到 OC4J 10g 与 Oracle DB XE 中。

（3）queryMetaData.jsp 页面的执行结果如图 20.3 所示。

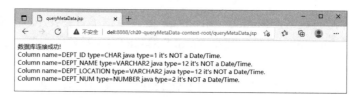

图 20.3　queryMetaData.jsp 页面的执行结果

【分析讨论】

- 为了显示 ResultSet 对象中每个列的名称和数据类型名称，编写了一个 for 循环，通过迭代每个列并调用适当的方法，可以得到所要求的列属性信息（第 21～30 行代码）。
- 第 25 行代码使用了 java.sql.Types 常量名称与 DEPARTMENT 表中列的 Java 类型进行比较，根据返回值的 true 或 false 来判断是否为日期或时间类型。
- 如果使用 getDate()方法，则将得不到时间部分；如果使用 getTime()方法，则将得不到日期部分；同时返回时间和日期的方法是使用 getTimestamp()方法。

20.4.4　可被更新和滚动的结果集

在默认情况下，Connection 接口对象的 createStatement()方法返回的是 Statement 对象实例，但它返回的仅仅是从头到尾进行迭代操作的结果集。如果想要在结果集中实现滚动和更新操作，就要得到实现这种类型操作的 ResultSet 对象。可以使用下面的形式创建 Statement 对象实例：

```
Statement st=connection.createStatement(int 指针参数, int 数据一致性参数);
```

其中，指针参数如表 20.5 所示，数据一致性参数如表 20.6 所示。将这两个参数有机地组合起来，就可以实现 ResultSet 对象的滚动和更新操作。

表 20.5　指针参数

参 数 名 称	参 数 说 明
ResultSet TYPE_FORWARD_ONLY	默认值，记录指针只能由第一条记录向最后一条记录移动，即只能向前移动
ResultSet TYPE_SCOLL_SENSTIVE	允许记录指针向前或向后移动。而且当其他 ResultSet 对象改变记录指针时，将影响记录指针的位置
ResultSet TYPE_SCOLL_INSENSITIVE	允许记录指针向前或向后移动。而且当其他 ResultSet 对象改变记录指针时，不影响记录指针的位置
ResultSet.CONCUR_READ_ONLY	默认值，ResultSet 对象中的数据仅能读，不能修改
ResultSet.CONCUR_UPDATBLE	ResultSet 对象中的数据可以读，也可以修改

表 20.6　数据一致性参数

参 数 名 称	参 数 说 明
ResultSet.CONCUR_READ_ONLY	默认值，ResultSet 对象中的数据仅能读，不能修改
ResultSet.CONCUR_UPDATBLE	ResultSet 对象中的数据可以读，也可以修改

例如，下面的语句将创建的 Statement 对象实例设定为既可以实现滚动操作，又可以实现更新操作：

```
Statement st=connection.createStatement(ResultSet.TYPE_SCROLL_SENSITIVE, ResultSet.CONCUR_
UPDATABLE);
```

创建 Statement 对象之后，就可以创建允许更新的 ResultSet 对象了。根据 Oracle 数据库的规定，不能在可更新的结果集中使用 SELECT * FROM ...的语法形式，但是可以通过使用表的别名的方法来解决这个问题。例如，下面的语句：

```
ResultSet rs=st.executeQuery("SELECT ALIAS_NAME.* FROM EMPLOYEE ALIAS_NAME");
```

然后，根据所使用的数据类型，使用 ResultSet 接口中的 updateXXX()方法更新列的值，最后使用 updateRow()方法实际更新表。例如，下面的代码片段：

```
while(rs.next()) {
  rs.updateString(" ", " ");
  rs.updateRow();
}
```

为了插入行，必须使用 moveToInsertRow()方法实现滚动。该方法使记录指针处在准备接收新值的空行上。例如，下面的语句：

```
rs.moveToInsertRow();
```

现在，即可调用 insertRow()方法把上述数据插入表中。接着需要调用 moveToCurrentRow()方法，使记录指针返回原来结果集中正在处理的位置。例如，下面的代码片段：

```
rs.insertRow();
rs.moveToCurrentRow();
```

下面的实例说明了如下操作过程：

① 将 EMPLOYEE 表中的现有记录作为查询结果存储在 ResultSet 对象中，并将其显示在页面中。

② 如何任意移动记录指针，并配合 ResultSet 接口的数据存取方法完成记录的插入、删除和更新操作。

（1）在工作区 ch20.jws 中创建工程文件 updateTable.jpr、JSP 页面文件 updateTable.jsp。updateTable.jsp 页面的源代码如下：

```
1.  <%@ page contentType="text/html;charset=GBK"%>
2.  <%@ page import="java.sql.*" %>
3.  <%@ page import="javax.sql.DataSource" %>
4.  <%@ page import="javax.naming.InitialContext" %>
5.  <%@ page import="javax.naming.NamingException" %>
6.  <HTML><HEAD>
7.  <META HTTP-EQUIV="Content-Type" CONTENT="text/html; charset=GB2312">
8.  <TITLE>updateTable.jsp</TITLE></HEAD>
9.  <BODY>
10. <% Connection conn=null;
11. try {
12.   request.setCharacterEncoding("GBK");
13.   InitialContext ic=new InitialContext();
14.   DataSource ds=(DataSource)ic.lookup("jdbc/JDBCConnCoreDS");
15.   conn=ds.getConnection();
16.   if(!conn.isClosed()) {
17.     out.println("数据库连接成功!");
18.     out.println("<BR>");
19.   }
20.   Statement st=conn.createStatement(ResultSet.TYPE_SCROLL_SENSITIVE,
ResultSet.CONCUR_UPDATABLE);
21.   ResultSet rs=st.executeQuery("SELECT n.* FROM EMPLOYEE n");
22.   rs.beforeFirst();        //把记录指针移到第 1 条记录之前
23.   out.println("修改前 EMPLOYEE 表中的记录");
24.   out.println("<BR>");
25.   while(rs.next()) {          //把记录指针移到下一条记录
```

```
26.       out.println(rs.getString(1)+" "+rs.getString(2)+" "+rs.getDouble(3)+"
"+rs.getString(4)+" "+rs.getString(5)+ " "+rs.getDouble(6));
27.       out.println("<BR>");
28.     }
29.     rs.absolute(4);            //把记录指针移到第 4 条记录
30.     rs.deleteRow();            //删除第 4 条记录
31.     rs.moveToInsertRow();      //插入一条新记录
32.     rs.updateString(1,"105");
33.     rs.updateString(2,"吴小丽");
34.     rs.updateString(3,"10");
35.     rs.updateDouble(4,24);
36.     rs.updateString(5,"计划员");
37.     rs.updateDouble(6,1800.00);
38.     rs.insertRow();            //把新记录插入数据库中
39.     rs.close();
40.     rs=st.executeQuery("SELECT n.* FROM EMPLOYEE n");
41.     rs.beforeFirst();          //把记录指针移到第 1 条记录之前
42.     out.println("修改后 EMPLOYEE 表中的记录");
43.     out.println("<BR>");
44.     while(rs.next()) {
45.       out.println(rs.getString(1)+" "+rs.getString(2)+" "+rs.getDouble(3)+"
"+rs.getString(4) +" "+rs.getString(5) +" "+rs.getDouble(6));
46.       out.println("<BR>");
47.     }
48.     rs.close();
49.     st.close();
50.   }
51. catch (SQLException e) {
52.   out.println("数据库连接错误:" + e);
53. }
54. finally {
55.   conn.close();
56. }
57. %>
58. </BODY></HTML>
```

（2）启动 Oracle DB XE 与 OC4J 10g Java EE 容器。

（3）图 20.4 所示为 updateTable.jsp 页面的执行结果。

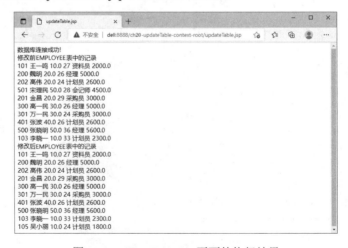

图 20.4　updateTable.jsp 页面的执行结果

20.5　PreparedStatement 接口

通过前文内容的讨论可以得知，Statement 类是通过一个包含 SQL 语句的字符串参数来处理查询的。Statement 类的对象实例取出 SQL 语句，把它提交给数据库执行，然后将结果返回给客户端。需要注意的是，对统一查询的所有重复执行都需要将整个过程重复一次。作为这个过程的一部分，SQL 语句需要再次对创建的字符串进行格式化，并且如果有任何 WHERE 子句的参数发生了变化，则查询字符串都需要执行这些变化。查询字符串的第二次执行需要进行和第一次执行时相同的处理——将查询提交给数据库，数据库解析、优化和执行查询并返回结果。

在如上所述的情形下，将会大大影响数据查询的执行效率。在需要多次执行相同的查询语句时，利用 PreparedStatement 接口可以优化这一过程的处理。PreparedStatement 接口是 Statement 接口的扩展，代表了一条预设的 SQL 语句。预设语句是指预先将 SQL 语句传递给数据库，并且在数据库中被编译、优化与缓存。因为语句不需要在每次执行时都由数据库编译与优化，所以语句重复执行的整体性能被大大地提高了。

另外，已编译语句可以指定输入参数，用于定制特殊 SQL 语句的执行。输入参数可以是 SELECT 或 UPDATE 语句的 WHERE 子句中的值，也可以是 INSERT 语句的 VALUES 子句中的值，还可以是 UPDATE 语句的 SET 子句中的值。SQL 语句及其参数都提交给数据库，由数据库对它进行处理。当数据库接收查询时，它对查询进行解析与优化，然后为了以后的重复处理而将查询保存下来。例如，对于下面的查询字符串：

```
String sql="SELECT * FROM EMPLOYEE WHERE EMP_NAME=? ";
```

其中，"?" 用于每个输入参数的占位符。这些占位符对应于数据库中的变量，称为绑定变量。使用绑定变量的查询将被编译一次，随后把查询计划存储在共享池中，可以从中检索和重用它。

创建一个 PreparedStatement 对象，可以利用 Connection 对象的 PreparedStatement()方法。如果 Connection 对象为 conn，则创建一个 PreparedStatement 对象 prepare 的语句如下：

```
PreparedStatement prepare=conn.PreparedStatement(sql);
```

这样在创建 PreparedStatement 对象的同时，就将带有参数的 SQL 语句作为参数传递给了它，然后就可以利用 PreparedStatement 接口提供的方法来指定这些参数，这些参数称为 IN 参数。为了传递这些 IN 参数，需要调用 PreparedStatement 对象的 setXXX()方法。例如，下面的代码片段为上述创建的 PreparedStatement 对象 prepare 传递 IN 参数，由于 EMPLOYEE 表中的 EMP_NAME 字段是字符串类型，因此需要使用 setString()方法（2 是参数的序数位置）：

```
prepare.setString(2, "宋晓梅");
ResultSet rs=prepare.executeQuery();
```

PreparedStatement 接口提供的常用方法如表 20.7 所示。

表 20.7　PreparedStatement 接口提供的常用方法

方 法 名 称	方 法 说 明
boolean execute()	执行对象的 SQL 语句，不论是什么类型的语句（UPDATE 或 SELECT）
ResultSet executeQuery()	执行对象的 SQL 语句，并返回一个 ResultSet 对象
int executeUpdate()	执行对象中的 UPDATE 语句，并返回一个整数，表示表中记录被更新的行数
ResultSetMetaData getMetaData()	返回 ResultSet 对象的有关字段信息
void setArray(int i, Array x)	将第一个参数 i 所表示索引参数的值设置为第二个参数 x 所表示的数组对象

续表

方 法 名 称	方 法 说 明
void setInt(int parameterIndex, int x)	将第一个参数所指定位置上占位符的值设置为第二个参数 x 的值。占位符的值会被设置为第二个参数所提供的 int 变量的值
void setFloat(int parameterIndex, float x)	将第一个参数所指定位置上占位符的值设置为第二个参数 x 的值。占位符的值会被设置为第二个参数所提供的 float 变量的值
void setLong(int parameterIndex, long x)	将第一个参数所指定位置上占位符的值设置为第二个参数 x 的值。占位符的值会被设置为第二个参数所提供的 long 变量的值
void setDouble(int parameterIndex, double x)	将第一个参数所指定位置上占位符的值设置为第二个参数 x 的值。占位符的值会被设置为第二个参数所提供的 double 变量的值
void setNull(int parameterIndex, int sqlType)	将第一个参数所指定位置上占位符的值设置为 null。null 的类型是第二个参数所指定的 JDBC SQL 类型
void setString(int parameterIndex, String x)	将第一个参数所指定位置上占位符的值设置为第二个参数 x 的值。占位符的值会被设置为第二个参数所提供的 String 变量的值
void setDate(int parameterIndex, Date x)	将第一个参数所指定位置上占位符的值设置为第二个参数 x 的值。占位符的值会被设置为第二个参数所提供的 Date 变量的值
void setTime(int parameterIndex, Time x)	将第一个参数所指定位置上占位符的值设置为第二个参数 x 的值。占位符的值会被设置为第二个参数所提供的 Time 变量的值

下面的实例使用 PreparedStatement 对象在 EMPLOYEE 表中插入两条记录，然后将插入记录后的数据库显示出来。

（1）在工作区 ch20.jws 中创建工程文件 bindQuery.jpr，然后在该工程文件中创建一个 JSP 页面文件 bindQuery.jsp 和一个部署描述符文件 bindQuery.deploy。bindQuery.jsp 页面的源代码如下：

```
1.  <%@ page contentType="text/html;charset=GB2312"%>
2.  <%@ page import="java.sql.*" %>
3.  <%@ page import="javax.sql.DataSource" %>
4.  <%@ page import="javax.naming.InitialContext" %>
5.  <%@ page import="javax.naming.NamingException" %>
6.  <HTML><HEAD>
7.  <META HTTP-EQUIV="Content-Type" CONTENT="text/html; charset=GBK">
8.  <TITLE>bindQuery.jsp</TITLE></HEAD>
9.  <BODY>
10. <% Connection conn=null;
11. try {
12.    request.setCharacterEncoding("GBK");
13.    InitialContext ic=new InitialContext();
14.    DataSource ds=(DataSource)ic.lookup("jdbc/JDBCConnCoreDS");
15.    conn=ds.getConnection();
16.    if(!conn.isClosed()) {
17.      out.println("数据库连接成功!");
18.      out.println("<BR>");
19.    }
20.    String id[]={"60","70"};
21.    String name[]={"研发部","产品部"};
22.    String location[]={"北京市海淀区 10 号","沈阳市皇姑区 12 号"};
23.    float num[]={10,30};
24.    PreparedStatement pst=conn.prepareStatement("INSERT INTO DEPARTMENT VALUES(?,?,?,?)");
25.    for(int i=0;i<id.length;i++) {
26.      pst.setString(1,id[i]);
27.      pst.setString(2,name[i]);
28.      pst.setString(3,location[i]);
29.      pst.setFloat(4,num[i]);
30.      pst.executeUpdate();
```

```
31.    }
32.    pst.close();
33.    Statement st=conn.createStatement();
34.    ResultSet rs=st.executeQuery("SELECT * FROM DEPARTMENT");
35.    out.println("更新后 DEPT 表中的记录");
36.    out.println("<BR>");
37.    while(rs.next()) {//把记录指针移到下一条记录
38.       out.println(rs.getString(1)+" "+rs.getString(2)+" "+rs.getString(3)+"
"+rs.getFloat(4));
39.       out.println("<BR>");
40.    }
41.    rs.close();
42.    st.close();
43.  }
44.  catch (SQLException e) {
45.    out.println("数据库连接错误:" + e);
46.  }
47.  finally {
48.    conn.close();
49.  }
50.  %>
51.  </BODY></HTML>
```

（2）启动 Oracle DB XE 与 OC4J 10g。

（3）将 JSP 页面文件等资源部署到 Oracle DB XE 与 OC4J 10g 中。

（4）bindQuery.jsp 页面的执行结果如图 20.5 所示。

图 20.5　bindQuery.jsp 页面的执行结果

【分析讨论】

- 第 20～23 行代码将要更新的数据存储到数组中，第 20 行代码用来执行具有参数的 SQL 语句，以进行数据的更新操作。SQL 语句 "INSERT INTO DEPARTMENT VALUES (?,?,?,?)" 中的每个列的值并没有确定，而是以 "?" 来表示，程序必须在执行这个 SQL 语句之前确定 "?" 位置的值。

- 第 26～30 行代码用来确定每个 "?" 所代表参数的值。需要注意的是，为了能够执行带有参数的 SQL 语句，必须使用 PreparedStatement 对象。

- 第 33 行代码创建了一个 Statement 对象，第 34 行代码返回了一个 ResultSet 对象，代表执行 SQL 语句后所得到的结果集。再用 ResultSet 对象的 next()方法将返回的结果集一个一个地取出并显示出来，直到 next()方法返回 false。

20.6　CallableStatement 接口

CallableStatement 接口是 PreparedStatement 接口的子接口，同时拥有 PreparedStatement 接

口及其超接口 Statement 接口的所有功能，并允许在数据库上调用 PL/SQL 代码，即匿名块或存储过程和存储函数，从而添加从它们接收输出参数的能力，大多数存储过程语言的实现都既有输入参数（可以从 PreparedStatement 类中继承方法来设置），又有输出参数（存储过程的返回值）。输出参数也称 OUT 参数，必须由 CallableStatement 接口中特殊的方法来管理，用这些方法来注册参数。

下面是 PL/SQL 代码块的语法格式：

```
CallableStatement callPLSQL=connection.prepareCall("{[?=] call procedue_name
[(?,?,...)]}");
```

- procedue_name：数据库存储过程的名称。
- ?=：可选，当存储过程返回一个结果参数时使用。
- (?,?,...)：代表存储过程的参数表。参数的实际类型（IN、OUT 或 INOUT）由存储过程的定义来确定。

由此可知，调用 PL/SQL 代码块的最简单的语法格式如下：

```
CallableStatement callPLSQL=connection.prepareCall("{call procedue_name}");
```

上述语句代表了对无参数存储过程的调用。如果需要对带有两个输入参数的存储过程进行调用，则可以用如下语句实现：

```
CallableStatement callPLSQL=connection.prepareCall("{call procedue_name (?,?)}");
```

例如，为了建立一个 CallableStatement 对象，需要调用 Connection 对象的 prepareCall()方法，可以用如下语句实现：

```
CallableStatement callPLSQL=connection.prepareCall("{call updateLast (?,?)}");
```

CallableStatement 对象包含了对存储过程 updateLast 的调用，它用于更新指定用户的名字。在这种情形下，存储过程需要两个输入参数：用户名编号与新名字。调用的参数必须在使用从 PreparedStatement 接口继承的 setXXX()方法执行存储过程之前设置。在执行了存储过程以后，可以使用 getXXX()方法检索值。对于存储过程 updateLast，可以编写下面的代码建立它的输入参数：

```
callPLSQL.setString(1, "7101");
callPLSQL.setString(2, "章伊伊");
```

使用下面的语句执行该存储过程：

```
callPLSQL.executeUpdate();
```

存储过程通常应用在数据库应用程序中，以提高数据库的性能。存储过程由 RDBMS 预编译并缓存，提供非常快速地访问与执行。另外，在客户端/服务器结构中，还可以减少客户端与服务器之间的网络冲突，从而提升整个系统的性能。关于存储过程与存储函数及 JDBC 程序设计方面的内容，将在第 21 章结合 Oracle PL/SQL 程序设计详细介绍。

20.7 DatabaseMetaData 接口

DatabaseMetaData 接口是由 JDBC 驱动程序开发人员实现的，其提供了对有关数据库的名称、版本、JDBC 驱动程序名称等信息的访问功能。DatabaseMetaData 对象实例是通过 Connection 对象的 getMetaData()方法得到的。用户根据该接口提供的方法可以很容易地取得某一数据库的信息。DatabaseMetaData 接口提供的方法如表 20.8 所示。

表 20.8　DatabaseMetaData 接口提供的方法

方 法 名 称	方 法 说 明
String getDatabaseProdectName()	返回数据库产品的名称
String getDatabaseProdectVersion()	返回数据库产品的版本
int getDriverMajorVersion()	返回一个整数，表示 JDBC 驱动程序的主版本号
int getDriverMinorVersion()	返回一个整数，表示 JDBC 驱动程序的次版本号
String getDriverName()	返回 JDBC 驱动程序的名称
String getDriverVersion()	返回 JDBC 驱动程序的版本
String getURL()	返回一个包含数据库 URL 的字符串。如果 JDBC 驱动程序不能获知数据库的 URL，则返回 NULL
int getMaxStatement()	返回一个整数值，表示可以同时打开的活动语句的最大数
int getMaxConnection()	返回一个整数值，表示驱动程序可以同时保持的激活数据库连接的最大数
boolean isReadOnly()	如果数据库处于只读模式且不允许更新，则返回 true
String getUserName()	返回一个包含了当前数据库连接的用户名字符串
int getMaxStatementLength()	返回一个整数，表示按字节计算的最大长度。如果返回 0，则表示不限制长度或长度是未知的
boolean usersLocalFilePerTable()	如果数据库中的每个表都是用本地文件，则返回 true
boolean usersLocalFiles()	如果数据库使用本地文件系统来存储数据，则返回 true
ResultSet getTableTypes()	返回一个当前数据中可用表的类型的结果集
ResultSet getSchemas()	返回连接的数据库中可用的数据库模式结构的列表

下面的实例通过使用 DatabaseMetaData 接口提供的方法，将 Oracle 数据库的相关信息显示在浏览器页面中。

（1）在工作区 ch20.jws 中创建工程文件 getDBInfo.jpr，在该工程文件中创建一个 JSP 页面文件 getDBInfo.jsp，其源代码如下：

```
1.  <%@ page contentType="text/html;charset=GBK"%>
2.  <%@ page import="java.sql.*" %>
3.  <%@ page import="javax.sql.DataSource" %>
4.  <%@ page import="javax.naming.InitialContext" %>
5.  <%@ page import="javax.naming.NamingException" %>
6.  <HTML><HEAD><TITLE>getDBInfo.jsp</TITLE></HEAD>
7.  <BODY>
8.  <% Connection conn=null;
9.  try {
10.    request.setCharacterEncoding("GBK");
11.    InitialContext ic=new InitialContext();
12.    DataSource ds=(DataSource)ic.lookup("jdbc/JDBCConnCoreDS");
13.    conn=ds.getConnection();
14.    if(!conn.isClosed()) {
15.      out.println("数据库连接成功!");
16.      out.println("<BR>");
17.    }
18.    DatabaseMetaData dbmt=conn.getMetaData();
19.    out.println("JDBC URL: "+dbmt.getURL()+"<BR>");
20.    out.println("JDBC 驱动程序: "+dbmt.getDriverName()+"<BR>");
21.    out.println("JDBC 驱动程序的版本代号: "+dbmt.getDriverVersion()+"<BR>");
22.    out.println("用户账号: "+dbmt.getUserName()+"<BR>");
23.    out.println("数据库名称: "+dbmt.getDatabaseProductName()+"<BR>");
24.    out.println("数据库的版本代号: "+dbmt.getDatabaseProductVersion()+"<BR>");
25.    out.println("数据库模式: "+dbmt.getSchemas()+"<BR>");
26.  }
27.  catch (SQLException e) {
```

```
28.    out.println("数据库连接错误:" + e);
29. }
30. finally {
31.    conn.close();
32. }
33. %>
34. </BODY></HTML>
```

（2）启动 Oracle DB XE 与 OC4J 10g，创建该 Web 应用的部署描述符文件 getDBInfo.deploy，并将其部署到 Oracle DB XE 与 OC4J 10g 中。getDBInfo.jsp 页面的执行结果如图 20.6 所示。

图 20.6　getDBInfo.jsp 页面的执行结果

20.8　本章小结

　　JDBC 是 Java 技术的重要组成部分。JDBC 为访问关系型与对象关系型数据库提供了可移植和灵活的方法，是一种功能强大的技术。基于 JDBC 技术可以建立更复杂、更高级的引用特性，包括 SQLJ 和 EJB。JDBC 技术自问世以来受到了业界广泛的支持，使得它成为一种具有强大生命力的技术。

　　实现数据访问的基本元素包含在 JDBC 2.0 中，封装在 java.sql 包中。而 Optional Package 是对 JDBC 的一个扩展，它的类与接口封装在 javax.sql 包中，它保存了更特殊的数据访问功能。为了获得多功能与高效的 JDBC 程序，先前需要开发人员承担的大量工作都被封装在了 Optional Package 中，并传递给了 JDBC 驱动程序的供应商。

　　OC4J 10g 充分利用了 JDBC 2.0 提供的 DataSource 接口的最新特性，在基于 JDBC API 连接 Oracle 数据库方面提供了更简单、功能更加强大的方法。Oracle JDBC 与 JNDI 及目录服务的连接，代表了应用服务器系统的集成又向前迈出了合理的一步。因为驱动程序供应商通常就是数据库供应商，所以相对于其他人员，其更加了解如何与其产品进行交互作用，这样就可以使开发人员将注意力集中在应用程序的设计上，而不必担心外部装置的安排，从而可以获得高效的数据库连接，但是付出的工作量却大大减少了。

第21章

Java EE Web 应用开发案例分析

实现一个 Web 应用的发布需要经历很多过程，包括原始内容、设计、建立原型、程序设计、测试及最终发布。其中，设计是一个非常重要的过程。一个良好的、考虑周全的设计可以尽早地发现可能出现的问题，并使 Web 应用的维护与修改更加容易。

Servlet 在处理 HTTP 请求与响应方面非常出色，但是它不适合为最终用户生成内容；JSP 页面可以有效地处理内容的生成，但是它不适合处理业务逻辑。因此，深入地理解 Servlet、JSP 及 JavaBean 等 Web 组件在软件开发中所处的位置、最适合完成的工作等方面的知识是非常必要的。设计模式（Design Pattern）就是为了解决这些问题而提出的一个解决方案。

MVC（Model-View-Controller）设计模式就是目前使用较多的一种设计模式。在 Java EE Web 应用中，View 部分一般由 JSP 与 HTML 构建，是 Web 应用的用户界面；Controller 部分一般由 Servlet 组成，在视图层与业务层之间起到了桥梁的作用，并控制两者之间的数据流向；Model 部分包括业务逻辑层和数据访问层，业务逻辑层一般由 JavaBean 构建，数据访问层一般由 JDBC API 构建。这样，一个 Java EE Web 应用就被划分为表示层、控制层、业务逻辑层与数据访问层，形成了一个多层体系结构。对于大型、复杂的 Web 应用来说，这样的划分是十分必要的。

- 模型：模型包含 Web 应用的核心功能，表示 Web 应用的状态，由 JavaBean 来实现。可以设计 JavaBean 保存 Web 应用的大部分业务逻辑，它能与数据库或文件系统交互，所以它负责 Web 应用的数据。
- 视图：视图负责表示逻辑，它决定数据如何展示给用户。视图可以访问模型的数据，但是它无法修改数据。当模型更新数据时，将会通知视图。
- 控制器：控制器对用户的输入做出响应，创建模型并提供输入。Servlet 可以同时拥有 Java 类和 HTML 代码，可以接收从客户端发送来的 HTTP 请求，并决定创建必要的 JavaBean，同时能够把对模型的更新通知视图。

本章将首先介绍 MVC 设计模式的概念与体系结构，然后在此基础上探讨如何根据 MVC 设计模式的基本原理，综合运用 Servlet、JSP 及 JDBC 技术实现一个 Java EE Web 应用的开发。

21.1　Web 应用设计的重要性

程序的设计是软件开发的一个重要方面。在设计一个程序时，应该着重考虑以下 3 个方面的内容，即维护性（Maintainability）、重用性（Reliability）及扩充性（Extensibility）。

1．维护性

维护性是指为了保持程序正常运行所需要做的工作。因为软件维护的工作量越大，软件开发的成本就越高。所以，从某种意义上来说，维护性决定着软件开发的成本。在实际的软件开发过程中，程序的维护性很难定量地计算，但是可以使用一种技术来提高软件系统的可维护性，这主要体现在以下两方面。

1）程序源代码

一个程序源代码如果没有注释语句、结构混乱、格式不良是很难维护的，高质量的程序源代码要有良好的文档说明及清晰定义的结构。这样，其他的程序员就可以很容易地理解和读懂源代码，也就可以更快速、更容易地进行程序调试与修改。

2）程序结构

设计一种有意义、各部分划分条理清楚的程序，能够大大提高程序的可维护性。在典型的程序中可能会包含多个不同的部分。例如，用户接口、执行业务处理的类，以及表示业务实体的类。引入一种结构并且对这些类型的类加以区分，就可以提高程序的可维护性。因为对开发人员而言，这样可以更清楚地看到不同程序的各个部分是如何组织到一起的。尽管生成格式清晰的源代码非常重要，但是知道如何能够快速地找到需要修改的代码同样非常重要。

2．重用性

OOP 的目标之一是组件的复用。当一个类与其他对象之间的依赖关系比较弱，并且提供了专门的一组任务或具有较高的聚集时，重用性就得到了增强。因此，需要在具体设计之前选择一个合适的设计模式，并且明确模式中各个组件所处的位置和重要功能，不需要具体设计就可以获得一定程度的重用性，这样有助于生成的类在整个程序中的重复使用。

3．扩充性

软件的扩充性决定了当软件进入实际使用时，可以被扩充和增强到什么程度。良好的设计应该考虑到扩充性。当然，软件开发人员不可能预见到将来所发生的所有情况。但是，可以通过在逻辑上把程序划分为成分更小的部分而增强扩充性，减少这些方面的更改对系统中其他部分所造成的影响。

21.2　问题的提出

用户界面承担着向用户显示问题模型及与用户进行输入/输出交互的功能。从用户的角度看，希望保持软件交互操作界面的相对稳定。另一方面，当需要发生变化时，同样希望能够改变和调整用户界面显示的内容和形式。这就要求开发人员在重新设计界面结构时，能够在不改变软件功能和计算模型的情形下支持用户对界面构成的调整。从软件开发的角度看，困难在于在满足对界面调整要求的同时，如何保持软件的计算模型独立于界面的构成。而 MVC 就是这样一种用户交互界面应用的设计模式。

1．用户界面设计的可变性需求

与软件处理问题的内在模型比较，用户界面是需要经常发生变化的，而且一旦发生变化，就要求对界面做出修改。这种变化主要体现在以下几个方面：

- 在不改变问题模型的前提下，要求扩展软件系统的应用功能。

- 用户界面提出新的和特别的要求。
- 把某个软件系统的设计思想移植到另一个运行环境。
- 不同类型的用户对界面构成的要求不同。

由于软件的界面是用户可以直接感受和要求的，因此一个具有生命力的软件系统的界面，应该能够根据用户需求的变化而改变。软件的计算模型与显示形式是可以相互独立的。如果用户界面的设计与问题模型和功能内核紧密地交织在一起，即使对于结构最简单的用户界面，当用户提出各种灵活性要求时，用户界面的设计过程也将变成一个复杂、耗资费时、易于出错的过程。在软件工程实践中，这经常会导致建立和维护多个差异很大的软件系统，每个软件系统支持一种用户界面的结构。虽然这是解决问题的一种简单和直接的方法，但是它为以后的系统升级和维护带来了极大的困难。因为包括问题模型在内的任何变化都会影响到多个模块，造成一致性维护的困难。

2．MVC 解决方案

设计模式是指在程序设计中针对特定问题的惯用的解决方案。这种解决方案应该被实践证明是有效的且容易被重复使用的。设计模式是面向对象软件开发的开发人员用来解决实际编程问题的一种形式化表示，描述了开发人员已经做过的工作。对设计模式的形式化描述来源于大量开发人员的知识和经验，是面向对象软件开发的一种重要资源。

MVC 设计模式是 Xerox 公司在 20 世纪 80 年代末期发表的一系列论文中提出的，首先被应用在 SmallTalk-80 语言环境中，是许多界面和系统的构成基础。Microsoft 的 MFC（微软基础类库）也遵循了 MVC 设计模式的思想。MVC 设计模式的基本原理是把程序的数据与业务逻辑、数据的外观呈现，以及对数据的操作划分到不同的实体中去，这些实体分别称为模型、视图与控制器。这使得设计过程更加灵活，可以提供多种易于改变的外观呈现（视图），可以对业务规则和数据的物理表示模型进行修改而不涉及任何用户界面的代码。

21.3　MVC 设计模式

MVC 设计模式最初是为了编写独立的 GUI 应用程序而开发出来的，现在已经在各种面向对象的 GUI 应用程序设计中被广泛使用，包括 Java EE 应用程序设计。一个体系结构设计良好的 Java EE 应用程序，应当遵循文档完善的 MVC 设计模式。

对于用户界面设计的可变性需求的状态，MVC 设计模式把软件交互系统的组成分解成模型、视图、控制器 3 个组件。

1．模型

模型是应用程序使用的对象的完整表示，如一个电子表格、一个数据库等。模型是自包含的，即它的表示与程序的其他部分是独立的。模型包含了应用程序的核心数据、逻辑关系和计算功能，封装了应用程序需要的数据，提供了完成问题处理的操作过程。模型提供了一些操作方法，外界通过这些方法使用模型所实现的对象，从而使得模型独立于具体的界面表达和输入/输出操作。

2．视图

一个应用程序可以包含任意数目的视图，如一个编辑视图、一个打印视图、一个文档的几个不同页面视图。每个视图都要跟踪它要了解的模型的某个特定方面，但是每个视图都是和同一个模型在进行交互。视图将表示模型的数据、数据间逻辑关系及状态信息以特定形式展示给用户，它从模型中获得显示信息，信息可以根据模型的数据值来更新显示。

3．控制器

每个视图通过一个控制器对象与它的用户界面相连接，这可能包括命令按钮、鼠标处理器等。当控制器接收一个用户命令时，它使用与之相关的视图提供的适当信息去修改模型。当模型改变时，它通知所有的视图，然后视图自身进行更新。

控制器用于处理用户与应用程序的交互操作，它的职责是控制提供模型中任何变化的传播，确保用户界面与模型之间的对应关系。控制器用来接收用户的输入，并将输入反馈给模型，进而实现对模型的计算控制，是使模型和视图协调工作的组件。通常一个视图拥有一个控制器，用来接收来自鼠标或键盘的事件，把它们转化为对模型或视图的服务请求，并把任何模型的变化信息反馈给视图。

图 21.1 所示为 MVC 设计模式的体系结构。

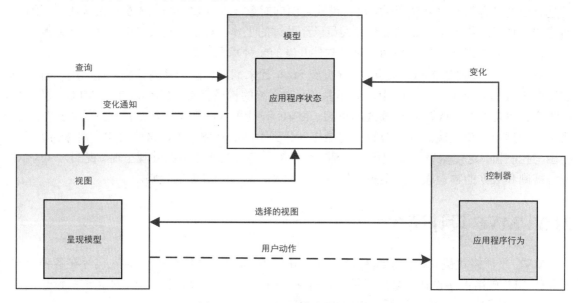

图 21.1　MVC 设计模式的体系结构

模型、视图与控制器的分离，使得一个模型可以拥有多个显示视图。如果用户通过某个视图的控制器改变了模型数据，所有依赖于这些数据的视图都会反映这些变化。因此，对于模型来说，无论何时发生了何种数据变化，控制器都会将这些变化通知所有的视图，并导致显示的更新。MVC 设计模式的体系结构被认为是几乎所有应用程序设计的基础，这主要体现在建立于其上的组件的重用几乎没有什么限制。

计算机业界一个比较通用的观点是：一个设计良好、可伸缩的应用程序至少应该有 4 层。这同时包括与业务逻辑层分开的表示逻辑层，这种表示逻辑层允许应用程序对业务对象进行重用。图 21.2 所示的多层应用系统仍然被认为是基于 MVC 设计模式的应用程序。

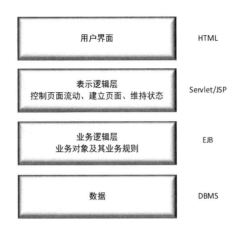

图 21.2　Java EE 应用程序中的 MVC 设计模式的体系结构

4．MVC 的优点与缺点

MVC 设计模式的优点主要体现在以下几个方面：

- 可以为一个模型在运行时同时建立和使用多个视图。
- 视图与控制器的可插接行，即允许更换视图和控制器对象。可以根据需求动态地打开或关闭，甚至在运行期间进行对象替换。
- 模型的可移植性。因为模型是独立于视图的，所以可以把一个模型独立地移植到新的平台工作。需要做的只是在新平台上对视图和控制器进行新的修改。
- 潜在的框架结构。可以基于 MVC 设计模式创建应用程序框架，而不仅仅是用在涉及界面的设计中。

MVC 设计模式的缺点主要体现在以下几个方面：

- 增加了系统结构和实现的复杂性。对于一个用户界面比较简单的软件系统，严格遵循 MVC 设计模式，使模型、视图与控制器分离，将会增加系统结构的复杂性，并可能产生过多的更新操作，从而降低系统的运行效率。
- 视图与控制器之间的过于紧密的连接。视图与控制器是相互分离、但又联系紧密的组件。视图对控制器的依赖性很大，妨碍了它们的独立重用。
- 视图对模型数据的低效率访问。依据模型操作的接口的不同，视图可能需要多次调用才能获得足够的显示数据。对没有发生变化的数据的不必要频繁访问，也将损害操作性能。

21.4　结构化 Web 应用

结构用于构造或组织一个 Web 应用的各种不同的组件。对于 Web 应用来说，不同的组件是指 HTML 页面、JSP 页面、Servlet、JavaBean 等，所以，定义结构将帮助开发人员决定各种组件在 Web 应用中的位置及所起的作用。结构还对 Web 应用的控制提供指导性原则，使各种组件协调一致地工作，以完成 Web 应用所要求的功能。

MVC 设计模式提供了两种结构：Model 1 结构和 Model 2 结构。其中，Model 1 结构的 Web 应用的主要特征如下：

- 表示层用 HTML 或 JSP 文件。如果需要，JSP 文件可以用 JavaBean 存取数据。

- JSP 文件还负责所有的业务逻辑处理。例如，接收来自用户的请求，转发给适当的 JSP 页面，激活适当的 JSP 页面等。这意味着 Model 1 结构是以页面为中心设计的，即所有的表示逻辑与业务逻辑都出现在 JSP 页面中。
- 数据访问要么通过 JavaBean 实现，要么在 JSP 页面中用脚本实现。

Model 1 结构的 JSP 页面中经常包含业务逻辑，这将会给应用程序的维护性带来不利的方面。因为 JSP 页面中会经常存在一些称为脚本的 Java 代码，这就使得 JSP 页面的代码不易被理解。而且，如果想要重复使用这些脚本代码，就必须进行复制和粘贴操作。这将是一个非常耗时、易于出错的过程。

另外，因为 JSP 页面与应用程序的逻辑是紧密耦合的，所以修改或扩充这种应用程序中包含的功能是非常困难的。如果更改了其中的一些功能，则会经常波及系统其他部分而造成更多的缺陷及不可预见的后果。

在 Model 2 结构中，控制器负责接收 Web 应用的所有请求。对于每个请求，控制器将选择是进行相应的处理还是要显示数据。如果需要进行一些处理，则可以通过调用 JavaBean 来完成，也可以把请求指派或转发给包含所需处理逻辑的 JSP 页面。如果要显示数据，则可以把请求指派或转发给含有表示逻辑（视图）的 JSP 页面。

在 Model 2 结构中，有单独负责表示逻辑与显示逻辑的页面，还有一个集中控制器负责协调 Web 应用的整个流程。通过这种集中控制机制，可以将表示逻辑与控制流分开。模型是 Web 应用的另一个组成部分，负责存储与 Web 应用相关的数据。例如，模型可以是一组访问数据库的 JavaBean。一旦控制器接收请求，它将实例化 JavaBean。

图 21.3 所示为 Model 2 结构的概念图。在 Model 2 结构中，使用一个 Servlet 作为控制器。所有来自客户端的 HTTP 请求均由这个 Servlet 来处理，接着 Servlet 再将请求调至 JavaBean。然后 JavaBean 更新模型，并向 Servlet 返回一个路径选择器。Servlet 利用这个路径选择器将请求转发或重定向到 JSP 页面，接着 JSP 页面访问模型对象，并向客户端发回响应。

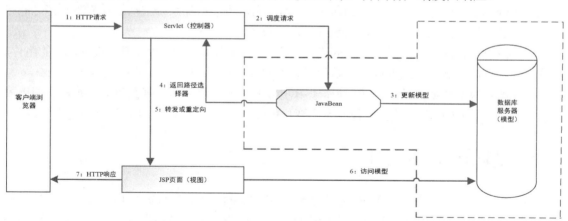

图 21.3　Model 2 结构的概念图

在 Model 2 结构中，控制器负责决定 Web 应用中的控制逻辑，Web 应用的结构在一个位置上定义，提高了 Web 应用的维护性。而且，把结构定义从控制器中分离，与请求服务关联的处理和业务逻辑也容易找到，因为它不再是嵌入的，而是分散在系统中的许多页面中。控制器就是一个 Servlet，而 Servlet 就是一个 Java 类。因此，可以使用 Java 语言的功能实现请求处理。

同时，还可以使用标准的 Java 语言开发与调试环境对程序进行控制，而不必再去调试带有脚本代码的 JSP 页面了。JSP 页面可以被用来将 Servlet 所收集的或产生的信息显示在客户端浏览器中。所以说，Servlet 与 JSP 的组合是一种强大的工具，使用这个工具可以开发出易于维护并能够随着新的需求进行扩展的、具有优良设计模式的 Web 应用。

在 Model 2 结构中，处理各种请求的逻辑集中在一起，再加上把视图组件与请求组件分离，这就比 Model 1 结构更加容易扩充。正是这种分离结构，使得可插入组件的应用成为可能，进而开发出灵活的、可重用的及可扩充性强的 Web 应用。

选择使用 Servlet 作为 MVC 设计模式的控制器具有以下优点：

- 使应用程序模块化。
- 减少了 HTML 与 Java 代码的相关性。
- 允许开发人员为相同的数据提供多个视图。
- 简化了应用程序流程。
- 使应用程序更易于维护。
- 是一种进行 Web 应用开发的可靠的设计模式。

21.5　Java EE Web 应用开发案例

本节将根据 MVC 设计模式的基本原理，在 OC4J 与 Oracle DB XE 运行环境下，基于 JDeveloper IDE，综合运用 Servlet、JSP 及 JDBC 技术实现一个 Java EE Web 应用的开发。

21.5.1　数据表的设计

启动 Oracle DB XE，输入以下 SQL 命令创建一个图书表 BOOK：

```sql
CREATE TABLE "BOOK" (
    "ISBN" VARCHAR2(16) NOT NULL,
    "TITLE" VARCHAR2(30) NOT NULL,
    "AUTHOR" VARCHAR2(16) NOT NULL,
    "PRESSNAME" VARCHAR2(32) NOT NULL,
    CONSTRAINT "BOOK_PK" PRIMARY KEY("ISBN")
)
```

创建数据表之后，使用插入命令输入如图 21.4 所示的数据。

编辑	ISBN	TITLE	AUTHOR	PRESSNAME
✎	1-302-0101-X/TP	Web应用高级教程	GregBarish	清华大学出版社
✎	3-4032-0306-X/JP	Java应用开发教程	宋波	电子工业出版社
✎	5-503-0506-X/XL	Java应用设计	宋波	人民邮电出版社
✎	6-606-5011-T-/XT	Java语言程序设计	宋波	清华大学出版社
				行 1 - 4 (共 4 行)

图 21.4　要向数据表中输入的数据

21.5.2　功能概述

这个 Java EE Web 应用的主要功能是：查看图书清单，编辑、更新、添加、删除图书信息。图 21.5 所示为描述这个 Web 应用的 UML 用例图。

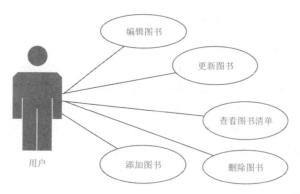

图 21.5　Web 应用的 UML 用例图

21.5.3　体系结构

在 MVC 设计模式中，使用 Servlet 作为请求处理组件，使用 JSP 页面作为表示组件，模型是程序的事务逻辑及数据。

1．体系结构

Web 应用的体系结构如图 21.6 所示。所有涉及数据访问的请求都将发送给特定的 Servlet。由这些 Servlet 查找数据源，使用数据库连接执行各种数据库操作，然后把相关请求转发到 JSP 页面，由它们使用请求分配器显示下一个视图。如果 JSP 页面需要数据库中的数据，则 Servlet 将把这些数据存储作为一个请求属性，它们可以由 JSP 页面使用 JavaBean 中的<jsp:useBean>操作检索。

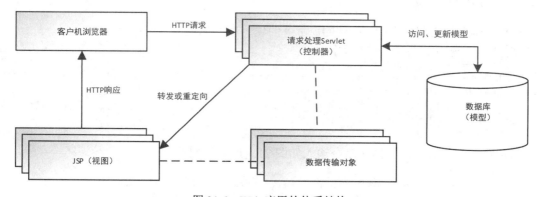

图 21.6　Web 应用的体系结构

2．选择数据传输对象

根据 MVC 设计模式的定义，遵守 JavaBean 设计模式的自定义，Java 类用于从请求处理层向表示层传输数据。这些对象来自 SQL 记录集的请求分配类填充，并且作为请求属性存储。这些组件此后将被提取并由 JSP 页面显示出来，实际的数据检索是在处理 JSP 页面时执行的。这样，SQL 记录集中出现的表格化数据流将被转换到一些层次化结构的对象中。进行显示的 JSP 页面接着使用自定义的"标注"或"脚本"把数据转换到过多的自定义 JavaBean 组件。这是传统的程序设计经常使用的方法。

在理想情形下，JSP 页面应该在记录集中循环处理并显示相关数据。但是，提出对记录集进行迭代处理的要求，就会因为要频繁地访问数据库资源而打开所需的数据库连接。这样会对应用程序的性能、可扩展性、异常处理、可扩充性及资源清理等带来隐含的影响，导致 Web 应用的执行效率降低，运行速度下降。

javax.sql 包提供的 javax.sql.RowSet 接口为 JavaBean 组件模型增添了对 JDBC API 的扩展支持。RowSet 接口的实现没有作为驱动程序的一部分，而是在驱动程序的底层上实现的。所以不依赖于某个驱动程序，能够独立实现。

RowSet 接口定义了 ResultSet 类的一个扩展。RowSet 对象用作数据行的容器，而且在每个这样的实现顶部都可以进一步添加功能。即 RowSet 对象不仅实现了 RowSet 接口，也扩展了 RowSet 接口。这样导致的结果就是：RowSet 接口的任何实现都可以继承 ResultSet 接口的功能。利用 get()对象方法可以检索值，通过编程利用 update()对象方法可以更新值，利用各种光标移动对象方法可以移动光标并执行其他的相关任务。

RowSet 接口提供了以下 3 个实现。

- JDBCRowSet：一个基本的 JDBC—JavaBean 混合。
- CachedRowSet：允许一个数据集按照意愿与数据库退耦或重新耦合。
- WebRowSet：用一个简单的 XML 接口提供 JDBC。

CachedRowSet 实现可以在一种与填充连接断连的模式下工作。这个接口提供的方法既用于设置数据源的 JNDI 名字以获得连接，也用于设置 SQL 命令字符串。当调用这个接口上的execute()方法时，它会通过指定的连接和 SQL 命令使用得到的数据填充内部数据结构。CachedRowSet 实现用于在检索数据之后关闭连接。此后，这些数据按照与迭代处理结果集和检索数据相同的方式用于 JSP 页面中。

在 Oracle 公司的网站中可以免费下载 jdbc_rowset_tiger-1_0-fd-ri.zip 软件包。在软件包中不仅包含了 3 个 RowSet 实现，还包含了一些使用方法说明的 HTML 文档。将该软件包解压缩到某一目录下，然后在 JDeveloper IDE 中选择 "Tools" → "Project Properties..." 命令，将会显示如图 21.7 所示的对话框。

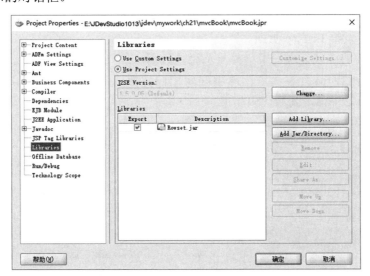

图 21.7　工程属性对话框

单击 "Add Jar/Directory..." 按钮，将会显示如图 21.8 所示的对话框，在该对话框中选择要添加的类库（如 jar 类库）。单击"确定"按钮，就可以完成添加 jar 类库的设置工作。这样，就可以在创建的任何类型的工程文件中使用 RowSet 接口的实现。基于以上的讨论，在本节的案例中将使用 CachedRowSet 接口的实现。

图 21.8　添加类库

21.5.4　显示模块的设计

控制器负责接收 Web 应用的所有请求，对于每个请求，控制器将选择是进行相应的处理，还是要显示数据。因此，Web 应用的控制器部分的功能是由 Servlet 完成的。

ListServlet 属于 MVC 设计模式的控制器部分，其功能是把来自客户端的请求转发给 JSP 页面（List.jsp 页面），其具体实现过程如下：

- 当浏览器向 ListServlet 的一个实例发出请求时，该实例将执行相关的 SQL 语句，并填充用作一个请求属性的记录集。
- 请求将被转发给 List.jsp 页面。
- List.jsp 页面将迭代处理记录集并显示相关数据。

创建工作区 ch21.jws，在该工作区中创建工程文件 mvcBook.jpr，创建完成上述功能的 Servlet——ListServlet.java，其源代码如下：

```
1.  /* ListServlet.java */
2.  package mvcBook;
3.  import com.sun.rowset.CachedRowSetImpl;
4.  import javax.servlet.ServletException;
5.  import javax.servlet.ServletConfig;
6.  import javax.servlet.http.HttpServlet;
7.  import javax.servlet.http.HttpServletRequest;
8.  import javax.servlet.http.HttpServletResponse;
9.  import java.sql.*;
10. import javax.sql.DataSource;
11. import javax.naming.*;
12. import javax.sql.rowset.CachedRowSet;
13. public class ListServlet extends HttpServlet {
14.    public void init(ServletConfig config) throws ServletException {
15.       super.init(config);
```

```
16.    }
17.    public void doPost(HttpServletRequest req, HttpServletResponse res) throws
ServletException {
18.      doGet(req, res);
19.    }
20.    public void doGet(HttpServletRequest req, HttpServletResponse res) throws
ServletException {
21.      try {
22.        req.setCharacterEncoding("GBK");
23.        //生成一个新的缓冲存储集
24.        CachedRowSet rs=new CachedRowSetImpl();
25.        //生成 JNDI 初始上下文环境
26.        InitialContext ic=new InitialContext();
27.        //查找 JDBC 数据源的 JNDI 名字
28.        DataSource ds=(DataSource)ic.lookup("jdbc/JDBCConnCoreDS");
29.        //获得 JDBC 连接
30.        Connection conn=ds.getConnection();
31.        //设置用于获取图书列表的 SQL 命令
32.        rs.setCommand("SELECT * FROM BOOK");
33.        //运行 SQL 命令
34.        rs.execute(conn);
35.        //把行集作为一个请求属性进行存储
36.        req.setAttribute("rs",rs);
37.        //把请求转发给 List.jsp 页面
38.        getServletContext().getRequestDispatcher("/List.jsp").forward(req,res);
39.      }
40.      catch(Exception ex) {
41.        throw new ServletException(ex);
42.      }
43.    }
44. }
```

List.jsp 页面属于 MVC 设计模式的视图部分，其功能是把图书列表显示为一个 HTML 表，并提供用于删除与修改图书及添加图书的文字链接，其源代码如下：

```
1.  <%@ page contentType="text/html;charset=GBK"%>
2.  <%--定义行集作为一个 JavaBean--%>
3.  <jsp:useBean id="rs" scope="request" type="javax.sql.rowset.CachedRowSet" />
4.  <HTML><HEAD><TITLE>List.jsp</TITLE></HEAD>
5.  <BODY>
6.  <TABLE border=1>
7.  <TR><TH>书号</TH><TH>书名</TH><TH>作者</TH><TH>出版社</TH><TH></TH><TH></TH>
8.  </TR>
9.  <% request.setCharacterEncoding("GBK");
10.    //迭代处理行集
11.    while(rs.next()) {
12. %>
13.    <!--显示图书属性-->
14.    <TR>
15.      <TD><%= rs.getString(1) %></TD>
16.      <TD><%= rs.getString(2) %></TD>
17.      <TD><%= rs.getString(3) %></TD>
18.      <TD><%= rs.getString(4) %></TD>
19.    <!--显示用于删除一本图书的链接-->
20.      <TD><A href="DeleteServlet?id=<%= rs.getString("ISBN") %>">删除</A></TD>
21.    <!--显示用于修改一本图书的链接-->
22.      <TD><A href="EditServlet?id=<%= rs.getString("ISBN") %>">修改</A></TD>
23.    </TR>
24. <%
```

```
25.    }
26. %>
27. </TABLE>
28. <!--显示用于添加一本图书的链接-->
29. <A href="/ch21-mvcBook-context-root/New.html">新图书</A>
30. </BODY></HTML>
```

当客户端浏览器向 ListServlet 的一个实例发出请求时，该 ListServlet 将把这个请求转发给 List.jsp 页面，其执行结果如图 21.9 所示。

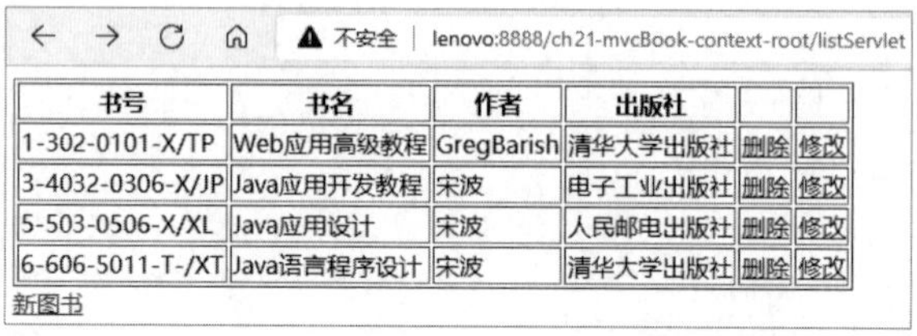

书号	书名	作者	出版社		
1-302-0101-X/TP	Web应用高级教程	GregBarish	清华大学出版社	删除	修改
3-4032-0306-X/JP	Java应用开发教程	宋波	电子工业出版社	删除	修改
5-503-0506-X/XL	Java应用设计	宋波	人民邮电出版社	删除	修改
6-606-5011-T-/XT	Java语言程序设计	宋波	清华大学出版社	删除	修改

新图书

图 21.9　List.jsp 页面的执行结果

21.5.5　修改模块的设计

修改一本图书的信息需要两个步骤。首先，要在数据库中查询选定的图书，并把选定的信息显示出来以供修改；其次，提交修改信息，即将修改后的图书信息更新到数据库中。

EditServlet 属于 MVC 设计模式的控制器部分，在本例中完成修改一本图书的功能，其具体实现过程如下：

- 当用户单击"修改"文字链接时，浏览器将把请求发送给 EditServlet 的一个实例，然后它将查找数据源并获得一个 JDBC 连接。
- EditServlet 接着执行 SQL 语句以获得选定图书的属性，并把记录集作为一个请求属性填充。EditServlet 接着把这个请求转发给 Edit.jsp 页面。Edit.jsp 页面从数据库中提取数据并将数据以一个 HTML 表的形式显示。

EditServlet.java 的源代码如下：

```
1.  /* EditServlet.java */
2.  package mvcBook;
3.  import javax.servlet.ServletException;
4.  import javax.servlet.ServletConfig;
5.  import javax.servlet.http.HttpServlet;
6.  import javax.servlet.http.HttpServletRequest;
7.  import javax.servlet.http.HttpServletResponse;
8.  import java.sql.*;
9.  import javax.sql.DataSource;
10. import javax.naming.*;
11. import javax.sql.rowset.CachedRowSet;
12. import com.sun.rowset.CachedRowSetImpl;
13. public class EditServlet extends HttpServlet {
14.   public void init(ServletConfig config) throws ServletException {
15.     super.init(config);
16.   }
17.   public void doPost(HttpServletRequest req, HttpServletResponse res) throws
ServletException {
18.     doGet(req, res);
19.   }
20.   public void doGet(HttpServletRequest req, HttpServletResponse res) throws
ServletException {
```

```
21.       try {
22.              req.setCharacterEncoding("GBK");
23.              //生成一个新的缓冲存储集
24.              CachedRowSet rs=new CachedRowSetImpl();
25.              //生成 JNDI 初始上下文环境
26.              InitialContext ic=new InitialContext();
27.              //查找 JDBC 数据源的 JNDI 名字
28.              DataSource ds=(DataSource)ic.lookup("jdbc/JDBCConnCoreDS");
29.              //获得 JDBC 连接
30.              Connection conn=ds.getConnection();
31.              //设置 SQL 命令
32.              rs.setCommand("SELECT * FROM BOOK WHERE ISBN=?");
33.              //设置选定图书号作为 SQL 输入参数
34.              rs.setString(1, req.getParameter("ID"));
35.              //填充行集并把它作为一个请求属性进行存储
36.              rs.execute(conn);
37.              req.setAttribute("rs",rs);
38.              //把请求转发给 Edit.jsp 页面
39.              getServletContext().getRequestDispatcher("/Edit.jsp").forward(req, res);
40.       }
41.       catch(Exception ex) {
42.              throw new ServletException(ex);
43.       }
44.    }
45. }
```

Edit.jsp 页面属于 MVC 设计模式的视图部分，其功能是修改一本图书的属性信息。当修改完成后单击 "Update" 按钮时，将把修改后的信息发送给 UpdateServlet 的一个实例并做具体处理。Edit.jsp 页面的源代码如下：

```
1.  <%@ page contentType="text/html;charset=GB2312"%>
2.  <%--定义行集作为一个 JavaBeans--%>
3.  <jsp:useBean id="rs" scope="request" type="javax.sql.rowset.CachedRowSet" />
4.  <HTML><HEAD><TITLE>Edit.jsp</TITLE></HEAD>
5.  <BODY>
6.  <%
7.  //把指针移到行集的第 1 条记录
8.  if(rs.next()) {
9.  %>
10. <FORM action="UpdateServlet">
11. <!--把 ID 作为一个隐藏参数显示-->
12. <input name="id" type="hidden" value="<%= rs.getString(1) %>"/>
13. <TABLE border=1>
14. <TR>
15. <TD><B>书号: </B></TD>
16. <TD><input name="isbn" type="text" value="<%= rs.getString(1) %>"/></TD>
17. </TR>
18. <TR>
19. <TD><B>书名: </B></TD>
20. <TD><input name="title" type="text" value="<%= rs.getString(2) %>"/></TD>
21. </TR>
22. <TR>
23. <TD><B>作者: </B></TD>
24. <TD><input name="author" type="text" value="<%= rs.getString(3) %>"/></TD>
25. </TR>
26. <TR>
27. <TD><B>出版社: </B></TD>
28. <TD><input name="pressname" type="text" value="<%= rs.getString(4) %>"/></TD>
29. </TR>
```

```
30. <TR>
31. <TD></TD>
32. <TD><input type="submit" value="Update"/></TR>
33. </TABLE> </FORM>
34. <%
35. }
36. %>
37. </BODY></HTML>
```

UpdateServlet 属于 MVC 设计模式的控制器部分，其功能是把修改后的图书属性信息更新到数据库中。其具体实现过程如下：

- 当用户修改图书属性信息后，单击"Update"按钮，将把修改后的信息发送给 UpdateServlet 的一个实例，然后它将查找数据源并获得一个 JDBC 连接。
- UpdateServlet 接着执行 SQL 语句以更新选定的图书属性信息。然后，UpdateServlet 把请求转发给 URI，该 URI 被映射到 List.jsp 页面中，以显示一个新的图书属性信息列表。

UpdateServlet.java 的源代码如下：

```
1.  /* UpdateServlet.java */
2.  package mvcBook;
3.  import javax.servlet.ServletException;
4.  import javax.servlet.ServletConfig;
5.  import javax.servlet.http.HttpServlet;
6.  import javax.servlet.http.HttpServletRequest;
7.  import javax.servlet.http.HttpServletResponse;
8.  import javax.sql.DataSource;
9.  import javax.naming.*;
10. import java.sql.Connection;
11. import java.sql.PreparedStatement;
12. import javax.sql.rowset.CachedRowSet;
13. import com.sun.rowset.CachedRowSetImpl;
14. public class UpdateServlet extends HttpServlet {
15.    public void init(ServletConfig config) throws ServletException {
16.       super.init(config);
17.    }
18.    public void doPost(HttpServletRequest req, HttpServletResponse res) throws
ServletException {
19.       doGet(req, res);
20.    }
21.    public void doGet(HttpServletRequest req, HttpServletResponse res) throws
ServletException {
22.       Connection con=null;
23.       try {
24.          req.setCharacterEncoding("GBK");
25.          //生成一个新的缓冲存储集
26.          CachedRowSet rs=new CachedRowSetImpl();
27.          //查找数据源并获得连接
28.          InitialContext ctx=new InitialContext();
29.          DataSource ds=(DataSource)ctx.lookup("jdbc/JDBCConnCoreDS");
30.          con=ds.getConnection();
31.          //为更新图书生成预备好的语句
32.          PreparedStatement stmt=con.prepareStatement("UPDATE BOOK " +
33.                                                   "SET ISBN = ?, " +
34.                                                   "TITLE = ?, " +
35.                                                   "AUTHOR = ?, " +
36.                                                   "PRESSNAME = ? " +
37.                                                   "WHERE ISBN = ?");
38.          //把修改过的图书属性设置为 SQL 输入参数
```

```
39.        stmt.setString(1, req.getParameter("ISBN"));
40.        stmt.setString(2, req.getParameter("TITLE"));
41.        stmt.setString(3, req.getParameter("AUTHOR"));
42.        stmt.setString(4, req.getParameter("PRESSNAME"));
43.        stmt.setString(5, req.getParameter("ID"));
44.        //进行更新
45.        stmt.executeUpdate();
46.        stmt.close();
47.        //设置用于获取图书列表的 SQL 命令
48.        rs.setCommand("SELECT * FROM BOOK");
49.        //运行 SQL 命令
50.        rs.execute(con);
51.        //把行集作为一个请求属性进行存储
52.        req.setAttribute("rs",rs);
53.        //把请求转发给相关 URI，这些 URI 被映射到 List.jsp 页面中，以显示新的图书属性信息列表
54.        getServletContext().getRequestDispatcher("/List.jsp").forward(req, res);
55.    }
56.    catch(Exception ex) {
57.        throw new ServletException(ex);
58.    }
59.    finally {
60.        try {
61.            if(con!=null)
62.            {
63.            con.close();
64.            }
65.        }
66.        catch(Exception ex) {
67.            throw new ServletException(ex);
68.        }
69.    }
70.  }
71. }
```

当用户单击"修改"文字链接时，EditServlet 进行若干处理后把请求转发给 Edit.jsp 页面，其执行结果如图 21.10 所示。

图 21.10　Web 应用的修改图书属性信息页面

用户单击"Update"按钮后，数据库中的图书属性信息将被修改更新。此时，新的图书属性信息列表如图 21.11 所示。

图 21.11　Web 应用的修改更新后的图书属性信息页面

21.5.6 添加模块的设计

添加一本新出版的图书信息需要 3 个步骤。第一，要提交一个书号；第二，在数据库中查询是否已经存在相同的书号（如果不存在，则允许输入图书信息；否则，将返回第一步重新输入一个书号）；第三，提交图书添加信息，即将输入的图书信息添加到数据库中。

New.html 页面属于 MVC 设计模式的视图部分，其功能是显示图书信息的列表，并显示一个用于将添加信息发送到 CreateServlet 进行处理的文字链接。New.html 页面的源代码如下：

```
1.  <HTML><HEAD><meta HTTP-EQUIV="Content-Type" CONTENT="text/html; charset=GBK">
2.  <TITLE>添加图书</TITLE></HEAD>
3.  <BODY>
4.  <FORM action="/ch21-mvcBook-context-root/CreateServlet">
5.  <TABLE border=1>
6.  <TR><TD><B>书号: </B></TD><TD><input name="isbn" type="text"/></TD></TR>
7.  <TR><TD><B>书名: </B></TD><TD><input name="title" type="text"/></TD></TR>
8.  <TR><TD><B>作者: </B></TD>
9.  <TD><input name="author" type="text"/></TD></TR>
10. <TR><TD><B>出版社: </B></TD><TD><input name="pressname" type="text"/></TD></TR>
11. <TR><TD></TD><TD><input type="submit" value="CreateServlet"/></TD></TR>
12. </TABLE></FORM>
13. </BODY></HTML>
```

当用户单击 Web 应用的主页面（List.jsp 页面）中的"新图书"文字链接时，New.html 页面的执行结果如图 21.12 所示，图中已经输入新添加的一本图书信息。

图 21.12　Web 应用的添加一本新图书信息页面

CreateServlet 属于 MVC 设计模式的控制器部分，其功能是把添加的信息插入数据库中。用户单击"CreateServlet"按钮后，其具体实现过程如下：

- 浏览器把请求发送给 CreateServlet 的一个实例，然后它将查找数据源并获得一个 JDBC 连接。
- CreateServlet 接着执行 SQL 语句以生成新的图书属性信息，并将新的图书属性信息插入数据库中。
- 然后，CreateServlet 把请求转发给 URI，该 URI 被映射到 List.jsp 页面中，以显示新的图书属性信息列表。

CreateServlet.java 的源代码如下：

```
1.  /* CreateServlet.java */
2.  package mvcBook;
3.  import javax.servlet.ServletException;
4.  import javax.servlet.ServletConfig;
5.  import javax.servlet.http.HttpServlet;
6.  import javax.servlet.http.HttpServletRequest;
7.  import javax.servlet.http.HttpServletResponse;
```

```
8.  import javax.sql.DataSource;
9.  import java.sql.Connection;
10. import java.sql.PreparedStatement;
11. import javax.naming.*;
12. import javax.sql.rowset.CachedRowSet;
13. import com.sun.rowset.CachedRowSetImpl;
14. public class CreateServlet extends HttpServlet {
15.     public void init(ServletConfig config) throws ServletException {
16.         super.init(config);
17.     }
18.     public void doPost(HttpServletRequest req, HttpServletResponse res) throws
ServletException {
19.         doGet(req, res);
20.     }
21.     public void doGet(HttpServletRequest req, HttpServletResponse res) throws
ServletException {
22.         Connection con=null;
23.         try {
24.             req.setCharacterEncoding("GBK");
25.             //生成一个新的缓冲存储集
26.             CachedRowSet rs=new CachedRowSetImpl();
27.             //查找数据源并获得连接
28.             InitialContext ctx=new InitialContext();
29.             DataSource ds=(DataSource)ctx.lookup("jdbc/JDBCDBConnCoreDS");
30.             con=ds.getConnection();
31.             //通过指定插入的 SQL 语句，生成预备好的语句
32.             PreparedStatement stmt=con.prepareStatement("INSERT INTO BOOK(ISBN,TITLE,
AUTHOR,PRESSNAME) VALUES(?,?,?,?)");
33.             //把新图书属性设置为 SQL 输入参数
34.             stmt.setString(1, req.getParameter("ISBN"));
35.             stmt.setString(2, req.getParameter("TITLE"));
36.             stmt.setString(3, req.getParameter("AUTHOR"));
37.             stmt.setString(4, req.getParameter("PRESSNAME"));
38.             //执行 SQL 插入语句
39.             stmt.executeUpdate();
40.             stmt.close();
41.             //设置用于获取图书列表的 SQL 命令
42.             rs.setCommand("SELECT * FROM BOOK");
43.             //运行 SQL 命令
44.             rs.execute(con);
45.             //把行集作为一个请求属性进行存储
46.             req.setAttribute("rs",rs);
47.             //把请求转发给相关 URI，这些 URI 被映射到 List.jsp 页面中，以显示新的图书属性信息列表
48.             getServletContext().getRequestDispatcher("/List.jsp").forward(req, res);
49.         }
50.         catch(Exception ex) {
51.             throw new ServletException(ex);
52.         }
53.         finally {
54.             try {
55.                 if(con!=null) {
56.                     con.close();
57.                 }
58.             }
59.             catch(Exception ex) {
60.                 throw new ServletException(ex);
61.             }
62.         }
63. }
```

添加完新记录后的图书属性信息列表如图 21.13 所示。

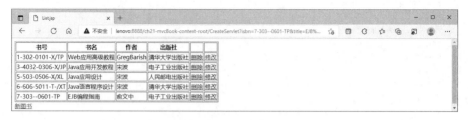

图 21.13　添加完新记录后的图书属性信息列表

21.5.7　删除模块的设计

删除一本图书的信息需要两个步骤。第一，要对删除操作进行确认，并把要删除图书的书号显示出来；第二，提交删除信息，即将删除后的图书信息更新到数据库中。

DeleteServlet 属于 MVC 设计模式的控制器部分，其功能是删除一本图书，其具体实现过程如下：

- 当用户单击"删除"文字链接时，将把请求发送给 DeleteServlet 的一个实例。
- DeleteServlet 接着执行 SQL 语句以删除选定的图书。
- 然后，相关请求被转发给特定 URI，并把该 URI 映射到 List.jsp 页面中，以显示新的图书属性信息列表。

DeleteServlet.java 的源代码如下：

```java
1.  /* DeleteServlet.java */
2.  package mvcBook;
3.  import javax.servlet.ServletException;
4.  import javax.servlet.ServletConfig;
5.  import javax.servlet.http.HttpServlet;
6.  import javax.servlet.http.HttpServletRequest;
7.  import javax.servlet.http.HttpServletResponse;
8.  import javax.sql.DataSource;
9.  import java.sql.Connection;
10. import java.sql.PreparedStatement;
11. import javax.naming.*;
12. import javax.sql.rowset.CachedRowSet;
13. import com.sun.rowset.CachedRowSetImpl;
14. public class DeleteServlet extends HttpServlet {
15.   public void init(ServletConfig config) throws ServletException {
16.     super.init(config);
17.   }
18.   public void doPost(HttpServletRequest req, HttpServletResponse res) throws
    ServletException {
19.     doGet(req, res);
20.   }
21.   public void doGet(HttpServletRequest req, HttpServletResponse res) throws
    ServletException {
22.     Connection con=null;
23.     try {
24.       req.setCharacterEncoding("GBK");
25.       //生成一个新的缓冲存储集
26.       CachedRowSet rs=new CachedRowSetImpl();
27.       //生成 JNDI 初始上下文环境
28.       InitialContext ctx=new InitialContext();
29.       //查找 JDBC 数据源的 JNDI 名字
30.       DataSource ds=(DataSource)ctx.lookup("jdbc/JDBCConnCoreDS");
```

```
31.        //获得 JDBC 连接
32.        con=ds.getConnection();
33.        //生成预备好的语句，以便发出用于删除的 SQL 语句
34.        PreparedStatement stmt=con.prepareStatement("DELETE FROM BOOK WHERE ISBN=?");
35.        //设置选定的图书号作为一个 SQL 输入参数
36.        stmt.setString(1, req.getParameter("ID"));
37.        //执行 SQL 语句
38.        stmt.executeUpdate();
39.        stmt.close();
40.        //设置用于获取图书列表的 SQL 命令
41.        rs.setCommand("SELECT * FROM BOOK");
42.        //运行 SQL 命令
43.        rs.execute(con);
44.        //把行集作为一个请求属性进行存储
45.        req.setAttribute("rs",rs);
46.        //把请求转发给相关 URI，这些 URI 被映射到 List.jsp 页面中，以显示新的图书属性信息列表
47.        getServletContext().getRequestDispatcher("/List.jsp").forward(req, res);
48.      }
49.    catch(Exception ex) {
50.        throw new ServletException(ex);
51.    }
52.    finally {
53.      try {
54.        if(con!=null) {
55.          con.close();
56.        }
57.      }
58.      catch(Exception ex) {
59.        throw new ServletException(ex);
60.      }
61.    }
62.  }
63. }
```

图 21.14 所示为删除一本图书后的图书属性信息列表。

图 21.14　删除一本图书后的图书属性信息列表

21.6　本章小结

软件设计是 Java EE Web 应用开发的一个重要方面，如果能够多花费一些时间进行设计，特别是利用一些良好的、成熟的设计模式，则从长远看，既可以节省时间，又可以降低软件成本。缺少了良好设计的 Java EE Web 应用，在维护与扩充软件时将要花费巨大的代价。

本章探讨了 MVC 设计模式的概念与原理，通过一个综合案例阐述了如何运用 MVC 设计模式开发一个 Java EE Web 应用。MVC 设计模式既可以节省时间，又可以降低软件成本。而利用 JDBC 可选择的扩充包所提供的 javax.sql.RowSet 接口的一个 CachedRowSet 实现的工作模式，既提高了数据库的访问效率，又提高了 Web 应用的运行性能。

参考文献

[1] 宋波. Java 应用开发教程[M]. 北京：电子工业出版社，2002.

[2] 宋波，董晓梅. Java 应用设计[M]. 北京：人民邮电出版社，2002.

[3] 宋波. Java Web 应用与开发教程[M]. 北京：清华大学出版社，2006.

[4] 宋波，刘杰，杜庆东. UML 面向对象技术与实践[M]. 北京：科学出版社，2006.

[5] Bruce Eckel. Java 编程思想[M]. 陈昊鹏，译. 第 4 版. 北京：机械工业出版社，2007.

[6] 刘斌，费冬冬，丁薇. NetBeans 权威指南[M]. 北京：电子工业出版社，2008.

[7] 宋波. Java 程序设计——基于 JDK 6 和 NetBeans 实现[M]. 北京：清华大学出版社，2011.

[8] Raoul-Gabriel Urma，Mario Fusco，Alan Mycroft. Java 8 实战[M]. 陆明刚，劳佳，译. 北京：人民邮电出版社，2016.

[9] 千锋教育高教产品研发部. Java 语言程序设计[M]. 第 2 版. 北京：清华大学出版社，2017.

[10] 赫伯特·希尔德特. Java 9 编程参考官方大全[M]. 吕争，李周芳，译. 第 10 版. 北京：清华大学出版社，2018.

[11] 林信良. Java 学习笔记[M]. 北京：清华大学出版社，2018.

[12] 关东升. Java 编程指南[M]. 北京：清华大学出版社，2019.

[13] 凯·S.霍斯特曼. Java 核心技术 卷 I 基础知识（原书第 11 版）[M]. 周立新，陈波，叶乃文，等，译. 北京：机械工业出版社，2019.

[14] Kishori Sharan. Learn JavaFX 8:Building User Experience and Interfaces with Java 8[M]. Apress，2015.